〈危機の領域〉

非ゼロリスク社会における責任と納得

齊藤 誠

原爆を投下したアメリカの軍事責任者たちが、広島市民の自己恢復力、あるいはみずからを悲惨のうちに停滞させておかない、自立した人間の羞恥心とでもいうべきものによりかかって、原爆の災厄にたかをくくることができたのであろうことを僕はたびたび考える。しかし、もっと広く、われわれ人類一般が、このように絶望しながらもなお屈服しない被爆者たちの克己心によりかかって、自分たちの甘い良心を無傷にたもつことができたのであることも、われわれは忘れてはならないであろうと思う。（大江健三郎『ヒロシマ・ノート』、岩波新書、一九六五年、一五七頁から一五八頁）

筆者のつぶやき

本書は〈危機の領域〉への旅に読者を誘っている。しかし、格安旅行会社のチラシのようにツアーのすばらしさを過剰宣伝するようなことはしたくない。本書の内容に自信がないからではない。旅の真の喜びは、その途上での新たな発見だからである。事実、筆者も旅行記を書いていくなかでさまざまな発見があった。それでも、読者が〈危機の領域〉で迷子になりそうになったならば、次の文章を思い出してくれるとよいのかもしれない。

> 科学は本来、曖昧さを伴うものであるが、リスクや不確実性から自由になりたいという私たちの願いが、危機対応に関する科学にいっそうの曖昧さを強いているという面もある。だからこそ、私たちの社会がそのことに気がついて、専門家は専門家としての、行政は行政としての、市民は市民としての負うべき責任を負担しながら、**今よりも少し根気強く、辛抱強くリスクや不確実性に向き合い**、さらには危機対応の不幸な失敗さえも納得して受け入れていくためには、専門家、行政、市民を含めた多様な人間が、**かなりの忍耐と寛容をもって多様な意見を交換する熟議の場**が是非にも必要になってくる。そのような場所こそが、〈危機の領域〉の到着地点となりそうである。

一見、〈危機の領域〉を旅する地理情報としては頼りなさげであるが、案外に頼りになるマップなのかもしれない。

Bon voyage!

はじめに　〈危機の領域〉への旅を前にして

本書では、将来の危機の可能性について、現在進行形の危機への対応について、そして、すでに起きた危機からの教訓について、私たちの社会がどう向き合ってきたのか、さらに踏み込んで、どう向き合うべきなのかを考えていきたい。いいかえてみると、私たちの社会において、危機と呼ばれる現象に関して思考している、やや大げさな言い方をすると、危機を哲学しているさまざまな場所、あるいは、〈危機の領域〉と呼んでもよいようないくつもの場所を探りあてたいと思っている。

そうはいっても、危機について書かれた書物は世の中に山ほど出版されてきたので、本書では、読者がどのように危機に向き合っていくべきなのかについて、言葉が適切でないかもしれないが、〈危機の領域〉を覗き見る方法に関して、類書にない工夫を凝らしていこうと思っている。

まずは、読者に〈危機の領域〉の中にずかずかと侵入してもらおうと目論んでいる。リスク管理とか危機管理とかと呼ばれている分野は高度な科学的知見に武装されていて、研究者や技術者などの専門家だけが近寄ることができる領域のように考えられているのかもしれない。しかし、危機を予測したり、危機を制御したりする技術体系が依拠している科学的根拠が案外に曖昧で不確かなものであることが実に多い。

たとえば、**第3章「地震災害――予知の覚悟」**では、次のような場所に読者を連れ込んでみたい。

今、あなたが地震予知の最先端で活躍する研究者であるとしよう。

もっとも地震が起きやすいと想定されたある地域について、あなたは、数日先の大地震の発生を予知する作業をしている。政府は、あなたの地震予知に基づいて、当該地域に非常事態宣言を発し、数日先に発生する大地震に備えて地域住民に迅速な避難を指示する。

ある日、あなたは、観測網から送られてくる大量のデータを分析していて、大地震発生の予兆を察知した。あなたは、直ちに政府に連絡を入れた。総理大臣は、当該地域に非常事態宣言を速やかに発した。

しかし、三日経っても、一週間経っても、半月経っても、一ヶ月経っても、大地震はまったく起きなかった。その間、非常事態宣言のために避難を強いられた地域の住民や事業者は、政府に対して不平不満を口にするようになった。

あなたは、ついに地震予知の失敗を認めた。政府も、四〇日経過した時点で非常事態宣言を取り下げた。

そして、人々が戻ってきて平常に復するかに見えた四五日目に大地震が起きた。人々は地震発生の危機が過ぎ去ったと安堵し油断していたこともあって、多くの人々の命が失われた。

非常事態宣言を発してから四〇日目までに「予兆なし」と予知を修正したあなたと、非常事態宣言を取り下げた総理大臣は、当該地域住民の告発に応じた地方検察庁によって過失致死傷で起訴された。

あなたも、総理大臣も、現在、裁判で検察と争っている。

このような話は、荒唐無稽だと考えられるかもしれないが、二〇〇九年四月のイタリア・ラクイラ地震では地震予知、正確にいうと、「近い将来、大地震は起きない」という安全宣言が外れてしまい、安全宣言の発表に関わった科学者や政府責任者が過失致死罪で訴えられた（3-2節で詳しく議論している）。社会が危機に備えるときには、曖昧さを免れられない科学的な根拠や手法をめぐって、こうしたチグハグな事態がしばしば起きてしまうのである。

右の寓話でのチグハグさは、「地震予知が失敗する」という当たり前のことが社会的な枠組みで十分に配慮されていなかったところにある。地震予知の失敗には二つあって、第一に「予兆がないままに大地震が発生するケース」、第二に「予兆があったのに大地震が発生しないケース」である。ここでは、第二の失敗を認めて地震予知を修正したら、すぐさま第一の失敗を冒してしまったということになる。

当該地域住民は、地震予知で大地震の予兆を必ず捉えることができると確信していたので、非常事態宣言が発せられれば、すみやかに避難したし、非常事態宣言が取り下げられれば、安心して元の場所に戻ってきたのであろう。このように住民が地震予知を信頼していたために、非常事態の宣言とその取り下げが当該地域の社会をかえって混乱に陥れてしまった。おそらくは、地震予知に基づく避難指示の仕組みがまったくなくて大地震をむかえたほうが、社会の混乱も小さかったであろう。

社会が危機と向き合う際には、決して確実といえない、曖昧な要素も数多く含む科学的根拠に対して、私たち社会の構成員が多様な考え方を持っている状態が望ましい。

先述の地震予知手法に対する研究者の態度についていえば、地震予知の可能性に確信を持つ研究者たちが、地震予知の精度を向上させることに努めるのは当然である。一方では、地震予知について根本的な疑義を持っている研究者もいる。また、地震予知の精度を疑っている研究者は、先述の地震予知の失敗、特に第一の失敗である「予兆がないままに大地震が発生するケース」について強い懸念を表明する（3-3-3節で議論している）。

このように地震予知手法について多様な意見が社会の側にあれば、未熟な段階にある地震予知を地震対策の中核にとりこむような拙速な政策判断はしなくなるであろう。

しかし、それでも懸念はある。

「地震予知によって前もって避難することができれば、大地震が発生してもかけがえのない命だけは守ることができる」という政策主張が人々に強くアピールするような場合である。冷静になって「地震予知も外れるかもしれない」という可能性を考えてみれば、そのような政策主張が間違っていることは容易にわかるはずである。それにもかかわらず、「地震が予知できれば素晴らしい」という共感からか、あるいは、大地震で命を失う恐怖からか、危機回避を高らかに謳った耳触りのいい政策主張が強く支持されてしまうことが往々にして起きる。

さらに、地震予知制度を推進する政府の立場からすれば、「地震予知を発しないことによって、人々がかえって『地震が来ない』と安心する」という効果もなかなか見逃せない。科学的な根拠が十分でないにもかかわらず地震予知が社会的に制度化されてしまう背景には、実は、自然科学的な事情よりもむしろ社会科学的な事情がひかえているのかもしれない。

しかし、人々は、危機回避目的の政策主張を固く信じていただけに、たとえ万が一であっても、地震予知の失敗を受け入れることはなかなかできない。あるいは、危機回避を大義名分に主張された政策を強く信じたことを、政策が失敗したあとになってひどく後悔するであろう。要するに、人々は、危機回避を目的とした政策の失敗に納得することができないのである。

こうして見てくると、危機対応の根っこにある問題は、**危機回避を大義名分とした大胆な対応が人々の強い支持を得やすいにもかかわらず、危機を予測し、危機を回避する手段の科学的根拠がきわめて弱い**というところにある。人々の支持を得やすい大胆な危機対応が実は頑健な科学的根拠を欠いているというジレンマを社会がどのように乗り越え、いったん受け入れた危機対応が失敗する可能性を社会がどのように納得していけばよいのであろうか。

ここで厄介なのは、だれかが危機対応の失敗に対する法的責任をとることで、人々が政策の失敗を納得することをなかなか期待できないというところである。というのも、危機対応の失敗がとてつもなく悲惨な状況を社会にもたらしたとしても、だれも危機対応の失敗に対する法的責任を負わない、ときには負えない可能性が十分に考えられるからである。

冒頭の寓話であなたは過失致死傷に問われているが、過失責任を感じていないのでないだろうか。あなたは、当時の最先端の地震予知技術に従ってベストエフォートで判断したのであるから過失などないと主張するにちがいない。あなたの過失が司法の場で否認されれば、過失致死傷の刑事責任も、損害賠償の民事責任も問われない。他の当事者も過失が認められなければ、危機対応が失敗したことが明らかなのにもかかわらず、だれも失敗に対する法的責任が問われない可能性が出てくる。事実、ラクイラ地震の予知に失敗したとして科学者たちが訴えられた裁判（3-2節で詳しく見ていくように事情はとても複雑であるが）では、科学者も政府責任者も第一審で有罪となったものの、控訴審では一人の政府責任者を除いて全員無罪となった。

理想をいえば、たとえだれも危機対応の失敗に対する法的責任を引き受けなくても、人々が危機対応の失敗を納得して受け入れるような可能性、そして、政策の科学的根拠が曖昧で不確実なことを大前提として、危機対応の失敗を十分に配慮しながら危機対応の合意形成が図られる可能性を追求するということになるのであろう。

しかし、現実には問題山積である。

「危機対応の失敗」などと不用意に発言すると、「失敗の責任を問われかねない危機対応なんて、そもそも考えるのが損ではないか」という反応を専門家の間で招きかねない。その結果、数時間先から数日先に地震の到来を予測する地震予知どころか、十年単位で大地震や大津波の到来を予測する研究においても、専門家が沈黙することになるかもしれない。極端な場合には、専門家のだれもが、大地震発生という危機の到来についてまったく考えなくなってしまうかもしれない。

逆に、「予測しなかったのに地震が起きた」という形で地震予測が外れることをいたずらにおそれてか、「俺の予想が見事に当たった」と成果を焦る功名心からか、科学的根拠が曖昧なのにもかかわらず大地震の到来を過度に強調して危機をあおるような専門家が出てくるかもしれない。

いずれの場合であっても、私たちは、社会に襲いかかってくるかもしれない大地震に対して適切に向き合うことができなくなってしまう。

実際には、地震予知にさまざまな問題があるからといっても、専門家の多くは地震予測や地震予知の研究を放棄しているわけでもなく、荒唐無稽な地震予知を振りかざしているわけでもない。地震研究における少なからずの専門家は地震予知の限界に向き合いながらも、依然として予知業務に携わっている。そうした状況は必ずしも悪いわけではない。地震予知の問題点を熟知する専門家は地震予知の現場で運用面を工夫しながら、予知の弊害を最小限に食い止めることができるかもしれない。地震予知の運用が地震予知を信奉する専門家集団だけに委ねられているよりも、地震予知について多様な見方を有している組織に委ねられているほうがよいのであろう。

実は、〈危機の領域〉の現場には、不本意ながらも、というよりも本音と建前の微妙なズレを引き受けつつ、黙々と危機対応に取り組んでいる専門家が実に多い。危機対応の社会的な仕組みが長い歳月をかけて作られてくるので、新たな知識を持った専門家が古い社会制度に依拠した危機対応に従事せざるをえない事態が起きるからである。

たとえば、現行の東海地震に関する予知制度も、一九七八年六月に施行された大規模地震対策特別措置法を根拠としている。地震予知に対してさまざまなレベルで疑義を持ちながらも、予知の現場にとどまっている研究者や技術者たちは、現場の外側で地震予知の問題点を鋭く批判している専門家とは別の役割を通じて、地震予知の仕組みを根本的に転換していく原動力になるのかもしれない。第3章で詳しく見ていくが、東海地震予知制度は、研究者や行政サイドがさまざまな困難に直面しながら二〇一七年一一月にその運用が事実上断念された。

読者には、そうした一見すると矛盾をはらむ、あまりすっきりとしない〈危機の領域〉の風景も見てもらいたい。

いずれにしても、本来、社会にとって必要なのは、危機の到来や危機への対応について、科学的根拠が依然として曖昧であって、危機の予測や対応に失敗する可能性があることを専門家が率直に認め、市民がそのことをしっかりと受け止めることなのであろう。当然ながら、万が一、危機対応に失敗すれば、社会は悲惨な状態に陥ることを受け入れざるをえない。

薄弱な科学的根拠しか持たない強引な主張がたとえ専門家から発せられても、市民の側では危機をあおられないように、あるいは、危機対応の無謬性を信じ込まされないように慎重な態度を保っていくことが必要であろう。やや矛盾した言い方になるかもしれないが、専門家たちが危機の到来や対応について常に勇気を持って考えることができるように、科学的根拠の曖昧さからくる危機対応の失敗について、市民の側がある程度の寛容さを持つことも重要になってくる。

危機の到来や対応に関わる科学的根拠が曖昧であるということは、危機対応において「科学的に正しい答え」がないということを直ちに意味する。「何が正しいのか」ということが明確に決められない状況においては、「正しくない行為」について個々の法的責任を問うことがかなり困難となってくる。要するに、法的責任を梃子に危機対応の規律を引き上げていくことがずいぶんと難しい。

本書で読者を〈危機の領域〉に無理やり連れ込むのも、社会が危機の到来や対応に関わる科学的根拠の曖昧さに辛抱強く耐えつつ、専門家の間で、市民と専門家の間で、そして、市民の間で多様な意見を戦わせながら、まさに熟議をしながら、不幸にも失敗する場合を含めて危機対応への合意形成をしていくということの重要性を理解してほしいからである。そうすることによってのみ、危機対応がたとえ失敗したとしても、社会は納得することができるのでないだろうか。

経済学の専門家としての筆者（私）も、多様な人間の間で合意形成を促すことが期待できる範囲において経済学の道具を用いるようにしようと思う。各章には、そうした範囲で**経済学から見た危機対応**という趣向（節か小節）をこらしてみたい。ただし、研ぎ澄まされた経済学の包丁を振り回しておいて現実は鮮やかに調理できたものの、せっかくの料理を味わってくれる人がもはやいなくなってしまうようなことはつとに避けたいと思っている。

確固たる科学的根拠がないにもかかわらず「危機を絶対に回避できる」と標榜する傲慢な意見に従って危機対応が一方的に決めつけられる社会は、〝**みせかけの**〟**ゼロリスク社会**ということができる。残念ながら、私たちの社会は、さまざまな〈危機の領域〉でゼロリスクが標榜されてきた。一方、科学的根拠の曖昧さを受け入れて「危機は必ずしも回避できない」という当たり前の前提に立てば、私たちの社会は、当然ながら**非ゼロリスク社会**である。

本書では、非ゼロリスク社会において〈危機の領域〉を垣間見ることができるような具体的な瞬間をいくつも捉えつつ、「危機対応の失敗に対する納得」の問題を、「危機対応の失敗に対する（法的）責任」の問題から慎重に切り分けながら、真剣に、語弊があるのかもしれないが、相当の知的関心を持って考えていきたい。

二〇一七年秋

齊藤　誠

〈危機の領域〉非ゼロリスク社会における責任と納得　目次

筆者のつぶやき　i
はじめに　〈危機の領域〉への旅を前にして　i

1　プロローグ──「政策失敗の責任を問う」から「政策失敗を納得する」へ　1

1-1　責任から納得へ　1
1-1-1　福島第一原子力発電所事故を納得できる余地があったのか？　1
1-1-2　個々の責任の帰属によって危機に備えることができるのか？　4
1-1-3　「危機対応の失敗に対して社会が納得できる」とは？　6
1-2　ボロボロの〈無知のヴェール〉に覆われた熟議　11
1-2-1　多様な意見を交換する可能性　11
1-2-2　ボロボロの〈無知のヴェール〉であっても　14
1-3　私たちの社会の危機　18
1-3-1　暴走しかねない予防原則、悪用されかねない予防原則　18

1-3-2 財政危機に対する超楽観と超悲観　将来世代との対話の可能性 21
1-3-3 「押し付けられた未来」から「責任を負う未来」へ 25
1-4 経済学から見た危機対応 〈危機の領域〉における〈無知のヴェール〉の三つの役割 29
1-4-1 〈厚い無知のヴェール〉、〈薄い無知のヴェール〉、そして、〈厚くもない、薄くもない無知のヴェール〉 29
1-4-2 熟議の技法としての〈無知のヴェール〉 34
1-4-3 経済学研究者にとっての〈無知のヴェール〉 37
コラム ジョン・スチュアート・ミルの『自由論』に見る言論の作法 39

2 環境危機――予防原則の暴走（行政、専門家、住民の間で） 41
2-1 豊洲市場地下水汚染騒動は予防原則の暴走なのだろうか？ 41
2-1-1 豊洲市場地下水汚染騒動は過剰反応？ 41
2-1-2 本当に予防原則の暴走なのだろうか？　三つの疑問 45
2-1-3 豊洲用地浄化と売却の複雑な経緯 46
2-1-4 専門家会議での議論 49
2-1-5 技術会議の暴走 54
2-1-6 無害化三条件 60
2-1-7 豊洲市場移転、そして、迷走… 62

2-1-8 その後… 69
2-1-9 四大公害からの教訓 71
2-2 スーパーファンド法の功罪 74
2-2-1 スーパーファンド法とは？ 74
2-2-2 自主的な問題解決を促すスーパーファンド法 77
2-2-3 社会不安から生まれたスーパーファンド法 80
2-2-4 厳密な環境基準がもたらす社会的コスト 82
2-2-5 日本の土壌汚染対策の現況 84
2-2-6 豊洲市場地下水汚染問題 再考 89
2-3 経済学から見た危機対応 予防（予備）原則の経済学 92
2-3-1 予防（予備）原則とは？ 92
2-3-2 科学的な立証とは？ 94
2-3-3 不確実性環境下の費用便益分析 97
2-3-4 極端な予防原則の本質的な問題点 101
あるエピソード 福島第一原発の汚染処理水の海洋放出に関する合意形成について 105
3 地震災害——予防と予知の攻防（専門家と市民の間で） 109
3-1 阪神淡路大震災と地震予知 109

3-1-1 阪神淡路大震災の衝撃 109
3-1-2 兵庫県南部地震と地震予知事業 111
3-1-3 上町断層帯リスクに対する社会的な認知 117
3-2 ラクイラ地震予知と科学者の責任 123
3-2-1 ラクイラ地震前の経緯 123
3-2-2 裁判で争われたこと 128
3-2-3 科学者の責任、行政の責任、市民の責任 131
3-3 経済学から見た危機対応　予知の経済学 138
3-3-1 不確実性の解消とは？ 138
3-3-2 予知（予報）と防災の複雑な関係 139
3-3-3 地震予知の見直し、大震法の見直し 144
3-3-4 大規模地震対策特別措置法の社会的な意味とは？ 152
あるエピソード　原発敷地内の断層の活動性に関する判断をめぐって 155

4 原発危機——「想定内」と「想定外」の間隙（専門家と行政の間で）

4-1 大津波は「異常に巨大な天災地変」？ 159
4-1-1 班目の「想定外」、畑村の「想定内」 159
4-1-2 原賠法の「異常に巨大な天災地変」 162

4-2 原発事故は「シビアアクシデント」? 167
4-2-1 シビアアクシデント手前の事故 167
4-2-2 現在の「想定内」と「想定外」 169
4-2-3 徴候ベース事故時運年操作手順書から見えてくるもの 171
4-2-4 徴候ベース手順書からの大脱線 178
4-2-5 徴候ベース手順書は完璧なのか? 183
4-2-6 原発危機との向き合い方 185
4-3 「想定内」と「想定外」の狭間にあった大津波 187
4-3-1 司法の場での二分法 187
4-3-2 マクロ・プレジクション(予測)としての地震本部長期評価 189
4-3-3 ミクロ・エビデンスとしての貞観地震学術調査 194
4-3-4 二〇一一年から二〇〇二年への逆戻りをどう考えるのか? 197
4-4 経済学から見た危機対応 「想定外」の経済学 202
4-4-1 低頻度事象への過剰な反応と完全な無視 202
4-4-2 アレのパラドックスとプロスペクト理論 206
4-4-3 ゼロリスク指向の実証研究 210
あるエピソード 福島原発が欠いた有能な歩哨 214

5　金融危機──単純化される「危機」（専門家と市場の間で）　219
5-1　リーマン級に備えよ！　219
5-1-1　世界金融危機をめぐる〈領域〉　219
5-1-2　「リーマン前後」から「リーマン前夜」への怪…　221
5-1-3　日本経済にとっての「リーマン・ショック」　229
5-1-4　現在進行形で転換点を把握することの難しさ　233
5-2　金融危機の予測と回避　235
5-2-1　エリザベス女王の疑問　235
5-2-2　なぜ、世界金融危機は予測できなかったのか？　238
5-2-3　危機回避策は万能なのか？　251
5-3　経済学から見た危機対応　危機と資産価格　258
5-3-1　資産価格、資産利回り、そしてリスク　258
5-3-2　危機のリスクと資産価格　261
あるエピソード　商工中金の危機対応融資の顚末　264
6　財政危機──「危機だから」という口実（大学教員と大学生の間で）　267
6-1　消費税増税をめぐる物語　267
6-1-1　財政危機というイメージ　267

6-1-2　政策決定プロセスにおける誠実さと謙虚さ　271
6-1-3　二〇一六年六月の意思決定　再考　276
6-1-4　私が決断しました　278
6-2　私たちは、危機で生じた途方もない借金をどのように返済してきたのか？　そして、どのように返済していくのか？　283
6-2-1　若い人の前で国の借金の話をするとは？　284
6-2-2　有権者として、市民としての知的たしなみ　285
6-2-3　みなさんが生まれたころから国の借金が膨らんできた　288
6-2-4　危機のたびに借金が膨らんできた　292
6-2-5　国の台所事情　294
6-2-6　豊かな社会における国家の救済　296
6-2-7　「返す」とは？「返さない」とは？　299
6-2-8　政府と日本銀行でお互いに借金をチャラにしてしまおう…　303
6-2-9　「長くコツコツ返す」と「物価高騰で帳消し」と　306
6-2-10　一世紀かけて借金を返すとは？　309
6-2-11　結局、きれいな空気も、水も戻ってきたよ！　311
6-3　ヘリコプターマネーと異次元金融緩和の比較考、あるいは、「金融政策の形相」について　314
6-3-1　異形の金融政策　315

6-3-2 ヘリコプターマネーとは似て非なる異次元金融緩和 320
6-3-3 異次元金融緩和は政策コストゼロなのだろうか？ 323
6-3-4 戦中・終戦期のヘリコプターマネー狂騒曲 326
6-3-5 「羊の皮を被った」ヘリコプターマネー 330
6-3-6 「見かけは怖いが、とんだいい国債直接引受だ！」 334
6-4 経済学から見た危機対応 債務返済の経済学 336
6-4-1 日本銀行の負債は返済しなくてよいのだろうか？ 336
6-4-2 やはり国債は税金で返済する必要がある 343
6-4-3 本章を締めくくって 346
あるエピソード 貨幣の宿命 347

7 エピローグ――〈危機の領域〉における合意形成の技法と作法 349
7-1 トランス・サイエンスの領域と〈危機の領域〉 349
7-1-1 トランス・サイエンスの領域 科学が社会に持ち込んだ難題 349
7-1-2 〈危機の領域〉 社会が科学に持ち込んだ難題 352
7-1-3 トランス・サイエンスの領域における熟議 357
7-2 多様な市民と多様な専門家――虚構の熟議、実験の熟議 364
7-2-1 虚構の熟議（その1） 地震予知をめぐる緊急コンセンサス会議 364

7-2-2 虚構の熟議（その2） 消費税率をめぐる仮想将来世代との対話 372
7-2-3 実験の熟議 将来世代配慮型の熟議で現在世代は将来世代に責任を負うようになるのか？ 383
7-2-4 経済学から見た危機対応 時間整合性について 391
7-3 行政と政治における熟議の不在 393
7-3-1 「無謬な行政」が介在する危機対応 「想定外」と「安心」へのバイアス 393
7-3-2 日本銀行・金融政策決定会合における熟議の可能性 398
7-3-3 リーダーの言葉と熟議の不在（その1） 「私がＡＩ」について 409
7-3-4 リーダーの言葉と熟議の不在（その2） 「この道しかない」について 411
7-4 非ゼロリスク社会の責任と納得 417
コラム オルテガ・イ・ガセットの『大衆の反逆』に見る危機への構え 423
おわりに ボロボロの〈無知のヴェール〉を被って 425
参考文献 xv
事項索引 v
人名索引 i

1　プロローグ――「政策失敗の責任を問う」から「政策失敗を納得する」へ

1-1　責任から納得へ

1-1-1　福島第一原子力発電所事故を納得できる余地があったのか?

二〇一一年三月一一日の大地震と大津波を起因とした福島第一原子力発電所事故のことは、ずっと私の頭から離れなかった。

当初は、東京電力（以下、東電と略する）や規制当局（正確には、原子力安全保安院）の法的責任、東電の債権者である金融機関の投資家責任、あるいは、原発事故の可能性に十分に備えることができなかった社会システムの欠陥を厳しく問うていけば、将来の危機対応について何か課題解決の見通しが得られるものだと私は漠然と考えていた。

しかし、あまりうまくいかなかった。

たとえば、事故原因のひとつとなった大津波がはたして「想定内」であったのかどうかは、東電や規制当局の刑事や民事の過失責任を問うために必要な条件であったが、考えはじめてみると非常に難しい問題であった。

確かに、強烈な大津波を経験した私たちの社会は、八六九年の貞観地震で大津波が宮城・福島沿岸を襲ったことが地道に研究されてきた事実を突然〝発見〟した。そうして〝発見〟された知見に基づけば、今度の大津波も当然予見できたはずであると考えてしまいがちであるが、二〇一一年三月一一日以前に貞観地震に関する学術的な研究がどの程度の位置を学界、官界、電力業界の間で占めていたのかがすぐにわかったわけではなかった。

原発事故の可能性を「想定外」に追いやってしまった私たちの社会システムは、事故直後からさまざまな方面で痛烈に批判されてきた。これらの批判は、多くの場合に正論であったが、決して将来の危機対応について具体的な糸口を与えてくれるものではなかった。

そのような試行錯誤を繰り返しているうちに、私自身が、今般の原発事故が「想定内」か「想定外」かの二分法で裁断できることを当然のように前提としていることに気がついた。もし、今般の原発事故を構成していた要素が「想定内」にも、「想定外」にも明確に分類することができず、その中間的な状況、すなわち、「想定外」となっていた状態から「想定内」となろうとしていた状態であったとすれば、司法の場で責任を厳しく問う根拠（大津波や原発事故が明らかに「想定内」であったという証拠）も、言論の場で社会システムを痛烈に批判する根拠（大津波や原発事故が明らかに「想定外」であったという論拠〉も決して確固たるものでなくなってしまう。

事実、**第4章「原発危機――「想定内」と「想定外」の間隙」**で〈危機の領域〉に踏み入って明らかにしていくように、大津波が到来する可能性も、原発が過酷な事故に至る可能性も、決して「想定外」の蚊帳の外に置かれていたわけではなく、かといって、明確に「想定内」に位置付けられたわけでもない、まさに地獄（まったく想定されていない事態）と天国（完全に想定されている事態）の間にある煉獄で関係する人々が苦悩していたことが明らかになった。

そうこうしているうちに、自分自身が問題の設定の仕方を大きく変えようとしていることに気がつきはじめた。当事者の責任や社会の責任を直接問うのではなく、もしかすると唐突に聞こえてしまうのかもしれないが、

- 今般の原発事故を納得できなかったのはなぜなのか、
- 過去の経緯の中に原発事故を納得できる契機を見出す余地があったのであろうか、
- 将来、原発危機への対応に失敗した時でもその失敗を納得して受け入れることは可能なのであろうか、

を問い始めていたのである。

「完全な想定外」の地獄と「完全な想定内」の天国の間にある煉獄でもがき苦しんでいた〈危機の領域〉において、原発事故を納得して受け入れることができる契機を見出す余地がまったくなかったのか、あるいは、その可能性がわずかにもあったのか。

原発危機に対応する現場は、さまざまな立場、利害、見識、偏見、誤解を持った人々がまさにぶつかり合ってきた。そこで展開された議論によって大津波到来や過酷事故の可能性は「想定外」の彼方に追い払われていたのかもしれない。

また、意思決定の現場を注意深く探っていくと、人々の判断は、利害や立場とともに、さまざまな認識上のバイアスに大きな影響を受けていて、残念ながら、十分に注意を払うべき可能性が「想定の外側」に追いやられてしまうことが往々にして起きてきた。

もし当事者たちの思惑、利害、錯誤に満ちた経緯で大津波や過酷事故の可能性が「想定外」とされ、その結果、私たちの社会が悲惨な状況に陥ったとしたならば、私たちは、そうした経緯から起きた原発事故という帰結を納得して受け入れることは難しいであろう。

以下では、危機対応の失敗について、法的責任を基軸とする議論から納得を基軸とする議論に私自身が考えを変えてきた経緯についてもう少し詳しく述べてみたい。

1-1-2　個々の責任の帰属によって危機に備えることができるのか?

先にも述べたように、私は、当初、危機の原因に関わっている主体に対して課される責任の問題として、危機への備えについて手がかりを得ようとした。すなわち、危機の原因に加担する可能性のある主体に対して（行政、企業、個人など、状況によってさまざまな主体が考えられるが）、危機に備える責任を担わすべきであると考えたのである。

たとえば、損害賠償制度では、損害の原因に関わった主体に対して、損害賠償の責任を課している。

哲学者の一ノ瀬正樹が指摘するように（一ノ瀬 2013）、古代ギリシャの昔から「結果に対する原因の特定」は、常に「結果に対する責任の帰属」の文脈として捉えられてきた。

まずは、原因と責任を一対一で結びつけておいて、将来の損害の発生について、原因に関わる主体に結果責任を負わすという社会的な了解をしておく。その了解のもとで、損害の負担を回避するために危機の抑止や危機への準備が規律付けられると考えた。しかし、そうした考え方には、多くの限界があることにすぐに気づかされたのである。

第一に、一ノ瀬が指摘しているように、一つの結果に対する原因について科学的な究明を進めていけばいくほど、単一の原因が特定化されるどころか、原因の多様性、曖昧さ、複雑さが明らかにされることが多い。その結果、原因の特定化の度合いが弱まる分だけ、責任を問う根拠も弱まってしまうというジレンマに陥る。

たとえば、一ノ瀬が研究課題としてきた低線量被曝（長い期間にわたって微量の放射性物質に被曝されることで起きる健康被害）においては、原因と結果の関係がきわめて複雑で未解明な部分も多い。癌死という不幸な結果に対して、低線量被爆が原因となるメカニズムが必ずしも明らかにされておらず、他のさまざまな原因が癌死をもたらす可能性は決して無視できないことが指摘されてきた。

私自身も（齊藤 2011）、原発事故の被害や損害という結果について、事故を起こした東京電力、原発行政に責任を持つ原子力安全保安院などの規制当局、住民の避難に対して責任を負う政府や地方自治体だけでなく、原発施設周辺に居住・立地する選択を行った住民や事業者にも、少なくとも原理的には責任の一端があるのでないかという問題を提起した。私の問題提起がさまざまな非難を浴びたのも、東電や規制当局の「責任の希薄化」につながることが懸念されたからであろう。

第二に、通常の損害賠償制度では、ある主体がたとえ原因に関わっていても、過失がなければ、損害賠償の責任が問われない。すなわち、過失の有無によっては、原因と責任の関係が切り離される可能性がある。たとえば、事業者が十分に注意をして運転しており、過失がなかったにもかかわらず生じてしまった工場事故の損害に対して、事業者は損害賠償責任を負わない可能性がある。

ただし、原子力損害賠償法（以下、原賠法と略する）では、原子力事業者は過失の有無にかかわらず、損害賠償責任を負わなければならない。したがって、電力会社の民事的な責任においては、過失の有無によって原因との関係が切り離されるわけではない。しかし、刑事的な責任においては、電力会社の経営や現場の責任者たちに過失がなければ事故責任が問われない。その意味では、過失の有無によって原因と責任の関係が切り離される可能性が依然としてある。

このように事故原因の科学的な究明と事故責任に対する法的な追及との間に横たわる溝も、実は、私たちの社会において原因と責任が単純な形で一対一に対応していないことを示唆しているといえるかもしれない。科学的な原因究明と法的な責任追及の分離と交錯の問題は、本書を通じて考えていくテーマでもある。

1-1-3 「危機対応の失敗に対して社会が納得できる」とは？

原因と責任の強い結びつきを梃子に将来の危機に備えるという、私が当初に抱いていた考え方に行き詰まりを感じはじめたころ、「結果に対して責任を問う」という発想から、「結果を納得して受け入れる」という発想へと自分自身の考え方が徐々に変わってきた。すなわち、危機対応の失敗に納得できるように社会が危機への備えに合意すればよいのではないかと考えるようになった。

このように考える直接のきっかけを与えてくれたのが、二〇一一年一二月の第五回行動経済学会で科学コミュニケーションを専門とする小林傳司と原発事故について討論したことであった（大竹・齊藤・小林 2011）。小林はそこで以下のように発言している。

よく専門家が素人に対して、「皆さん、ゼロリスクはないのです」と言います。でも、それは裏返すと「事故の起こる確率はゼロではない」といっているのと一緒です。そうすると、われわれにできることは、どうやって納得して失敗するのかということです。つまり、合理的な失敗の仕方をどうやって作るべきなのかという問題しか、もう残されていないのではないでしょうか。今回の福島の原発が納得のいく失敗だったとは、私には到底思えません。（二五頁）

先述した損害賠償制度も、その制度の趣旨を注意深く見ていけば、損害がいっさい発生しない状況を実現しようとしているわけではないことはすぐに了解できる。損害賠償制度では、「不幸にして損害が生じた場合であっても、関係者が十分に注意をしてきた結果（過失を伴わない結果）であれば、納得して失敗（事故が起きて損害が発生してしまったという事実）を受け入れよう」というのが趣旨であると解釈することもできる。

もちろん、過失がなくて免責されるといっても、損害が生じるのをただこまねいてみていることが想定されているわけではない。被害や損害を最小化するような事故対応手続きをあらかじめ非常時対応マニュアルで定め、それでも生じてしまった損害については保険制度によってカバーするという措置をあらかじめ講じておくことが期待されている。いいかえると、注意深い管理や運転だけでなく、非常時対応マニュアルの整備や損害賠償保険契約の締結などを含めて「過失がない状態」とされるわけである。

小林が「納得のいく失敗だったとは、私には到底思えません」というとき、発生する確率がゼロでない原発事故に対して社会が十分な備えをしていなかったことを示唆しているのであろう。いいかえれば、社会は、事故のリスクがゼロでないにもかかわらず、ゼロリスクという建前で事故が発生する可能性を無視してきた。

ここでは、危機対応の失敗に納得できるような社会的合意とはいかなるものだろうかということを原理的に考えていきたい。とりあえずは、電力会社組織の内側と外側の専門家の間での原発事業をめぐる合意形成を考えてみる。現実の複雑さに比べてずいぶんと単純に考えて、「原発は安全である」という科学的な根拠に対する態度の問題として社会的な合意形成を取り扱っていく。そうした科学的な根拠をめぐっては、次の四つの可能性が考えられる。

①「原発は安全である」と考えて、原発に賛成する。
②「原発は安全である」と考えていないが、原発に賛成する。
③「原発は安全である」と考えているが、原発に反対する。
④「原発は安全である」と考えておらず、原発に反対する。

これまでの原発推進に関する合意形成では、①の立場の専門家が④の立場の専門家を圧倒するという形で原発が推進されてきた。

すなわち、「原発は安全である」という科学的な根拠への確信の強さが原発推進の原動力になってきたわけである。その過程において「原発は事故を起こす確率がわずかにあるが、おおむね安全である」というところが「原発は安全である」の本来の趣旨であったにもかかわらず、社会においては「原発は安全である」が字義通りに受け取られてしまった。その結果、①の前提で原発を推進してきた電力会社や規制当局も、①の立場にある専門家が主張する前提で原発を受け入れてきた地方自治体や住民も、決して発生確率がゼロではない原発事故に十分な備えをする契機を失ってしまった。

その裏返しとして、原発事故が起きてからは、④の立場にある専門家から「そらみたことか」という激しい非難が発せられた。①の立場にある専門家の意見に従って「原発は安全である」と信じていた人々も、東電、規制当局、研究者にひどくだまされたと感じて激しい怒りをあらわにした。原発事故という大失敗に対しては、社会全体が到底納得できない状況に陥ってしまった。

しかし、二〇一一年三月の原発事故の前も、その後も、①の立場と④の立場の対立ばかりに目が奪われてしまって、②の立場や③の立場の人たちが関わった合意形成の可能性を私たちは見落としていたのではないであろうか。そうした合意形成の可能性こそ、〈危機の領域〉を構成する重要な要素であることを理解していなかったのではないであろうか。

たとえば、専門家の間にあっても、「原発は安全である」という科学的な根拠への確信の度合いと、原発への賛否の態度が一対一で結び付かないような状況で合意形成がなされているケースである。

②の立場の専門家は、原発事故の可能性を考慮しつつも原発推進しているわけなので、原発事故が起きた場合の対応についても十分な配慮を求めていくであろう。たとえば、非常時対応マニュアルの整備やマニュアルに沿った訓練、綿密な避難計画の策定や避難訓練の実施、原子力賠償に関する保険制度の充実など、さまざまな事故対応策や事故処理策が検討されていたであろう。

「はじめに」でも述べたが、②の立場にあるような専門家は、原発事業を推進する電力会社にも、規制当局にも案外に多い。原発推進が国のエネルギー政策として決定されたのは一九六〇年代にまで遡ることができるが、原発事業に関わる研究者や技術者の多くは、原発推進を建前として原発の安全性に向き合わなければならなかった。

一方、③の立場の専門家は、原発の安全性という科学的な議論とは別の観点から原発について本質的な問題提起をしていたであろう。たとえば、老朽化した原発の廃炉や使用済み核燃料の処理について、費用負担を含めた点でさまざまな問題が提起されたかもしれない。厳密に考えると、原発の安全性の問題と廃炉や使用済み核燃料処理の問題は、性格が異なる問題であるにもかかわらず、従来は、①の立場の専門家から両者への賛成が、④の立場の専門家から両者への反対がそれぞれ主張されてきた。

「原発は安全である」という科学的な根拠に対して、専門家の間であっても多様な意見を有して意思決定をしていくことで、たとえ社会において原発を推進するという意思決定がなされたとしても、非常に慎重な原発推進がなされたのでないだろうか。その結果、万が一で原発事故が起きても、事故対応や事後処理を含めて、社会が納得できるような危機対応が期待できるような可能性が生まれていたのではないだろうか。

1-2 ボロボロの〈無知のヴェール〉に覆われた熟議

1-2-1 多様な意見を交換する可能性

それでは、現実の原発危機に対応してきた現場には、①の立場の人々の鋭い対立以外に②や③の立場の人々が①の立場の人々と多様な意見を交換するという潜在的な機会がありえたのであろうか。

実は、その可能性があった。

二〇一一年三月一一日の時点に立ってみて、大津波の到来の可能性についても、福島第一原発が大津波で直面する状況についても、「想定外」から「想定内」への過渡的な状況、まさに煉獄にあったことがいくつもの調査から明らかにされてきた。

私自身も原発事故前の危機対応の状況や事故当座の対応について詳細に調べたが（齊藤 2015）、事故前にも「（ある程度に）悲惨な状況」に陥る可能性を考えてさまざまな対策や手続きが講じられていたことがわかってきた。しかし、残念ながら、事故当座にあっては、現場責任者、東電本社、規制当局が事前の危機対応への理解が十分でなかったことから、そうした対策や手続きを有効に活かすことができなかった。

いいかえてみると、大津波の到来で福島第一原発が陥った状況は、事故前であってもまったくの「想定外」だったわけではなく、規制当局や現場の一部の人たちの懸命の努力で「想定外」から「想定内」

に位置付けられようとしていた。特に、一九七九年三月の米国スリーマイル島原発事故を教訓として米国の原発に導入された危機管理体制が、非常にゆっくりとした速度であったとはいえ、日本の原発でも一九九〇年代に定着しつつあった。

福島第一原発を襲った大津波の到来の可能性にしても、一九八〇年代半ばから宮城・福島沖で八六九年に発生した貞観地震に関する学術研究が少しずつ進んでいた。二〇〇二年の地震調査研究推進本部の長期評価では宮城・福島沖の津波地震が起きる可能性について確定的な判断が難しかったものの、研究が進展してきた二〇一〇年ごろまでには、津波地震が発生する可能性に関して確定できる状況にあった。

こうした分析作業を通じて「悲惨な状況を最善の努力で回避するためにさまざまな対策や手続きをあらかじめ講じておく」という危機対応について、あるいは、「大津波を引き起こす津波地震が福島沖で発生するかもしれない」という可能性について、科学的な理解や技術的な対応が過渡的な段階にあったということも含めて、事故前から東電や規制当局の組織全体で広く共有されていなかったのではないかと考えるようになった。

逆にいうと、すでに「想定外」と「想定内」の間隙にあって、専門家の間で、専門家と行政の間で、そして、専門家と市民の間で忍耐強く多様な意見を交換しながら、「想定内」の方向に向かって勇気ある一歩を踏み出すことができる契機を見出す余地があったのかもしれない。

しかしながら、特に①の立場と②の立場の間の合意形成が決して容易でないことも確かなことである。たとえば、①の立場にあった東電や規制当局の責任者は、「想定外」から「想定内」への途上において、結果としてみると、バックギアを入れてしまうようなことをしてしまった。

なぜ、そのようなことが起きたのだろうか。

第一に、本来であれば中立的な立場から合意形成の触媒となるはずの行政がブレーキを踏んでしまった可能性がある。たとえば、「『絶対に過酷事故を起こさない』という行政のミッションで規制を強化しているにもかかわらず、過酷事故の危機対応を考えるというのは自己矛盾である」という行政独特のロジックは、危機対応マニュアルの整備を大幅に遅らせてきた。こうした行政のロジックの背後には規制行政の無謬性が想定されていて、規制が失敗する可能性があらかじめ排除されていたのである。

第二に、①の立場にある電力会社や規制当局の責任者の典型的な認識パターンとして、バッドな事故状況とワーストな事故状況を十把一絡げにして「想定外」としてくくってしまう傾向がある。過酷な原発事故についても、当然ながら、その程度には、相応に過酷なもの（バッドケース）から、きわめて過酷なもの（ワーストケース）まで段階がある。一九七九年三月の米国スリーマイル島原発事故がバッドケース（相応に過酷なケース）であったことから、一九八〇年代になって米国の原発は「ある程度過酷な原発事故」について危機対応手続きが整備されてきた。日本の原発についても非常にゆっくりとした速度であったが、②の立場の人たちが主導しながら「ある程度過酷な事故」に対して危機対応手続きが一九九〇年代に整ってきた。

しかしながら、原発事故前も、事故の当座も、事故後も、「ある程度起きうると考えられる数多くのバッドケース」と「滅多に起きることのないまぎれもないワーストケース」を十把一絡げにワーストケースとして「想定外」にまとめてしまおうとする性向が電力会社や規制当局の責任者に根強かった。

その結果、今般の原発事故が少なくともその初期においてワーストケースでなく、バッドケースであったにもかかわらず、原発現場、東電本社、規制当局の責任者（①の立場にあった人々）の間では、初動からワーストケースとして認識され、②の立場にあった人々が長い時間をかけてようやく整備してきたバッドケースに対する危機対応手続きがほとんどないがしろにされてしまった。

このようにして、①の立場と②の立場の合意形成を妨げている要因を注意深く特定することは、危機対応において円滑な合意形成を実現するための重要な一歩となっていくであろう。事実、事前にも、事後にも、バッドケースとワーストケースを区別せずに十把一絡げに認識するという人間認識の歪みは、さまざまな〈危機の領域〉でしばしば観察されている。そうした認識の歪みに注意を向けておくことは、将来の危機対応の現場での合意形成にも活かすことができる。

1-2-2　ボロボロの〈無知のヴェール〉であっても

ここではさらに原理的なところから、①の立場の人々と④の立場の人々との激しい対立ではなく、②や③の立場の人々が①の立場の人々と討議し合意を形成できる環境を考えてみたい。

理想的な環境をいうと、大著『正義論』（ロールズ 2010）を著したジョン・ロールズのいう〈無知のヴェール〉で社会を覆ってしまい、そうしておいて話し合いによって物事を決めることができれば、私たちはその決定と帰結を「正義」として納得して受け止めることができるのかもしれない。

乱暴な言葉で連ねた理由は以下のとおりである。より丁寧な言葉による〈無知のヴェール〉の説明は、1-4節を参照してほしい。

〈無知のヴェール〉に覆われた社会とは、境遇、階級上の地位や身分、生来の資産、能力、知性、体力、これまで経験してきた運・不運、そして、心理的な性向や認識上のバイアスなど、あらゆる個人の特性を決定しているものからすべての人々が自由になっている状態である。すなわち、自分はどの他人とも対等な立場となる。

〈無知のヴェール〉で覆われた環境で決められたことは、「だれにとっても、どのような状態にもなりうる状況」（たとえば、だれもが金持ちにも貧乏人にもなりうる状況）のもとで「だれもが将来、直面しうる最悪なケース」（たとえば、極貧に陥るケース）を「もっともましな状態」（極貧の程度をできる限り和らげられた状態）にするようなものとなる。さらにロールズが主張したマックス・ミン原理（1-4節で詳述）では、「最悪なケースが必ず起きる」というシナリオが想定されている。

このようにして〈無知のヴェール〉に覆われて自分たちを完全に対等な立場に置くことによって、自分たちが直面している不確実性を最大限に見積もって将来を見通す視座を得るわけである。

しかし、危機対応について意思決定をする現実の現場をまっさらな〈無知のヴェール〉で覆うことなど所詮無理である。たとえそうであったとしても、ボロボロの〈無知のヴェール〉を被るぐらいのことであれば、あるいは私たちにも可能なのかもしれない。

ボロボロの〈無知のヴェール〉に覆われた環境でできることといえば、

- 自分の立場や利害から少しだけ離れてみる、
- 自分の専門から少しだけ踏み出してみる、
- 自分の持っている認識バイアスからできる範囲で自由になってみる、

という程度のことである。

ボロボロの〈無知のヴェール〉によって危機対応の現場を覆うことで、人々がそこそこに対等となって、そこそこの幅で将来の不確実性を見通すことぐらいならば可能でないであろうか。

ここで議論の出発点として、危機対応の現場の人々が自分の立場、専門、心理的な性向などに頑なにこだわって、自分が直面するかもしれない将来の可能性をきわめて限定的に見ており、その限定された可能性だけに責任をとっているとしよう。

現場の人々がそんなところでボロボロの〈無知のヴェール〉を被ったとする。ボロボロのヴェールゆえに依然として立場などに違いがあって、自分が完全に他人と対等になるというわけにはいかない。しかし、ある程度対等になったところで多様な意見を交換していくと、ボロボロの〈無知のヴェール〉を被る前に比べれば、それぞれの人が直面するかもしれないと考える将来の可能性はある程度広がり、人々はそのようにして拡大した可能性に対して、自分ができる範囲で責任を引き受けようとするであろう。

すなわち、危機対応の現場の人々は、自分たちのできる限りの範囲で将来の危機に備えた状況が生まれる。危機対応の当事者たちは、その結果として危機対応に失敗したのであれば、たとえ十全でないにしても、ある程度の納得をもって受け取ることができるのでないであろうか。

いいかえてみると、〈危機の領域〉において熟議を経てきた当事者たちは、ある危機を起点として、「それまでの自分（危機前の自分）」が、「それからの自分（危機後の自分）」に対して、自分ができる範囲で責任を持つことができるような状態になっていれば、たとえ不幸にして危機対応に失敗したとしても、ある程度の納得をもって受け入れることができるのでないであろうか。

このようにして危機対応の現場をボロボロの〈無知のヴェール〉によって覆われた状態で多様な意見を交換することを、本書では〈現場の熟議〉と呼ぶことにしよう。

ここで現場の当事者の間での熟議という場合には、さまざまなケースが含まれている。本書では、専門家の間で、専門家と行政の間で、専門家と市民の間で、あるいは、市民どうしで多様な意見を交換する機会において、危機対応にたとえ失敗しても、それを納得できるような〈現場の熟議〉が成り立つような契機を見出したいのである。

原発の安全性をめぐって多様な意見の可能性があった先ほどの事例に戻ってみると、専門家どうしの、あるいは、専門家と行政の間での、できるだけ対等な立場での熟議の可能性ということになる。ボロボロであっても〈無知のヴェール〉を被った討議の当事者たちは、細分化された専門分野から、行政の独特のロジックから、あるいは、ワーストケースもバッドケースも十把一絡げにする認識バイアスからある程度自由になって熟議を行う。そうすれば、当事者たちはできる限りの範囲で原発危機の可能性を見積もり、自らの能力の範囲で責任を引き受けることができるのかもしれない。そのような場合に、当事者の間では危機対応の失敗さえも納得をもって受け入れる可能性が生まれる。

それでは、当事者でなかった部外者は、過去の危機対応において〈現場の熟議〉の契機を見出すことができれば、危機対応の失敗を受け入れる可能性があるのであろうか。

非常に難しい問題である。

私が今いえることは、過去の危機対応に〈現場の熟議〉の契機を確認することは、部外者にとって危機対応の失敗を納得する十分条件にならないかもしれないが、まちがいなく必要条件となるであろう。

1-3 私たちの社会の危機

1-3-1 暴走しかねない予防原則、悪用されかねない予防原則

それでは、視点を変えて予防原則の実践における熟議の可能性を考えてみよう。予防原則と呼ばれている危機対応のプリンシプルは、当初、「合理的に予想される将来の危機について、費用対効果が保たれている範囲で危機対応をする」と解釈されていた。それが、極端な予防原則では、「合理的に予想される」が「必ずしも科学的根拠がなくても」に置き換わり、「費用対効果が保たれている範囲で」が「費用対効果を無視してでも」に入れ替わってしまった。

しばしば極端な予防原則の事例としてあげられるが、二〇〇一年九月一一日にアメリカを襲った同時多発テロの直後、副大統領のディック・チェイニーは、「一%ドクトリン」(4-1-1節で詳述)を発表した(サンスティーン 2012a)。チェイニーは、テロ活動を支援している確率が一%でもある限りは、その確率を一〇〇%として断乎とした措置を支援者にとるべきであると主張したのである。テロ支援の確率を一%から一〇〇倍に誇張して大胆な危機対応が発動されようとした。

「はじめに」でも指摘したように、極端な予防原則のもとに行われる危機対応は、科学的な根拠ではなく、「万が一の破滅的な危機を回避する」という大義名分によって正当化され社会的支持も受けやすい。

このような予防原則によって推進される規制や政策は、表立って反対することが非常に難しい。仮に規制や政策が実施されないままに、万が一にも危機が顕在化した場合には、反対した人々が批判の矢面に立たされるからである。たとえば、テロ行為を排除することを目的とした厳しい規制の導入を阻んだあとにテロが起きれば、規制導入に反対した人々は厳しい批判に直面するであろう。

強力な社会的支持を取りつけやすいが、実は科学的根拠に乏しい危機対応は、それが失敗する可能性を決して排除できない。もっとも典型的な失敗のパターンは、莫大な政策資源を投じたにもかかわらず、危機を回避することができなかったケースである。たとえば、大々的なテロ対策を実施したにもかかわらず、テロが生じたような場合である。破滅的な危機を回避するという大義名分のために実施されたテロ対策ではあるが、完璧なテロ対策などあろうはずがない。それにもかかわらず、人々は、テロ対策に大きな期待を寄せていただけに、テロ対策の失敗に大きく落胆をするであろう。

科学的根拠を無視し、費用対効果を度外視する極端な予防原則は、ときに暴走して社会を混乱させることもある。**第2章「環境危機――予防原則の暴走」**で議論しているように、二〇一七年初に明るみに出た東京都豊洲市場の地下水汚染騒動も、当初、リスク管理の専門家の間では、予防原則の暴走の典型的な事例として受け止められた。

すなわち、土壌汚染対策法で求められていなかったのにもかかわらず、飲料や洗浄に用いる可能性がまったくない地下水について飲料水並みの環境基準を東京都が無謀にも適用しようとしたのは、環境リスクに対する過剰反応であると解釈されたのである。また、科学的には必然性もない地下水の完全浄化（無害化）を執拗に求める卸売市場関係者や住民たちにも非難が集中した。

しかし、豊洲新市場建設決定までの時間的な経緯を丁寧に追っていくと、必ずしも予防原則の暴走とはいえない側面が見えてくるのである。

豊洲用地は、東京ガスが一九七六年に石炭ガス工場を操業停止していたために二〇〇三年二月に施行された土壌汚染対策法の対象となっていなかった。ところが、二〇一〇年四月に改正されることになった土壌汚染対策法では、健康への直接的な被害がない限りで土壌や地下水の完全浄化をしない土地活用が認められる一方、完全に浄化されていない状態の用地は指定区域として告示されるようになった。しかし、当時の農林水産省は、土壌汚染対策法の指定区域とされた用地は、卸売市場用地としてふさわしくないという見解をとっていた。

改正される土壌汚染対策法のもとでは、石炭ガス工場の操業で土壌と地下水がひどく汚染されていた豊洲用地が、新たに指定区域とされる見込みとなった。豊洲用地を是が非にも卸売市場用地として活用したい東京都の立場からすると、完全浄化を行って指定区域を解除（後には区分変更）するしかなかった。

土壌汚染対策法の改正内容が明らかになってきた二〇〇八年夏に東京都は、市場施設下の地下水のみを完全浄化するという専門家会議の決定を覆して、敷地全面の地下水を完全浄化することを決定した。敷地全面の地下水の完全浄化は、技術面でも、費用面でも問題があるとされていたにもかかわらず、土壌汚染対策法上の指定区域解除のためにその実施が求められたのである。

東京都は、二〇一七年一月に地下水汚染が発覚した後、同年六月に地下水の無害化（完全浄化）を断念した。

そもそも論をいえば、土壌汚染対策法の改正内容を見通すことができた時点で、東京都、元地主の東京ガス、専門家、住民の間で熟議をして、豊洲用地の汚染状態にふさわしい代替的な土地用途を検討すべきであった。

ここでも、ひとつひとつの〈危機の領域〉に踏み入って丁寧で徹底した観察が必要なようである。

1-3-2 財政危機に対する超楽観と超悲観 将来世代との対話の可能性

第2章から第5章までは、環境危機、地震災害、原発危機、金融危機に関わる過去の危機対応の失敗を振り返ることで、現在という時点に立ってみて、過去の経緯の中に危機対応の失敗をも納得できるような契機を見出していく作業を行っていく。そうした作業の積み重ねからは、〈無知のヴェール〉がたとえボロボロであったとしても、そのヴェールで覆ったところで熟議を試みることによって危機対応に関する合意形成の可能性がありえたことを示していきたい。

一方、**第6章「財政危機――『危機だから』という口実」**では、財政危機という遠い将来（もしかすると近い将来かもしれないが…）の危機への対応について失敗の可能性を考えていく。したがって、過去の危機対応の失敗といっても、現在世代が経験してきたところを超えた歴史に事例を求めなければならなくなる。あるいは、将来の方向に対しても非常に長いタイムスパンを持って危機対応を講じなくてはならない。

金融危機や財政危機への対応のように経済政策を通じて危機対応が図られる場合には、危機対応の現場の当事者の範囲は、横断面でも時間面でも非常に広くなる。これまでは、過去の危機を起点として

「それまでの自分」が「それからの自分」にどのように責任を果たしていくのかという設問の立て方をしてきたが、そこでの「自分」は横断的な広がりがあって、むしろ「私たち」、あるいは「社会」といったほうがふさわしい。

一方、時間面に目を向けると、仮に財政危機が十年単位の将来に起きる可能性があるとすると、「自分」は「世代」に置きかえてみたほうがよいのかもしれない。そこで提起しなければならない仮想的な設問も、現在を起点として、現在の世代が将来の世代に対して負うべき責任についての問題ということになる。将来世代を現在の若い世代と考えれば、熟議の物理的な可能性はあるが、いまだ生まれていない世代とすれば、将来世代を何らかの形で仮想しなくてはならない。そうした意味で財政危機への対応は、ずいぶんと厄介な問題を抱えているのである。

いずれにしても、横断面で見ても、時間面で見ても、非常に広範囲な人々と、時には、いまだこの世に存在していない人々と、すなわち、立場も利害も大きく異なっている人々の間で財政危機への対応に合意形成を進めていかなければならない。

まずは、私たちの社会で財政危機の可能性が浮かび上がってきた経緯を振り返ってみよう。

日本社会は、一九九〇年代後半以降、経済危機や金融危機、あるいは、自然災害への事前対応や事後処理にあたって大規模な財政出動が繰り返されてきた。「現在、危機状態にある」という認識は、消費税増税を含む財政構造改革を先延ばしにする口実ともなってきた。たとえば、一九八九年四月に三％の税率で導入された消費税は、当初、順調に二〇％程度に引き上げられて社会保障支出をカバーしていくことが見込まれていた。しかし、一九九七年四月にようやく五％に引き上げられてからは、次の八％への増税を二〇一四年四月まで待たなければならなかった。本書の執筆時点（二〇一七年一二月）では、二〇一九年一〇月に一〇％への増税がどうにかこうにか見通すことができているような状態である。その結果、日本政府や地方自治体が抱える借金は、日本経済の名目規模の二倍までに膨れ上がった。このようにして膨れ上がった政府債務自体が、政府が国債の債務不履行に陥るという意味での深刻な財政破綻をもたらすことが懸念されている。

こうした財政危機の可能性への対応について合意を形成していくためには、熟議に参加する人々がボロボロの〈無知のヴェール〉を被りながら、人間の認識に関わる二つのバイアスからできるだけ自由になる必要がある。

第一に、超楽観バイアスからの自由である。ここでの超楽観バイアスは、財政危機の蓋然性が指摘されているにもかかわらず、特段の理由もなく「財政危機など起きないであろう」と楽観してしまう傾向を指している。あるいは、決して理論的、実証的に妥当しない理由から「財政危機など起きるはずがない」と信じ込むケースも含まれる。そうした理由の中には、「日本銀行が国債を引き受けてくれれば財政危機は起きない」、「経済が成長すれば財政危機を回避できる」といったものも含まれる。後者の場合は、これらの理由が経済学的に見て適切でないことを丁寧に説明していくしかないであろう。

第二に、超悲観バイアスからの自由である。ありえないワーストケースのシナリオまで含めて危機対応を考える必要があるとすると、多くの場合、合理的な危機対応など見出せるはずもなく、危機対応のことなどいっさい考えなくなる思考停止に陥ってしまう可能性がある。

しかしながら、先ほども指摘したように、人間の認識にはもうひとつのバイアスがあって、「将来起こりうる」バッドケースも、「まずは起こりえない」ワーストケースも十把一絡げにくってワーストケースとしてしまいかねない。

たとえば、財政危機の典型的な現象であるインフレ率の加速も、年数倍までのギャロッピング・インフレ（galloping inflation）というバッドケースと、年数百倍、数千倍のハイパーインフレ（hyperinflation）というワーストケースが区別されてこなかったことが、財政危機への対応を非常に難しくしてきた。「ある程度起こりうる」ギャロッピング・インフレが「滅多に起こらない」ハイパーインフレと一緒にされてしまうことで「ハイパーインフレなど心配することがない」と財政危機への警戒心が薄れてしまう。私たちの社会は、その裏側でバッドケース（この場合はギャロッピング・インフレ）に備える契機も失ってしまうのである。

それにしても、現在世代の構成員すべてが超楽観バイアスと超悲観バイアスを捨てることができないとすれば、財政危機への対応について現在世代は将来世代に責任を負うことができなくなってしまうかもしれない。第2章から第5章までのケースであれば、危機を起点とした「それまでの自分」と「それからの自分」が同一人格であるというところで前者が後者に負う責任が最低限担保されているが、現在世代と将来世代ではそう簡単にはいかないのかもしれない。

さてどうするか。

第7章「エピローグ——合意形成の技法と作法」では、〈現場の熟議〉ではなく、「虚構の熟議」や「実験の熟議」の段階ではあるが、財政危機の回避をめぐって現在世代と将来世代の対話の可能性を探っていく。

科学の世界だけでは自己完結的に課題解決できない領域はトランス・サイエンスと呼ばれている。そうした領域では、科学と社会の接点において科学者と市民の間の合意形成が重視されてきた。たとえば、小林傳司たちが実践してきたコンセンサス会議は、専門家パネルと市民パネルの間の多様な意見交換によって課題を解決しようとする仕組みである（小林 2007）。第7章では、熟議による課題解決の仕組みを〈危機の領域〉でも応用してみたい。

第6章で詳しく見ていくが、経済学の知見だけでは財政危機への回避をめぐって合意形成を促すことが困難である状況を踏まえて、第7章では熟議による課題解決の可能性を検討している。1-4-2節で見ていくように、ボロボロの〈無知のヴェール〉を被った人々は、さまざまな立場からある程度自由になって熟議に臨むが、同時に熟議を通じて異なった立場を自らに受け入れる契機を見出すことにもなる。

そこで、西條辰義たちが提案しているフューチャー・デザインの仕組みのように（西條 2015）、仮想将来世代（将来世代の役割を担う現在世代）に議論に参加することによって、現在世代の利害と将来世代の利害を現在世代のなかで共存させ、現在世代が将来世代に負っている責任を認識する契機を作っていけるのかどうかを検討している。

1-3-3 「押し付けられた未来」から「責任を負う未来」へ

ここまでの議論をまとめてみよう。

私たちの社会は、不幸にしてさまざまな危機の可能性を抱え込んでしまっていて、決してゼロリスクの状態にはない。そんな非ゼロリスク社会において、わずかな確率とはいえ、いったん顕在化すると莫大な損失をもたらしかねない危機に対応していくためには、「危機を哲学する」ような〈危機の領域〉において多様な意見を交換する熟議を、私たちの社会は尊重していかなければならない。〈危機の領域〉で熟議に参加する人々が、ボロボロのものでもかまわないから〈無知のヴェール〉を被って、立場、利害、そして認識バイアスからできる範囲で自由になって、いや、熟議のプロセスで自由になっていって、辛抱強く、忍耐強く合意を形成していく可能性に、私は強い期待を寄せている。

そうした熟議のプロセスの中で、危機を契機として「それまでの自分」が「それからの自分」に責任を持つことができ、その限りにおいて危機対応の失敗も、ある程度の納得をもって受け入れることができるようになっていくのでないであろうか。ただし、このように希望的な予想を立てながらも、心配なことがゆっくりと進行しているようにも思う。

第5章「金融危機——単純化される「危機」」でも議論しているが、安倍晋三首相の強力なリーダーシップによって二〇一六年初夏に打ち出された経済政策（消費税増税再延期）においては、金融危機が到来するリスクが非常に曖昧な形で取り沙汰されて大胆な政策対応が展開されてきた。

しかし、公開された情報や報道された内容などを確認する限りは、二〇〇七年から二〇〇八年にかけての世界金融危機について英国女王と経済学研究者たちの間で真剣に交換されたような密度の高い議論が、「リーマン・ショック」という言葉によって不正確に代表された金融危機への対応について首相周辺、閣議、議会で徹底された形跡はまったくなかった。

また、大胆な政策の効果や代替的な政策について活発な議論が交わされたわけでもなかった。先に議論した図式の「原発の安全性に対する確信」のところを「政策効果への確信」に置き換えると、次のような単純な場合分けを考えることができる。

⑤政策効果を確信し、政策に同意する。
⑥政策効果を確信できないが、政策に同意する。
⑦政策効果を確信できるが、政策に同意しない。
⑧政策効果を確信できず、政策に同意しない。

原発推進のときの議論と同じように、⑤の立場の人々と⑧の立場の人々の対立は激しかったが、⑥や⑦の立場の人々が⑤の立場の人々と真剣に議論する機会はほとんどなかった。⑥の立場の人々は、現行の政策に同意して政策に関わりつつも、その政策の効果を確信していないので、現行のプランAに代わるプランB、プランCを立案するかもしれない。あるいは、現行の政策で危機を回避できない状況に備えて、危機対応の手順を整備するかもしれない。

一方、⑦の立場の人々は、現行の政策について効果を認めつつも、政策の妥当性について本質的な疑義（たとえば、当該政策が経済原則に抵触して「禁じ手」となるという認識）を提出するかもしれない。こうした本質的な疑義は、政策の暴走を一定程度抑止する可能性があるであろう。

⑥や⑦の立場の議論が政策決定プロセスで排除されてしまうと、結局は、原発危機への対応に失敗したことと同じ轍を踏むことになるのでないであろうか。

現行の政策で危機を封じ込めることができるという確信のもとでは、代替的な政策プランが案じられることもなく、政策の副作用として生じる可能性のある新たな危機への備えも整えられることもないであろう。その結果として、万が一に危機が勃発したときには、日本経済が有効な危機対応能力をすでに失っていて、著しい混乱に陥るかもしれない。そのような場合、多くの国民は、金融危機への対応が失敗したことに決して納得することはしないであろう。

強力なリーダーによって押しつけられている未来は、うまくいっている限りにおいて人々にとって心地の良いものになるであろう。しかし、将来の危機への対応について、多様な立場の人々の間で徹底的に熟議するという営為が私たちの社会からすっぽりと欠落してしまうと、私たちはリーダーの言葉に自らの未来をすべて託してしまい、「未来の自分」、「未来の社会」、そして、「未来の世代」にいっさいの責任を負わなくなるかもしれない。

その結果、大胆に推し進められてきた危機対応が裏目に出るや否や、リーダーたちが責任をまったく引き受けていないことにハタと気がついて、「現在の自分」が「過去の自分」に、「現在の社会」が「過去の社会」に、そして、「現在の世代」が「過去の世代」に呪詛の言葉を投げかけることになるにちがいない。そうなれば、私たちは、危機対応の失敗を、納得とは対極の状態で拒絶するにちがいない。

そのようなことが決して起こらないためにも、非ゼロリスク社会における責任と納得の問題を主軸に〈危機の領域〉のすみずみまで読者を案内していきたい。

1-4　経済学から見た危機対応
〈危機の領域〉における〈無知のヴェール〉の三つの役割

1-4-1　〈厚い無知のヴェール〉、〈薄い無知のヴェール〉、そして、〈厚くもない、薄くもない無知のヴェール〉

1-4節では、1-2節で導入した〈無知のヴェール〉で覆った熟議が〈危機の領域〉において果たすことが期待される三つの役割を考えてみたい。

まずは、〈危機の領域〉における課題を次のように特徴付けてみよう。

- 不確実性をできる限り広く見積もって将来の危機の可能性を考慮する必要がある。
- 必ずしも科学的に正解がない危機対応についても、何らかの合意を形成しなければならない。
- 危機対応の当事者は、危機を起点として「危機前の自分」だけでなく「危機後の自分」も考慮する必要がある。

一方、〈無知のヴェール〉を被って立場から自由になった人々が多様な意見を交換することは、次のような効果をもたらすのではないであろうか。

- 討議の参加者が不確実性をできる限り広く見積もって将来の可能性を考えることができるようになる。

- 参加者ができる限り立場から自由になった討議では、必ずしも正しい対応がない課題について意思決定の説得的な理由を見出すことができる。
- 参加者ができる限り立場から自由になった討議のプロセスが、それぞれの参加者が「異なった立場」に配慮する契機となる。

〈危機の領域〉の課題の特徴と〈無知のヴェール〉の潜在的な効果の対応関係を見てくると、〈危機の領域〉の課題は、〈無知のヴェール〉で覆った熟議によって解決できるかもしれない。まずは、第一の効果から見ていこう。なお、ジョン・ロールズの主張とそれへの反対論については、クカサス＝ペティット（1996）によった。

ロールズが〈無知のヴェール〉で覆った合意形成を仮想したのは、彼の正義原理が根拠付けられるマックス・ミン原理を導き出すためであった。ロールズの用いた〈無知のヴェール〉は、〈厚い無知のヴェール〉と呼ばれている。厚いヴェールで覆われた当事者たちは、個人の立場を主として決定する才能や能力ばかりでなく、将来、どの程度の確率でどの立場に就くのかもまったく知らない状態にある。ロールズは、そのように個々人の立場から完全に自由になった人々がマックス・ミン原理で意思決定の正しさを判断するとした。

マックス・ミン原理とは、だれもがなりうる最悪ケースをできるだけましな状態に導く決定を正しいとする。ここで重要な点は、将来の不確実性を最大限に広く見積もって、当事者のだれもが必ず最悪ケースに陥るというシナリオで、そうした最悪の状態が一番ましになるような意思決定を考えているところである。

こうした極端なシナリオは、多くの研究者の反発を招くことになる。特に、ロールズに先んじて〈無知のヴェール〉に相当する概念を提出したジョン・ハーサニは、将来、どの程度の確率でどの立場に就くのかという情報まで無知であると、きわめて非合理的な決定が導き出されることを指摘した。

彼が用いた例は次のようなものである。今、ニューヨークにいて薄給の仕事に就いているとする。そこに飛行機でシカゴに飛ぶと高給の仕事に就くことができる。しかし、ほんのわずかの確率であるが、ニューヨークからシカゴへの飛行機が墜落して死ぬ可能性がある。

この場合、最悪ケースは「飛行機が墜落する」である。ロールズのマックス・ミン原理では、最悪ケースが必ず起きるというシナリオを考えるわけである。すると、最悪ケースは、ニューヨークにとどまった場合に飛行機事故の影響を受けずに「薄給の仕事」、シカゴに行く場合に「事故死」となる。もちろん、「薄給の仕事」と「事故死」を比べれば、前者のほうがましなので、ニューヨークにとどまるという決定がマックス・ミン原理に適っている。

ハーサニは、こうした常識外れの決定が正当化されるのは、マックス・ミン原理が飛行機事故に遭遇する確率の低さを完全に無視しているからである。仮に事故の確率を非常に低い p として、事故死の不幸せを D(事故死)、薄給の仕事の幸せを U(薄給の仕事)、高給の仕事の幸せを U(高給の仕事) とすると、以下の不等号が成り立つ限りは、シカゴに飛び立つことになる。

$$-pD(\text{事故死})+(1-p)U(\text{高給の仕事}) > U(\text{薄給の仕事})$$

すなわち、飛行機事故に遭遇する確率が非常に低ければ（pがゼロに近ければ）、ニューヨークからシカゴに移って高給の仕事に就くほうが合理的ということになる。

ハーサニが想定したように、将来、どの程度の確率でどの立場に就くのかがわかっている状況は、〈薄い無知のヴェール〉と呼ばれている。

右のような定式化にロールズのマックス・ミン原理を適用とすると、最悪ケースが起きることを最大限で見積もることになるので、p = 100%となって、

$$-D(\text{事故死}) < 0 < U(\text{薄給の仕事})$$

が常に成立する。すなわち、ニューヨークにとどまることがいつもマックス・ミン原理に適っていることになる。

2-3節で紹介するマックス・ミン基準は、ロールズの原理とハーサニの考え方（期待効用と呼ばれている）のちょうど中間的なものであり、最悪ケースが必ず起きるという極端なシナリオではなくて、ありえそうな複数のシナリオの中で不確実性をできる限り広く見積もっていこうとする考え方である。

たとえば、ニューヨークからシカゴへの飛行機が事故に遭遇する確率について次のような三つのシナリオがあったとしよう。

$p_1 = 0.1\%$

$p_2 = 1\%$

$$p_3 = 1.5\%$$

これらの三つのシナリオの中では、第三番目のシナリオ（$p_3 = 1.5\%$）が、最悪ケースが起きることをできるだけ高く見積もっている。仮に事故確率が一・五％のもとで以下の不等号が成り立てば、シカゴで高給な職に就こうとする決定がマックス・ミン基準に適っていることになる。

$$-0.015 \times D(\text{事故死}) + 0.985 \times U(\text{高給の仕事}) > U(\text{薄給の仕事})$$

経済学の現在的なコンテキストでは、マックス・ミンという場合、ロールズのマックス・ミン原理ではなく、2-3節で詳しく説明するマックス・ミン基準を指すことがほとんどである。マックス・ミン基準は、〈厚くもない、薄くもない無知のヴェール〉ということができるのかもしれない。ただし、マックス・ミン基準のアイディアを提出した研究者の一人であるイツァーク・ギルボアは、次のように述べてロールズのマックス・ミン原理を積極的に評価している（ギルボア 2013）。

結論的には、私たちは幸せを測ることができるまともな尺度は持ち合わせていないように思われます。さらに、「見ればわかる」という状態からもほど遠いありさまです。でも反対に、私たちは何が不幸なことかに関してはよりよい考えを持っています。一つの可能な結論は、ジョン・ロールズの立場に立てば、社会政策は幸せの最大化ではなく、不幸の最小化に焦点を当てるべきということになります。（二一七頁）

なお、右の翻訳の「不幸」は、原文では 'unhappiness' ではなく、'misery' であることを付け加えておきたい。もしかすると、後者のほうが最悪ケースの語感に近いのかもしれない。

1-4-2 熟議の技法としての〈無知のヴェール〉(1)

ロールズが〈無知のヴェール〉を覆って正義原理を導出した仮想の環境は、しばしば、議会をはじめとした公共的な熟議を通じた合意形成プロセスをモデル化したものと解釈されてきた。たとえば、サンスティーン(2011b)は、「ロールズの著書『正義論』は、ある面で、リベラリズムの伝統が有していたこれらの特徴(熟議、討議、政治対話の重要性、公的・私的権力からの権利の保護など)を説得力のある方法で擁護したのであり、共和主義思想の現代的魅力(熟議、政治的平等、多元主義に対する普遍主義、市民活動の重視)をかなり具現しているのである」(一〇七頁)に続く注釈に〈無知のヴェール〉の重要性が次のように述べられている(傍線は筆者)。

無知のヴェールは、通常理解されるところでは、私益が政治的判断の原動力ではないことを保証するものである。すなわち政治的行為者は全員を代表するので、利益の歪曲力は除去される。原始状態(無知のヴェールに覆われた状態)の目的は、政治的行為者が肉体を奪われること(中略)ではなく、彼らが多様な視点を取れるように保障することである。また無知のヴェールはある程度の政治的平等をも保障し、普遍主義と市民活動はロールズの理論の核心部にある。(二七九頁)

特に、〈無知のヴェール〉に覆われて立場から自由になった人々が討議を通じて合意を形成するという手続きは、どの立場にも偏っていないという不偏性を獲得することができる。そうした手続きは、真理に到達する手段ではなく、たとえ真理が存在しなくても、到達した結果に対して一定の正当性を与える役割を担っている。(2)

〈無知のヴェール〉に覆われた熟議自体が到達した合意に正当性を付与するという側面は、これまでも何度も指摘してきたように、科学的根拠がきわめて脆弱である危機対応への合意についてとりわけ重要になってくるであろう。

一方、逆説的になってしまうが、〈無知のヴェール〉を被った熟議は、立場から自由になった人々が討議を通じて異なる立場を自らに受け入れる重要な契機ともなる。やや長くなるが、ロールズの『正義論』(ロールズ 2010) から引いてみよう (傍線は筆者)。

私たちは、多くの人びとの間で理想的になされた議論のほうが、そのうちの誰かがひとりでなした熟慮よりも、(必要であれば投票によって) 適確な結論に達する可能性は高いと、通常は想定している。なぜそうなのだろうか。日々の暮らしにおいては、他者との意見の交換が私たちの公平性を確かめ、私たちの視界を広げる。他者の観点からものごとを見るようにさせられることによって、

(1) 1-4-2節の議論は、若松・須賀 (2011a, 2011b) に依拠するところが多い。
(2) ロールズは、そうした役割を「純粋な手続き的正義」と呼んでいる。

自分の見通しの限界を痛感させられる。だが理想的な過程においては、無知のヴェールによって、立法者たちはすでに公平無私の状態にある。〔それでもなお〕議論に利益があるのは、代議制の立法者たちでさえ知識と推論能力において限られているからである。代議制の立法者たちの中に、他の者が知っていることのすべてを知っている者はいないし、協調して出しうる推論と同じ推論をすべてひとりで出しうる者もいない。論議とは情報を組み合わせて論証の幅を広げる方法にほかならない。少なくとも時が経つにつれて、共通の熟慮・討議には事態を必ず改善する効果があると思われる。（四七三頁から四七四頁）

右のロールズの文章では、〈無知のヴェール〉で覆われた人々の知識や能力の限界が、立場から自由になった人々との多様な意見の交換によって克服される可能性が淡々と述べられている。その結果として、「他者との意見交換」が触媒となって、「他者の観点」、「他の者が知っていること」、「協調して出しうる推論」を共有する機会があらわれる可能性もある。

第2章から第7章において詳しく見ていくが、〈危機の領域〉において危機対応をめぐる議論では、他者の立場はもとより、同じ人格でありながら自らに取り込むことが決して容易ではない「将来の自分」や「危機後の自分」の立場を考慮することが不可欠になってくる。また、財政危機のように影響が将来の世代に及ぶような課題では、将来世代の立場を自らに取り込んでいくことがきわめて重要となってくる。

そうした意味でも、〈無知のヴェール〉で覆った熟議への参加で立場からできるだけ自由になった人々が、その過程で他者の立場や、自分の異なる立ち位置を自らに取り込んでいくことは、〈危機の領域〉で大切な作業となるのである。

1-4-3　経済学研究者にとっての〈無知のヴェール〉

本節の最後に、〈無知のヴェール〉で覆った熟議による課題解決という手続きは、経済学研究者にも大きな発想の転換を迫るものであることを述べておきたい。

通常、経済学研究者は、理論的にその適切さや望ましさが明らかにされているメカニズム、たとえば、市場メカニズムに現実の課題解決を委ねている。そうして社会で生まれてきた最終的な結果については、価値判断（良いか悪いかの判断）を留保するというのが典型的な経済学研究者の立場である。

あるいは、経済学研究者が経済活動の当事者の利害から離れたところで〈不偏な観察者〉の立場を確保して、経済構造に関わるあらゆる情報を丹念に集め、人々の行動を丁寧にモデル化して、経済全体で生じてくるアウトカムの望ましさを評価する尺度（社会厚生関数と呼ばれている）を考案する。そうして導き出した社会厚生関数によって、社会の意思決定の集積について価値判断を行っていく。

それでは、なぜ、〈危機の領域〉における課題解決に〈無知のヴェール〉に覆われた熟議の必要性を私自身が感じたのであろうか。当初は、そうは思っていなかった。危機対応の失敗は、結局、自然科学や社会科学の知見が致命的に欠落していたことで起きていたと考えていたからである。

しかし、〈危機の領域〉の詳細に踏み入って見えてきたことは、自然科学の側で解決されなければならない問題が未解決になっており、社会科学の側で問題のあまりの複雑さにお手上げ状態になっているありさまであった。このような状態にあっては、望ましいメカニズムを設計することも、優れた社会厚生関数を導出することもままならない状態に経済学研究者が置かれていたことになる。

7-1節で詳しく述べていくが、自然科学の中で自己完結的に課題を解決することができないトランス・サイエンスと呼ばれている領域では、科学で解決できない問題を社会に持ち込んでさまざまな人々が関わった熟議による合意形成の必要性が主張されてきた。〈危機の領域〉でも、経済学を含む社会科学や自然科学で必ずしも解決できない課題について、すなわち、科学の側では真理を打ち立てることができない課題について、〈無知のヴェール〉で覆われた熟議を通じた合意形成手続きそのものが、その合意の正当性を担保するという社会的な仕組みがあってもよいと考えるようになったのである。

そのような熟議のプロセスを経た危機対応については、たとえ、それが失敗したとしても、失敗を納得して受け入れることができる余地が生まれるのかもしれない。

コラム　ジョン・スチュアート・ミルの『自由論』に見る言論の作法

以下の文章は、二〇一二年六月一四日付け『日本経済新聞』に寄稿した「ミル流・言論の作法」というエッセイである（齊藤 2012）。この文章も、「はしがき」直前のつぶやきで示唆したマップとともに、案外に頼りになるコンパスになるのかもしれない。

『自由論』（ミル 2011）の第2章は、個性豊かな多くの個人が自由闊達に議論できる思想の自由こそ必要であることを語っている。その章を手短にまとめると、いささか味気がない。

①無謬な人間などいない。
②人間は議論と事実によって自分の誤りを改めることができる。
③言論の自由の原則が適用できない例外的なケースなどない。

しかし、ミルの文章に直に触れていると、彼のユニークさを随所に見つけ出すことができる。彼は、やや逆説的に、異端の意見でなく正統の意見にこそ、言論の自由が必要であると主張している。

ミルは、経済の定常状態を見つめたのと同じ眼差しで、正統的な議論が支配的な状況においても、異なる意見が盛んに取り交わされてはじめて、正統の意見が社会に定着するというダイナミズムを見出していた。曰く、「正統的な意見を支持する結論に達するもの以外の議論をすべて禁止したとき、そのためにものごとを考えなくなり、知性がとくに堕落するのは異端者の側ではない」と。

また、正統の意見を持つ人がさまざまな反対論にもまれて、自分自身の意見に確固たる信念を抱かないと、

「反論ともいえないほど根拠薄弱な反論を受けただけで屈伏することになりやすい」と述べている。

要するに、活発な論争がないと、正統な意見の根拠も、その意味も忘れ去られてしまうのである。

ミルは、建設的な議論に多数の知的エリートの関与が必要不可欠であることも指摘している。「手強い反対意見を論破する立場にある哲学者や神学者は、反対意見のうち、とりわけ論破しにくいものを熟知していなければならない」と述べている。

ミルの言論の作法を端的に表す箇所を以下に引用しておこう。


どのような意見を持っている人であっても、反対意見とそれを主張する相手の実像を冷静に判断して誠実に説明し、論争相手に不利なることは何ひとつ誇張せず、論争相手に有利な点や有利だと見られる点は何ひとつ隠さないようにしているのであれば、その人に相応しい賞賛を与える。以上が、公の場での議論にあたって守るべき真の道徳である。この道徳をほぼ守っている論者は多いし、守ろうと誠実に努力している論者はさらに多い。この点を、わたしは心強く感じている。（一一九頁）

2　環境危機――予防原則の暴走（行政、専門家、住民の間で）

2-1　豊洲市場地下水汚染問題は予防原則の暴走なのだろうか？

2-1-1　豊洲市場地下水汚染騒動は過剰反応？

二〇一六年夏ごろからさまざまな問題が発覚して築地卸売市場からの移転が延期されていた豊洲卸売市場では、二〇一七年一月になって敷地地下水に環境基準を上回るベンゼンが検出された。市場関係者を中心として住民たちの間では、豊洲市場の安全性について不安が高まった。豊洲市場の全敷地で地下水が飲料水並みの環境基準を満たすことは、東京都の住民に対する公約となっていたからである。2-1節では、豊洲市場における地下水汚染への対応について予防原則（1-3-1節、2-3節に詳述）の暴走の事例なのかどうかを検討してみたい。

環境リスクの専門家の多くは、住民や政治家を含めた社会がきわめて軽微な地下水汚染に過剰反応を起こしており、豊洲市場の安全性にまったく問題がないとする意見が相次いだ。ジャーナリストの石戸諭のインタビューに答えた環境リスク研究の権威である中西準子も同様の意見を表明している（中西・石戸 2017）。特に中西はきわめて軽微な環境リスクを必要以上に重大視してきた都知事の小池百合子の姿勢を強く批判した。

そこで中西の発言をいくつかひろってみよう。まず中西は、敷地地下水に対して飲料水並みの環境基準を適用することなど法律は決して求めていないと強い調子で述べている。

> 小池知事が就任してから（二〇一六年八月就任）、とてもおかしな議論が続いていると思っています。（中略）結論から言えば、豊洲市場は安全であり、土壌調査にしても、地下水調査にしても、基準値を超えたからといって即座に危険とはなりません。（中略）地下水を使って商品を洗浄することもないからです。市場で使われるのは水道水です。（中略）魚をさばくのに地下水を使うことはありません。つまり、地下水も土壌も人間の口に直接、入るようなことはないというのが大前提になっています。
>
> 基準値超えと言いますが、その基準値は何のために決められた基準値かということを、考えてください。今回、問題にしているのは、地下水の環境基準、つまり、飲むための水道水の基準値なのです。地下水を直接、飲みたい、使いたいというなら今回の基準値超えは問題だと言えますし、法律に基づく対策が必要ですが、そのようなことは誰も考えていないし、やろうとも言っていない。

また、地下水が地上に染み出して有害物質が気化して周辺環境に与える影響も軽微なものだとしている。

しかし、仮にそうなったところで、いま検出されている程度のベンゼン（基準値の一〇〇倍）では、人の健康に影響を与えるようなレベルにはまず達しません。大気中にでたところで、大きな問題にはならないような値です。

さらには、豊洲市場を含めて首都の土壌汚染対策は、法律（具体的には土壌汚染対策法[1]）に則った合法的なものであることも強調している。

東京は長らく、この国の首都です。築地、豊洲に限らず、土地は様々なことに使われ、工場などいろんな跡地のうえに建設されたものがたくさんある。戦争や公害もありました。そんな土地なら、検査をすれば、なんらかの化学物質は出てくるものです。（中略）東京の土壌というのは、そもそも決してきれいなものではありません。だからこそ、土壌汚染対策法で、用途に応じたルールを決めており、豊洲市場の場合には、そのルール以上の対策をとっているのです。そのルールは、地下水

（1）土壌汚染対策法は、二〇〇三年二月一五日に土壌汚染の状況を把握し、土壌汚染による人の健康被害を防止する目的で施行された法律である。同法は二〇一〇年四月一日に大幅に改正された。

の環境基準を遵守すべきということを求めていません。

中西は、危険物質に対する環境基準は、決してゼロリスクを実現しようとしているわけでなく、社会の環境リスクに対する許容度を定めているとする。

多量のベンゼンを垂れ流したままでいることは人の健康を害してしまう。ベンゼンをどう規制するのか？（中略）日本では「生涯、一定の値のベンゼンを取り込み続けた場合に、取り込まなかった場合に比べて一〇万人に一人の割合でがんを発症する人が増加する」かどうか、をひとつの目安にして、大気中の環境基準値や、水道水の基準値を決めたのです。ひとまず、これ以下なら「安全」とみなしましょう、という線を引きます。いいかえれば、そのレベル以下のリスクは許容する、と考える。（中略）危険な物質だからリスクゼロを目指すのではなく、危険だが使うメリットもあるからこそリスクを管理するために基準を設けるという考え方が根底にあります。基準値は安全か危険かの二元論で決まるものではないのです。科学的な合理性を踏まえつつ、科学だけでは割り切れない領域も考慮しながら「安全」を決めていくのです。

中西は「一九六〇年代から七〇年代の四大公害（水俣病、新潟水俣病、イタイイタイ病、四日市公害）ではあまりにも大きな環境リスクをできるだけゼロに近づけることで社会は大きな便益を受けてきたが、すでに十分に小さくなった環境リスクについて何が何でもゼロリスクを目指しても社会が得るところはきわめて小さい」という趣旨のことも述べている。

すなわち、膨大な費用をかけて環境基準を満たすように地下水対策を実施しても、まったく費用対効果に見合っていないと中西は主張しているのである。

中西の主張をまとめてみると、きわめて軽微な環境リスクを必要以上に重大視する小池都知事の姿勢は、住民の不安をあおっているにすぎないということになる。そうした主張の裏側では、科学的に裏付けられた「安全」を超えて「安心」を求める市場関係者を中心とした住民たちの姿勢も暗に牽制しているかのようにも思える。

2-1-2　本当に予防原則の暴走なのだろうか？　三つの疑問

最初に中西へのインタビュー記事を読んだときには、環境リスク研究の権威にふさわしい正論だと強く感銘した。中西の正論に照らしてみれば、豊洲市場の地下水汚染問題は、まさに危機対応の費用対効果を完全に無視した予防原則の暴走の事例といえる。しかし、しばらく考えてみると、いくつもの疑問が浮かび上がってきた。

第一に、なぜ、東京都と住民の間では、全敷地の地下水について飲料水並みの環境基準を満たすことで合意していたのであろうか。中西たち環境リスクの専門家が主張するように、飲料や洗浄に用いない地下水に環境基準の水質を求める必然性はまったくなかったはずである。そうした地下水にせいぜい求められるのは、環境基準の一〇倍の水準に相当する排水基準であろう。

第二に、もう少し本質的な問題もある。中西は「東京の土壌はどこも汚染されている」と主張するが、そうであったとしても汚染の原因を作った者が必ずいるはずである。藤井（2016）などが強調するように、土壌汚染対策法においては、仮に汚染原因者を特定することができれば、その汚染原因者が土壌や地下水の汚染を浄化する責任をまずは担うことになっている。豊洲用地の土壌・地下水汚染は、東京ガスが一九五六年から一九七六年に操業していた石炭ガス工場がその直接の原因であった。豊洲用地は二〇一一年三月に東京ガスから東京都に最終的に売却されたが、その際に浄化の実施と負担が東京ガスと東京都の間でどのように分担されていたのであろうか。もし東京ガスと東京都の間できっちりと決着すべき浄化が未了のままに今日まで至っていたとすれば、市場関係者をはじめとした住民はその未解決な問題のトバッチリを不幸にも被ってきたことになる。

第三に、もっと基本的な問題もある。中西をはじめとして環境リスクの専門家は、環境基準がきわめて厳しく設定されていて、土壌や地下水の汚染度が環境基準をかなりの程度上回ったとしても、「飲むことはない」、「洗浄には用いない」と摂取経路が限られている場合には人体や健康には直ちに影響がないことを繰り返し主張してきた。そうであるとすると環境基準そのものをもっと緩やかな水準に設定すれば、豊洲市場の地下水汚染問題もそもそも起きなかったことになる。なぜ、環境基準はかくも厳格なのであろうか。2-1-9節では、厳格な環境基準の設定にこそ、四大公害問題の貴重な教訓を踏まえていることにも言及したい。

2-1-3　豊洲用地浄化と売却の複雑な経緯

豊洲用地は、二〇〇一年一二月になって東京都と東京ガスの間で新たな市場の候補地として合意された。それ以前からも東京ガスは自主的な土壌汚染調査を行って用地全体が汚染されていたことを公表していた。東京ガスは、二〇〇二年二月から二〇〇七年四月まで東京都環境確保条例（都民の健康と安全を確保する環境に関する条例）に基づいて一〇〇億円を投じて土壌汚染対策を行った。ただし、二〇〇三年二月に施行予定の土壌汚染対策法では、施行前に操業を停止した工場用地に同法が適用されないことになっていた。

その間の事情を非常に複雑にしてきたのは、豊洲市場予定地が複数回に分けて東京ガスから東京都に売却されたことである。二〇一〇年一月一五日付けの『朝日新聞』によると、東京都は二〇〇四年から二〇〇六年にかけて七二〇億円で豊洲市場候補地の一部を先行して購入した。残りの予定地は、二〇一一年三月に東京ガスから東京都へ売却された。東京都が豊洲用地の購入にあてた代金は総額で一八五九億円に達した。

二〇〇七年までの東京ガスによる土壌汚染対策にもかかわらず、豊洲用地全体の土壌や地下水が依然として環境基準を大きく上回っていたことが判明している。東京都では、二〇〇七年四月に専門家会議（豊洲新市場予定地における土壌汚染対策等に関する専門家会議）を設置して豊洲の土壌汚染対策を検討することになった。

専門家会議の設置趣旨には「食の安全・安心を確保する観点から東京都の土壌汚染対策の妥当性等について検討」するとともに、「東京都が計画していた対策の評価および今後東京都がとるべき対策のあり方の検討」を行うと記されていた（傍線は筆者）。すなわち、豊洲用地の土壌汚染対策の主体は、二〇〇四年から二〇〇六年の先行取得の後に、そして、二〇一一年三月の土地売買契約締結の前に、東京ガスから東京都に移っていたのである。先述の二〇一〇年一〇月一日付け『朝日新聞』によると、東京都は、先行取得の用地について東京ガスが十分な土壌汚染対策を実施していたという了解に立っていた。

事実、専門家会議が二〇〇八年七月にまとめた報告書に基づいて東京ガスが負担した土壌汚染対策費は七八億円にとどまった。二〇一一年三月の土地売買契約締結前には、東京都が負担する土壌汚染対策費は五八六億円と見込まれていた。結局は、土壌汚染対策費は八四九億円に膨らんでいく。すなわち、豊洲用地の浄化は、実施主体も、費用負担のほとんども、東京都によって担われてきたことになる。

こうした売却と浄化の複雑な経緯が豊洲市場問題の根っこにあった。すなわち、東京ガスによる浄化が不完全なままで東京都が市場予定地を購入してきたことに豊洲問題の根本的な原因があった。

本来であれば、汚染原因者の東京ガスがその土地の将来用途に応じた浄化を徹底しその費用を負担したうえで、東京都は浄化された土地について正当な地価で購入すべきであった。それにもかかわらず、東京都は東京ガスによる浄化が不徹底な土地を先行して購入し、あるいは、明らかに追加の浄化措置が見込まれていた用地を購入してきた。その結果、本来は東京ガスが担うべき浄化が東京都によって担われてしまった。仮に東京都が東京ガスに支払った土地購入代金が土壌汚染を反映していない割高なものであったとすると、浄化費用も東京都が東京ガスに代わって最終的に負担してきたことになる。

東京都が浄化の主体になるという事態は、土壌汚染対策法（豊洲用地の浄化に直接的に適用されなかったとはいえ）が想定している事態と大きく異なっている。大塚・北村（2006）によると（環境法関連の文献については意思決定当時に出版されていたものに依拠している）、土壌汚染対策法は、汚染原因者が明らかな場合に汚染原因者に浄化措置を命じる**規制型**と呼ばれる建てつけになっている。農用地土壌汚染法などで行政機関が浄化の主体となる**公共事業型**が採用されているのは、人が直接摂取する食品に直結した汚染であるという考慮のためであるが、東京都が豊洲市場用地の浄化に積極的に乗り出した背景もそうした政策配慮に近かったのかもしれない。

豊洲用地の浄化は、しばしば土壌汚染対策法に則ってきたかのようにいわれてきたが、実のところは、同法が想定している東京ガスに対する規制ではなく、東京都による公共事業で浄化が進められてきたのである。豊洲市場の用地購入や施設建設の費用は築地市場の売却でまかなわれることが前提で血税の投入が予定されていなかったことから、公共事業型で浄化をすることが十分に議会や都民に説明されてこなかったのかもしれない。いずれにしても、東京都が豊洲用地の浄化責任を全面的に負ってきたという既成事実を正確に踏まえておかないと、豊洲市場地下水汚染問題の本質を見誤ることになるであろう。

2-1-4　専門家会議での議論

それでは、東京都が浄化主体になることが大前提とされた専門家会議において、飲料や洗浄に決して用いない地下水に飲料水並みの環境基準が適用された背景について会議議事を通じて確認してみよう。専門家会議は、平田健正（座長）、森澤眞輔、駒井武、内山巖雄の工学研究者で構成された。結論を先取りすると、専門家会議の専門家たちはきわめて良心的に議論を積み重ねてきた。

地下水の基準については、二〇〇八年五月に開催された第六回会議で平田座長が議題としてあげた。(2)

（2）　専門家会議の議事は以下のウェブサイトからダウンロードできる。http://www.shijou.metro.tokyo.jp/toyosu/siryou/

平田座長：地下水については、処理基準の一〇倍超過が処理対象になっているとか、そういうような話がありますし、あるいは、土壌についてもどうするのだと。環境基準を超えているもの、超えていないもの、一〇倍でいいのかという話がありますので、その辺りのところを今日、ご審議いただきたいと思っています。

特に、建物の下といいますのは、先ほど申し上げましたように、下にベンゼンがありますと、気化して上に上がってくる。それが建物の中に入ってくる。いかにこの部屋の中の換気回数が一時間に〇・二回であっても、上がってくる可能性があるという状況が想定されるということですので、そういうことも含めて、どういうような施工をすべきであるかということをご審議いただきたいと思います。

委員の駒井や森澤の意見を引き取る形で、座長は以下のような方針をとりまとめていく。

平田座長：その意味でも、まず環境基準を達成しなければいけないのは、建物の下だと思います。これはぜひ私は、個人的には、そこを切り離した形での対策を考える必要があるのではないか。土壌については、全面にわたって環境基準を超えているものは取りましょうという話ですが、地下水も、将来は目指すのだけれども、まず建物の下については最優先で環境基準を達成するという話のほうが、より安全・安心かなという気はするのですが、そのあたりはどうでしょうか。その勉強会のときにもそういう話が結構出ていたのですが、明確にそれは結論を出しているわけではありませんので、この場でお決めいただきたいと思います。

すなわち、建物の下部を通る地下水については、気化したベンゼンが建物内に入ってくる可能性を踏まえて環境基準の達成を最優先目標とするが、建物下側以外の地下水は長期的に環境基準を目指し、当面は環境基準の一〇倍に相当する排水基準を採用することが方針とされた。この方針が専門家会議の提言に採用されていくことになる。

しかし、市場関係者を中心とした住民の多くは、敷地全面について地下水の環境基準達成を求めてきた。二〇〇八年五月三一日に開催された第七回会議では、住民と内山の間で次のようなやりとりがなされた。

質問者：公開調査のときにあの水をすくって、口に含んだわけです。どんな味がしたと思いますか。それと、終わってからその手を拭いたのですよ。ハンカチで拭いても拭いてもにおいがとれなかったです。先生、あれは飲めますか。飲めないですよね。

内山委員：地下水の（環境）基準は、その地下水を飲む可能性がある、飲むことによってということで決められていますので、この土地の場合は、少なくとも土壌は全部六・五mまで入れ換え、それから地下水は全く利用しない、飲用には使わないということですので、そういう意味での直接摂取の評価はなしとなります。可能性はなしということでしていない。それは環境基準を超えていますので、地下水を飲めば多分リスクは出てくるでしょう。だけど、それはこの土地の使い方としては全く考えない、あるいは可能性はないということで、気化して出てくる最後の可能性ということを評価したと思っております。

専門家会議は、地下水が飲用の用途に用いられないことを前提として、有害物質が気化の経路で侵入する可能性のある建物下部とそれ以外を厳密に区別し、建物下部以外の地下水について、環境基準遵守の必要がないことを明確に打ち出していた。

専門家会議は、二〇〇八年七月二八日に最終報告書を発表する。地下水の浄化に関わる部分だけを抜粋してみよう（傍線は筆者）。

○建物建設地
①地下水中のベンゼン、シアン化合物の濃度が地下水環境基準に適合することを目指した地下水浄化を建物建設前に行う。
②地下水管理を行い、地下水位の上昇を防止。
○建物建設地以外
①地下水管理を行い、地下水位の上昇を防止する。
②揚水した際に処理を行うことなく下水に放流できる濃度レベル（排水基準に適合する濃度）で地下水管理を実施し、将来的にベンゼン、シアン化合物の濃度が地下水環境基準を達成すること

を目指す。

③液状化対策として地盤改良工事を行う際に、合わせて地下水中のベンゼン、シアン化合物の濃度の低下を図る。

○各街区とも、建物の周囲を止水矢板等で囲むことにより、建物建設地とそれ以外の部分の間での汚染物質の移動を防止。

建物建設地の地下水は環境基準を、建物建設地以外の地下水は排水基準をそれぞれ適用し、建物周囲に遮蔽壁を設けて建設地以外の地下水が建設地に流れ込むことを防いでいる。報告書では次のようなまとめを行っている。

このような内容で土壌汚染対策が実施されれば、汚染土壌の直接曝露による人の健康リスクおよび生鮮食料品への影響は生じず、地下水の飲用や地下水が地上に露出することによる人の健康リスクおよび生鮮食料品への影響が生じる可能性はないと考えられる。

専門家会議は、最終報告書の発表前に報告書に対するパブリックコメントを募集したが、建物建設地を流れる地下水について環境基準を適用することに明確に反対する意見は、次の一件のみであった。

地下水を環境基準以下に浄化することは、多額の経費が必要となり、非常に困難である。

すなわち、専門家会議は、敷地全面を流れる地下水に環境基準をやみくもに適用したわけではなく、建物建設地の下を流れる地下水に限定して、ベンゼンの気化による建物内侵入を懸念して環境基準を適用していた。専門家会議の段階の結論に対しては、「飲用や洗浄に用いない地下水に飲料水並みの環境基準を適用するのは無謀である」という批判がまったくあたらなかったのである。

2-1-5 技術会議の暴走

専門家会議の報告を受けた東京都は、二〇〇八年八月に技術会議（豊洲新市場予定地の土壌汚染対策工事に関する技術会議）を設置した。技術会議では、専門家会議の報告書を実施するために技術的な検討をすることをミッションとしていた。専門家会議とは異なって技術会議での議論には、七人の土木、環境、システムエンジニアリング、プロジェクトマネジメントの専門家とともに東京都の市場建設責任者が加わっていた。

結論を先に述べてしまうと、東京都の責任者が議論を引っぱっていく形で専門家会議の基本方針を安全・安心側に大きく踏み超えて「敷地全面の地下水に環境基準を適用する」という結論に技術会議を誘導していった。豊洲用地の浄化に全面的な責任を負う東京都が無謀にも環境基準遵守を打ち出し、土木や環境の専門家たちはその理不尽とも思えるような方針を承認してきたのである。

それでは、なぜ、東京都は無謀な方針転換をしたのであろうか。

実は、二〇一〇年四月に改正が予定されていた土壌汚染対策法が東京都の方針転換の重大な契機となった。それまでの土壌汚染対策法では、有害物質を使用している工場が操業を止めた時点で同法による指定区域の対象となったが、東京ガスの石炭ガス工場の操業停止は二〇〇三年二月の同法施行前だったので対象とならなかった。

しかし、改正土壌汚染対策法では、土壌や地下水が汚染されていることが確認されていれば浄化が終了するまで指定区域の指定を受けることになった（森島・八巻 2009）。ただし、豊洲用地は土壌や地下水が汚染状態にあったが直接的な健康被害のおそれがなかったので、形質変更時要届出区域（土木工事によって用地の形質が変更される場合に届け出を必要とする区域）として指定を受けることが見込まれていた。形質変更時要届出区域は「浄化しないで管理する」ことが法的に認められているが、東京都としては、食品を取り扱う卸売市場用地が改正土壌汚染対策法上の指定区域となっている状態をできるだけ早く解除したかったのである。

後のことになるが、二〇一一年三月二五日に農林水産省食料・農業・農村政策審議会の食品産業部会へ提出された参考資料「東京都中央卸売市場築地市場の移転をめぐる状況」にも、「形質変更時要届出区域は生鮮食料品を取り扱う卸売市場用地の場合には想定し得ない」という文言を見出すことができる。すなわち、当時の農水省も、改正土壌汚染対策法で形質変更時要届出区域の指定を受けた用地は、卸売市場使用の建設候補地にふさわしくないと考えていた。

それでは、環境基準遵守の方針に転換された経緯を技術会議の議事で確認してみよう。改正土壌汚染対策法の指定区域解除の要件を満たすために「敷地地下水はすべて環境基準以下にする」という方針は、第三回会議（二〇〇八年一〇月七日）で打ち出され、第四回会議（二〇〇八年一〇月二一日）でも議論されて

いる。(3)

委員：専門家会議報告書では、建物建設地以外の地下水は排水基準以下に処理することになっていたが、「第三回技術会議の議論についての考え方」(別紙)では、「土壌汚染対策法の指定区域解除の要件と同等の地下水質」とある。これは、地下水はすべて環境基準以下にするということでよいか。

東京都：そのように考えている。

その会議では、ある委員から、敷地地下水のすべてを環境基準にするための技術的な可能性について、若干の懸念が表明された。

委員：大きな変更はないと思う。また、地下水は、排水基準以下にすることは容易であると考えられるが、環境基準以下に浄化する場合、対策後、多少濃度が上がり環境基準を超過する可能性もある。そうすると、長期モニタリングかつ処理についても考えておく必要がある。

しかし、第五回会議(二〇〇八年一〇月二九日)では、東京都は敷地全面の地下水を環境基準以下にすることに強い自信を示している。

東京都：それから地下水の浄化、ここが専門家会議で建物の下と建物の敷地以外ということで分けていた水の浄化でございますが、これは経費、工期の短縮の観点から、建物敷地と建物敷地以外を区別せず建物建設前に一気に環境基準まで浄化してしまおうと。

また、東京都からは、敷地地下水をすべて環境基準にしておけば液状化によって地表面に地下水が噴出しても安全上の問題はないという考え方も示された。

東京都：なお、液状化によりまして、地表へ土壌の噴出があったといたしましても、既に土壌、地下水中の汚染物質は除去、それから浄化しております。さらに新市場は、今の築地市場と違いまして閉鎖型、シャッターでちゃんと管理するような形の設備といたしますことから、液状化が起こっても問題はないと考えております。

ある委員は、建物敷地も建物外敷地も地下水を環境基準以下にするのであれば、建物と建物以外を分ける遮水壁の必要性もないと発言した。また、委員と東京都の間では次のような意味深長なやりとりも交わされていた。二〇一六年夏に発覚したことであるが、盛り土にするはずだった市場施設地下の空間利用というアイディアも、すでに二〇〇八年ごろからあったのかもしれない。

（3）技術会議の議事は以下のウェブサイトからダウンロードできる。http://www.shijou.metro.tokyo.jp/toyosu/siryou/

委員：提案にもあったが、建物周囲に遮水壁を設置するのであれば、これを利用して地下空間を利用する考え方もある。

東京都：地下水はすべて環境基準以下に浄化することを考えているので、建物と建物以外を分けるための遮水壁は必要ないと考えている。

第七回会議（二〇〇八年一一月二七日）では、ある委員からは、地下水すべてを環境基準以下にすれば、長期のモニタリングの必要もなくなるという指摘もあった。

委員：地下水を環境基準以下にして、二年間のモニタリングを経れば、地下水管理は必要なくなる。

すなわち、改正土壌汚染対策法からの要請によって敷地全面の地下水について環境基準以下にするという措置が大前提となって、地表面の液状化対策も、建物と建物以外を分ける遮水壁も、地下水位の調整も、長期にわたる地下水モニタリングも、すべて不要という判断が下されてしまった。安全基準を環境基準にまで引き上げることによって、施設敷地全体の安全性がかえって危ぶまれるような本末転倒な事態に陥ったのである。

しかし、第一〇回会議（二〇〇九年一月一五日）では、東京都から「耐震対策の考え方」が示され、環境基準以下の実現について必ずしも確固たる技術的根拠があったわけではなかったことをうかがわすような発言も認められた。

東京都：二点目といたしまして、「⑵食の安全・安心を高いレベルで確保」というのを追加させていただきました。読ませていただきます。「土壌や地下水の汚染物質を除去、浄化した直後に、敷地全域すべての地下水を環境基準以下に浄化できるかどうかは不明確であり、仮に環境基準を上回る箇所がある場合には、その後も対策を行い、環境基準を達成する必要がある。こうした点を考慮し、液状化現象によって地下水が地上に噴出することを防止するため、耐震対策を実施する」というったものでございます。

それで、「豊洲新市場における取扱い」の中で、⑸の「緑地部の地盤」は「場内通路、駐車上部の地盤と同様に、必要な耐震性を確保する」ということで、第六回目の資料の中で、「緑地部の地盤は液状化対策を行わない」と言っていたものを「液状化対策を行う」という考え方に変えさせてもらっています。

技術会議は、二〇〇九年二月に報告書を公表している。地下水の浄化に関わる部分は以下のとおりである（傍線は筆者）。

⑴安全・安心を高いレベルで確保

ア　専門家会議の提言を確実に実現

土壌と地下水を環境基準以下に処理し、地下水の流出入や毛細管現象の防止など、専門家会議の提言を高いレベルで実現する。

イ　地下水を敷地全面にわたって早期に環境基準以下に浄化

市場施設の着工までに、建物下・建物下以外の地下水をあわせて環境基準以下に浄化する。

ウ　土壌汚染対策法改正の動向を考慮した対策

国において検討中の土壌汚染対策法の改正も視野に入れて対策を策定している。

技術会議の議事のどこにも、土木や環境の専門家が報告書に示された方針に反対した形跡は認められなかった。

2-1-6　無害化三条件

技術会議で確認された土壌汚染対策は、二〇一一年二月の東京都予算特別委員会における岡田至中央卸売市場長の答弁でも、後に「無害化三条件」と呼ばれる方針として示された[4]。

汚染土壌が無害化された安全な状態とは、①技術会議により有効性が確認された土壌汚染対策を確実に行うことで、②操業に由来いたします汚染物質がすべて除去、浄化され、③土壌はもちろん、地下水中の汚染も環境基準以下になることと考えてございます。

すなわち、石炭ガス工場の操業に由来する汚染土壌を完全に除去・浄化することによって、形質変更時要届出区域の指定を解除するという方針が都議会に示された。

ただし、東京都は、当初想定していなかった事態に直面する。二〇一二年九月に有楽町層で不透水層の中で自然由来の土壌汚染があると確認されたのである。改正土壌汚染対策法では、自然由来の汚染土壌についても、形質変更時要届出区域（自然由来特例区域）として指定することが求められていた。

東京都は、すでに二〇一一年一一月より操業由来の土壌汚染が確認された地域について、敷地全体を一〇メートル四方の約四千区画に分けたうち、約三千区画を形質変更時要届出区域（一般管理区域）として指定してきた。具体的には、東京都告知によって二〇一一年に第一六五五号、第一六五六号、第一六六六号、二〇一三年に第九七三号、二〇一四年に第八一七号で指定された。

ところが、東京都は、有楽町層から自然由来の土壌汚染が確認されたことから、二〇一四年から二〇一五年にかけて、操業由来の土壌汚染が確認されていなかった区画を含めて豊洲市場敷地全体を形質変更時要届出区域として指定せざるをえなくなった（二〇一四年に第一三一二号、第一三九二号、第一四二八号、二〇一五年に第三七九号の東京都告示による）。

その結果、石炭ガス工場操業に由来する汚染土壌を除去・浄化しても、自然由来の土壌汚染が残ることから、豊洲用地は依然として形質変更時要届出区域（自然由来特例区域）として指定を受け続けることになった。

したがって、先の無害化三条件の目的は、形質変更時要届出区域（一般管理区域）を解除することで

（4）二〇一七年六月公表の「市場問題プロジェクトチーム第一次報告書」の七一頁から七二頁より引用。

はなく、形質変更時要届出区域（自然由来特例区域）への区分変更に変わったわけである。

改正土壌汚染対策法では、形質変更時要届出区域の解除や区分変更の条件として二年間の地下水モニタリングを課している。すなわち、二年間、地下水が環境基準を超えないことをもって解除や区分変更の前提条件としていた。東京都は、二〇一四年一一月の第一回調査から二〇一六年一一月の第九回調査を地下水モニタリングの期間とすることとした。

この第九回調査の結果が二〇一七年一月に公表されて、地下水汚染騒動が引き起こされたのである。

2-1-7 豊洲市場移転、そして、迷走…

二〇一六年八月、都知事選で豊洲市場の再点検を公約とした小池都知事は、同年一一月に予定していた豊洲市場への移転について時期を延期する旨を発表した。[5] 同年九月の第八回調査までは土壌や地下水の異常が報告されていなかったが、二〇一七年一月にも公表が予定されていた汚染調査（第九回調査）の結果を待つことになった。

その間、二〇一六年九月には、建物地下にはあるはずの盛り土がなくコンクリートで囲われた空間が設けられていたことが判明した。その結果、東京都は、同月に専門家会議（豊洲市場における土壌汚染対策等に関する専門家会議）を再開して、当初設計に盛り込まれていた盛り土がない影響を評価することとした。専門家会議には、当初メンバーの平田健正（座長）、駒井武、内山巖雄が参加した。

年が明けた一月一四日の第九回調査で地下水に環境基準の最大七九倍のベンゼンが含まれていることが判明した。まさに豊洲市場地下水汚染騒動の幕開けであった。二〇一七年三月一九日の調査では、地下水から環境基準の最大一〇〇倍のベンゼンが検出された。同年九月一五日の調査では、地下水から環境基準の一二〇倍のベンゼンが検出された。

専門家会議は、二〇一七年六月に「地下水について完全に環境基準以下にすることは難しい」と地下水無害化を断念した。小池知事も、地下水無害化を断念したことについて市場関係者に陳謝した。東京都は、同月二〇日に二〇一八年秋を目途に豊洲市場への移転し、築地市場跡地は五年後をめどに再開発をすると発表している。二〇一七年八月には、豊洲移転・築地再開発の決定について、小池都知事が「最後に決めたのは人工知能、つまり政策決定者である私が決めた。文書としては残していない」と発言して物議をかもした（7-3-3節を参照のこと）。

中西が石戸のインタビューを受けたのも、まさに二〇一七年六月のタイミングであった。ここまで豊洲市場建設の経緯を駆け足で見てきた読者は、中西の指摘がいかに正論であったとしても、社会的な文脈を大きく踏み外したものだったことがわかるであろう。

豊洲用地の浄化は、土壌汚染対策法が想定していた規制型（東京ガスが汚染責任者として浄化責任を担う方式）ではなく、東京都が浄化の責任を全面的に負う公共事業型で実施された。一方、専門家会議が慎重な議論を通じて飲料水並みの環境基準を適用する地下水の範囲を建物下に限定したにもかかわらず、技術会議は改正土壌汚染対策法の要請を見込んで施設敷地全面の地下水に環境基準を適用することを決定した。

（5）ただし、二〇一六年九月に結果が公表された第八回調査では、二か所についてベンゼンが環境基準の一・一倍から一・四倍、一か所でヒ素が環境基準の一・九倍の軽微な汚染が検出された。

すなわち、飲用や洗浄に利用されない地下水に環境基準が適用されたのは、土壌汚染対策法の要求を超えていたのではなく、改正が予定されていた同法で指定される形質変更時要届出区域（人体に直接的な影響がないものの、土壌や地下水が汚染状態にあることが公にされている区域）の解除（後に区分変更）を目指したからであった。

技術会議では、「敷地全面の地下水を環境基準以下にする」という方針について、東京都はその実現に自信を持ち、土木や環境の専門家も「不必要な措置」として反対をするどころか、その方針にお墨付きを与えてきた。私が専門家会議や技術会議の資料を読んだ限りでは、二〇〇八年七月に公表された専門家会議の報告書に寄せられた一件のパブリックコメントだけが「地下水を環境基準以下に浄化することは、多額の経費が必要となり、非常に困難である」と地下水への環境基準適用に強く反対をしていた。

こうした経緯に従って東京都から説明を受けてきた市場関係者や住民たちは、いくら正論であったとしても、「飲用に用いない地下水に飲料水並みの環境基準を適用するのはおかしい」、「地下水に環境基準の一〇〇倍のベンゼンが検出されても、直ちに人々の健康を害するわけではない」と環境リスクの専門家からいくらいわれても決して納得はしないであろう。それどころか、いっそう怒りをあらわにするのが自然だと思う。

ましてや、浄化の責任を全面的に負ってきた東京都の首長がそのような発言をすれば、「今さら何をいっているのか」と激しい批判にさらされるだけであろう。謝ったからといって課題が解決するわけでは決してないが、小池都知事は地下水無害化断念について市場関係者に陳謝するしかなかった。

事実、第五回の再開専門家会議（二〇一七年三月一九日）では、「飲まない地下水に環境基準は不要」という正論を展開した傍聴者（仮にXさんと呼ぶ）には、平田座長が対応に苦慮し、他の傍聴者たちから厳しい批判を浴びせられた。少し長くなるが引用してみたい。なお、Xさんを除いて「質問者」とあるのは複数の発言者である（議事からは発言者を特定することが難しい）。議事で括弧内に記されている部分は野次に対応している。[6]

質問者X：市場の方々のご意見を聞いていると、要するに豊洲市場に行くと健康被害が出るまで言われているじゃないですか。やはり明らかにリスクコミュニケーションがうまくいっていない。要するに市場で働く方々が健康を心配するぐらい今回のリスク評価の件が、地下水のことが市場で働く方々に影響が全くない、要するに健康被害が出るようなレベルではないというところを言っていただくことができないかということです。

健康被害は絶対出ませんとは、当然言えないんです。リスクがあるから。でも、健康被害が出るようなリスクのレベルではないんです。地下水がベンゼン一〇〇倍というのは、逆に言うと、市場から見るとすごく低いレベルで、遠いところにあるんだというところを先生方が自信を持って言っていただかないと、市場の方々はどうしても不安になってしまうと思うので、そこのリスクコミュニケーションのやり方を考えていただくということはできないでしょうか。

平田座長：何回も申し上げますけれども、地上と地下を分けるということと、地上と地下を分ける

（6）再開専門家会議の議事は以下のウェブサイトから入手できる。http://www.shijou.metro.tokyo.jp/toyosu/expert/

ということの大事なところは、気化をした物質であるということなんです。地下水に関しては、飲まないから大丈夫ですということは以前から何回も申し上げている。申し上げているんだけれども、やはり安全と安心は違うんだということを皆さんは非常に心配されている、そういうことですよね。

築地も、あるいは豊洲も、人への健康影響はないということは、これは小池知事さんもおっしゃっているわけ。安全だとおっしゃっているわけで、それはよろしいんです。よろしいんですけれども、安心のところをどう担保するのかということが豊洲にも求められている。そういう理解でよろしいですね、XさんとWさんも。——ですよね。だから、それは地下水のベンゼンの一〇〇倍とか、そういう話とはまた別に、きちっとそれ以上のことを専門家会議で何かを議論するということはとても難しい問題が多々含まれていると私は思うんです。

何回も申し上げておりますから、そうではなくて、豊洲の安心というものをどう担保するのかということを築地の方はいつもおっしゃる、そういうことだと私はそういうふうに理解しています。

質問者X：要するに、リスクコミュニケーションがうまくいっていないというのは、やはり今日とか昨日の新聞を見ると、ベンゼン一〇〇倍と出るから。ベンゼン一〇〇倍と出るから、それが不安になるんです。

質問者：いやいや、違うんだよ。Xさん、我々はそういう話は十分わかっている。

質問者X：わかっている、でも、専門家の先生方がそれを言わないと…

質問者：違うんだ、違うんだ、あなたと議論する気はないんだけど、この一八年間ずっとやってきているんです。(「消費者の意見を聞かないのか」の声あり)(「あなたたちは消費者じゃない。全員消費者で、私たちだって消費者よ」の声あり）ちょっと感情的になっちゃうので、申しわけないんだけれども…

質問者X：おかしいです。本当に。ベンゼン一〇〇倍というのが間違って都民に伝わっているという事実、皆さんにも間違って伝わっている。

質問者：違う、違う。

質問者X：健康被害が起こると言われたじゃないですか。

質問者：我々が伝えているんじゃない。

質問者X：健康被害が起こると言われましたよ。

質問者：そうではなくて、あなたは一体誰にどういうものがあって言っているんですか。

質問者X：違います。ですから、専門家会議の先生方に、健康被害が出るようなレベルでないということをはっきり言っていただきたいということをお願いしただけです。

質問者：我々はそういう問題もなく、日々安心で、今までの普通の日常が欲しいだけなんです。（「築地魂で頑張りましょう」の声あり）だから、申しわけないけど、あなたが言っていることはわかる。でも、我々は今ここに、あなたがそうやって言うんだったら、では、築地で今まで八〇年間やってきた実績はどう思うんですか。

質問者X：ですから、それを豊洲に移ってやったほうがいいですよということを我々は言っているんです。（「何を根拠に言っているの」の声あり）（「豊洲はマイナスからです」の声あり）ですから、それは、今安心が確保できていないから。

質問者：Xさん、申しわけない。あなたと会ったのは初めてなんだけど、何か違うんだよ。そういうことじゃないんだよ。

質問者X：第四回も来ましたよ、私。

質問者：申しわけないけど、初めて見たよ。

これまでの経緯のことなど知らぬ、存ぜぬのままで、市場関係者の「安全」に関する無知をかこち、「安全宣言」を躊躇する専門家を厳しく批判するXさんに向かって、市場関係者たちは「『安全』と『安心』の区別など、Xさんにいわれなくてもちゃんとわかっているよ。そもそも『安心』の議論を持ち出してきたのは東京都の方じゃなかったのか」と必死で叫んでいたのであろう。

東京都は、きわめて例外的な公共事業型で地下水無害化の浄化責任を全面的に負ってきた。そうすることで豊洲用地の指定区域（形質変更時要届出区域）を解除（後には区分変更）できると東京都は過信していたのである。しかし、その目論見は頓挫してしまった。どのような事情があったにせよ、そして結果論になってしまうが、改正土壌汚染対策法上の指定区域（直接、人体に影響を及ぼす状態でなかったとはいえ）という「汚名」を返上することが非常に難しかった用地を、食品を取り扱う卸売市場候補地とした東京都の決定にそもそも無理があったのであろう。

豊洲市場地下水汚染騒動は、予防原則の暴走の事例ではなく、東京都、専門家、住民の間の合意形成が失敗した事例であった。

2-1-8 その後…

豊洲市場地下水騒動のその後の進展について二〇一六年九月から二〇一七年八月に開催された市場問題プロジェクトチームの第一次・第二次報告書によって確認してみよう。[7]

二つの報告書は、意外な事実を明らかにしている。東京都は、相当以前から（二〇一四年一一月以前から）、土壌汚染対策法上の形質変更時要届出区域の解除や区分変更を卸売市場開設の条件としていなかったのである。

たとえば、二〇一七年六月の市場のあり方戦略本部・第四回会合で中央卸売市場次長（澤章）は、二年間の地下水モニタリング実施以前から無害化三条件の目的（形質変更時要届出区域の自然由来特別区域への区分変更）を棚上げにしていたことを明らかにした。

> ここで、改めて地下水モニタリングの意味について触れたいと思います。豊洲市場用地での二年間モニタリングは、舛添知事の安全宣言後の平成二七年二月（平成二六年一一月の誤りか）に開始されておりますが、土壌汚染対策法が定める二年間モニタリングとは目的を異にしております。この点を確認していきたいと思います。
>
> 土壌汚染対策法上の二年間モニタリングは、形質変更時要届出区域の指定解除に必要な手続きであります。一方、豊洲市場で実証したモニタリングは、都民の安心に資するために行ったものであ

（7） 市場問題プロジェクトチームの第一次・第二次報告書は以下のウェブサイトから入手できる。http://www.toseikaikaku.metro.tokyo.jp/shijyoupt-index.html

ります。豊洲市場用地には自然由来の汚染物質が残っているため、法で定める二年間モニタリングをクリアしても要届出区域の指定解除はできません。安心のために実施した二年間モニタリングは開場とは直接の関係はなく、二年間モニタリングの完了が開場の条件となっているものではありません。

豊洲市場の形質変更時要届出区域の指定状況を見てみると（二〇一七年八月現在）、全三九〇四区画のうち、九二三区画が自然由来特別区域に、二九八一区域が一般管理区域に指定されている。後者の一般管理区域のうち二一六四区画については、二〇一四年一一月時点で区分変更が断念され、地下水モニタリングは最初からまったく実施されなかった。残りの八一七区画については、二年間の地下水モニタリングが実施され、三〇〇台後半から四〇〇弱の区画だけが自然由来特別区域へ区分変更される見込みとなっている。要するに、敷地全面の地下水を完全浄化するといいながら、当初から全区画の二一％（三九〇四区画のうち八一七区画）しか浄化対象となっていなかった。さらには、全区画の約一〇％（三九〇四区画のうち四〇〇区画弱）しか浄化が完了する見込みがないのである。

東京都は、豊洲市場について追加の土壌汚染対策工事を早急に実施するとともに、卸売市場法に基づいて農林水産大臣に対して認可手続きを行わなければならない。二〇一七年一二月現在、九件の安全対策工事の入札がようやく完了したことが報じられている。[(8)] 東京都は二〇一八年一〇月一一日に開場する予定であることも発表した。

さまざまな資料をあたってみたが、二〇一一年二月に無害化三条件で形質変更時要届出区域の解除

（あるいは区分変更）を行うという方針が、二〇一四年一一月の二年間モニタリング開始までのいつの時点で取り下げられたのかを確認することができなかった。二〇一〇年の改正土壌汚染対策法施行直後に形質変更時要届出区域が卸売市場用地としてふさわしくないという判断を示していた農林水産省が現在どのような方針を持っているのかも残念ながら明らかにすることができなかった。

豊洲市場の今後について、私にはまったく判断ができない。しかし、これまでの経緯については、公開資料でできる限り正確に理解しておいたほうがよいと考えている。とりわけ、予防原則の暴走の事例に相当しないということについては、的確に確認しておくべきなのだと思う。

2-1-9　四大公害からの教訓

最後に2-1-2節であげた三番目の宿題を解くことにしよう。すなわち、環境リスクの専門家が「環境基準を大幅に超えても直ちに健康被害が生じるわけではない」というほどに環境基準が厳格である理由を考えてみたい。

四大公害問題では、公害被害の因果関係が科学的に厳密に証明され、司法の場で確認されても、個々の公害被害について因果関係に照らして健康被害を認定することがきわめて難しいという現実を私たちに突きつけた。

それでは、政野（2013）に基づきながら、水俣病のケースを振り返ってみよう。一九六八年九月に厚

（8）　ただし、九件のうちの一件は競争入札ではなく随意契約に切り替えられた。

生省と科学技術庁は、水俣病と新潟水俣病の原因がチッソ水俣工場と昭和電工のアセトアルデヒド製造で発生したメチル水銀化合物であったことを断定した。この厚生省・科学技術庁の判断は、政府統一見解ともなった。新潟地方裁判所は、一九七一年九月の判決で昭和電工の工場排水に含まれていたメチル水銀化合物が新潟水俣病の原因であると推定した。熊本地方裁判所も、一九七三年三月の判決でチッソ水俣工場が放流した有機水銀化合物が水俣病の原因であると判断した。

そうした政府見解や司法判断にもかかわらず、環境庁が一九七七年三月に通知した「後天性水俣病の判断条件について」では、水俣病患者にとってきわめて厳しい認定基準（ハンター・ラッセル症候群）が示された。水俣病患者に典型的な症状である感覚障害だけでは水俣病と認定されず、知覚障害、視野狭窄、聴力障害、言語障害などの複数の症状が組み合わされないと水俣病として認定されなかった。水俣病として公式に認定されなかった水俣病患者は、政府の補償対象にならなかった。

このように厳格な水俣病認定基準がはじめて見直されたのは、新潟県が二〇〇九年四月に施行した新潟水俣病地域福祉推進条例であった。その条例では、一九六五年一二月三一日以前に阿賀野川の魚介類を多食したことによって、広い範囲で定めた症状のいずれかの自覚症状が認められれば水俣病と認定され、患者は同条例が定める福祉手当支給の対象となった。

公害被害の因果関係が一般的に証明されても、個々の病状について因果関係の認定がきわめて困難となるという冷徹な事実は、健康被害を引き起こす可能性のあるあらゆる有害物質についてあてはまる。たとえば、ある人がかなり大量のベンゼンを体内に摂取させられて深刻な健康被害に陥ったとしても、その健康被害がベンゼンの大量摂取によるものだという因果関係が事後的に否認される可能性は決して小さくない。

そうした不幸な可能性を踏まえるならば、土壌や地下水に含まれる有害物質そのものを技術的可能性と経済合理性の範囲でできる限り引き下げるように環境基準を厳格に設定することがもっとも理にかなっていることになる。こうした環境基準に対する考え方は、"as low as reasonably achievable"（「合理的に達成できる範囲でできるだけ低く」）を略してALARA原則と呼ばれている。

二〇一一年三月一一日の東日本大震災で原発事故が起き、放射線被曝量の上限をどのように決定するのかが深刻な社会課題となった。私自身は、ICRP（国際放射線防御委員会）が二〇〇七年に発した勧告（基本的にはALARA原則が採用されている）を根拠としながら、原発事故からの復旧時期には平常時の被曝量上限年一ミリシーベルトを大きく上回って年二〇ミリシーベルトまで引き上げざるをえないのではないかという立場をとった。今、私が同じ状況に直面しても、まったく同じ立場をとると思う。

しかし、当時は、ICRPの勧告を根拠とするというところで思考が停止していた。今は、被曝量上限を引き上げた結果、ある子どもが万が一将来発癌したとしても、「原発事故による被曝で発癌した」という因果関係は社会で公式に認定されないのだろうということに思いが至るように思う。いずれにしても、平常時において「環境基準を少々上回ったからといって健康被害が生じるわけではない」などと軽々しく発言することだけは厳に慎みたいと思う。

2-2 スーパーファンド法の功罪(9)

2-2-1 スーパーファンド法とは?

2-2節では、豊洲市場地下水汚染問題をより広いコンテキストで考えるために、米国で環境リスク規制の根拠法となっているスーパーファンド法を取り上げてみたい。

環境リスクというと、もっぱら温暖化ガスがもたらすリスクを頭に浮かべてしまいがちであるが、本来はもっと広い概念である。何らかの有害物質で環境が汚染され、一般市民の健康や生命に対して、差し迫った危険がもたらされることを指して環境リスクと呼んでいる。

たとえば、建築建材に含まれるアスベスト(石綿)は、環境リスクの要因となる有害物質である。長い間、大気中に飛散したアスベストを吸引すると、繊維物質であるアスベストが肺を傷つけ、中皮腫や肺癌にかかる可能性がきわめて高くなる。

2-1節や2-2節で取り扱っている土壌を汚染する有害物質も、典型的な環境リスク要因である。塗装に用いられる鉛や、地下貯蔵タンクから漏出した石油なども、環境リスクの原因となる有害物質である。

米国のスーパーファンド法とは、一般市民の健康や生命に対して重大な危害を与える有害物質について、政府(担当官庁は環境保護庁)に緊急浄化対策の権限を与えている法律である。その前身となる法律は、一九八〇年に包括的環境対処補償責任法(Comprehensive Environmental Response, Compensation, and Liability Act、ＣＥＲＣＬＡと略されている）として制定された。ＣＥＲＣＬＡが一九八六年に改正されてスーパーファンド法（正確には、Superfund Amendments and Reauthorization Act）となった。

ここでいうスーパーファンドとは、ＣＥＲＣＬＡのもとで設立された有害物質を浄化するために必要となる費用をファイナンスする基金を指している。

スーパーファンド法では、有害物質の許容限度、汚染調査の手続き、調査結果の開示、汚染除去の方法、浄化措置命令の発動用件などが詳細に決められている。

スーパーファンド法のもっともユニークな点は、スーパーファンドに対する資金拠出を通じて浄化費用を負担しなければならない当事者が広範に定められているところである。費用負担の責任があるものは、潜在的責任当事者（potential responsible party、ＰＲＰと略されている）と呼ばれている。

法律では、次のような主体が潜在的責任当事者に含まれている。

- 汚染施設や汚染地の所有者、管理者
- 有害物質を処分した当時の施設や土地の所有者
- 有害物質の処理を依頼した者
- 有害物質の運搬に携わった者

また、判例を通じて汚染施設や汚染地の管理者の親会社や汚染施設に関係するプロジェクトに融資を

（9）　2-2節は、齊藤（2008a）に加筆したものである。

した金融機関も潜在的責任当事者に含まれるようになった。すなわち、汚染の直接的原因を作った者だけではなく、施設や土地の所有者、不動産開発会社、融資金融機関などにも、有害物質の除去費用について連帯責任を負わせていることになる。

このように広い範囲の潜在的責任当事者に対して、浄化費用負担に関わる連帯責任を負わせることには、メリットとデメリットの両面がある。メリットとしては、当然のことであるが、有害物質が確認され、除去しなければならない事態になって巨額の浄化費用がかかったとしても、広範な潜在的責任当事者によって負担することができる。

また、潜在的責任当事者として不動産開発事業に携わる者は、将来、環境リスクが顕在化する可能性に対して十分に注意深く対処するであろう。すなわち、潜在的責任当事者は、デューディリジェンス（事前のリスク評価・調査）を行うインセンティブが高い。

たとえば、汚染原因にまったく関わりがなくても、汚染が判明した時点で土地を所有していた者が除去費用について連帯責任を負うので、土地を購入する際に対象となる土地が汚染されていないかどうか慎重に調査を行うであろう。判例によって潜在的責任当事者に該当することになった融資銀行も、開発事業への融資に際して、事前に注意深い踏査を行うであろう。

しかし、そうしたメリットは、デメリットにもなりうる。どれほどの範囲に、どの程度で連帯責任を負わせるかどうかは、理論的にも実務的にもかならずしも明らかなことではないからである。もし、広すぎる範囲に、重すぎる連帯責任を負わせてしまえば、だれも、不動産開発事業に関わるリスクをとろうとしなくなるかもしれない。スーパーファンド法は、環境リスクの効率的な管理を促すのではなく、逆に、環境リスクそのものを忌避する結果にもなりかねない。2-2節の前半は主にメリットを、その後半はデメリットをそれぞれ見ていきたい。

2-2-2 自主的な問題解決を促すスーパーファンド法

スーパーファンド法のユニークな点として、連邦政府の機関である環境保護庁が直接的に行政介入をするケースだけではなく、利害関係者や地方自治体の間で自主的な解決を促すケースも間接的に想定しているところである。

ここでは、後者のケースについて、一九八八年にカンザス州ウィチタ市で起きた土壌汚染の事例を振り返ってみよう。以下に記述している概略は、ハーバード大学ケネディー・スクールの事例集(C16-92-1157と1158)に依拠していることを断っておく。

一九八八年八月、アウトドア用品メーカーとして有名なコールマン社は、ウィチタ市にある自社の製造工場で土壌汚染があることをカンザス州保健環境局に報告した。一九九〇年八月、州保健環境局は、詳細な実地調査を行った結果、コールマン社の工場で処理した有害物質であるトリクロロエチレンが地下水を通じてウィチタ市の中心部の土壌を著しく汚染していたことを公表した。

ウィチタ市は州当局の公表で大混乱に陥った。州保健環境局によって潜在的責任当事者として認定された五〇八社は、多額の汚染除去費用負担が織り込まれて企業価値を著しく毀損した。当然、費用のかさむ浄化措置が必要となったウィチタ市中心部の地価も大きく下落した。

さらに追い討ちをかけたのが、その数ヶ月前に出た「融資銀行も潜在的責任当事者となる」という裁判所の判断である。この判例の影響を憂慮した銀行は、浄化費用負担の連帯責任を回避するために、ウィチタ市中心部の企業や個人に対して融資をいっさい打ち切ってしまった。

こうした場合、潜在的責任当事者の間で自主的に交渉して、浄化費用の費用分担について合意すれば、スーパーファンド法に基づいて連邦政府（環境保護庁）が介入してくることはない。しかし、ウィチタ市の事例では、土壌汚染の範囲が広く、その程度が顕著であったとともに、潜在的責任当事者の数が多かったことから、当事者間での合意形成がほとんど不可能であった。

しかし、いったんスーパーファンド法が適用されてしまうと、汚染調査や浄化手続きについて、法律の厳しい基準が厳格に適用され、浄化に要する費用も時間も膨大になってしまうおそれがある。また、当事者間で揉め事が生じると、あるいは、連邦政府と大きな食い違いが生じると、そのたびに裁判所の判断を仰がなければならず、莫大な法定費用がかかってしまう。

このように困難な事態に直面したウィチタ市は、積極的に浄化事業に乗り出した。ウィチタ市の中心部が汚染されたまま放置されることになれば、廃墟と化してしまう可能性さえあったからである。

ウィチタ市にとって最大の課題は、膨大な浄化費用をどのように調達するのかであった。ウィチタ市は、ＴＩＦ（tax increment finance）と呼ばれている予算捻出手法を用いた。ＴＩＦは、主として都市再開発で用いられる資金調達手段のひとつである。都市再開発で不動産価格が上昇し、固定資産税が上昇する分を、優先的に再開発費用に充当する。ウィチタ市は、このＴＩＦの仕組みを応用して、土壌汚染浄化で不動産価格が回復し固定資産税が増える分を原資として優先的に浄化費用にあてようとしたのである。

この間、ウィチタ市はさまざまな措置を講じていく。たとえば、同市は、潜在的責任当事者の範囲を狭く限定した。また、スーパーファンド法では、汚染地の所有者も潜在的責任当事者に含まれるが、同市は、そもそもその地域に住んでいた個人や、コールマン社の工場で土壌汚染があることを知らずに土地を取得した企業については、連帯責任を免除した。また、汚染地区に住む個人やそこで活動する企業に融資を行った銀行に対しても、浄化費用負担を免責した。その結果、途絶えていた銀行融資が再開されるようになった。

ウィチタ市は、このように潜在的責任当事者を限定する一方、当然のことであるが、汚染原因者のコールマン社には応分の浄化費用負担を求めていく。

以上のウィチタ市の事例では、スーパーファンド法が適用され、連邦政府が干渉してきたわけではない。その意味では、スーパーファンド法が目に見える形で威力を発揮したのではない。

しかし、スーパーファンド法は、当事者間の合意で、あるいは、地方自治体の主導で問題解決（この場合、土壌汚染の浄化）をしない場合に生じるであろう費用面と時間面の機会費用をきわめて高い水準に設定している。スーパーファンド法の規制によって高水準の機会費用が作り出されているという側面が、地方自治体を含めた利害関係者の自助努力を引き出したのである。

2-1-3節でも議論してきたように、環境法では、規制によって関係者に浄化を強いるタイプを規制型、地方自治体が浄化事業を行うタイプを公共事業型とそれぞれ呼んでいる。そうした分類に従うと、スーパーファンド法は、規制型の環境法と位置付けることができる。

それにもかかわらず、ウィチタ市の事例のように、規制型のスーパーファンド法が公共事業型の問題解決の契機ともなっているのは非常に興味深い。

しかし、自主的な問題解決をしない場合の機会費用を高めに設定しているというスーパーファンド法の特徴は、諸刃の剣にもなる。浄化の不作為についてあまりに高く機会費用を設定してしまうと、浄化の可能性のある事業には、いっさい手を出さないというような事態も生じる。環境リスクの円滑な分担を促すはずの法的な仕組みが、環境リスクを忌避する行為の引き金となる可能性もある。2-2-3節では、スーパーファンド法のそうしたデメリットの部分に焦点を当てていく。

2-2-3 社会不安から生まれたスーパーファンド法

ここまでに紹介してきたウィチタ市の鮮やかなケース・スタディーに接すると、スーパーファンド法が米国社会に望ましい結果をもたらしているように受け取られてしまうかもしれない。しかし、ウィチタ市のように、地方自治体が問題解決に積極的に乗り出して、潜在的責任当事者の間の負担問題を前向きに調整した事例は、むしろ少数である。

多くの場合、スーパーファンド法の厳しい環境基準が適用され、多数の潜在的責任当事者に対して膨大な浄化費用を捻出することが求められる。容易に想像がつくように、潜在的責任当事者の間で、あるいは、潜在的責任当事者と連邦政府の間で、浄化費用負担をめぐって激しい法廷闘争が繰り広げられたケースが多々ある。米国の保険数理学会の調査によると、スーパーファンドの支出の約六割が訴訟費用にあてられていた（フリーマン＝クンルーサー 2001）。

憲法学や行政学の権威であり行動経済学的な要素を法学に取り入れてきたキャス・サンスティーンの

『リスクと理性』（Sunstein 2002）では、厳しい環境基準と厳格な連帯責任を求めるスーパーファンド法の前身であるＣＥＲＣＬＡが制定された興味深い経緯が紹介されている。

一九五〇年代にニューヨーク州のある化学工場が二万一千トンもの化学物質をラブ・キャナルという水路に廃棄し、その一帯を盛り土で覆って地方自治体に一ドルで売却した。地方自治体は、旧水路を含む地域を住宅地として開発した。旧水路の場所は学校と広場となった。

一九七〇年代に豪雨が続き、ラブ・キャナルのあった地域も深刻な洪水に見舞われた。一九七六年の調査では、オンタリオ湖の魚にアリ駆除の殺虫剤が残留していることが発覚した。直後にニューヨーク州は、ラブ・キャナルに廃棄された化学物質が相次いだ洪水で周囲の河川に流れ込み、オンタリオ湖の汚染となったとした。

地方紙がニューヨーク州の発表を報道すると、ラブ・キャナルの旧水路周辺の住民はパニックに陥った。特に、子どもを持つ親や妊婦の間で不安が高まり、さまざまなレベルの住民運動が起きた。ニューヨーク州は当該地域に非常事態を宣言し、妊婦や二歳以下の子どもを一時的に退避させた。さらに全国紙が報じるに至って、ラブ・キャナルの土壌汚染は全国的な関心事となった。一九八〇年には、カーター大統領が多額の費用をかけて七〇〇世帯の移転を決定する。

ラブ・キャナルの〝事件〟が土壌汚染に対する社会的不安を巻き起こし、政府や議会はそうした社会的不安に対処せざるをえなくなった。議会ですでに検討されていた土壌汚染対策関連法案は、一九八〇年にＣＥＲＣＬＡ（先述のように、スーパーファンド法の前身である環境法）として一挙に法制化された。その後も、米国民の間では土壌汚染が環境問題で最大関心事となり、環境法の強化を強く支持する世論が形成されてきた。

しかし、ラブ・キャナルの〝事件〟には、後日談がある。一九八二年の連邦政府の詳細な調査では、ラブ・キャナル地区が汚染されていたという証拠がまったく見つからず、十分に居住可能な地域であったと結論された。結果から振り返ってみると、まったく科学的な根拠がなかった〝事件〟が、スーパーファンド法という厳密な環境基準と厳格な連帯責任を要請する法律制定の決定的な引き金となったことになる。

「リスク政策が社会的不安に大きく左右される」という側面は本書の重要なテーマでもあるが、ラブ・キャナルの〝事件〟が引き金となってスーパーファンド法に発展していったケースは、その典型的な事例ということになる。

2-2-4　厳密な環境基準がもたらす社会的コスト

そもそも、スーパーファンド法が厳格な連帯責任のもとに広範な潜在的責任当事者に浄化費用の負担を求めたのも、スーパーファンド法が設定した厳しい環境基準では、汚染の直接の原因者だけではとても調達することができない膨大な浄化費用が生じるからである。

健康リスク政策の専門家であるキップ・ビスクシの著作（Viscusi 1998）によると、若干古い数字になってしまうが（一九八四年の価格基準）、過度に厳密な環境基準がいかに法外な社会的コストを生じさせているのかを実証的に検証している。(10)

さまざまな政策による基準設定が「年間あたり一人の命を救うのに、官民がどれだけのコストを負担しているのか」を算出した結果によると、薬物やアルコールなどの健康や交通安全に関わる安全基準は、数十万ドルからせいぜい数百万ドルのオーダーであった。

一方、土壌汚染やアスベストなどの環境に関わる安全コストは、数千万ドルから、ケースによっては数億ドルにも達している。こうした政策コストの比較から、厳しい環境基準がいかに高いコストを生じさせているのかが一目瞭然であろう。

若干、議論がそれてしまうが、米国の行政においては、「人命を救うためにいくらのコストをかけるべきなのか」について、ある意味で非常に合理的というか、割り切った考え方を適用している。すなわち、規制による官民のコストが「命の価値」を下回る限りにおいて、当該規制を選択する。

本書では踏み込んで議論することができないが、「命の価値」を算出するのは非常に難しい。平均的な生涯賃金などの客観的な基準をもって「命の価値」とする考え方もあれば、それぞれの事情に応じた人々の主観的な評価を重んじる考え方もある。

いろいろな考え方があり、さまざまな算出方法があるが、実際の行政で採用されている「命の価値」は数百万ドルというオーダーである。たとえば、連邦政府の交通省では、「命の価値」を三〇〇万ドルと設定し、年間一人の人命を救うコストが三〇〇万ドルを超える運輸政策は基本的に採用しない。

このように「命の価値」についてかなり割り切った行政基準を採用する伝統がある米国においても、ひとたび社会をパニックに陥れ、社会的な関心が極度に高まった環境問題については、年間あたり一人

(10) 米国のリスク政策においては「命の価値」を指標に費用対効果の政策分析が古くから定着していたことを示すためにあえて古い数字を引用した。より最近の事例については、サンスティーン(2015, 2017)を参照してほしい。

の命を救うために数千万ドル、時には数億ドルという法外なコストを官民に課してでも、政府や議会が政策的に対応せざるをえなかったのである。

2-2-5　日本の土壌汚染対策の現況

それでは、日本の土壌汚染対策の現況に目を移してみよう。米国のラブ・キャナルの〝事件〟のように、日本でもいくつかの土壌汚染が発覚し、土壌汚染問題に対する社会的関心が高まったことが、二〇〇三年二月に土壌汚染対策法が施行される契機となった。

たとえば、一九九七年に東芝の名古屋工場の地下水が高濃度のトリクロロエチレン（ウィチタ市の市街地を見舞った有害物質と同じである）に汚染されていたことが内部通報で発覚した。同年には、大阪のユニバーサルスタジオ・ジャパン建設予定地が六価クロムで汚染されたことが問題視された。また、同時期に廃棄物焼却場のダイオキシン問題が大きな社会的関心を呼んでいた。

しかし、同様に社会的関心が制定の契機となったとはいえ、土壌汚染対策法とスーパーファンド法ではいくつもの点で大きな違いがある。

第一に、日本では、規制対象となっている有害物質が限定されていた。政令によって規制対象となっているのは二五種類の有害物質にすぎない。米国では、七〇〇種類以上が有害物質に指定されている。一方、日本では、規制対象となっている有害物質の環境基準については、厳しい濃度基準が一律に適用されている。米国では、広範な有害物質について大まかな環境基準が設定され、浄化対策の必要性は、土地利用状況や周辺環境など個別の要因を考えて判断される。

第二に、土壌汚染対策法も、浄化を実施する主体や浄化費用を負担する主体が民間の当事者である規制型の環境法であるが、スーパーファンド法のように広範な潜在的責任当事者に対して、厳格な連帯責任を求めることはいっさいない。

土壌汚染対策法では、基本的に汚染者負担原則がとられている。汚染原因者（土壌汚染の原因を作ったもの）が特定できる場合には、汚染原因者が浄化を実施し、その費用を負担するのが原則である。汚染原因者が特定できない場合に限って、現在の土地所有者が浄化を実施し、その費用を負担する。後者の場合であっても、後に汚染原因者が判明すれば、土地所有者が汚染原因者に対して浄化費用を請求（求償）することができる。

スーパーファンド法のように厳格な連帯責任を用いることなく、汚染者負担を原則とする場合、汚染原因者に財務的な負担能力がなければ、汚染された土壌の浄化が実現できなくなってしまう。土壌汚染対策法は、そうした事態を防ぐために、国の補助金を主たる財源とする基金の設置している。しかし、基金規模は、深刻な土壌汚染を浄化するには十分といえない。

一般化して議論することには慎重にならなければならないが、土壌汚染対策法にも、日本の環境政策の特色があらわれている。すなわち、規制対象となるリスク要因の範囲を狭く絞る一方で、対象となっているリスク要因については過度に厳密な基準を適用する。また、費用負担部分については、その範囲も、程度も限定する傾向が強く、その結果、問題解決に必要な資金の調達面で問題が起きやすい規制枠組みとなっている。

以上のような特徴を持つ土壌汚染対策法は、先に述べたスーパーファンド法の問題とかなり性質が異なった深刻な問題を引き起こしてしまうことになる。
まず、限定された範囲の危険物質とはいえ、土地用途や周辺環境に配慮することなく、非常に厳密な濃度基準を一律に適用する規制方法は、汚染土地周辺の住民を中心に深刻な社会不安を生み出す原因となった。

普通の人間であれば、「調査用地において環境基準の一〇〇〇倍のベンゼン、五〇〇〇倍のシアン、五〇倍のヒ素を検出」と聞くやいなや、「それらの数字が具体的にどのような意味を持つのか」を考える余裕などまったくない。ほとんどの人が、健康や生命に対する深刻な危機が差し迫っているとパニックに陥ってしまうであろう。

しかし、「ある区画の土壌が有害物質に汚染されている」という事実が「その土地の利用者の健康や生命に危害を及ぼす」という影響に直ちに結びつくわけではない。土壌汚染は、有害物質を含む地下水を飲むか、土壌表面に湧き出た有害物質を吸引してはじめて、人体に影響を及ぼす。もし、汚染土壌の地下水を飲料水として用いている、あるいは、汚染土壌面が児童公園になっていれば、一大事である。速やかに浄化対策をとる必要がある。一方、土地利用がそうした状況でなければ、時間をかけて冷静に対処することができるはずである。

土地の利用状況や周辺環境にいっさい配慮することなく一律に適用される規制基準に依拠して、「環境基準の一〇〇〇倍」という事実だけを突きつけられれば、ほとんどの周辺住民がヒステリックな反応をしてしまうのも当然であろう。

このように硬直的な環境基準の適用でいったん社会的不安を引き起こしてしまうと、合理的な浄化手法を冷静に選択する余裕も社会から奪ってしまう。

土壌汚染対策法は、掘削除去（汚染土壌の完全な除去）、封じ込め、汚染土壌の分解・洗浄など、広範な浄化手法を認めている。それにもかかわらず、日本で実際に用いられている浄化手法のほとんどは、汚染土壌を完全に入れ替えてしまう掘削除去なのである。掘削除去は、有害物質を完全に取り除くという意味で「完全浄化」と呼ばれている。

要するに、合理的な判断を伴わない不安に対しては、その不安要因となっている有害物質を跡形もなく完全に取り除くしかない。その結果、欧米では膨大なコストがかかる掘削除去が浄化手段として用いられることはまれであるにもかかわらず、日本では掘削除去が主流となってしまう。

浄化費用について汚染者負担原則をとっているもとでは、膨大な費用がかかる掘削除去を選択せざるをえないと、深刻な問題が起きてしまうのも容易に想像できるであろう。

土壌が汚染されている工場跡地、病院跡地、大学跡地、クリーニング店跡地について、掘削除去で完全に浄化をしようとすると、地価の何割にも相当する浄化費用がかかってしまう。

たとえば、ある汚染土壌について、周辺の同規模の安全な土地が一〇億円、掘削除去費用が四億円かかるとしよう。汚染者負担原則では、汚染原因者が四億円の掘削除去費用を負担しなければ、現在の地主はその土地を一〇億円で売ることができない。汚染原因者が判明せず、現在の土地所有者も浄化を実施しなければ、新たな土地所有者が掘削除去費用を負担することを前提に土地が売却されるので、除去費用四億円を差し引いて地価が六億円まで下落する。

小規模の土地であれば、掘削除去費用が地価相当分を上回ることもある。そのような場合、汚染原因者が浄化費用を負担しなければ、現在の地主から当該土地を買い取るものはいなくなる。取引対象とならず、放置された汚染土壌は、ブラウンフィールドと呼ばれている。日本の土壌汚染対策法には、環境基準の硬直的な適用が浄化費用の汚染者負担原則と組み合わさって、汚染土壌をブラウンフィールド化させる潜在的な要因が埋め込まれていることになる。いいかえると、土壌汚染対策法が、汚染されているとはいえ、潜在的な用途のある土地という希少な資源を有効に活用できない事態を招いてしまっている。

このように土壌汚染対策法が抱えている潜在的な問題を本質的に解決する手段はあるのであろうか。ここでの問題の本質は、「効率的な浄化手段を合理的に選択し、浄化費用を調達し、浄化を実施できる能力を備えた主体」が不在であるところである。

そこで、「リスクを的確に評価・管理でき、財務的負担能力が高い主体」に浄化プロジェクトを担わせる必要が生じる。実際には、ファンドと呼ばれる金融の仕組みがそうした役割を担っていく。

土壌浄化プロジェクトを実施するファンドには、土壌浄化の専門家がいて、土地の利用状況や周辺環境を鑑みて、もっとも効率的な浄化手段を選択する。時には、土壌汚染の状況に応じて当該土地の利用方法や用途を変更することも考える。当然、土壌浄化の専門家には、周辺住民に対して、選択した浄化手段の合理性や効率性を説得的に説明できる能力も求められる。

ファンドには、機関投資家やヘッジファンドが資金を提供する。その資金で土壌汚染を購入し、浄化費用を賄い、最終的に汚染が十分に管理された状態にして土地を売却する。

先の例に戻って考えてみよう。四億円もかかる掘削除去を前提とすると、現在の土地保有者は六億円でしかその土地を売ることができない。ここで、ファンドの土壌浄化の専門家が工夫して、二億円の浄化費用で汚染土壌を十分に浄化することができると想定しよう。

この場合、ファンドが現在の土地所有者から七億円で購入すれば、ファンドにとっても、現地主にとっても便益が生じる。現地主は、六億円でしか売れなかったものが、七億円で売ることができる。ファンドは、七億円で購入した土地を二億円で浄化し、土地が元の価値を回復すれば、一〇億円で売って一億円の収益を手にすることができる。この一億円の収益は、専門家への報酬や資金提供者への配当となる。

ここで重要なことは、リスク管理能力の十分に高い主体が浄化プロジェクトに関与することで、そうでなければ四億円もかかる浄化費用を二億円にまで節約することができているところである。その二億円の節約分を、現地主とファンドが折半している。いいかえると、ファンドという金融の仕組みが、浄化プロジェクトを効率的に実施する契機となっている。

2-2-6 豊洲市場地下水汚染問題 再考

2-2節でこれまで展開してきた議論を踏まえて、2-1節で取り扱ってきた豊洲市場地下水汚染問題を再考してみよう。

2-1節で詳しく見てきたように、東京都が二〇〇八年の時点で豊洲用地全面の地下水に環境基準を適用しようとしたのは、土壌汚染対策法が二〇一〇年四月に改正を予定されていたからである。具体的には、改正土壌汚染対策法では、豊洲用地のように土壌や地下水が汚染されているが直接の健康被害が生じるおそれのない土地であっても、形質変更時要届出区域として指定されてしまう。東京都は、卸売市場の候補地が形質変更時要届出区域と指定され続けるのは好ましくないと考え、当該用地の土壌と地下水の浄化を早急に図り、指定区域の解除を目指した。事実、改正土壌汚染対策法施行直後の農林水産省は、形質変更時要届出区域として指定されている用地は卸売市場にふさわしくないと考えていた。

しかし、改正土壌汚染対策法において旧法にもあった要措置区域に加えて形質変更時要届出区域を設けたのは、完全浄化が頻繁に行われてきた土壌汚染対策の状況を改善することが目的であった。要措置区域では、土壌や地下水の汚染が確認されると、土地保有者は浄化を行わなければならなかった。その結果、2-2-5節で指摘したように、要措置区域の指定解除のために掘削除去（完全浄化）という極端な方法がしばしばとられるようになった。

改正土壌汚染対策法では、たとえ土壌や地下水が汚染されていても、人体に直接の被害を及ぼさない状態にあれば、形質変更時要届出区域として指定されて浄化の義務が課せられないようになった。形質変更時届出区域では、土壌汚染を浄化しなくても管理さえ続ければ、その土地を有効に活用する道が開けたのである。

また、改正土壌汚染対策法では、ある程度の浄化を進めて土壌汚染の人体への影響を十分に遮断することができた要措置区域を形質変更時要届出区域に変更ができ、その後は追加の浄化をしなくても、その土地を有効に活用できるようになった。

こうして見てくると、改正土壌汚染対策法で要措置区域に加えて形質変更時要届出区域を新たに設けたのは、土壌や地下水が汚染されている土地であっても、完全浄化という非経済的な措置を施すことなく土地を活用できる環境を整えるのが目的であったことが理解できるであろう。

しかしながら、改正土壌汚染対策法で豊洲用地が形質変更時要届出区域になることを見越した東京都は、敷地全面の地下水無害化（環境基準以下）で指定区域の解除を目論んだのである。完全浄化の濫用を防ぐために改正された土壌汚染対策法が、皮肉にも東京都に豊洲用地の完全浄化を踏み切らせた。

東京都はどこで間違ったのであろうか。

答えは簡単であろう。形質変更時要届出区域として指定を受ける用地は、卸売市場用地としてふさわしくなかっただけである。非常に皮肉なことであるが、東京都が専門家会議を設置して豊洲用地の浄化を検討し始めた二〇〇七年には、土壌汚染対策法の見直しがすでに着手されていた。二〇〇三年に施行された土壌汚染対策法は石炭ガス工場の操業停止が同法の施行前であった豊洲用地をその対象としなかったが、二〇一〇年に改正が予定されていた同法では対象となることが確実に見込まれていたのである。

東京都と東京ガスがなすべきだったことも簡単であろう。

東京都は卸売市場候補地として豊洲市場を購入することを断念し、東京ガスは形質変更時要届出区域としても用地を活用できる用途を模索すべきであった。もし、東京ガス自身にそうした土地開発能力がないのであれば、2-2-5節で述べたようにブラウンフィールドを積極的に活用することができるファンドに豊洲用地を売却すればよかった。

2-3 経済学から見た危機対応 予防（予備）原則の経済学(11)

2-3節では、予防原則について経済学的な解釈を試みてみよう。

環境政策における予防原則は、読者に誤解を与えてしまうのを承知で大雑把にまとめると、「有害物質が生命や健康を危ぶむおそれがある場合には、政府が積極的に備えを講じるべきである」という考え方である。

2-3-1 予防（予備）原則とは？

そもそも、環境政策に関わる「予防原則」という用語は、the precautionary principle にあてた訳語であった。それにしても、予防原則とは奇妙な訳語である。the precautionary principle と予防原則が英和で一対一に対応していると思っていなかった読者も多いのでないであろうか。

英語で precautionary は、「予め防ぐ」ではなく、「予め備える」の意味である。たとえば、経済学の専門用語である precautionary saving は、予備的貯蓄と訳されているが、事故や病気に伴う出費に備えた貯蓄を指している。この場合の precautionary には、「事故や病気を未然に防ぐ」という、preventive に相当する意味はまったくない。

the precautionary principle には、「予備原則」、あるいは、「予備的原則」という訳語をあてるべきであろう。2-3節に限って通常「予防原則」と呼ばれている原則を「予備原則」と呼んでいく。本書の他の章や節については、慣行に従って「予防原則」を用いていくことにする。

それにしても、「予防原則」という訳語は、誤訳と片づけることができないような深層心理が働いているようにも思える。予備原則が極端な形で適用される背後には、「リスクに備える」という趣旨をはるかに超えて、「リスクによる損失を防ぐことができる」という楽観的な期待（あるいは、幻想）が控えていることが多い。

環境リスクに対する政策において予備原則に定義が与えられたのは、一九九二年六月にブラジル・リオネジャネイロで開かれた国際環境開発会議において採択されたリオデジャネイロ宣言といわれている。その宣言の第一五原則では、「**重大、あるいは取り返しのつかない損害のおそれがあるところでは、十分な科学的確実性がないことを、環境悪化を防ぐ費用対効果の高い対策を引き延ばす理由にしてはならない**」とうたわれている。

通常、リスク政策では、「科学的なリスク評価に基づいた費用便益分析」を指針として述べられることが多いが、リオデジャネイロ宣言でいう予備原則では、「費用便益分析の重視」という側面が依然として維持されているものの、「科学的なリスク評価の前提」という側面は大きく後退している。

一九九八年一月に米国で開催されたウィングスプレッド会議では、予備原則についてより踏み込んだ解釈が展開された。その会議では、「**ある行為が人間の健康、あるいは環境への脅威を引き起こすおそれがあるときには、たとえ原因と結果の因果関係が科学的に立証されていなくても、予備的措置がとられなければならない**」と宣言された。会議に集まった環境問題の研究者や活動家の間では、リスク評価

(11) 2-3節は、齊藤（2008b）に加筆したものである。

や費用便益分析に対して強い懐疑が表明されたのである。

ウィングスプレッド会議の宣言では、「科学的なリスク評価の前提」ばかりでなく、「費用便益分析の重視」も、予備原則の要件から完全に取り除かれてしまったといってよい。

予備原則という言葉が実際のリスク管理で用いられるときには、かなり幅を持って解釈されている。「科学的なリスク評価に基づいた費用便益分析」から離れていく度合いも、「科学的なリスク評価の前提」のみを落としているリオデジャネイロ宣言の趣旨で用いられる場合もあれば、「科学的なリスク評価の前提」と「費用便益分析の重視」の両方をまったく鑑みないウィングスプレッド会議声明のような趣旨で用いられる場合もある。

以下では、科学的なリスク評価を前提とせず、費用対効果の側面をまったく鑑みない発想が、「政策対象となっている環境リスクが、もはやリスクとして取り扱われなくなるような事態」につながることを見ていきたい。同時に、そうした極端な予備原則に基づいたリスク政策、予備原則の暴走といってもよいような政策が経済社会に深刻な弊害をもたらす可能性のあることを明らかにしていく。

2-3-2 科学的な立証とは？

少しまどろっこしい議論になってしまうが、科学的リスク評価の「科学的」という言葉の重みを読者に正確に理解してもらうために、まずは科学的な立証手続き自体を確認しておきたい。

以下では、実験データや観測データによって、ある主張を厳密に統計学的に立証するための手続きを考えてみよう。

しばしば誤解される点なのであるが、科学的な立証手続きでは、「主張が成立する」という仮説（代替仮説、あるいは対立仮説と呼ばれている）を直接採択しているわけではない。

まずは「主張が成立しない」という仮説（帰無仮説と呼ばれている）を立てて、帰無仮説が棄却された場合に限って「主張が成立する」という代替仮説がはじめて受け入れられると判断する。以下に見ていくように、帰無仮説を棄却し、代替仮説を採択するためには、非常に高いハードルを超えなければならない。

統計学では、「帰無仮説が正しいにもかかわらず、帰無仮説を棄却してしまう誤り」のことを**第一種錯誤**と呼んでいる。科学的な立証手続きでは、この第一種錯誤ができるだけ生じないように細心の注意を払うことを主眼としている。「主張が成立していない」にもかかわらず、「主張が成立する」といったところで、まったく説得力がないからである。逆に、第一種錯誤をできるだけ回避して「主張が成立する」という代替仮説を採択することができれば、主張の科学的根拠は強固なものとなる。

なかなか実験ができない社会科学でも、第一種錯誤が生じる確率を五％以下に設定することが多い。制御した実験ができる自然科学では、第一種錯誤が生じる確率を一％以下に抑える。そうした厳しいハードルを超えてきた主張だけが科学的根拠のある主張ということができる。

それでは、リオデジャネイロ宣言やウィングスプレッド会議でいわれている「科学的に立証されていなくても受け入れられるべき主張」とは、どういうものであろうか。

リオデジャネイロ宣言やウィングスプレッド会議でいわれている極端な予備原則では、「主張が成立している」にもかかわらず、「主張が成立していない」と判断することを強く憂慮している。「代替仮説が成立しているにもかかわらず、代替仮説を棄却する誤り」は**第二種錯誤**と呼ばれているが、極端な予備原則では第二種錯誤を極力避けようとしている。

極端な予備原則のように、第二種錯誤を極力避けて「主張が成立している」という代替仮説を採択することは、その裏側で「主張が成立していない」という帰無仮説が正しいにもかかわらず、帰無仮説を棄却してしまう誤り（第一種錯誤）を犯している可能性が非常に高くなる。予備原則では、そこまで代償を払ってでも「主張が成立している」蓋然性を大切にしていることになる。

予備原則に立った環境政策では、たとえ厳密な科学的手続きを経ていない主張であっても、環境にとって重大な意味を持つ主張であれば、それを積極的に受け入れていく。第一種錯誤を極力回避することを主軸として発展してきた科学的立場から見ると、極端な予備原則のような考え方は科学的手続きを完全に放棄しているのに等しい。

たとえとしてふさわしくないかもしれないが、無罪の主張を帰無仮説、有罪の主張を代替仮説とすると、第一種錯誤を極力避けようとする通常の科学的手続きは、「疑わしきは罰せず」という原則を堅持して判断を行っている。一方、第二種錯誤を極力避けようとする予備原則は、「疑わしきは罰す」という原則にそって判断を行っていることになる。

有罪を立証する側から見ると、通常の科学的手続きは挙証責任がきわめて重く、逆に、極端な予備原則に基づいた手続きは挙証責任がきわめて軽い。

2-3-3 不確実性環境下の費用便益分析

科学的な手続きを重んじない予備原則に従って費用便益分析を実践すると、どのような問題が生じるのかを考えてみよう。

ここでリスクと不確実性の区別をしておきたい。**リスク**とは、ある確率評価のもとで利益や利得が変動する度合いを指している。変動の度合いが大きいほど、リスクが大きいことになる。一方、**不確実性**は、将来の状態を想定したシナリオが複数あって、シナリオ間で確率評価にばらつきがある状態を指している。シナリオ間の確率評価にばらつきが大きいほど、不確実性が大きいことになる。

まずは、不確実性のほうを想定しよう。今、明日の晴雨の可能性について、**表2-1**が示すように三人の専門家から異なる確率評価が提出されているとする。

晴雨の確率について、最初の専門家は四割対六割、次の専門家は五割対五割、最後の専門家は六割対四割とそれぞれ評価している。晴雨の確率評価がシナリオ間でばらつきがあるという意味で「明日の天気」は不確実性を伴っている。

それでは、リスクの想定のほうに移ってみよう。**表2-2**が示すように、AからCまでの三つのプロジェクトが、明日の天気に応じて次のような利得を生み出すとしよう。この表が示すようにそれぞれのプロジェクトの利得にばらつきがあるので、これらのプロジェクトはリスクを伴っていることになる。

三つのプロジェクトの中では、プロジェクトCが晴雨に応じた利得のばらつきが大きいものの、もっとも高い利得（一四〇単位）を得る可能性がある。同じくリス

表2-1　3つのシナリオ

	晴の確率	雨の確率
シナリオ1	0.4	0.6
シナリオ2	0.5	0.5
シナリオ3	0.6	0.4

表2-2　3つのプロジェクトの利得

	晴の場合の利得	雨の場合の利得
プロジェクトA	40	80
プロジェクトB	100	20
プロジェクトC	140	20

クの大きいプロジェクトBは高いほうの利得が一〇〇単位にとどまり、プロジェクトCに比べて魅力が小さい。一方、プロジェクトAは利得のばらつきが小さい、したがって、リスクが小さいが、高いほうの利得でも八〇単位にとどまっている。

ここでリスクと不確実性の違いをあらためて整理しておこう。リスクは、天候が雨か晴によって利得が変動することに相当する。一方、不確実性は、三つのシナリオの間で確率評価にばらつきがあることに相当する。

それでは、リスクと不確実性の両方を考慮して、明日の天候について複数のシナリオが存在するもとで、三つのプロジェクトのうち、どのプロジェクトが選択されるべきであろうか。

経済学では、不確実性下の意思決定は、**マックス・ミン基準**に従うことが知られている。ここでのマックス・ミン基準は、1-4節でも紹介したものと同じ基準である。この基準では、まず、各プロジェクトの期待利得（平均利得）について、三つの確率評価（シナリオ）のうち、最悪の評価を採用する。次に、最悪ケースを想定した期待利得の中でもっとも高い期待利得のプロジェクトを選択する。

最初に最悪ケース（ミン基準）を想定し、その中で最善のケース（マックス基準）を選択する組み合わせを指して、マックス・ミン基準と呼んでいる。読者は、「それでは、ミンが先で、マックスが後だから、ミン・マックス基準ではないかと」思われるかもしれない。しかし、数学上の記述では、

$$\max[\min(\text{利得の評価})]$$

と書いて、大括弧の演算よりも小括弧の演算を先にするので、マックス・ミン基準と呼んでいる。

表2-3　それぞれのシナリオのもとでのプロジェクト

	プロジェクトA の期待利得	プロジェクトB の期待利得	プロジェクトC の期待利得
シナリオ1	64	52	68
シナリオ2	60	60	80
シナリオ3	56	68	92
最悪ケース	56	52	68

表2-3は、マックス・ミン基準による選択プロセスをまとめている。まず、最悪の想定における期待利得を求めてみよう。ここでいう期待利得は、それぞれのシナリオでもたらされるプロジェクトの平均利得である。それでは、プロジェクトAについて考えてみる。たとえば、晴の確率四〇%、雨の確率六〇%のシナリオ1では、$0.4 \times 40 + 0.6 \times 80$で六四単位となる。同じように計算していくと、シナリオ2の期待利得が六〇単位、シナリオ3の期待利得が五六単位となる。したがって、プロジェクトAのワーストケースは五六単位（シナリオ3のケース）である。

同様に、プロジェクトBの最悪ケースは五二単位（シナリオ1のケース）、プロジェクトCの最悪ケースは六八単位（シナリオ1のケース）となる。したがって、三つの最悪ケースの中で最善の期待利得をもたらすのは、プロジェクトCとなる。すなわち、マックス・ミン基準では、プロジェクトCが選択される。

読者の中には、不確実性を考慮しているマックス・ミン基準に基づいた選択結果を見ると、不確実性がなくリスクだけを伴うケースとまったく変わらないのではないかと考えるかもしれない。確かに、三つのシナリオのどれか一つに確定して不確実性を完全に取り除いても、プロジェクトCの期待利得がいつも最大となる。利得のばらつき（リスク）が大きいが、高い利得（リターン）も得られるプロジェクトCが選ばれているわけで、リスクを引き受ける見返りにリターンを得ている。リスクとリターンのトレードオフは依然として成り立っている。

しかし、極端な形で予備原則を適用すると、不確実性下の意思決定は様変わりしてしまう。非常に極端な予備原則では、科学的な根拠があるかどうかにかかわらず、確率評価のばらつきをできるだけ大きく見積もって、不確実性の程度をできる限りで引き上げようとする。

表2-4　2つの極端なシナリオ

	晴の確率	雨の確率
極端なシナリオ1	1.0	0.0
極端なシナリオ2	0.0	1.0

たとえば、右の数値例で確率評価のばらつきを最大限に見積もって不確実性の程度を最大にするには、**表2-4**のように「必ず晴れる」と「必ず雨が降る」という二つの極端なシナリオを含めればよいことになる。

こうした二つの極端なシナリオを考慮してしまうと、それまでの中間的なシナリオはいずれもまったく意味を持たなくなってしまう。それぞれのプロジェクトで小さいほうの利得が常にワーストなケースとなってしまうからである。プロジェクトAでは「必ず晴れる」（極端なシナリオ1）で利得が四〇単位となる。一方、プロジェクトBとプロジェクトCでは「必ず雨が降る」（極端なシナリオ2）で利得が二〇単位となる。したがって、最悪ケースの利得がもっともましなプロジェクトAが選択される。

このように科学的根拠と関わりなく不確実性の程度を最大レベルで想定すると、最低の利得だけがプロジェクト選択の指針となって、どれだけ高い利得を得られる可能性があるのかは選択にまったく影響しない。このような想定では、リスクをとる見返りにリターンを求めるという行動は、完全に排除されてしまう。いいかえれば、どんなに高いリターンが見込まれていていたとしても、「できる限りリスクを避ける」ということだけが行動の指針となる。なお、こうしたワーストケース・シナリオは、1-4節で紹介した事例においてシカゴへの飛行機事故を避けてニューヨークにとどまる選択とまったく同じ状況である。

2-3-4 極端な予備原則の本質的な問題点

これまで述べてきたように極端な予備原則のもとで、不確実性を最大限に見積もって最悪ケースを想定しながら環境リスクを評価すると、大変に厄介な理論的問題が生じてしまう。かなり極端な例によって問題の本質をあぶり出してみよう。

今、地球温暖化（正確には、地球温暖化による気候変動）の影響について次のような事例を考える。地球温暖化が経済活動に影響を及ぼさない場合には、生産水準が一〇〇単位となる。一方、地球温暖化が経済活動に影響を及ぼす場合には、三〇単位の損失が生じる結果、生産水準が一〇〇単位から七〇単位に大幅に減少する。地球温暖化がどの程度の確率で経済活動に影響を及ぼすのかを考慮せずに、不確実性を最大限見積もって最悪ケースのシナリオを想定すれば、七〇単位の生産規模しか見込まれないことになる。

一方、地球温暖化に予備的に対応する場合を考える。二〇単位のコストがかかる予備的措置を講じて地球温暖化の影響を封じた場合には、生産規模が一〇〇単位の生産から二〇単位のコストを差し引いて八〇単位となる。

もし予備的措置が地球温暖化を完全に阻止できるのであれば、予備的措置を実施したケースの生産が八〇単位、実施しなかったケースの生産が七〇単位となって、地球温暖化阻止のために予備的措置を講じることが正当化される。

しかし、二〇単位のコストを投じて予備的措置を講じたにもかかわらず、地球温暖化の影響をまったく食い止められない可能性がいくばくかの確率であるとしよう。この場合、予備的措置の効果についても、不確実性を最大限見積もって最悪ケースを想定しなければならないので、温暖化による損失（三〇単位）と予備的措置のコスト（二〇単位）のダブルパンチによって生産規模が五〇単位（100−30−20）まで低下する。

したがって、予備的措置を講じた最悪ケースが五〇単位、予備的措置を講じなかった最悪ケースが七〇単位となって、極端な予備原則のもとでも予備的措置をいっさい講じないほうが適切な判断ということになる。

ここでの事例は極端であるが、費用と便益の両方について不確実性を最大限見積もって最悪ケースを想定して評価すると、往々にして「何もしないことが最善」という結論になる。

なぜそのようなことが起きるかといえば、地球温暖化が生産活動に悪影響を及ぼす可能性も、地球温暖化を阻止することを目的とした予備的措置が失敗する可能性も、不確実性を最大限見積もった最悪ケースではまったく考慮されないからである。ここにこそ、極端な予備原則が理論的なレベルで抱えている本質的な矛盾といえる。本来であれば、不確実性をできる限り回避しながら、上の二つの可能性をできるだけ正確に確率評価して予備的措置の導入を決定すべきなのであろう。

極端な予備原則の真骨頂は、自然環境に働きかける人間の活動がもたらす悪影響を、もっとも深刻なケースを想定しながら、細心の注意を払って謙虚に評価するところにあるにちがいない。だからこそ、極端な予備原則の理念に共鳴する人々が多いのであろう。

そうであるならば、同じく人間の行為である「自然環境を制御する」という予備的措置の効果についても、同じく最悪ケースを想定しながら、細心の注意を払って評価すべきであろう。もし予備的措置の評価については極端に楽観的になるとすれば、人間が自然環境を制御する能力をずいぶんとかいかぶった一貫性のない話になってしまう。

科学的な根拠を棚上げにする予備原則には、科学技術に対して相反する態度が背後にあるのかもしれない。自然環境を破壊する科学技術に対しては不信を募らせる一方で、自然環境を守る科学技術には全幅の信頼を置く傾向が見てとれないであろうか。

先に見てきたように、極端な予備原則を政策判断に適用すると、リスクを伴う経済行為が往々にして高いリターンを生み出すという便益を断念せざるをえない。現代社会において便益を生み出す行為のほとんどがリスクを伴うにもかかわらず、極端な予備原則に基づいてゼロリスクを強く指向する環境政策を展開してしまえば、潜在的には価値のある経済行為に対して強い抑止力ともなりかねない。

一九六〇年代、一九七〇年代の四大公害の事例が如実に示すように、いくつもの深刻な環境リスクに対して政策が後手にまわったことは事実である。しかし、極端な予備原則を適用しなかったために政府が失敗したというよりも、科学的に解明されている環境リスクに対して政府の対応が著しく遅れた。科学的な立証手続きを経た学術論文で因果関係が立証されていたにもかかわらず、政府が環境リスク因子の蔓延を放置してしまった（2-1-9節を参照のこと）。「科学的立証を棚上げにしなかったこと」ではなく、「立派な科学的根拠を無視したこと」に政府の非があるとすれば、政府の不作為の責任はいっそう重大であろう。

以上の議論をまとめてみると、科学的立証を棚上げにしながら不確実性を最大限に見積もって最悪ケースのシナリオを想定するという政策評価手続きは、さまざまな問題点をはらんでいる。むしろ、直面しているリスクの評価についても、予備的措置や代替的措置の評価も含めて最大限の科学的な努力を払って、極端なシナリオを排除しつつ不確実性の要因をできるだけ取り除くことこそが重要となってくるであろう。そのうえで費用便益分析を行うほうが建設的な政策指針を得ることができる。先にも見てきたように、確率評価の幅をある程度縮めることができれば、マックス・ミン基準に基づいて費用便益分析を行っても、それほど極端な結果が出てくるわけではない。

環境リスクが科学的評価において不確実性を伴うことがあったとしても、不確実性を最大限見積もって確率評価を無視するよりも、不確実性を慎重に取り除きながら確率評価を重視することのほうが重要となってくる。環境リスクであっても、あくまでリスクとして取り扱っていくべきなのである。

あるエピソード　福島第一原発の汚染処理水の海洋放出に関する合意形成について(12)

二〇一七年七月一二日、川村隆東京電力会長は、記者たちの前で福島第一原発の地上タンクに蓄えられているトリチウムを含んだ汚染処理水（放射性物質の除去処理を済ませた水）の海洋放出について「判断はもうしている」と発言した。共同通信はすぐさま汚染処理水の海洋放出が東電内で既定路線となっていると報じた。漁業関係者をはじめとした地元の人々は、川村会長発言に強く反発した。川村会長は同月一九日に全国漁業協同組合連合会の岸宏会長らに陳謝している。以下では、トリチウムを含む汚染処理水の海洋放出に関する合意形成の問題を考えてみたい。

ここでまず留意すべき点であるが、川村会長発言は、かならずしも現行の規制基準を踏みにじったものではなかった。トリチウムと呼ばれる放射性物質は、水との親和性が強く水から分離することが難しい。アルプスなどの処理設備で汚染水からさまざまな放射性物質を取り除いても、処理水には最後までトリチウムが残ってしまう。しかし、毒性が非常に弱いトリチウムを含む汚染処理水の海洋放出基準は、他の放射性物質に比べるとはるかに緩やかである。事故前の福島第一原発では、トリチウム以外の放射性物質に対する規制基準は、たとえばセシウム134の場合、海洋放出が許される濃度が六〇ベクレル／リットルと厳格だったのに対して、トリチウムの場合は六万ベクレル／リットルであった。東電から公表されているプレスリリースをもとに概算すると、福島第一原発の地上タンクの汚染処理水に含まれるトリチウムの濃度は一九〇万ベクレル／リットルなので、三二倍ほどで希釈をすれば放出基準をクリアできる。

（12）本稿は、日本エネルギー会議の二〇一七年一〇月二日付けのコラム欄に寄稿したものである。http://www.enercon.jp/topics/12189/?list=contribution

しかし、汚染処理水の海洋放出基準には、濃度規制とともに総量規制がある。同じく事故前の福島第一原発の年間放出上限を見ると、トリチウムを除くすべての放射性物質の合計が二二〇〇億ベクレルであったのに対して、トリチウムでは二二兆ベクレルまで許容されていた。ここで問題となってくるのは、福島第一原発の地上タンクに含まれているトリチウムの総量が年間放出上限をはるかに超えているところである。仮に地上タンクの総貯蔵量を一〇〇万トンと見積もると、汚染処理水に含まれるトリチウムの総量は一九〇〇兆ベクレルに達する。現在の貯蔵水準の汚染処理水を海洋放出するには、一二・三年の半減期を考慮しても何十年も要する計算となる。

ここで再び「しかし」となってしまうのであるが、原子力関連の民間施設のトリチウムに対する総量規制において、一九〇〇兆ベクレルという水準が途方もなく高いレベルというわけではない。青森県の六ヶ所村にある使用済み核燃料再処理施設では、トリチウムの年間放出量上限が一京八千兆ベクレルと設定されている。要するに、一九〇〇兆ベクレルのトリチウムは、福島第一原発のような軽水炉施設にとって途方もなく高い水準であるが、民間再処理施設においては一年間の放出量上限の一割強なのである。

それでは、川村会長発言のどこに問題があったのだろうか。東電と地元の人々の間の合意形成において、どのような観点が欠けていたのであろうか。東電や原子力規制委員会は、ここまでの文章でも三つの「しかし」を用いて説明せざるをえなかった複雑な事情を、当事者たちに誠意を持って語りかけたのであろうか。

第一に、三つの原子炉で炉心溶融を起こした福島第一原発は、もはや通常の軽水炉施設でなくなっており、トリチウムを含む汚染処理水の海洋放出については再処理施設並みになったという認識が関係者の間で共有されていなかった。六ヶ所村の施設を含む世界の再処理施設において地元の人々が合意している規制基準は、事故を起こした福島第一原発にあてはめることが決して不可能だとは思われない。トリチウムが毒性の低い放射性物質であるということが関係者だけでなく、国民の間でも十分に理解されれば、風評被害も回避できるであろう。深刻な事故に見舞われた福島第一原発の施設状態に関して人々が正確な認識を共有できるように、東電や原子力規制委員会が地道に努力してこなかったことにこそ本質的な問題がありそうである。

第二に、トリチウムを含む汚染処理水の海洋放出がきわめて切迫した問題であるという点を、東電が誠実に説明してこなかった。東電は凍土壁によって原発施設への地下水流入をほぼ阻止できると主張するばかりであった。もし東電の主張をまともに受け入れれば、汚染処理水を海洋放出する逼迫度が低いことになる。確かに、東電が毎週発表している「福島第一原子力発電所における高濃度の放射性物質を含むたまり水の貯蔵及び処理の状況について」から計算される一日あたりの地下水流入量は、二〇一六年の一〇月以降、それまで四〇〇トン/日を超えていたものが二〇〇トン/日まで低下した。ただし、東電は二〇一七年八月末に凍土壁の全面凍結に着手したが、現在のところ地下水流入量に大きな変化が認められない。

過去一年間の地下水流入量の低下は、原発施設周辺の井戸による地下水のくみ上げの結果であって、凍土壁の効果は期待できないという専門家も少なくない。地上タンクの総貯蔵量は、二〇一七年八月初めにとうとう一〇〇万トンを超えて、原発施設内での地上タンク設置上限に近づきつつある。今後、地下水流入量が二〇〇トン/日で推移すると、年間七万トン以上増加する。凍土壁によって地下水流入を抑制する効果が必ずしも高くないことを東電が率直に認めることこそ、トリチウムを含む汚染処理水の海洋放出の逼迫度について国民の理解を促す契機となるであろう。

3　地震災害――予防と予知の攻防（専門家と市民の間で）

3-1　阪神淡路大震災(1)と地震予知

3-1-1　阪神淡路大震災の衝撃

地震災害というと、緊張感を持って思い出すことがある。

一九九五年一月一七日五時四六分にマグニチュード七・三の大地震（兵庫県南部地震と命名された大地震）が阪神・淡路地方を襲ったとき、私はカナダの西海岸バンクーバーにあるブリティッシュ・コロ

(1)　日常的に用いられている阪神淡路大震災は、兵庫県南部地震と呼ばれている大地震を意味するとともに、その大地震がもたらした大災害をも意味する。しかし、本書では、東日本大震災（東北地方太平洋沖地震でもたらされた大災害）を含めて「大震災」という言葉は大災害の意味に限定して用いていく。

ンビア大学(UBC)の経済学部に勤めていた。ケーブルテレビ放送のCNNは、発災直後から映像を流し始めた。数多くの民家が全壊し、近代的と思われるビルが倒壊し、安全性のお墨付きをもらっていたはずの高速道路や鉄道の高架が崩壊した映像が全世界に配信された。幸い当該地域に原子力発電所がなかったことも付け加えられた。

当初の報道では死者数百人であったが、当日の夜になって死者一三一一人と発表された。公表された死者数は、一八日に一六八一人、一九日に二九四三人、二〇日に四〇四七人となった。死者数は最終的に六四三五人に達した。

緊張感を持って思い出すというのは、そうした死者数の報道に接した同僚研究者の反応であった。彼らに会うと、廊下でも、食事中でも、ティーの時間でも、「誠、神戸で何が起きているのか」と聞かれた。太平洋に接した西海岸という土地柄もあって日本人の経済学者と交流している研究者も多い。古くは新渡戸稲造もUBCに滞在した。彼らは、神戸が日本を代表する魅力的な大都市であることを知っている。「日本という世界で二番目(当時は、二番目であった…)の資本主義国家の、神戸という国際的な大都市で、なぜ何千人もの死者が出たのか」という彼らの問いかけは、物静かではあるが、明確な告発であった。

北米大陸(カナダとアメリカを合わせた呼び方)で経済学者といえば、資本主義社会の市場メカニズムを信奉する、どちらかといえば保守的な考え方を持つ人が多い。社会正義を振りかざすこともしない。当時の私の同僚もみなそうであった。同僚たちが私に発した問いは、地震で多くの被害者を出してしまった日本社会に対する静かな批判であった。

自然災害で多くの死者が出るということは、危険な場所に貧弱な建物で生活し、仕事をしている人がいかに多いのかということである。当然、「生活や職場の環境が安全であること」には真っ当な経済的価値がある。「大地震で死者五千人超」という数字は、日本社会が大きな自然災害リスクにさらされ、経済生活の質がきわめて貧しかったことを如実に物語っていた。

大地震が突きつけた強烈な事実とともに、その甚大な被害に対するUBCの同僚の静かな告発に圧倒されたときの身体にこびりついた感覚はずっと忘れられない。

大地震から一年を経過した一九九六年一月一二日付け『神戸新聞』の記事によると、監察医が検案した神戸市の死者約二四〇〇人の死亡時間は、震災から一四分以内の午前六時までが二二〇〇人と九二％を占めた。さらに二〇年以上の歳月が流れる間、阪神淡路大震災についてさまざまな調査が積み重ねられて新たな事実も浮かび上がってきた。たとえば、NHKスペシャル取材班（2016）によると、地震当日に死亡した五〇三六人のうち、七六％に相当する三八四二人は地震から一時間以内に死亡し、その九割が圧死や窒息死などの圧迫死であった。精力的で持続的な報道によって明らかになったこれらの事実も、人々が大地震に対して無防備なままに脆弱な建物に住んでいたことを示している。

なぜ、地震防災がなおざりにされたのであろうか。

本章では、そうした課題に取り組んでいきたい。

3-1-2　兵庫県南部地震と地震予知事業

兵庫県南部地震（阪神淡路大震災を引きこした大地震）が陸側の活断層を起因とする直下型地震であ

ったことから、日本政府が強力に推進してきた地震予知事業に大きな衝撃を与えた。ここでいう地震予知事業とは、近い将来、たとえば、数日先に到来するであろう大地震の予兆を観測し、その観測に基づいて地震予知に関わる情報を人々に伝えていく制度を指している。

一九七八年六月に施行された大規模地震対策特別措置法（以下、大震法と略する）では、海側の海溝やトラフ（海底盆地）で起きる東海地震を前提に地震予知が制度化された。3-3節でも詳しく説明するが、大震法では、東海地震に関わって異常現象が発見されると、研究者たちが判定会に招集される。判定会で科学的に検討された地震予知情報は気象庁長官を通じて首相に報告される。報告を受けた首相は閣議に諮ったうえで警戒宣言を発する。

兵庫県南部地震は、発災地域が大震法の対象とした「東海地方」ではなく「関西地方」であり、地震を引き起こした震源の位置も海側の「海溝型」ではなく陸側の「直下型」であった。地震対応においてすべてが裏目に出てしまったことで、日本政府は地震予知事業の大幅な修正が迫られたのである。

政府も、議会も、対応がすばやかった。

大地震直後の一九九五年六月に議員立法で地震防災対策特別措置法が制定され、政府は地震に対する政策について地震予知（地震の到来をあらかじめ知ってから備える政策）から地震防災（特定の地震の到来を想定せずに備える政策）に大きく舵を切った。科学技術庁長官を本部長とした地震予知推進本部も、同法施行に伴って地震調査研究推進本部と看板を改めた。

新たに立ち上げられた地震調査研究推進本部の大きな仕事は、兵庫県南部地震の直接的な原因となった活断層に関わる調査であった。地震学の松澤暢と変動地形学の宮内崇裕は当時の活断層調査のすさまじさを以下のように語っている（遠田他 2015、傍線は筆者）。

松澤：あのときに活断層調査を推進された松田時彦先生は、地震調査研究推進本部のごく短期間で実施するブルドーザー的なやり方に関して批判的でした。短期間でそんなに丹念な調査ができるはずはありません。しかし、国としては兵庫県南部地震を受けて一刻も早く国民の皆さんを安心させなければならないということで、非常に短期間に予算が投入されてしまった。それが真相ではないでしょうか。

宮内：科学技術庁長官の田中真紀子さんが強力に推進されたことで予算がつきました。活断層一本に一億円という予算をつけた。一〇〇本で一〇〇億円です。これを一〇年でやれば大方のことは片付くのではないかという判断があったように思います。

地道な研究で解明しなければならないことが、公共事業的に始められてしまった。結果だけ出してきて並べればいいということになった。当然、調査の質が追いつかず、予算をかけた割には何も分かっていないということでお叱りを受けたことがありました。（七二頁）

しかし、政府は決して地震予知の根拠法であった大震法を破棄しなかった。したがって、東海地震の予知事業を完全に放棄したわけでもなかった。むしろ、東海地方の地殻変動を対象とした観測網は大幅に拡充され、海溝型の東海地震に対する監視体制は継続された。ただし、3-3節で見ていくように、大震法の実質的な見直しは水面下で検討されるようになった。

さらに地震調査研究推進本部は、広い範囲の海溝型地震について、近い将来の到来に関する予知ではなく、三〇年先を目途に発生可能性を長期的に評価することにも取り組んだ。先の対談において、松澤は以下のように語っている（遠田他 2015）。

松澤：神戸の地震（兵庫県南部地震）のあとに三〇年確率（今後三〇年以内に起こる地震の確率）に関して喧々諤々議論しました。三〇年確率なんて出せるわけがないし、もっと短いタイムスパンはもっと難しい。だけど長いタイムスパンを出しても社会はいっさい使ってくれない。そこで、まちづくりのタイムスケール考えたら三〇年ってところがぎりぎりだということで三〇年となりました。こうした議論を知らない方から、何で三〇年なのかと矢のような批判を受けることになっています。（七六頁）

地震調査研究推進本部は、海溝型地震について二〇〇〇年一一月に宮城県沖地震、二〇〇一年九月に南海トラフ地震、そして、二〇〇二年七月に三陸沖北部から房総沖の日本海溝の地震活動に関してそれぞれ長期評価を行った。なお、二〇〇二年の日本海溝の地震活動に関する長期評価は、第4章で議論する津波リスクの評価にも大きく関わってくる。

兵庫県南部地震後、研究者の間では、地震予知の可能性をめぐって激しい議論が交わされた。しかし、地震予知の可能性について否定的な研究者も、肯定的な研究者も、もし地震予知が科学的に可能であるならば、「地震予知は社会にとって望ましい」という点で意見は一致していたように見える。

また、日本地震学会地震予知検討委員会（2007）にある「日頃から耐震等の防災対策をきちんとやった上で、さらに地震予知に関する科学技術を適用すれば、災害の軽減、とくに最も重要視される人命や私有財産の一部の損失を、さらに飛躍的に減らすことは可能である」（二〇四頁）という文章が表しているように、地震学者の間では、地震予知と地震防災は互いに補い合う関係にあると漠然と考えられてきた。

しかし、これまでの地震予知をめぐる議論では、数少ない例外を除いて、地震予知の社会科学的な側面がまったく無視されてきた。政府の発する地震予知が家計や企業にどのように受け取られるのか、その結果、家計や企業の防災行動にどのような影響を与えるのかといった点は、ほとんど考慮されてこなかったのである。

そもそも、科学的根拠があいまいであったにもかかわらず、大規模な地震予知が私たちの社会において曲がりなりにも制度化されてきた本質的な理由は、科学の側というよりも、社会の側にあったということもあまり議論されてこなかった。

阪神淡路大震災のときに朝日新聞の記者だった外岡秀俊は、大震災の取材の集積から『地震と社会――「阪神大震災」記』を著している（外岡 1997）。その第1章「予知の思想」では、「(地震到来にかかわる）不確実性の幅が狭められていくことを、人々は望んでいる」と指摘し、そうした側面における地震予知に対する社会の期待を「社会的要請」と呼んでいる。

一方、発展途上にあった日本経済において防災コストを十分にかけられないなかで、地震災害の損失規模を抑制させる手段として科学的な地震予知に寄せる期待をもって「地震防災への社会的圧力の埋没」と呼んでいる。
外岡の著作には、次のような一節がある。

（地震予知の）問題は、「科学的予知」の名のもとに、震災対策への「社会的圧力」が埋もれ（科学的な地震予知で震災対応は十分であると思われていたこと）、東海地方以外では、その不在（防災がなおざりにされていたこと）が一切問われてこなかった点にある。また、「科学的予知」には至らない学者の研究水準に、過大な期待を寄せ、その一切の責任を地震学に負わせようという風潮が定着したところにある。（五四頁）

地震予知は、科学的な装いを持つことによって、不確実性の解消の手段として社会の要請に応える体裁を整え、同時に地震防災に対する「不在証明」の役割を果たすようになったことを外岡は指摘しているのである。その裏側で研究者は、そうした社会からの過大な期待の重圧にあえいできた。本章でも、こうした地震予知という制度を支えてきた社会的な期待を浮き彫りにしていきたいのである。

3-2節では、二〇〇九年四月にイタリア・ラクイラ市を襲った大地震について、行政と科学者たちの発した地震予知が失敗した事態、正確にいうと、「大地震が近い将来到来しない」という安全宣言が失敗したケースを振り返りながら、地震予知と社会の関係を深く探ってみたい。

続く3-3節では、まさに地震予知の社会科学に取り組んでいく。とりわけ、予知と防災の関係を再考してみたい。研究者が予知と防災の補完について漠然と考えていることとはまったく逆に、政府の地震予知には家計や企業の地震防災のインセンティブをかえって削いでしまう可能性がある。

特に、地震予知が地震到来に関する不確実性を解消することと、地震防災投資に非可逆的な側面（いったん投資をしてしまうと組み戻しが難しくなってしまう性質）があることに着目すると、地震予知と地震防災は互いに補い合う関係ではなく、予知が防災を妨げる可能性のあることを経済学的に考えていこう。

そのうえで、なぜ、私たちの社会において、科学的根拠がきわめて不十分な地震予知が曲がりなりにも定着するという現象があらわれてきたのかを再検討しながら、社会の側が地震予知を強く欲した事情が根っこにあったことを掘り下げて考えてみたい。

3-1-3 上町断層帯リスクに対する社会的な認知

(1) 活断層に対する社会的関心の高まり

3-2節以降で地震予知と社会の関係を考察していく前に、地震リスクの評価自体が社会科学的な要素に左右されていることを見ていこう。

活断層を起因とした兵庫県南部地震で政府が地震予知事業を再編せざるをえなくなったように、実は、家計や企業も活断層リスクに対する認識について大幅な変更が迫られたのである。

まずは、阪神淡路大震災を契機として、日本社会において活断層への関心が全般的に高まったことを見てみよう。

山口（2008）は「活断層」をキーワードとするＮＨＫニュースの件数を調べている。そもそもＮＨＫ

ニュースで「活断層」という用語が最初に使われたのは、一九八七年一〇月に発生したロサンゼルス地震（断層名にちなんでウィッティア地震と呼ばれている）を報じたニュースであった。一九八七年から一九九四年までの期間は、活断層を取り扱うニュースの件数は年間〇件から四件ときわめて少なかったが、一九九五年は阪神淡路大震災で六六件と急激に上昇した。

その後も、活断層を起因とした地震が国内外で発生したことや、政府が国の政策として主要活断層の長期評価を進めたことから、活断層に関するニュース件数が増加した。二〇〇五年以降も、原子力発電所の耐震設計指針改定や、二〇〇七年七月の新潟県中越沖地震による東京電力の柏崎刈羽原子力発電所の地震被害があり、原子力発電所の安全性と活断層をめぐる問題が社会的に大きな関心を寄せた。山口は、阪神淡路大震災以降の一〇年あまりを「活断層が社会化した時代」と総括している。

また、岡田（2008）によると、阪神淡路大震災以降の活断層への関心の高まりは、活断層関連の出版物の販売が大幅に拡大したことにもあらわれた。東京大学出版会によると、一九九一年三月に出版された『新編　日本の活断層』の販売冊数は、一年目に二九三四冊であったが、二年目には二五五冊、三年目には一八五冊と、販売冊数が大きく減少した。しかし、阪神淡路大震災の年とその翌年には、それぞれ二七九一冊と四五三九冊と爆発的な売れ行きを見せた。また、一九九二年八月に出版された『日本の活断層図』の販売冊数は、一年目に九三九冊、二年目に一四五冊であったが、一九九五年には五二四一冊となった。兵庫県南部地震が起こった翌年の一九九六年一月に出版された『活断層とは何か』は、初年度に九〇七四冊が販売された。

(2) 上町断層帯とは？

同時に、阪神淡路大震災は、日本全国の個々の断層帯についても、それぞれの地域で活断層リスクを認識する契機となった。

以下では、私が顧濤、中川雅之、山鹿久木と行った共同研究に基づいて（顧他 2012、Gu et al. 2018）、大阪府を南北に走る上町断層帯に起因する地震リスクへの認識が阪神淡路大震災以降にどのように変化したのかを見ていこう。

まずは、上町断層帯のことを簡単に紹介する。

大阪府の東部を南北に走る上町断層帯の全貌は、阪神淡路大震災以前にほぼ理解されていた。地震調査研究推進本部（2004）によると、上町断層帯の存在は、ボーリング調査などで一九七〇年代にはすでに確認されていた。一九八〇年代、一九九〇年代前半にも、地下を伝わる弾性波の屈折や反射によって断層を確認する反射法弾性波探査などを中心として調査が行われてきた。一九九〇年代前半には、上町断層帯の北側に連続する断層や上町断層帯付近の活断層についても調査が進められていた。一九九五年以降も、上町断層帯の南側や北側に連続する断層についてさらに調査が行われてきた。

図3-1が示すように、上町断層帯は、大阪府豊中市から大阪市を経て岸和田市に至っており、兵庫県南部地震を引き起こした六甲・淡路島断層帯の東に位置している。断層帯の長さは約四二キロメートルで、ほぼ南北方向に延びている。最新活動時期は、約二万八千年前以後、約九千年前以前であったと推定され、平均活動間隔は八千年程度である。すなわち、直近の地震から見て平均活動間隔がすでに経過している。

図３－１　上町断層帯と六甲・淡路島断層帯

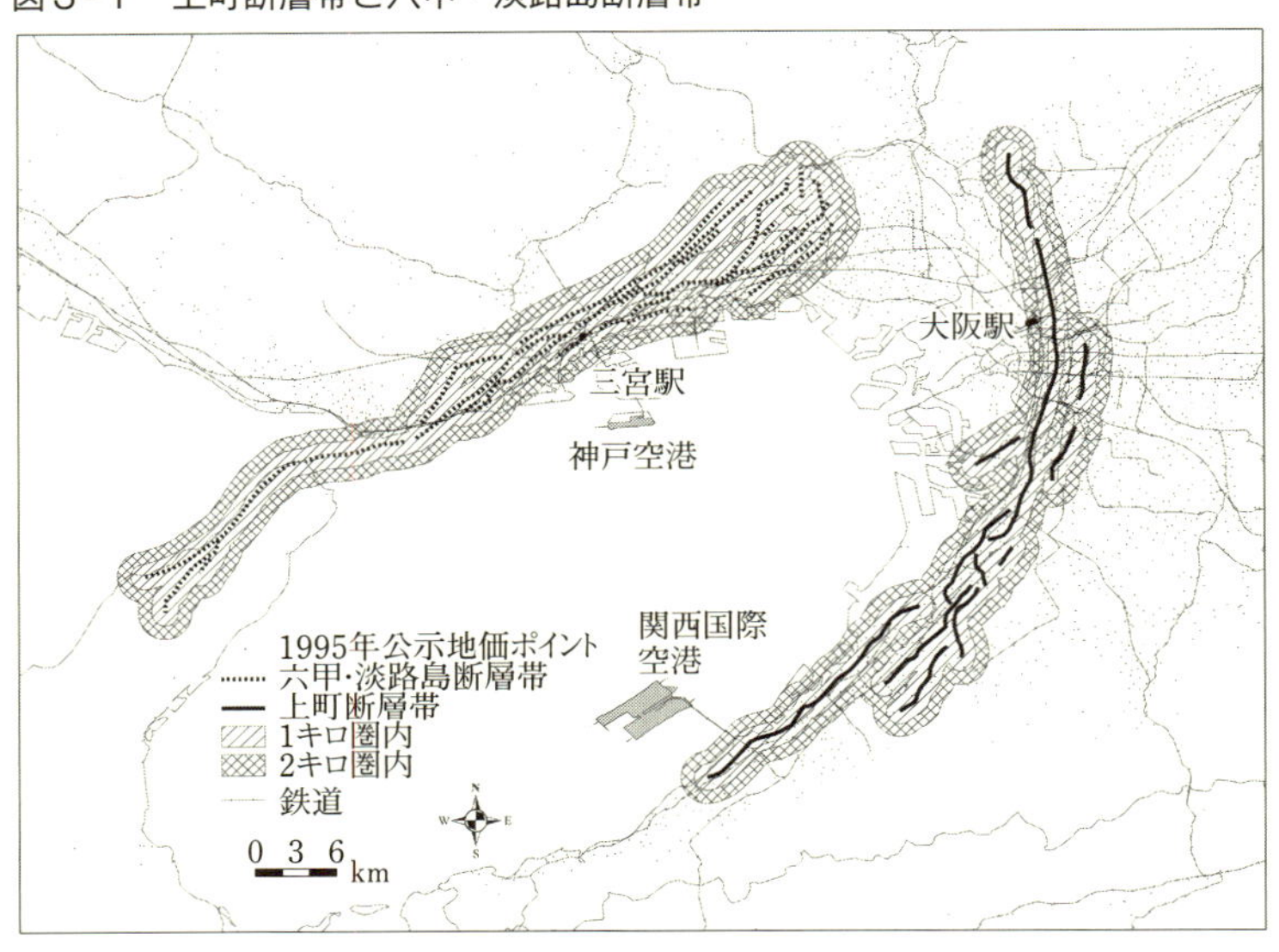

上町断層帯では、断層帯全体がひとつの区間として活動した場合、マグニチュード七・五程度の地震が発生すると推定されている。そのさいには、断層近傍の地表面では東側が西側に対して相対的に三メートル程度高まる段差やたわみが生ずる可能性がある。上町断層帯は、今後三〇年の間に地震が発生する可能性が日本の主要活断層の中で高いグループに属している。

大阪府は、従来から紀伊半島沖を震源とする海溝型地震を想定した地域防災計画を策定してきたが、阪神淡路大震災以降は、政府の防災計画の変更と時期を同じくして、上町断層帯による都市直下型地震を想定した防災計画に大きく転換した。大阪府は、一九九七年に内陸直下型地震に適合した地震防災対策を策定するために地震被害想定調査を報告している。一九九七年から二〇〇七年の一〇年間にも、上町断層帯に関する調査（一九九六年から一九九八年に実施）や大阪平野の地下構造調査（二〇〇二年から二〇〇四年に実施）を行い、地震被害を評価するための基礎情報の充実を図ってきた。また、一九九五年から一九九七年、および二〇〇〇年から二〇〇三年には、地質調査所（現在の産業技術総合研究所）も詳細な調査を行った。

(3) 地震リスクの鏡としての地価

私たちの研究では、上町断層帯に含まれる地震リスクの鏡として地価動向に注目してみた。すなわち、活断層帯に近い土地ほど地価が割り引かれる程度をもって、地価に表れた地震リスクの大きさと考えていくわけである。

上町断層帯沿いの地価は、阪神淡路大震災の前から地震リスクを織り込んで低かったのか、あるいは、阪神淡路大震災を契機として活断層に防災政策の焦点が当てられ、社会的な関心も急激に高まってから低くなったのかを私たちは検証してみた。

地価データとしては、二〇〇〇年までは国土庁が、二〇〇一年以降は国土交通省が公示している地価を用いた。図3-1が示すように、上町断層帯が都市部に位置することから、長期間にわたって十分な数の地価公示ポイントを確保することができた。具体的には、一九八三年から二〇〇九年の期間について上町断層帯の両側二キロメートル圏内で、毎年三〇〇前後から六〇〇前後の地価公示地点を確保できた。

私たちの推計では、地価決定に影響を及ぼすさまざまな要因を取り除いたうえで、上町断層帯への距離（メートルで計測）が短くなるにしたがって地価が低下する度合いを推計してみた。図3-2は、上町断

図3-2　上町断層帯からの距離の係数：2キロ圏内の地価公示地点
（点線は95%信頼区間）

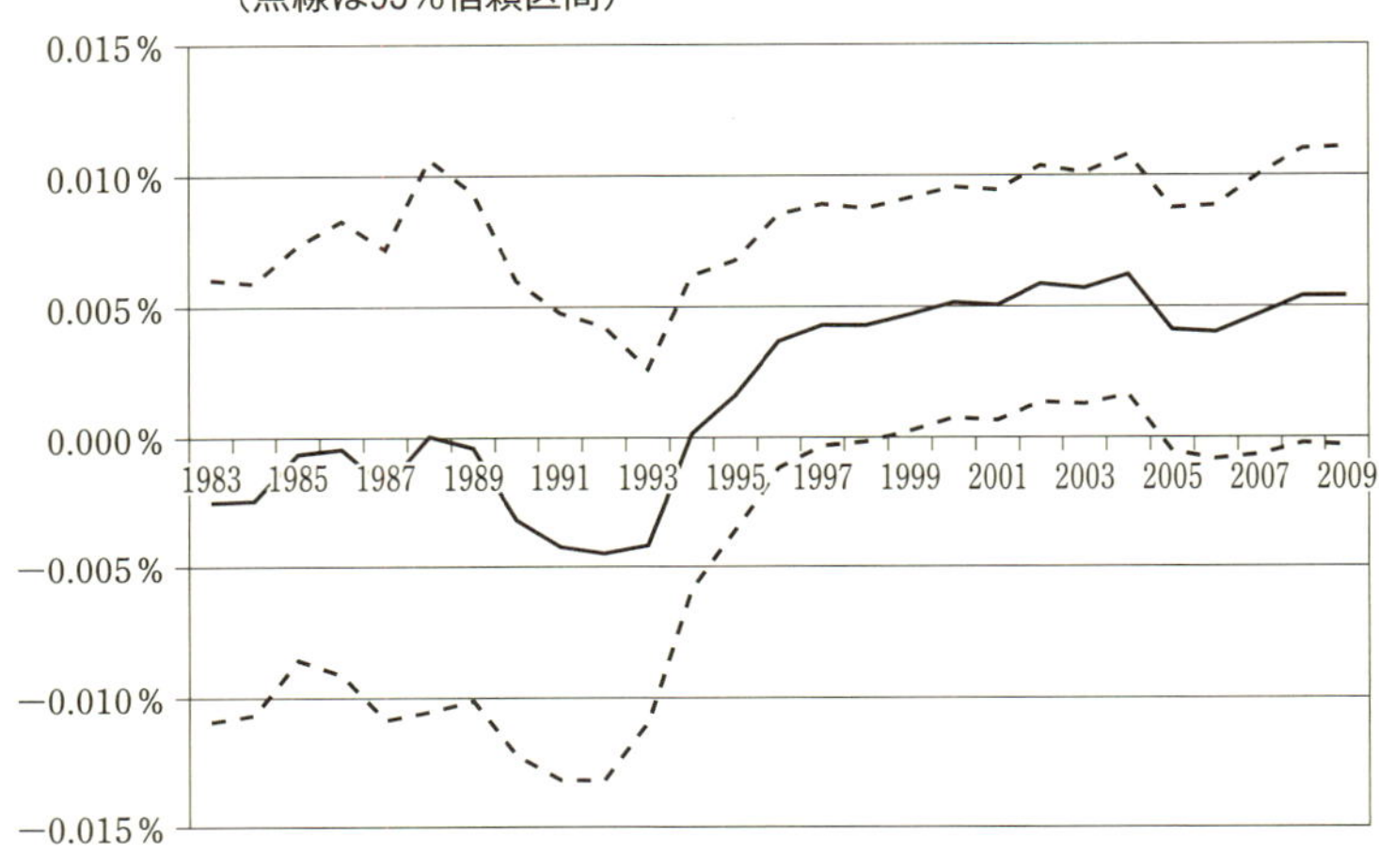

層帯の二キロ圏について推計結果を年ごとにまとめたものである。

実線で示された縦軸の数値の読み方であるが、一メートル上町断層帯に近づくことによる地価低下率を示している。たとえば、〇・〇〇五%であるとすると、0.005%×1,000＝5%となって、上町断層帯が直下にある土地は、断層帯から一キロ離れた土地に比べて五%割り引かれることになる。

また、上下の点線は九五%の信頼区域を表し、推計値の上限と下限を示している。もし、下限がゼロを上回っていれば、断層帯に近づくにつれて地価が統計的に見て有意に低下することを示している。

図3-2から明らかなように、阪神淡路大震災のあった一九九五年よりも前は、[2]実線が示す縦軸の数値は、ゼロ近傍か、負の値をとっている。したがって、阪神淡路大震災前は、上町断層帯に近づくことで地価が低下するどころか、かえって上昇する傾向さえ認められていた。なお、交通網が活断層沿いに

形成される傾向があるので、その利便性の分だけ活断層周辺の土地が高くなるというケースは珍しくない。

しかし、一九九六年以降は、低下度合いを示す実線の値が上昇し、推計値の下限を示す点線もゼロを上回るようになっているので、上町断層帯に近づくほど、地価が低下する傾向が認められる。一九九七年以降は、活断層が直下にある土地は、断層帯から一キロ離れた土地に比べて約五%割り引かれるようになった。

私たちの研究によると、地震リスクが地価に反映された契機は、活断層リスクの自然科学的な特性が指摘された一九七〇年代ではなく、活断層リスクが社会的に認知され、政策的な焦点が当てられた阪神淡路大震災以降だったということになる。いいかえると、地震リスクの評価は、自然科学的な現象というよりも、社会科学的な現象であったと解釈できるわけである。

3-2 ラクイラ地震予知と科学者の責任

3-2-1 ラクイラ地震前の経緯

3-2節では、社会が地震予知をどのように受け止めてきたのかを見ていくことにしよう。

二〇〇九年四月六日、午前三時三二分、マグニチュード六・三の直下型地震がイタリア中部のアブル

(2) 地価公示は、毎年、一月一日時点での鑑定に基づいているので、原則としては、一九九五年一月一七日に起きた兵庫県南部地震は、一九九五年の地価データに反映されていない。ただし、地価公示データの作成プロセスでは、阪神淡路大震災の影響を考慮した地価公示ポイントもあったといわれている。

ッツォ州ラクイラ地方を襲った。死者は三〇九人にのぼった。
この地震の一週間前の三月三一日にイタリア政府は「大地震の兆候はない」とした安全宣言を発表していた。被災者の遺族たちは、不確かな安全宣言が被害を拡大させたとして、この宣言に関わった国家市民保護庁の行政責任者や科学者を告発した。その結果、行政官二人、科学者五人は、ラクイラ地方裁判所に過失致死で起訴された。

二〇一二年一〇月二二日の地方裁判決では、七人全員が「危険性を判断する義務」を怠ったとして禁錮六年の実刑判決を受けた。二〇一四年一一月一〇日には、ラクイラ高等裁判所が五人の科学者と一人の行政官を証拠不十分として無罪とした。行政官一人（当時、国家市民保護庁副長官に就いていたデ・ベルナルディネス）は、二〇一五年一一月一〇日のイタリア最高裁判所の上告却下で執行猶予付き禁錮二年の刑が確定した。

いわゆるラクイラ裁判は、地震予知（正確には、安全宣言）の発表に関与した科学者が刑事責任を問われたという意味で、イタリアはもとより世界各国から強い関心が寄せられた。以下では、地震学者の纐纈一起と大木聖子の論文（纐纈・大木 2015、大木 2012）や、二〇一二年八月一八日に放映されたＮＨＫドキュメンタリーＷＡＶＥ「訴えられた科学者たち：イタリア 地震予知の波紋」に基づきながら、まずは、安全宣言の発表の経緯を中心に振り返ってみたい。なお、科学者の名前には傍線を付すことにする。

ラクイラ地方は二〇〇九年初から三月までに群発地震（マグニチュード三以下の小さな地震）が四〇〇回以上起こっていた。三月上旬からはグランサッソ国立研究所の技官であったシャンパオロ・ジュリアーニをはじめとして複数の研究者が独自の地震予知情報を出していた。ただし、纐纈・大木(2015)によると、ジュリアーニが三月二九日に一日以内に大地震が起きると予知していた震源地はスモルナ(ラクイラの六〇キロ南)であり、ラクイラではなかった。大木(2012)によると、ジュリアーニの予知は決して正確ではなかった。

そうしたところに、三月三〇日一五時三八分にそれまでで最大となるマグニチュード四の地震が起きて住民の不安はいっそう高まった。

国家市民保護庁長官のギド・ベルトラーゾは、三月三一日に科学者たちをラクイラ市に招集して、市民の不安解消を目的とした災害対策委員会をラクイラで開催することを決定した。副長官のベルナルド・デ・ベルナルディネスと地震リスク室長のマウロ・ドルチェもラクイラ市に派遣された。現地で委員会開催の準備にあたったのは、アブルッツォ州政府市民保護局長のダニエラ・スターティであった。

NHKドキュメンタリーでは検察がラクイラ地方裁判所に提出した通話記録が使われ、委員会招集の前日に交わされたベルトラーゾとスターティの生々しいやりとりを伝えていた。

ベルトラーゾ:(委員会の目的は)お騒がせ野郎(ジュリアーニなどの地震予知を出していた研究者たち)を黙らせ、市民の不安を落ち着かせるためだよ。どちらかといえばメディア作戦だ。わかるかい?私たちは、市民を安心させたいだけだと知らせるんだ。しかも私たちが話す代わりに、地震学の最高権威たちに話をさせよう。

災害対策委員会に召集された科学者は、いずれもイタリアを代表する地震学者であった。すなわち、フランコ・バルベリ（ローマ第三大学）、エンゾ・ボスキ（国立地球物理学火山学研究所）、ジャン・ミッチェル・カルヴィ（パヴィア大学）、クローディオ・エヴァ（ジェノヴァ大学）、そして、ギウリオ・セルヴァッジ（国立地球物理学火山学研究所全国地震センター）が委員会に参加した。彼ら五人の科学者がのちに過失致死で起訴されることになる。

委員会は、一八時三〇分に開始された。

論点は二点あって、第一に、近い将来に大地震が到来するという予知の信頼性、第二に、群発地震が大地震の予兆である可能性であった。デ・ベルナルディネスとスターティは、市民の不安を解消することが第一目的であったベルトラーゼの意向を受けていたことから、予知の信頼性も予兆の可能性も完全に否定するように委員会の議論を積極的に誘導していった。

簡易な議事録によると、まず、科学者は群発地震に関する意見が聴取された。ドルチェが群発地震のデータを解説すると、ボスキは「大地震の可能性は二、三千年に一度。前回は一八世紀であったので、大地震の可能性は小さい」と答えた。他の科学者も続いて、エヴァは「群発地震が大地震へと発展するわけではない」と発言している。

ジュリアーニたちが住民たちに広めていた地震予知については、検察が新たに発見した詳細な議事録によると、以下のようなやりとりが記録されている。

スターティ：緊急事態を吹聴する人間に耳を傾けるべきでしょうか。

バルベリ：ラドンガスによる予測は興味深い研究だが、科学的根拠がないのが現実です。
スターティ：はい、みなさんがこの件を承認してくださり、安心しました。記者会見で市民を安心させることができます（市長と州局長は委員会後にジュリアーニを告訴した）。

委員会は、一時間あまりで終了した。一九時三〇分には、国家市民保護庁の行政官や科学者がアブルッツォ州庁舎で件の安全宣言を発表する。

纐纈・大木（2015）によると、法廷に提出された記者会見の模様を伝える映像には音声記録が失われていたので、安全宣言でどのような発言がなされたのかは明らかとなっていない。NHKドキュメンタリーはテレビや新聞の報道から安全宣言の内容を伝えている。テレビ報道によると以下のようにまさに安全宣言であった。

科学者たちは、むしろ群発地震によるエネルギー放出は好ましく、大きな地震にはつながらないといいます。この安全宣言はラクイラ市民に朗報です。

群発地震は地震学の上では特に大きな地震の前兆ではないとしました。この安全宣言はラクイラ市民には朗報です。

安全宣言直後、スターティはテレビ・インタビューに以下のように答えている。

残念ながら現在の科学では地震を予測することはできないのです。本日、地震について「行き過ぎた警告」を出す人物（ジュリアーニのこと）を告訴することにしました。市民の皆さんは、ご安心ください。

翌日の新聞も「科学者は危険がないと判断」と報じた。また、デ・ベルナルディニスの発言として「継続する群発地震はエネルギーが放出されるのでむしろ有利な状況だ。そう科学者は指摘した」と伝えた。

市民たちは、テレビや新聞で報じられた安全宣言の内容を知り、非常に安堵したといわれている。とりあえずは、ベルトラーゼが意図した市民の不安解消の目的は達成したように見えた。

3-2-2　裁判で争われたこと

災害対策委員会が開催された一週間後の四月六日、午前三時三二分、マグニチュード六・三の直下型地震がラクイラ地方を襲った。先述のように死者は三〇九人にのぼった。被害者遺族たちは、安全宣言のために地震に対して備える必要性を失わせたとして、安全宣言に関わった科学者五人と行政官二人を刑事告発した。先ほど名前をあげたイタリアを代表する地震学者五人（バルベリ、ボスキ、カルヴィエヴァ、セルヴァッジ）と、デ・ベルナルディニス（副長官）とドルチェ（室長）の二人の行政官が過失致死でラクイラ地方裁判所に起訴された。

告訴理由は、

- 一連の群発地震が大きな地震の前兆にならないと判断したこと、
- 強い揺れの地震は近い将来、起こりそうもないと判断したこと、

の二点で「危険性を判断する義務」を怠ったためとされた。

ＮＨＫドキュメンタリーでは、二〇一二年五月三〇日のラクイラ地方裁判所法廷にテレビカメラが持ち込まれた。

科学者たちの大地震の予知に対する答えは、「予知が不可能である」ということで一貫していた。当日の法廷でも、ボスキは「地震予知は可能か？　不可能か？　それが問題です。私の答えは決まっている。だれがなんと言おうとＮＯ！です。もうこれ以上『地震予知』のことを語りません。たとえ投獄されようと、答えは変わりません」と証言している。

群発地震の大地震の前兆でないということについて科学者はすべて同意していたが、その根拠については行政サイドの解釈と大きく異なっていた。

「群発地震は大地震の前兆でないと今も信じているのですか？」という検察側の質問に対して、ボスキは「もちろんです」と答えている。一方、行政サイドが持ち出した「群発地震で地震エネルギーが放出されるから安心である」という理由については、きっぱりと否定した。バルベリも次のように発言している。

ここに専門的な意見をまとめたデータがありますよ。群発地震の期間中に、大地震が起こる可能

性は、一〇〇〇分の三なのです。しかし、だからと言って私は群発地震によってエネルギーが放出されれば、安心だとは決して言っていないのです。

「本当にいっていないと断言するのですね？」と検察に念を押されたバルベリは、「はい、そのとおりです」とはっきり返答している。

一方、行政サイドのデ・ベルナルディスは、災害対策委員会の場で科学者は安全宣言の内容も、エネルギー放出説も否定しなかったと主張している。(3)

私はこのエネルギー放出が続く限りは、被害は少ないといったのです。このことに対してだれ一人「間違っている」とは言いませんでしたよ。

私は自分の責任は取りますよ。科学者のみなさんもね…

検察から「私が知りたいのは、継続的なエネルギー放出は好ましい現象か否かだけです」と質問されたボスキは次のように答えている。

群発地震はまぎれもなくエネルギー放出ですが、好ましいかどうかを知ることはできないのです。科学的には全体のエネルギー量が分からないからです。

「群発地震によってエネルギー放出するから大地震につながらない」という仮説については、纐纈・大木（2015）も地震学界の常識に反することを強調している。地震エネルギーはマグニチュードが一単位大きいだけで三〇倍になるので、仮にマグニチュード六の地震エネルギーをすべて放出しようとすれば、マグニチュード二の小地震が八一万回起こらなければならない計算となる（30^{6-2}＝810,000）。しかし、二〇〇九年初から群発地震発生回数はたかだか四〇〇回であって、大地震のエネルギーを放出するにはまったく不足していた。

ただし、纐纈・大木（2015）は、「群発地震でエネルギーが放出されたから安心してください」という表現が住民には説得力を持ったと推測している。

先にも述べたようにラクイラ地方裁判所は、五人の科学者と二人の行政官に禁錮六年の実刑判決を下した。しかし、高等裁判所ではデ・ベルナルディネスを除いて全員無罪となった。

3-2-3　科学者の責任、行政の責任、市民の責任

ラクイラ地震裁判を通じてあぶりだされた、科学者、行政、そして、市民のそれぞれの責任とは何であったのだろうか。

（3）ＮＨＫの取材に対して、当時州政府市民保護局長であったスターティも「科学者を信頼して、安全宣言を出した。彼らは何の反論もしなかった」と話している。

（4）ラドンガスは、ウランやトリウムから派生する無色無臭の放射性ガスで、大地を構成する土壌や岩石から放出される。

(1) 科学者の責任

二〇〇九年三月より、地下岩盤内のラドンガス(4)の濃度に基づいた地震予知を広めていたジュリアーニは、安全宣言後に州政府市民保護局から告訴を受けた。彼は、NHKのカメラの前に次のようなコメントをしている。

ここにあるのがラドンガスの濃度の変化を感知する装置です。地震前には、地下岩盤内のラドンガスが急激に増えます。本震の二四時間前の時点でもラドンガスの急上昇を観察していました。群発地震が始まったころから逐一市民に地震予知情報を流していました。私は人々に「気をつけなくてはいけない」と言い続けました。特に安全でない家に住む人には「外で寝るよう」伝えました。すると当局から人々を惑わせないようにと厳しく口止めされたのです。

私は大地震の一週間前(安全宣言発表の直後)に州政府市民保護局から地震の予知情報を流し、よけいな警告を市民に発したとして告訴されました。私が地震を予知しているのを知って、それが市民をパニックに陥らせると非難されたのです。彼らは私を騒乱罪で告訴しました。

先にも述べたように、ジュリアーニの地震予知は、必ずしも精度が高くなかった。結果論から見ても、ジュリアーニの地震予知を正当化するのは難しかったのかもしれない。

一方、NHKの取材を受けた科学者たちは、安全宣言のような地震予知に関わったことへの違和感を語っている。

エヴァ：安全宣言は委員会で話されていた内容とは大きく違っていた。人々はいつも地震の可能性をこう聞くのです、起こるのか、起こらないのか、でも、起こる可能性が五％とか、〇・五％とか言っても、だれも注目してくれないのです。だから科学者はいつも非常に困難な立場になってしまうのです。地震が来ますと言って、来なければ、我々はうその警報を発したとして非難されます。なぜなら、パニックを引き起こし、混乱を招くからです。逆に、来ないと言ったら、それは、とても危険なことになるかもしれないのです。ですから、地震科学の中で、イエスとノーは、簡単に言えないのです。

ボスキ：（「過失致死罪で被告人になったことをどう受け止めますか？」と聞かれて）非常に悲劇的です。私は単なる地震学者なんですよ。私たちは以前からできるだけ地震情報を出してきました。でも地震が発生しない時はみんなの関心はないのです。で、何かが起こると過剰な関心が生まれるのです。私はもう地震には関わりたくないね……

しかし、科学者自身も、安全宣言について広義の社会的な責任を果たしてはいなかったという思いを強く持っていた。

エヴァ：科学者は未来に責任を負うべきなのか？　科学的には正しかったが、道徳的には市民にもっとできたのではないか？　私は今も、自分自身に問いかけ続けています。地震を前に何をすべきだったのかと。答えはまだ見つかりません。

バルベリ：わずかの可能性の場合に人口集中地域の人々にどう伝えたらよいのか？　地震予知は難しい。地震被害を少なくするための科学者の役割を考えたい。

イタリア法を専門とする小谷眞男は、「言うべきことを言わなかったことの責任」を科学者が問われているると主張している（小谷 2016）。

ラクイラ裁判の正確な中身は、意外によく知られていません。しばしば「地震予知に失敗した罪を問われた」などと言われたりしていますが、それは誤解です。もう科学者は何も言わなくなってしまうだろうという懸念もよく耳にしますが、この裁判の真の争点は「言ったことの責任」ではなく、実は「言うべきことを言わなかったことの責任」なのです。

小谷は、科学者が委員会の場で行政官に向かって、あるいは、安全宣言の場で住民に向かって「言うべきこと」として、地震学界の常識に反した「群発地震によるエネルギー放出説」を明確に否定すべきであったとしている。確かに、科学者がエネルギー放出説に対してもっと慎重で注意深い態度をとり、委員会後の会見でも「念のため備えておいてください」といっていれば、会見が「安全宣言」と報じられることもなかったのかもしれない。

小谷は、科学者たちが行政サイドの持ち出したエネルギー放出説に対して沈黙した理由として、「地震についての研究費を拠出している政府に対して、その意に反する（「社会がパニックになってしまうかもしれない」と政府が懸念するような方向の）意見を強く主張できなかったのではないか」と推測している。小谷の指摘が妥当であるとすると、裁判が浮き彫りにした問題は、科学者の責任というよりも、科学者の倫理に関わってくることになるであろう。

(2) 行政と市民の責任

安全宣言の発表については、国家市民保護庁長官のベルトラーゾを最高責任者とした行政側の責任はきわめて重かった。ベルトラーゾはそもそも起訴されなかったが、デ・ベルナルディネスが行政側の責任者として執行猶予付きながらも禁錮刑が確定したのも、司法がそのように判断したからであろう。デ・ベルナルディネスたちは、「群発地震で地震エネルギーが放出しているから安心」、「ジュリアーニたち『お騒がせ野郎』の地震予知など当たりっこない」という行政側の主張に科学者たちのお墨付きを得ようとして災害対策委員会での議論を強引に誘導し、科学的には安全性が必ずしも検証されていないにもかかわらず「安全宣言」を発表してしまった。

大木（2012）によると、行政と科学者の告発に踏み切ったラクイラの住民たちも、地震予知の妥当性というよりは、地震の可能性が完全に否定されていなかったにもかかわらず「安全宣言」を出した政府や、その決定に関与した科学者たちに憤りを示していた。

ＮＨＫのカメラの前に立った被害者遺族は、期待していた科学に裏切られた悔しさをあらわにした。

妻と娘を失った男性：震災の夜、最初の地震は一一時ごろでした。そのとき、私は妻とどうしようか話し合ったのです。そして、「安全宣言」が出ているから大丈夫ということになったのです。二時ごろには「もう二回も揺れたから地震はないはず」といって寝たのです。

科学者たちの知識は人々を助け、恩恵をもたらすことができるはずです。でも、それを的確に伝えることができなければ、科学者ではありません。私たちが科学者から知りたかったのは、「安心」ではなく、「地震の怖さ」です。なぜなら地震は一度やって来たら、何もかも連れ去ってしまうのですから…

大学生の息子を失った女性：人の命に役立てることのできない科学は、もはや科学とはいえません。「安全宣言」が出されていたことで、息子たちは、古くからの言伝えであった「揺れたら逃げろ、朝まで帰るな」に従わなかったのです。

しかし、住民たちが科学や行政に寄せた期待は、科学者の能力に比しても、行政の対応力に比しても、やはり過大でなかったのかということは否定できないように思われる。

纐纈・大木（2015）は、安全宣言会見直後にテレビの取材を受けたラクイラ市長のマシモ・チャレンテのコメントを引いている。

私がいえることとは、あなた方が選択や決断をしなければならない時があるということです。たとえば雪が降るか、降らないか、そして学校に行くか、行かないか、しかし、今回の場合、繰り返しますが、われわれは市民保護庁と緊密な関係にあることと、地震は予知できないということです。たぶん、降雪はできるでしょうが、地震はまったくできません。（六〇頁）

ラクイラ市長は、大地震への備えは結局のところ、市民自らが選択や決断をしなければならないということを語っていた。

ラクイラ地震裁判の事例が示しているように、行政の判断や決定の「正しさ」が問題なのではなく、行政判断の背後にある意見の多様性について市民が情報を正確に共有していたかどうかが問題なのであろう。

「群発地震が大地震の予兆ではない」という結論は行政サイドと科学者の間で一致していたが、その根拠は大きく異なっていた。「群発地震で地震エネルギーが解放されたから大地震は起きえない」という行政サイドの理由であれば、市民も安心したであろう。事実、ラクイラ市民は「安全宣言」で大いに安心した。一方、科学者たちは、これまでの科学的に厳密な分析に基づいて「群発地震が大地震の予兆とはいえない」と主張しているのであって、行政サイドの根拠をきっぱりと否定していることを知っていたならば、市民は必ずしも安心しなかったであろう。

市民の期待を背負った科学者や行政の責任と市民自らが担わない選択の責任は、私たちの社会においてどのようにバランスをとっていかなければならないのかという課題は、エピローグ（特に7-2-1節）までずっと考えていかなければならない、とてつもなく重たい宿題でもある。

3-3 経済学から見た危機対応　予知の経済学(5)

3-3-1 不確実性の解消とは？

3-3節では、予知に関わる経済学を展開していくが、まずは、不確実性と不確実性の解消という概念を説明していこう。

将来の状態（将来、何が起きるのか）について知識が不十分で、それぞれの状態が生起する確率の評価にばらつきがあることは、「事象が不確実である」と呼ばれている（不確実性の定義については、2-3節を参照のこと）。確率評価のばらつきが大きいほど、不確実性の度合いが高いことになる。

2-3節で議論したように、不確実性があまりに大きいと、人々は確率評価のばらつきを最大限に見積もりながら、最悪のシナリオのもとで損失を回避しようとする。その結果、通常の状態でリスクを伴う行為がまったくなされなくなる可能性がある。あるいは、最悪のシナリオで損失を回避するために莫大な費用を投ずる可能性さえ生じる。こうした帰結は、「リスクをリスクとして取り扱わない」ことによる深刻な弊害と考えることができるであろう。

ここでは、「リスクをリスクとして取り扱わない」もうひとつの弊害として、まったく逆のケースを考えてみたい。すなわち、予知や予報によって将来の状態に関する不確実性を極力取り除こうとする行動がもたらす弊害について考える。特に、気象予報や地震予知を題材に議論を進めていく。

議論に入る前に、まず用語の整理をしておこう。意思決定理論では、将来のリスク事象について、新たな情報の入手によってリスクの程度が低下することを、「不確実性が解消する」といっている。仮に新たな情報（たとえば、予知情報）を入手して将来の状態が完全に予測できる場合は、「不確実性が完全に解消する」と呼んでいる。

具体的な事例を考えたほうがわかりやすいであろう。

明日、晴れるのか、雨になるのかが、五〇％ずつの確率で起きると想定しているところに、気象予報がもたらす新たな天気予報によって晴れる確率を八〇％と上方に改訂する場合、明日の天気に関わる不確実性がかなりの程度解消されたことになる。もし、気象予報が「明日は必ず晴れる」と報じて、その情報をそのまま受け入れれば、その時点で天候に関わる不確実性が完全に解消されることになる。

3-3-2　予知（予報）と防災の複雑な関係

後に〇六豪雪（ぜろろく）と呼ばれた二〇〇五年一二月から二〇〇六年二月にかけて全国で発生した大雪による被害は、予知（予報）と防災の関係を考えるうえでとても示唆的である。

〇六豪雪では、二〇〇五年一二月から大陸の高気圧から寒気が流れ込む一方で、太平洋上で低気圧が異常に発達し、北海道から北陸・山陰地方にかけて豪雪をもたらした。新潟県の山間部では記録的な積雪となった。また、通常よりも寒気が南方に流れ込んだ結果、九州や太平洋側でも大雪となった。この〇六豪雪では、死者が一五二人に、重傷者が九〇二人にのぼっている。

（5）　3-3節は、齊藤（2008）に加筆したものである。

ここまで人的被害が広がった要因のひとつとして、気象庁が二〇〇五年一〇月末に発表した三ヶ月予報（一二月から翌年二月までの予報）で一二月は「気温は平年並みか、高め」で暖冬になると予想されていたことが指摘されてきた。こうした暖冬予報の結果、家計も、地方自治体も、豪雪に対する備えを怠ってしまい、被害がいっそう深刻になったと考えられている。当時から地球温暖化による気候変動に警鐘が鳴らされていたために、人々が気象庁の暖冬予報をすんなりと受け入れる素地があったのかもしれない。

〇六豪雪の災害に関するこうした指摘は、「気象庁の予報が単に間違った」ことだけが問題ではないことを示唆している。人々は気象庁が予報を発表するのを待って、万が一の豪雪に備えるという防災行動を決定している点が非常に重要な要素となっている。防災行動が気象予報に左右されていたからこそ、予報が外れた影響も大きかったということになる。

気象予報と防災の関係をもう少し掘り下げて考えてみよう。なぜ、人々は気象予報が発表されるのを待って防災行動をとるのであろうか。

そもそも、気象予報はどのような役割を果たしているのであろうか。気象予報に接する前の時点では、人々は将来の天気についてあいまいな予想しか持っていない。この冬が暖冬になるのか、あるいは、寒波が来るのか、はっきりとした見込みがない。しかし、天気予報を聞くと、将来の天気についてより明確な予想を持つことができる。たとえば、「この冬は暖冬になる可能性が高い」という予報であれば、当然、人々は「この冬は暖かくなるだろう」と見込みを立てる。

すなわち、気象予報には、「あいまいな状態」から「より明確な状態」に人々の予想を変化させる役割がある。先述のように、経済学では、ここで気象予報が果たしている役割を「不確実性の解消」と呼んでいる。ただし、気象予報が将来の気象に関する不確実性を完全に解消し、いっさいのあいまいさを取り除くことはないので、人々の気象予想にも、依然としていくばくかのあいまいさが残っている。

それでは、万が一の状態に備える防災行動には、どのような特徴があるのであろうか。将来に役に立つ可能性のある行動は、投資行動と呼ばれている。もちろん、将来の災害に備える防災行動も投資行動のひとつである。

しかし、防災投資が通常の投資行動と著しく違うのは、投資の果実が将来の状態に大きく左右される点である。もし、想定した状態が発生すれば、防災投資は功を奏する。一方、想定した状態が生じなければ、防災投資は無駄骨になってしまう。たとえば、豪雪に備えて除雪車を購入した場合、実際に豪雪となれば除雪車は存分に活躍する。しかし、暖冬となれば、除雪車を乗用車に使うこともできず、車庫に入れられたままとなる。

経済学では、特定の状態のみで役に立ち、他の状態では有用なことにいっさい転用することができない投資を「非可逆的な投資」と呼んでいる。防災投資は、典型的な非可逆的投資といえる。

防災投資の非可逆性に着目すると、将来の天気に関して不確実性を解消してくれる気象予報の発表を待つ合理性も容易に理解することができるであろう。だれも無駄となることがわかった投資などしたくない。防災投資が功を奏する状態が生じる可能性が高い場合にこそ防災投資を実施する。人々は、将来の天気についてより明確な予想を提供してくれる気象予報を通じて、防災投資が本当に役に立つかどうかを見極めているのである。

再び強調するが、ここでは防災投資の非可逆性が本質的な役割を果たしている。もし、防災投資が可逆的であって、どのような状態でも転用が利き、役に立てることができるのであれば、不確実性の解消を待つ必要性は低くなる。たとえば、わずかな装備を加えることで乗用車を除雪車に転用できれば、気象予報を待って除雪車に投資するかどうかを慎重に決める必要もないであろう。豪雪になるかどうかについて気象予報に頼らなくても、さまざまな用途に使える乗用車を購入しておけば、豪雪になっても十分に対応することができる。

それでは、地震予知と地震防災の関係はどうであろうか。

通常、地震予知というと、大地震に必ず結びつくと考えられる前兆現象を正確に観測し、地震の到来が迫っていることをできるだけ早く知らせることを指している。後に詳しく議論するが、通常は地震到来する数日前から、少なくとも数時間前までに前兆現象を正確に観測し、政府によって地震予知情報が出されることが想定されている。この場合、政府の地震予知は、地震の到来に関する不確実性を一〇〇％解消していることになる。

3-1節で議論した大震法では、地震学者を中心とした判定会が東海地震の前兆現象だと判断すると、法的な手続きに従って内閣総理大臣が警戒宣言を発する。この警戒宣言には、あらゆる交通機関の停止や避難命令など、家計や企業の私権を著しく制約する措置も含まれている。このように大震法で制度化されている地震予知は、東海地震の到来に関する不確実性を一〇〇％解消することが想定されているのである。

一方、地震防災は、防災投資の中でも非可逆性の度合いが大きい。たとえば、他の自然災害に比べて大地震が建物に与える負荷が非常に大きいために、建物の強度をかなり高めないと耐震性を保つことができない。そこまでの建物強度は他の自然災害に必要とされないので、耐震性に対する投資は非可逆性が非常に高いことになる。

地震予知が不確実性を一〇〇%解消することが期待される一方、地震防災は非可逆性の大きい投資である。こうした地震予知と地震防災が組み合わされると、多くの人々は、地震予知を待ってから地震の到来に備えようとするであろう。たとえば、多額の費用をかけて頑丈な建物を建てる代わりに、地震予知で地震の到来が確実になってから安全な場所に避難することを考える。また、政府や地方自治体も、耐震性の高い交通システムを構築する代わりに、地震の到来が確実になった時点で人々に対して歩いていかれる安全な場所に避難を命じるであろう。

こうして見てくると、一九七八年の大震法で海溝型の東海地震を想定して、予知体制を拡充してきたことは、東海地方に住む人々やそこで活動している企業の防災行動に大きな影響を与えたことは容易に理解できるであろう。東海地方の家計や企業にとっては、地震に対して防災対策をするよりも、地震予知を前提として避難をはじめとした応急的対応に重点を置くほうが合理的となった。

また、東海地方以外の家計や企業の防災行動にも、無視できない影響を及ぼしたであろう。大震法が海溝型の東海地震にフォーカスを置いたことから、東海地方を含めて直下型地震にも、東海地方以外の海溝型地震にも防災行動をとる必要性がまったくないと考えられるようになってしまった。

もし地震予知が地震到来に関する不確実性を一〇〇%解消することが期待され、家計や企業は地震予知を待って確実に到来する地震に対応しようとしている場合に、地震予知が正確になされないと非常に深刻な影響が出てしまう。

ここで地震予知が正確でないという場合、二つのケースが考えられる。

第一に、前兆現象の観測に失敗して地震予知を発しないままに、地震が到来したケースである。この場合、事前に防災行動をとっていなかった家計や企業は、地震の影響を直接的に受け、大被害につながるであろう。

第二に、前兆現象を観測して地震予知を発したのに、地震が到来しなかったケースである。先に述べたように大震法では、地震予知に基づいて内閣総理大臣が警戒宣言を発すると、東海地方の経済活動が厳しく制約される。それにもかかわらず、地震予知の正確性が前提とされているので、地震が到来しなかった場合に警戒宣言をどのように解除するのかの手続きが具体的に決められていない。もし、地震がまったく到来しないままに警戒宣言を継続すれば、東海地方はもとより、日本経済全体で莫大な経済的損失を被ることになるであろう。

3-3-3　地震予知の見直し、大震法の見直し

(1)　兵庫県南部地震後の地震予知

3-1節で見てきたように、海溝型の東海地震を予知することにフォーカスして地震対策を講じてきた日本政府は、直下型の兵庫県南部地震以降、地震予知から地震防災に大きな舵を切っていった。しかし、大震法に裏付けられた東海地震予知の枠組みについては、その見直しがきわめてゆっくりと進んだ。

兵庫県南部地震からかなり経過した二〇〇三年五月に政府の中央防災会議は東海地震対策大綱を発表

する。東海地震の地震防災計画を見直した大綱では、地震予知が困難であることを明記し、いつ到来するかわからない東海地震に備えて防災対策の強化が盛り込まれていた。政府はこれまでの地震予知を主軸とした政策を根本的に見直したように見えた。

しかし、政府が地震予知に依拠した応急的対策を主軸とする大震法を破棄したわけではなかった。むしろ、地震予知の精度を高めるために東海地方における地殻変動の観測網は飛躍的に充実した。また、この大綱の発表後の二〇〇四年一月に気象庁は東海地震に関する情報発表の仕方をより精緻な方法に変更している。

先に議論してきた地震予知と地震防災の関係を考慮すれば、新たな大綱によって地震防災を重視する一方で、大震法の継続によって地震予知を充実させるという政府の方針は、東海地震に備える防災に対してアクセルとブレーキを同時に踏み込むようなちぐはぐさがあった。

後述する地震予知の発表方法変更にも、地震予知の不確かさを認めながらも、結果として正確な予知を想定してしまっているというちぐはぐさが如実にあらわれている。

研究者だけでなく、政治家や官僚、あるいは一般の人々の間で地震予知と地震防災が補完的な関係にあると漠然と考えられていたことが、こうした政府対応のちぐはぐさをもたらしたのであろう。

(2) 新しい地震予知の発表方式

先述のように気象庁は二〇〇四年一月に東海地震の到来に関する情報発表の仕方を大きく変更している。新しい予知発表方式では、東海地域の観測データに異常があらわれると、

- 「東海地震の前兆現象であると直ちに判断できない場合」に東海地震観測情報、
- 「東海地震の前兆現象の可能性が高まった場合」に東海地震注意情報、
- 「東海地震の発生のおそれがあると判断した場合」に東海地震予知情報、

をそれぞれ発表する。なお、これらの地震情報は、Ｊアラートと呼ばれる全国瞬時警報システムを通じて当該市区町村に伝達されることになっていた。

第三段階である東海地震予知情報が発表されると、大震法に従って内閣総理大臣は警戒宣言を発令する。従来方式では、東海地震予知情報に相当するものしか想定されていなかった。その意味で新しい発表方法は、従来のものに比べてより精緻になったということができるかもしれない。

もっとも大きな変更点は、前兆現象が観測されることと、地震が到来することを完全に一対一で結びつけていない点である。前兆現象が観測されても地震が到来しない可能性を認めて観測情報や注意情報を設けている。従来の発表方式では、こうしたあいまいなケースをまったく想定してなかったので、完全に黒（絶対に来ない）でもない、完全に白（絶対に来る）でもない、という灰色判定がそもそも不可能であった。[6]

一方、予知情報については、基本的に前兆現象を地震到来と強く結びつけている。いいかえると、予知情報は地震到来に関する不確実性をほぼ一〇〇%解消していることになる。新しい発表方法でも予知情報の正確性を前提にしていることを反映して、予知情報の解除方法が明確に定められていない。異常と思われた観測データが「前兆現象とは関係がないことがわかった場合」には、予知情報を注意情報に切り替えることができるようにはなっている。しかし、予知情報を出したにもかかわらず地震が到来しない場合に、どれだけ予知情報を継続するのか、どのような場合に予知情報を解除するのかについて具体的な定めがまったくなかった。

まとめてみると、二〇〇三年五月の東海地震対策大綱では地震対策について予知から防災に大きく舵を切りながらも、一方では、大震法を存続させて依然として正確な地震予知を前提に新たな発表方式が考えられていた。

(3) 地震予知と地震到来の時間間隔

地震予知に関わるもうひとつの重要な論点として、人々が予知情報を咀嚼するのに十分な時間を必要とするという、単純であるが、きわめて重要な問題がある。

新しい予知発表方式でいう前兆現象とは、大地震の数日前に地震断層がゆっくり滑り出す現象を指している。地震学者は、こうした現象をプレスリップ（pre-slip）と呼んでいる。気象庁は、愛知県から千葉県にかけて三六ヶ所に設置している歪計（ひずみけい）という観測機を中心としてプレスリップを観測する態勢を整えてきた。

（6） 黒沢（2014）によると、一九九一年に東海地震予知の判定会長となった茂木清夫は、警戒宣言を出すほどではないが、その手前かもしれないわずかな異常で住民に警戒を促す情報、すなわち、警戒宣言と「異常なし」の中間段階となる「灰色の情報」の必要性を気象庁に訴えた。しかし、その訴えは国土庁の反対などもあって受け入れられず、一九九六年三月に茂木は判定会長を辞任した。

地震学者の島村英紀は、気象庁の公表したシミュレーション結果を検討して、新しい発表方式でも情報発表と地震到来の時間間隔が非常に短くなる可能性があることを問題視している（島村 2004）。

ここでひとつだけ断っておきたいのは、島村は地震予知の可能性を原理的に否定する立場にあるが、以下で紹介する島村の議論は、プレスリップと呼ばれる前兆現象から地震予知が十分に可能であると考えている気象庁のシミュレーション結果を大前提としている点である。すなわち、ここでは、地震予知が可能かどうかについて議論されているのではなく、あくまで地震予知の可能性を前提に議論されている。なお、気象庁のシミュレーション結果は、地震の前兆現象に関する地震学の最先端の成果に依拠したものである。

この気象庁のシミュレーションによると、前兆現象が顕著で地殻変動の観測が比較的容易な場合では、観測情報が東海地震の四〇時間から二六時間前、注意情報が三七時間から二一時間前、予知情報が二四時間から八時間前にそれぞれ出すことができる。しかし、前兆現象が薄弱で地殻変動の観測が困難な場合には、観測情報は出せないままに、注意情報が一〇時間前、予知情報が三時間前にしか発することができない。

先にも述べたように、大震法が制定された一九七八年から二〇〇三年までの間、地震が到来する以前のどのタイミングで地震予知情報が発せられるのかの見込みについてさえ、気象庁はいっさいコメントを発表してこなかった。気象庁から公表されたシミュレーション結果についても、専門家の解説がないと一般の人々が十分に理解できるものではないであろう。

島村が力説している点であるが、実は、明らかにプレスリップ現象と認められる前兆現象は、過去に起きた海溝型地震で客観的に観測されてきたとはいいがたい。せいぜい、地震が起きた後でプレスリップらしい現象が確認されたにとどまっている。プレスリップという前兆現象が実際にどのくらいの強度で生じるのかも、よくわかっていないというのが実情なのだそうである。

実際のプレスリップが想定した強度で起きなければ、前兆現象を観測することはほぼ不可能となり、観測情報や注意情報などの警告的な情報はおろか、予知情報さえまったく発せられないままに地震が到来してしまう可能性もある。すなわち、いくら精緻な地震予知システムがあったとしても、大地震が東海地方を不意打ちする可能性がある。

それにもかかわらず、一九七八年の大震法制定以降、東海地方の人々は、地震の到来について十分な時間的余裕（たとえば、数日前、少なくとも数十時間前の猶予）をもって正確な予知情報が発表されると漠然と信じてきた、いや、信じ込まされてきたのかもしれない。

(4) 時間をかけた慎重な軌道修正

こうして見てくると、東海地震について正確な地震予知が可能であることを前提に組み立てられた大震法は大きな矛盾を抱えていた。

このように書いてしまうと、地震学者は、一九七八年に制定された大震法の審議過程においてさえ、「海溝型の東海地震をかならず予知できると主張したわけではない」、「海溝型東海地震以外の地震の発生が切迫していないと主張したわけではない」という反論をなすであろう。

たとえば、日本地震学会地震予知検討委員会（2007）には以下のような文章が含まれている。

現在の科学的知識のレベルから考えても、前兆現象が明確に現れることは完全に保証されていないわけだから、地震予知情報をもとに警戒宣言が出るということを前提とした法律は廃止すべきであるという意見がある。しかし、この意見は、現在の大震法が、地震予知ができることを前提としているという誤解から生じている。当時も、そして今も、確実に予知できることを前提に大震法を作ったというものではない。東海地震が予知できる可能性がまったくないと考える学者はほとんどいない。少しでも予知できる可能性があるならば組織的に対応しようという法律なのである（一五四頁）。

地震学者の率直な発言であろう。事実、大震法の審議に関する議論においても、委員会証言に立った研究者は言葉を慎重に選び、地震予知の可能性について注意深くいくつかの留保を置いていた。

いずれにしても、東海地震予知に関して制度的な実態と科学技術的な可能性の乖離は、兵庫県南部地震や東北地方太平洋沖地震（東日本大震災を引き起こした大地震）という大地震を経て多くの人々の目から覆い隠すことができなくなってしまった。日本政府は、きわめて慎重な手続きでこの矛盾を解消しようとした。そうはいっても、これまでの経緯を踏まえれば、「東海地震を予知できない」と公言することなど決してできるものではなかった。

まずは、「予知」の定義をきわめて限定的なものとした。これまでも見てきたように、多くの人々は予知の内実について正確なイメージを持っておらず、漠然と「地震の到来を前もって知ることができる」という程度に受け取っていた。

そこで「地震予知」は、「二〜三時間から二〜三日より前の地震発生直前において、地震の規模や発生時期を予測すること」と定義された。こうしてきわめて限定的な「地震予測」が否定されたとしても、たとえば、「二〜三ヶ月以内」の地震発生を予測することや、「数十年前から」地震の発生可能性を検討することを排除することにはならない。すなわち、非常に限定的な「地震予知」を否定したとしても、広範な地震予測については依然として科学的な可能性を断念することにはならないのである。

逆に予知対象については、東海地震から「南海トラフ沿いの巨大地震」に拡張した。南海トラフとは、四国の南側から駿河湾にかけて走る水深四キロ級の深い溝（トラフ）を意味し、南海トラフで起きる地震を東から東海地震、東南海地震、南海地震と呼んでいる。南海トラフ巨大地震というと、それぞれの地震が単独で起きる場合も、同時に、あるいは時間差をもって連動して起きる場合も含まれている。

政府の中央防災会議は、二〇一三年五月に「南海トラフ沿いの大規模地震の予測可能性について」という部会報告を公表し、二〇一七年八月に同タイトルの部会報告を再び発表した。(7) その部会報告では、限定的な「予知」の定義と広範な対象地域を組み合わせることによって次のような文言でとりまとめを行っている。

> 南海トラフで発生する大規模地震には多様性があり、地震の発生時期や場所・規模を確度高く予測することは困難である。

（7） 部会報告は以下のウェブサイトから入手できる。http://www.bousai.go.jp/jishin/nankai/tyosabukai_wg/index.html

右の文言のどこにも、「東海地震」や「予知」が含まれていないことから、少なくとも形式的には「東海地震予知」の否定とはならない。このようにすれば、限定的な「予知」を除けば、広範な予測の可能性は依然として認めているわけなので、地震学者の大半が持っているといわれている「地震予知の可能性は依然としてある」という認識とも合致するわけである。

気象庁も、中央防災会議の部会報告を受けて、「南海トラフ沿いでマグニチュード七以上の地震が発生した場合」や、「東海地域に設置されたひずみ計に有意な変化を観測した場合」には、その現象が南海トラフ沿いの大規模な地震と関連するかどうか調査を開始した場合、または調査を継続している場合に「南海トラフ地震に関連する臨時情報」を発表することとした。その運用は二〇一七年一一月より始められることになった。一方、東海地震のみに着目した情報（先ほど紹介した予知情報、注意情報、観測情報など）はいっさい発表しないことも決定した。

ここに大震法を根拠とする東海地震予知は、その運用を事実上断念したことになる。

3-3-4　大規模地震対策特別措置法の社会的な意味とは？

東海地震予知制度とは何だったのだろうか？

大震法とは何だったのだろうか？

大震法の正式名である大規模地震対策特別措置法には、「東海地震」の名前が付されていない。多くの人は、東海地震に限定したものではなく、あらゆる大地震について地震予知が可能であると漠然と思ってきたのではないであろうか。黒沢（2014）は、政府首脳でさえ日本全域の地震が予知事業の対象となっていると誤って信じていたというエピソードをいくつか紹介している。(8)

また、先に議論したように、人々の予知に対する理解についても、地震の到来について十分な時間的余裕（たとえば、数日前、少なくとも数時間前の猶予）をもって正確な予知情報が発表されると何となく信じこまされていたようである。

一方では、地震予知を可能とするような科学的、技術的な基盤は整っておらず、東海地震に関する予知情報はこれまで一度も発せられることはなかった。

しかし、「だからよかった」といえるのではないであろうか。

政治家も含めてほとんどの人は、あらゆる大地震について予知がなされると漠然と信じており、その裏返しとして、地震予知情報が発せられない限りにおいて「大地震は来ないであろう」と何となく安心していたのでないだろうか。

「予知情報を発しない」という限りにおいて、日本中の人々に安心感を与えられたことにこそ、東海

（8）黒沢（2014、七〇頁から七一頁）によると、二〇一一年一〇月一一日の中央防災会議では防衛大臣の一川保夫が「新潟の中越地震、能登半島地震あるいは北九州方面の地震等々、地震の予知がされていない地域で大災害が発生したケースが非常に多い」と述べている。同時期に開催された文部科学省・科学技術学術審議会で文部科学大臣の中川正春は「中央防災会議で地震予知がさっぱりできていないのではないか」と発言している。両大臣は、日本全域の地震が地震予知事業の対象となっているはずであると考えていた。それよりも前の二〇〇三年七月二八日に宮城県で震度六の地震が相次いだときにも、首相の小泉純一郎は中央防災会議の場で「今回の地震で予知はあったのか」と内閣府の担当者に尋ねている。小泉首相も、日常的な地震の予知が可能であると考えていた。

地震予知事業の最大の政策効果があったといえる。先にも見てきたように、地震予知が発表されて地震到来に関する不確実性が解消されてから地震に対応すればよいと信じ込んでいたので、人々は日常的な防災に煩わされることもなかった。外岡(1997)が指摘するように、大震法のそうした側面は、地震防災の「不在証明」の役割を果たしてきた。

外岡(1997)では、大震法の制定プロセスを丁寧に追っている。語弊があるかもしれないが、大震法は本当にあれよ、あれよという間に立法化された。当時首相であった福田赳夫をはじめとして政治家や官僚は、「政策の不作為(予知情報を発しないこと)のままに国民に安心を与えられる」という大震法が持っていた本質を本能的に嗅ぎとっていたのであろう。国民のほうも、忌むべき地震到来という不確実性をきっと解消してくれるであろうと期待していた。そういう意味では、**大震法に対する国民の支持や期待は、できるだけ不確実性を解消したいという人間の性向に根ざしていた。**

もちろん、このような「政策の不作為による安心」という効果が長続きするはずはない。一九九五年一月に大地震が神戸という人口密集地帯を襲ったとき、大震法への人々の幻想も木端微塵に吹き飛んでしまった。大震法の「政策効果」は、一九七八年六月から一九九五年一月までの一六年半であった。しかし、大震法の事実上の廃案には、さらに約一三年(一九九五年一月から二〇一七年一一月まで)の歳月を要したのである。

あるエピソード　原発敷地内の断層の活動性に関する判断をめぐって

以下の文章は、『週刊東洋経済』二〇一四年九月二七日号に寄稿したものである。当時、原子力規制委員会の有識者会合が進めていた原発施設内の活断層評価について、行政と専門家の責任分担のあり方を書いている。

今、原子力規制委員会（規制委）は、地形や地層の専門家からなる有識者会合を設置して六つの原発の敷地内にある断層の活動性について評価を行っている。そこで、敷地内断層の活動性に対して「だれが最終的に判断するのか」を考えてみたい。「専門家に決まっているじゃないか」という答えが即座に返ってきそうであるが、実は、大変な難問なのである。

第一に、原発建設認可が下りたときに比べて、活断層の定義が「五万年前以降」から「一二〜一三万年前以降」と厳しくなった。第二に、非常に古い時期の活動性を確認する必要があることから、科学的に明確な判断を下すことが困難になった。第三に、規制委は、原発の重要施設の真下に活断層があると判断されると、その原発の運転を禁じなければならない。

断層の活動性に関する科学的評価が難しいのにもかかわらず、「活断層である」という判断は、過去の建設認可という行政決定を覆して、運転停止につながるのである。

今、規制委は、断層の活動性の判断を、有識者会合の専門家たちに完全に委ねている。規制委の島崎邦彦委員長代理は、有識者会合の席上で「研究者としての責任」を強調する一方で、「責任」が全うされなければ「社会から糾弾される」と厳しい言葉を繰り返してきた。ここで強調されている「社会的責任」とは、活断層を「活断層でない」と判断しては絶対にいけないということである。

「社会からの糾弾」という言葉を重く受け止めた有識者会合の専門家たちは、活断層の可能性があれば、その可能性だけをもって「活断層」と判断する傾向が強まった。可能性の指摘はもちろん重要だが、さらに進んで可能性の程度を厳密に評価する必要がある。しかし、会合議事録を読む限り、可能性の程度について、専門家や電力事業者の間で十分な議論が交わされたとはいいがたい。

実のところ、専門家が責任を負えない問題が前述の文脈には含まれている。活断層でないのに「活断層である」と判断することで原発の運転停止が強いられ、さまざまな社会的コストが生じる可能性である。これは、過去に建設認可を出した行政が責任を負わねばならない。

「活断層を非活断層としない」専門家の社会的責任を強調すると、「非活断層を活断層としない」行政本来の責任が見えなくなってしまう。

どうすべきか。有識者会議から出てくる結論は、どんなに調査を尽くしても「活断層なのかどうかを明確に判断できない」としよう。そこで、曖昧さを伴う科学的判断に接して、断層の活動性に関する最終決定をするのは、〝行政機関〟としての規制委なのである。

規制委は、その場合でも安全側に立って「活断層」と判断するかもしれない。曖昧さを伴う科学的判断に基づいた規制委の行政決定には、「活断層でないのに廃炉になる」という誤謬が常に含まれている。そのことで損害を被る電力事業者には、財政措置も含めて行政的手当てをすべきであろう。行政が過去に原発建設認可を下した敷地であれば、行政責任はいっそう重い。

断層の活動性が科学的に見て明確でなければ、率直に「灰色」と判断するのが専門家の責任でないか。「灰色」の判断を「黒」か「白」かに結論するのは、行政の責任である。「科学でもわからないこと」は、専門家が「わかるふり」をしてはいけないと思う。

当時のことを思い出すと、有識者会合をリードした島崎邦彦の科学者としての使命感に強く感銘を受けつつも、同時に彼の大胆な姿勢に対して強い違和感を持った。

大震法を根拠とする東海地震予知の場合、政治家や行政は、基本的に地震予知の判断を専門家から構成される判定会に委ねている。したがって、「予知をして地震が起こらなかった」と「予知をしなくて地震が起きた」の二つの失敗は、専門家がすべて引き受けなくてはならない。いいかえれば、本来であれば政治家や行政も共同してとるべき意思決定の責任が、すべて専門家に転嫁されているのである。そのような中にあって、専門家は、とりわけ「予知をして地震が起こらなかった」という失敗から受けるであろう社会的な非難に神経を尖らして予知の判断に慎重になるであろう。

右の文章にある断層の活動性に関する評価については、「活断層であるのに活断層でない」と誤認する錯誤は専門家が責任を負い、「活断層でないのに活断層である」と誤認する錯誤は行政が責任を負うというのが本来の姿であろう。当然ながら、「(十数万年前の断層について) 活断層でないのに活断層である」という判断は、何百年経っても真偽を科学的に決定できない。

こうしたなかで、前者の錯誤だけに責任を持つ専門家に活断層評価をすべて委ねてしまえば、「少しでも疑いのある断層については活動性を認める」というのが専門家にとって理に適った行動となるであろう。専門家は、地震予知に慎重になるのとまったく反対に、活断層評価に大胆になってしまう。

事後的に重い責任を問われかねない専門家が地震予知に慎重になる一方、事後的にまったく責任を問われない専門家が活断層評価に大胆になる。そうしたことを考えていくと、重すぎて慎重になり、軽すぎて大胆にならない程度の責任の重さによって意思決定が社会的に担保されなければならないと思う。

そして、科学的には真偽を決することのできない行政判断の妥当性を市民が納得して受け入れられるかどうかは、行政サイドが科学者の専門的な判断をどのように咀嚼したのか、その際に意見の対立はあったのか、どのようなプロセスを経て異なる意見が収斂したのかを、市民たちが正確に情報共有しているかどうかにかかっている。

4 原発危機──「想定内」と「想定外」の間隙（専門家と行政の間で）

4-1 大津波は「異常に巨大な天災地変」？

4-1-1 班目の「想定外」、畑村の「想定内」

二〇一一年三月一一日に東北地方太平洋岸を襲い、福島第一原子力発電所事故を引き起こした大津波については、はたして「想定内」だったのか、「想定外」だったのかで日本中が大騒動になった。当時は、そして、おそらく今でも、「想定内」か「想定外」かのいずれか二者択一で決着しようとする態度が支配的となってきた。

東日本大震災当時、原子力安全委員会の委員長を務めていた班目(まだらめ)春樹が二〇〇七年二月一六日に浜岡原子力発電所差止裁判で行った証言は、「大津波は『想定外』」という考え方の典型として理解されてきた（以下、傍線は筆者）[1]。

つまり何でもかんでも、これも可能性ちょっとある、これはちょっと可能性がある、そういうものを全部組み合わせていったら、ものなんて絶対造れません。だからどっかでは割り切るんです。

すなわち、規制当局が課してくる設計基準で割り切った手前が「想定内」で、その先が「想定外」となる。この考え方に従えば、原発事故を引き起こした大津波は、波高が設計基準を超えた「想定外」となる。

一方、福島第一原発事故の政府事故調査委員会（正式には、東京電力福島原子力発電所における事故調査・検証委員会）で委員長を務めた畑村洋太郎は、二〇一二年七月に公表された最終報告書の委員長所感で以下のように書いている[2]。

あり得ることは起こる。あり得ないと思うことも起こる。

畑村は、危機事象の発生の蓋然性がどの程度にあるのかにかかわらず、あらゆる可能性を「想定内」として考えるべきであることを主張している。

本章では、次のような疑問を発していく。

●原発事故を引き起こした大津波は、原子力損害賠償法（以下、原賠法と略する）でいうところの「異常に巨大な天災地変」であったのか？
●大津波によって福島第一原発が直面した状況は、「想定外」だったのか？
●大津波の到来は、はたして研究者や行政当局の間で想定されていたのか、想定されていなかったのか？

本章は、これらの質問について、あえて「『想定内』と『想定外』の狭間にあった」という曖昧な答えを準備していこうと思っている。より正確にいうと、大津波の想定についても、原発施設の危機管理状況についても、「想定外」から「想定内」への途上にあったということを、資料を積み重ねながら明らかにしていく。そうした作業を通じて、なぜ「想定内」と「想定外」に間隙が生じてしまったのかを考えていく。

そして、第7章までの宿題となるのであるが、「想定内」か「想定外」かの二分法でもって当時の事故状況を裁断するのではなく、あるいは、その裁断でもって法的責任の有無を認定するのではなく、「想定外」から「想定内」への過渡にあった事実を踏まえることで当時の事故状況を、あるレベルの納得をもって理解し、将来、「想定内」と「想定外」の間隙でどのように物事を決めていけばよいのかの

（1）班目春樹の公判証言は、以下の原子力資料情報室のウェブサイトから入手した。http://www.cnic.jp/modules/news/article.php?storyid=558
（2）以下の政府事故調査委員会のウェブサイトからダウンロードできる。http://www.cas.go.jp/jp/seisaku/icanps/SaishyuHon06.pdf

ヒントを探ってみたい。

4-1-2 原賠法の「異常に巨大な天災地変」

原発事故直後、大津波に襲われた状況が原賠法の規定にある「異常に巨大な天災地変」なのかどうかで論争になった。原賠法の第三条は以下のように定められている。

第三条 原子炉の運転等の際、当該原子炉の運転等により原子力損害を与えたときは、当該原子炉の運転等に係る原子力事業者がその損害を賠償する責めに任ずる。ただし、その損害が異常に巨大な天災地変又は社会的動乱によって生じたものであるときは、この限りでない。

右の原賠法第三条では、原子力事業者、すなわち東京電力（以下、東電と略する）が過失のあるなしにかかわらず、原発事故の損害賠償に対して無限責任があると定められている。もし、第三条「ただし書き」が適用されて、福島第一原発を襲った大津波が「異常に巨大な天災地変」とみなされれば、東電は損害賠償責任を免じられることになる。事故直後、原賠法の「異常に巨大な天災地変」こそが、東電の損害賠償責任さえ免じられるような「想定外」の状況に相当すると考えられたわけである。

しかしながら、「異常に巨大な天災地変」をめぐる当初の論争はすぐにやんで、地震発生の翌々月までには、東電が過失の有無にかかわらず損害賠償責任を負うことで決着がついた。すなわち、大津波は、「異常に巨大な天災地変」とみなされなかった。

当時、原賠法に対してほとんど知識がなかった私は、正直なところ、どのようなロジックで大津波が「異常に巨大な天災地変」とならなかったのかを理解していなかった。その理由が正確にわかったのはずいぶんとあとになってからである。

二〇一四年四月から一橋大学の経済学研究科と法学研究科が共同して非常時対応について社会科学的な研究に着手することになったが（齊藤・野田 2016）、その研究会の席上で法学者からその理由を教えてもらった。

法学者の間では、最初の最初から「大津波が『異常に巨大な天災地変』となる」ということはありえなかったそうである。法学者から教えてもらった理由は以下のとおりであった。

もし、上述の第三条「ただし書き」で東電が損害賠償責任を免じられると、次の第十七条が適用されることになる。

第十七条　政府は、第三条第一項ただし書の場合又は第七条の二第二項の原子力損害で同項に規定する額をこえると認められるものが生じた場合においては、被災者の救助及び被害の拡大の防止のため必要な措置を講ずるようにするものとする。

第十七条では、東電の損害賠償責任が免じられても、政府が代わって損害賠償責任を負うことにはなっていない。政府が負うことになるのは、被災者の救助と被害の拡大に限定されている。もし、第三条「ただし書き」が適用されれば、だれも損害賠償責任を負わないことになってしまうかもしれない。

一体全体、どういうことなのであろうか。

原賠法にいう「異常に巨大な天災地変」では、電力事業者はおろか、政府でさえも、原発事故の被害者に対して経済的な支援などできないような、きわめて深刻な危機状況が想定されているのである。遠藤（2013）には、当時、官房長官であった枝野幸男が二〇一一年五月二日の参議院予算委員会で行った答弁が引用されている。

昭和三六年の（原賠法）法案提出時の国会審議において、この異常に巨大な天災地変について、人類の予想していないような大きなものであり、全く想像を絶するような事態であると説明されております。今回の事態については、国会等でもこうした大きな津波によってこうした事故に陥る可能性について指摘もされておりましたし、また、大変巨大な地震ではございましたが、人類も過去に経験している地震でございます。そうした意味では、このただし書きに当たる可能性はない、したがって（損害賠償責任の）上限はないというふうに考えております。（一五八頁）

結局、福島第一原発事故の損害賠償については、第十七条ではなく、第十六条が適用されることになる。

第十六条　政府は、原子力損害が生じた場合において、原子力事業者（外国原子力船に係る原子力事業者を除く）が第三条の規定により損害を賠償する責めに任ずべき額が賠償措置額をこえ、かつ、この法律の目的を達成するため必要があると認めるときは、原子力事業者に対し、原子力事業者が損害を賠償するために必要な援助を行なうものとする。
2　前項の援助は、国会の議決により政府に属させられた権限の範囲内において行なうものとする。

第十六条には、原子力事業者の行う損害賠償に対して政府が「必要な援助」を行うことが定められている。条文にある「必要な援助」（「援助」に関する法学上の厳密な定義はないそうである）がかなり拡大解釈されて、原発事故の損害賠償を担う枠組みとなる原子力損害賠償機構（原賠機構）が生み出された。この原賠機構は、エネルギー特別会計による莫大な資金の立て替えでどうにかこうにか運営することのできた大変に不安定な組織であった（齊藤 2015）。

法学者たちの議論を聞いていて、目から鱗の連続であった。

第三条ただし書きにある「異常に巨大な天災地変」は、私たちの社会にとってまぎれもない「想定外」であったが、福島第一原発を襲った大津波はそうした意味での「想定外」ではなかった。したがって、法学者が教えてくれたように、第十七条が適用されることなどそもそもありえなかった。

それでは、第十六条を適用して立ち上げられた原賠機構のような仕組みは、そもそも原賠法が想定していた事態かといえば、決してそうではないであろう。本書では詳しく議論できないが、たとえば、遠藤（2013）、齊藤（2015）、齊藤・野田（2016）が議論しているように、原賠機構という変則的な仕組みはいくつもの深刻な問題を抱えていた。

ここでの事例は、私たちの社会には、まぎれもなく「想定外」のワーストケースといってもよい「異常に巨大な天災地変」のような事態でもない、しかし、あらかじめ法体系が想定していた事態でもない状況があることを物語っている。そして、この事例は、「想定内」と「想定外」の間隙があることが、私たちの社会の制度や仕組みが不完全であること（ここでは、原賠法が完全な法でないこと）と表裏の関係にあることを示唆している。

もうひとつの教訓は、法学者の間では「大津波が『異常に巨大な天災地変』ではない」ことが自明であったにもかかわらず、社会のほうでは、大津波を「想定外の天災地変」と主張する人々が決して少なくなかったことである。原発事故直後は、東電自身も、東電の債権者である金融機関も、そして一部の政治家たちも、大津波を「天災地変」として第十七条の適用を主張していた（遠藤 2013）。

私たち人間の側には、「ワーストケース」とは決していえない、結構起こりうるバッドケース」を「滅多に起こらないワーストケース」と明確に区別することなく、「起きることなど考えたってどうしようもないワーストケース」として「想定外」に十把一絡げにくくってしまおうとする傾向があるのかもしれない。畑村のいう「あり得ること」とは、まぎれもない「想定外」のワーストケース（たとえば、隕石落下）ではなく、結構ありうるバッドケースを指しているのでないであろうか。そのことは、4-4節であらためて考えてみたい。

4-2　原発事故は「シビアアクシデント」？

4-2-1　シビアアクシデント手前の事故

私は、原発事故当初より、ひとつの疑問が頭から離れなかった。

確かに、大津波は、原発施設を守るはずの防潮堤を越えて施設内に浸入し、いくつもの重要な施設や設備を冠水させてしまった。しかし、そのこと自体が原発プラントを著しく過酷な状況に陥れたわけではなかった。原発事故でもっとも過酷な状況は臨界事故と冷却材喪失事故であるが、津波浸入直後の施設状況はいずれでもなかった。

地震発災直後（二〇一一年三月一一日一四時四六分）に稼働中の原子炉は首尾よく制御棒を挿入できて、核分裂反応はすでに止まっていたので、当然、臨界事故ではなかった。一方、津波浸入直後（同一五時四一分）は、運転中の一号機から三号機までの圧力容器にある核燃料は水に浸っていたので冷却材喪失事故でもなかった。

そうであるならば、「きわめて過酷だとは必ずしもいえない状況」に応じた適切な事故対応があったはずであろうに、メディアを通じて伝えられることは現場の混乱ばかりであった。

真相がようやく見えてきたのは、事故からずいぶん時間が経過してからであった。

具体的には、福島原発事故記録チームがまとめた『福島原発事故――東電テレビ会議49時間の記録』（岩波書店）が二〇一三年九月に出版され、政府事故調査委員会が事故当時に福島第一原発所長であった吉田昌郎に対する意見聴取結果書、いわゆる「吉田調書」が二〇一四年九月に公開されてからであった。詳しくは齊藤（2015）を参照してほしいが、事故直後の吉田は「全交流電源喪失＝シビアアクシデント事象（過酷事故事象）」と判断して、炉心損傷が始まってから用いられるはずの危機対応マニュアルに従っていたことに大きな問題があった。先述のとおり、実は、炉心の核燃料はまだ水に浸っており、炉心損傷は始まっていなかったので、シビアアクシデントに至る前の危機対応マニュアル（後述するが、正確には徴候ベース事故時運転操作手順書）に従わなければならなかった。この最初のボタンの掛け違えが事故をいっそう深刻にしてしまった可能性が見えてきた。

ここでも、いまだ炉心損傷に至っていないバッドケースを、すでにシビアアクシデントになっているワーストケースにくくって状況を判断してしまったところに事故の本質が関わっていたように思う。

もうひとつの重要な点は、二〇一一年三月一一日前にあっても、当時の事故状況（ワーストケースでないバッドケースの状況）を「想定内」として危機対応が事前に講じられていた事実である。それにもかかわらず、さまざまな要因が重なって事前に準備されていた対応を有効に活かすことができなかった可能性がある。そうした点から見れば、当時の福島第一原発が危機対応において「想定外」から「想定内」の途上にあったことになる。

『世界』二〇一七年四月号に寄稿した以下の文章は（齊藤 2017）、当時の原発事故がシビアアクシデントの一歩手前にあって（ワーストケースの手前にあって）、そうしたバッドケースの状況については、一九七九年三月に起きた米国のスリーマイル島原発事故以降、規制当局や電力会社の間で真剣に検討されてきたことを論じたものである。

4-2-2 現在の「想定内」と「想定外」

二〇一一年三月一一日に発災した東京電力福島第一原子力発電所事故が私たちの社会を襲って以降、原発事故をもたらした大津波の襲来ははたして「想定外」だったのか、大津波で原発施設が陥った事故状況ははたして「想定外」だったのかということが繰り返し議論されてきた。

原発事故で生じた巨額な損害賠償をだれがどのように負担するのかが検討されたときも、東電経営者の原発事故に対する刑事責任が問われたときも、大津波の襲来や過酷な事故状況が「想定外」だったのかどうかがもっとも重要な論点となってきた。事故から六年が経過した時点に立ってみると、ひとつの答えが得られたように思う。すなわち、事故当時の規制枠組みにおいては「想定外」か「想定内」かの判断は非常に難しいが、事故後に作成された新しい規制枠組みにおいては明らかに「想定内」となった。

事故後に大幅に改正された原子炉等規制法（核原料物質、核燃料物質及び原子炉の規制に関する法律）では、設計基準を超える大津波の襲来に対しても、電力会社は自主的で継続的に安全性を向上させることが義務付けられている。また、原発施設が過酷な事故状況に陥る可能性に対しても、万端の備えをしておくことが厳しく求められている。すなわち、大津波に対する備えや過酷事故におけるマネジメントは、すべて新しい規制枠組みの「内側」に組み込まれたのである。

こうして規制枠組みが大幅に強化されてきた背景には、「『弱い規制』が原発危機の原因であり、『強い規制』で原発危機は回避できる」という考え方が支配的なのであろう。それでは、あらゆる状況を規制の「内側」に組み入れれば、原発危機はなくなるのであろうか。

4-2節では、事故時においてすでに規制枠組みに含まれていた非常時対応マニュアルがどのように運用されたのかを振り返っていく。そして、非常時対応マニュアルが実際の事故において効力を発揮するかどうかは、ひとえに電力会社と規制当局の責任者たちの運用能力にかかっていることを見ていきたい。

私は、マクロ経済学や金融論を専門としている研究者であるが、金融危機に対しても原発危機と同じような政策的対処がなされた事実にたびたび接してきた。たとえば、5-2-3節で論じていくように、ある金融危機が起きると、弱い規制にその原因が求められ、危機の再発を回避するために規制が著しく強化される。しかし、よくよく調べていくと、危機の原因は「弱い規制」にあったわけではなく、「強い規制」で危機が回避できるわけでもないことが見えてくる。

ほとんどの場合、金融危機の原因には二つの異質なものがある。第一に、金融機関や規制当局が危機への事前の備えを怠り、危機の当座に不適切な対応を行った結果として、金融危機が深刻化するケースである。とはいっても、金融機関や規制当局が危機への備えや危機への対応に必要とされる素養は、きわめて高度な専門的知識というよりも、健全な常識の積み重ねといえるようなものばかりである。

第二は、地道で徹底的な検証作業を通じてしか決して見えてこない金融危機の複雑で本質的な原因である。そうした周到な研究作業の積み重ねから、新しい金融アーキテクチャーに関する知見を得ることができる。

いずれにしても、第一の原因と第二の原因への手当は、それが規制枠組みに取り入れられていたとしても、直ちに効力を持つわけではない。規制の領域がなまじ広がったからといって、短い期間に課題が解決するわけでもない。

私は、自分の専門で培ってきた発想に影響されたのか、福島第一原発事故の当初から、今般の原発危機にも、電力会社や規制当局の不作為という比較的単純な原因とともに、長い時間をかけて解明していかなければならない複雑で本質的な原因が横たわっているのではないかと直感した。ただ、そうした直感を厳密に検証することは、自分が想像した以上に労力を要した。原発技術についてまったくの素人であった私は、横山秀夫作の『クライマーズ・ハイ』（文藝春秋、二〇〇三年）で日航機墜落事故の原因を追う県警キャップではないが、それこそ「飛行機がなぜ飛ぶのか」というところから研究作業を始めた。

4-2-3 徴候ベース事故時運転操作手順書から見えてくるもの

4-2節では、先述の第一の原因と第二の原因が結節する点として徴候ベース事故時運転操作手順書（以下、徴候ベース手順書と略する）と呼ばれている非常時対応マニュアルに焦点を当ててみたい。

徴候ベース手順書は、事故時点で現地にも、本店にも、規制当局にも備わっていた。事故当時の規制枠組みにおいても、徴候ベース手順書は、原子炉等規制法が遵守を求めている保安規定に組み込まれていた。それにもかかわらず、その非常時対応マニュアルを有効に活かして炉心が過度に損傷するのを避けられなかったという意味では、現地責任者、東電経営者、規制当局の責任は重大であった。

一方、徴候ベース手順書が日本の原発に備え付けられるまでには、長い歴史があった。実は、徴候ベース手順書は、一九七九年三月のスリーマイル島原発事故の原因を徹底的に検証した末に編み出された貴重な研究成果の賜物であった。日本でも、徴候ベース手順書の卓越性に着目した電力会社や規制当局の一部の人々が、一九八〇年代、一九九〇年代を通じて日本で稼働している原発にこのマニュアルを定着させようと懸命の努力をしてきた。すなわち、優れた非常時対応マニュアルが生み出されるのにも、それが現場で定着するのにも、途方もない努力と月日を要するのである。

建設当初からあった排気塔が複数のラインで原子炉と結ばれて、事故当時に当たり前のようにいわれていた格納容器ベント（格納容器内に充満した高温高圧の蒸気を原子炉の外部に放出する措置）が可能となったのも、一九九〇年代に徴候ベース手順書が非常時対応マニュアルとして現場に定着する過程であった。

確かに、今般の事故では、一号機から三号機の事故対応において徴候ベース手順書を活かすことができず、ベント実施にも大変に手間取った。そういう意味では、徴候ベース手順書も、ベント排気塔も、現地責任者、東電経営者、規制当局の不作為のために宝の持ち腐れであったという言い方もできるかもしれない。

しかし、私は、別の感想を持っている。

もし、徴候ベース手順書も、原子炉と複数のラインでつながったベント排気塔も備わっていない状態で、日本の原発施設が今般の大津波をむかえたとしたらどうなっていたのかを考えるほうが恐ろしい。非常事態でタービンから隔離された原子炉は、格納容器底部にある圧力抑制室プールの水を冷却する手段を失えば、原子炉で発生する高温高圧の蒸気を格納容器の外側に逃がす手段がまったくなかったことになる。あまり議論されることがないが、福島第二原発では、徴候ベース手順書に忠実に従って事故対応を行った。結局は使われなかったが、いざとなれば格納容器ベントを実施できる状況にあったことで、現場はある程度の余裕をもって事故対応ができた。

4-2節では、事故当時、原子炉等規制法の枠組みの「内側」にあった徴候ベース手順書が、福島第一原発の現場でどのように、そして、どうして無視をされたのかを考えていきたい。ただし、徴候ベース手順書を完璧なマニュアルとして絶対視しないようにしたいと思う。今回の原発事故において炉心損傷を回避するために徴候ベース手順書が初めて活用される可能性が生まれたわけで、これからも改善していく余地があると考えるほうが自然であろう。

徴候ベース手順書は、スリーマイル島原発事故の徹底的な原因究明から生まれた非常時対応マニュアルである。一九七九年三月に発災したスリーマイル島原発事故は、運転員の操作ミスが原因であった。原子炉の冷却水が過剰であると誤って判断した運転員は、非常用炉心冷却装置を直ちに停止した。その結果、原子炉の冷却水が失われ、核燃料棒の束である炉心が大きく損傷してしまった。

事故当時に備わっていた非常時対応マニュアルは、事象ベース手順書と呼ばれるものであった。事象ベース手順書の運用は、事故について単一の因果関係を正しく特定することを大前提としている。もし運転員が間違って因果関係を特定すると、事象ベース手順書は機能しなくなる。また、複数の原因が事故の背景にある場合も、事象ベース手順書では対処できない。

徴候ベース手順書は、こうした事象ベース手順書の限界を克服するために編み出された。複数の原因があって単一の因果関係を特定することが不可能な場合に、徴候ベース手順書では、起きている現象を目安として対処手順が示されている。

具体的には、原子炉がタービンから隔離された非常事態においては、原子炉が高温高圧になって炉心が損傷するのを是が非でも防ぐ必要がある。そのための対応手順が原子炉を収める格納容器内の圧力を

図4-1　圧力容器の逃がし安全弁の仕組み

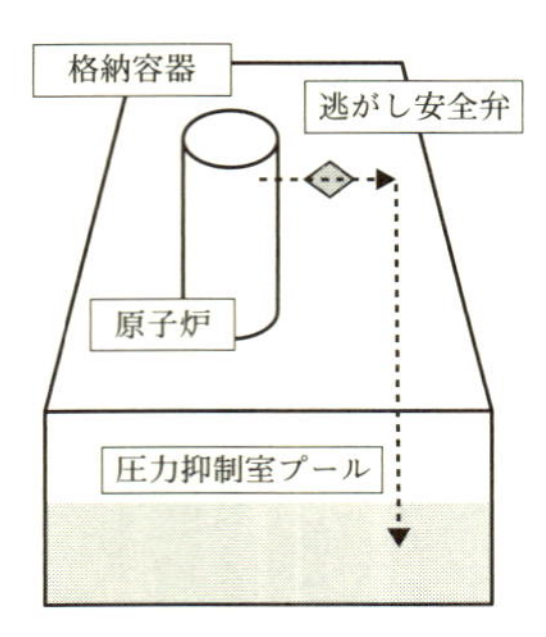

図4-2　低圧注水系の仕組み

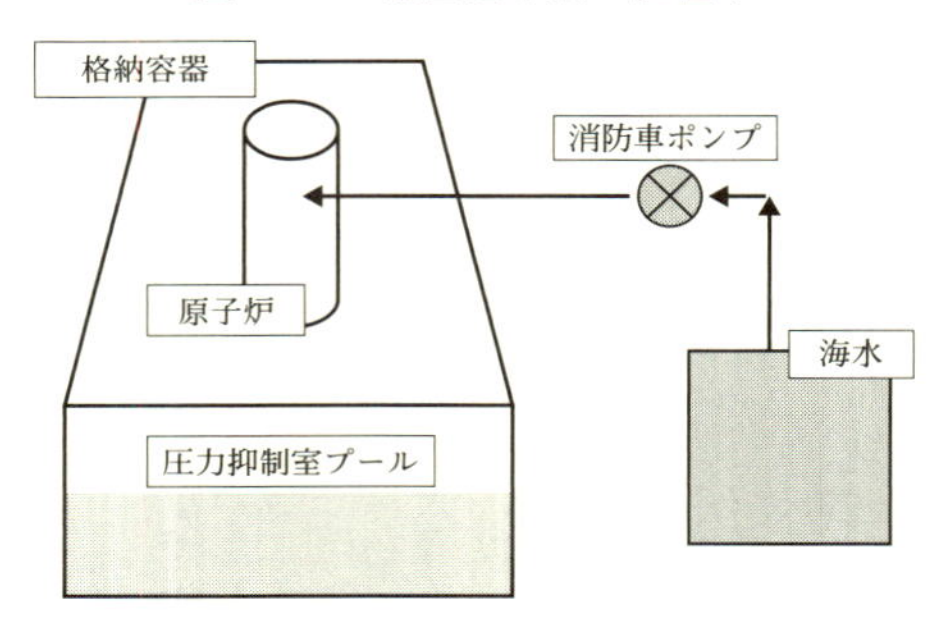

図4-3　格納容器ベントの仕組み

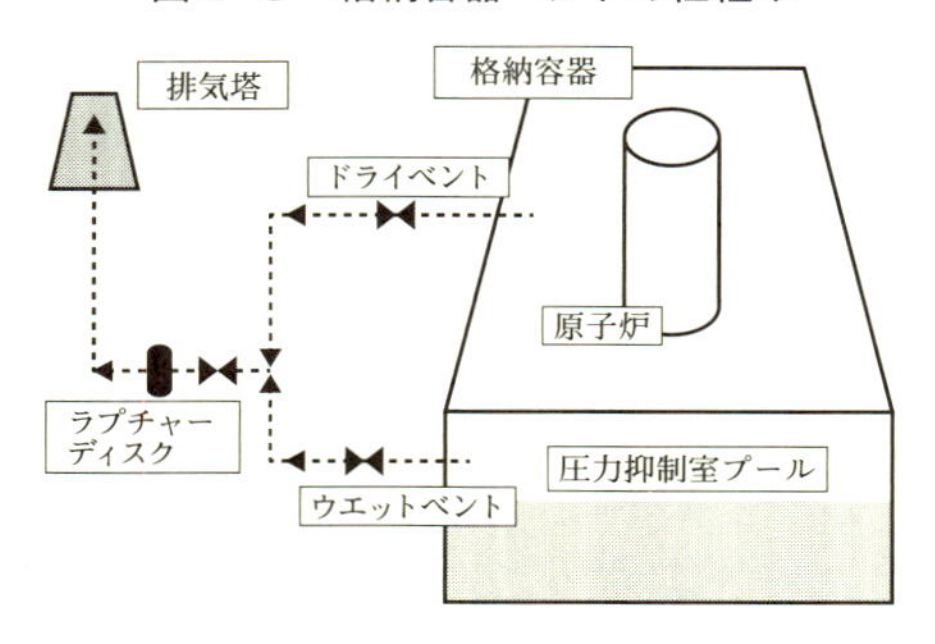

目安として決められている。

一、格納容器圧力が低い段階では、格納容器の上方にあるスプレイで格納容器を冷やす。
二、格納容器圧力が高くなってくると、減圧注水（後述）を行う。
三、格納容器圧力がさらに高くなると、格納容器ベント（ウェットベント、後述）を実施する。

減圧注水の手順は、以下のとおりである。①原子炉から出てくる管にある逃がし安全弁を開いて格納容器底部にある圧力抑制室プールのほうに原子炉の高温高圧の蒸気を逃がす（図4-1）。②圧力抑制室に逃がされた蒸気はプールの水に凝縮される。③その結果、原子炉の圧力が低下して、消防車ポンプのような低圧ポンプでも、原子炉に注水することができるようになる。④消防車ポンプを用いると、原子炉に海水を注水することもできる（図4-2）。なお、こうした減圧注水は、原子炉の圧力が高くても注水できる高圧ポンプが稼動している間に実施しなければならない。

一方、**格納容器ベント**は、格納容器の高温高圧の蒸気を、排気塔を通じて格納容器外部に放出する措置である（図4-3）。**ウェットベント**と呼ばれる方式の格納容器ベントでは、圧力抑制室プールで原子炉からの蒸気が濾過される際にかなりの放射性物質が水に溶けるので、外部に放出される蒸気には放射性物質が微量しか含まれないとされている。[3]

まとめてみると、徴候ベース手順書では、格納容器圧力に応じて、

（3）　格納容器ベントには、ウェットベントの他にも圧力抑制室プールを経ることなく格納容器内の蒸気を直接外部放出するドライベントがある。

格納容器スプレイ⇒減圧注水⇒格納容器ベント（ウェットベント）

という順序を踏むことで、原子炉が高温高圧になって炉心が損傷することを防ぐのである。

徴候ベース手順書では、圧力抑制室プールの水温が比較的低い段階で右の手順を踏むことも指示している。プール水温が高くなると、逃がし安全弁を開放して原子炉の蒸気を逃がしても、プールで凝縮する度合いが低下して、減圧がうまくいかなくなる可能性があるからである。また、圧力抑制室プールの水温が高くなると、原子炉からの蒸気に含まれる放射性物質がプールの水に溶ける度合いも急速に低下する。その結果、ウェットベントであっても、大量の放射性物質が外部に放出される可能性が生じる。

スリーマイル島原発事故の教訓から生まれた徴候ベース手順書は、一九八〇年代半ばごろから日本の規制当局や電力会社の一部の人々にその卓越性が注目された。しかし、資源エネルギー庁で原発規制行政に携わってきた西脇由弘の手記（西脇 2013）によると、徴候ベース手順書の原発現場への導入は一筋縄でいかなかった。

徴候ベース手順書の導入の障害となったのが、当時の規制当局の間で支配的であった次のような規制ロジックであった。

（徴候ベース手順書の導入は）まるで役所が過酷事故対策に本格的に乗り出すように読める。原子炉等規制法を見てください。過酷事故を防止できるように法体系ができている。法令を守っている限り、我が国では過酷事故は起きません。

右のような規制ロジックは、原子炉等規制法が想定している設計基準の範囲内で地震や津波などの自然災害が起きれば、まさにそのとおりである。しかし、設計基準を超える自然災害が起きれば、原発施設は過酷事故状況に陥る可能性がある。当時の規制ロジックでは、設計基準を超えるリスク（残余のリスクと呼ばれている）が完全に無視されていた。

また、原子力安全委員会も、「わが国では設備の信頼性が高く運転経験も豊富であり、格納容器の健全性が維持できる可能性は高い」として、徴候ベース手順書の運用に不可欠な格納容器ベント施設も不要であるという判断を示した。

しかし、西脇の手記には、興味深い指摘がある。規制当局側が徴候ベース手順書に強い拒絶反応を示したのに対して、原発施設のベテラン運転員たちが徴候ベース手順書に次のような期待を寄せたのである。

> 事象ベース手順書が有効でなかった時には、一体我々はどうすれば良いか分からなかったんです。後がないという緊張感があったのですが、徴候ベース手順書という手段が用意されていれば、安心できます。導入すべきです。

紆余曲折を経ながらも、現場からの支持や電力会社の理解が進んだこともあって、原子力安全委員会は、一九九二年に「発電用軽水原子炉施設におけるシビアアクシデント対策としてのアクシデントマネジメントについて」を決定し、徴候ベース手順書の整備やベント設備の配備にようやく乗り出していった。

福島第一原発では、右の決定に先立って一九八八年に事象ベース手順書に加えて徴候ベース手順書を導入した。一九九九年には、炉心損傷に至った場合の非常時対応マニュアルとしてシビアアクシデント手順書も導入した。同年には、すでにあった排気塔と原子炉が複数のラインで結ばれたベント施設が整備された。

規制枠組みから見た整理としては、事象ベース手順書と徴候ベース手順書が、原子炉等規制法で遵守が義務付けられている保安規定に組み入れられた。しかし、シビアアクシデント手順書は原子炉等規制法の枠外にあって、法的な遵守義務は課せられなかった。

いずれにしても、一九九〇年代末までには、日本の原発施設は、炉心損傷に至るまでの非常時対応マニュアル（徴候ベース手順書）が法的に整備された。徴候ベース手順書の運用に不可欠なベント設備の配備も進んだ。炉心損傷以降の非常時対応マニュアル（シビアアクシデント手順書）についても、自主規制の範囲であったが整備された。

以上が、福島第一原発が二〇一一年三月一一日に大津波の襲来を受けたときの非常時マニュアルの整備状況であった。

4-2-4 徴候ベース手順書からの大脱線

大津波が福島第一原発を襲ったときも、少なくとも二号機と三号機では高圧注水ポンプで原子炉に注水され、炉心は完全に水に浸っていた。したがって、まさに炉心損傷を防ぐための手順である徴候ベース手順書を忠実に実行すべきであった。しかし、現地対策本部（現地）も、東電本店も、規制当局も、官邸も、徴候ベース手順書から大きく逸脱した操作を現場に指示していた。

日本原子力研究開発機構の研究者であった田辺文也は、事故後の早い段階から、徴候ベース手順書を無視した恣意的な事故対応で事故が深刻化したことを指摘していた（田辺 2012）。田辺が『世界』に寄稿した論考でも（二〇一五年一〇月、一二月、二〇一六年二月、三月）、吉田調書の証言を根拠として田辺の主張が丹念に裏付けられている。私も、『震災復興の政治経済学』（齊藤 2015）で吉田調書と東電テレビ会議記録を徹底的に読み込むことで田辺の仮説を検証してみた。

詳しくは、田辺の論考や私の著作を見てほしいが、現地も、東電本店も、規制当局も、官邸も、格納容器圧力に応じた「格納容器スプレイ⇒減圧注水⇒格納容器ベント（ウェットベント）」という徴候ベース手順書の順序を完全に履き違えていた。吉田調書や東電テレビ会議記録を読む限りは、吉田所長を含めて事故対応にあたった責任者の多くが徴候ベース手順書の概要さえ理解せず、減圧注水に必要な手続きをほとんど知らなかった。

現地や東電本店も、二号機と三号機については、低圧注水（水圧の低い状態で圧力容器に注水をすること）への移行よりも高圧注水系（水圧の高い状態で圧力容器に注水できるシステム）の復旧を急ぎ、海水注水よりも淡水注水を選択し、減圧注水よりも格納容器ベントを優先した。その結果、高圧注水系が稼動していて圧力抑制室プールの水温が低い間に、原子炉の減圧を行い消防車ポンプによる注水に移行することに失敗した。その間に炉心の損傷が進んでしまった。実際には、低圧注水への移行も、格納容器ベントの実施も、炉心損傷の後であった。

原子炉で溶融した核燃料は、圧力容器の底を破り、格納容器底部に落ちた。核燃料が溶融するプロセスで生じた水素は、一号機、三号機、四号機の原子炉建屋上部で爆発した。一号機から三号機の格納容器は高温高圧の溶融燃料で破損してしまった。格納容器ベントによって、あるいは、格納容器の破損個所から大量の放射性物質が原子炉施設の外側に放出された。

ここでは、混乱した事故対応の一場面だけを取り上げたい。

徴候ベース手順書の原理原則から逸脱した事故対応の果てに、いずれの対応も間違っていたにもかかわらず、東電と規制当局の間で対応の優劣を激しく論じあうという事態に陥ってしまったのである。金融政策でも、原理原則から逸脱すると、どっちもどっちの政策の選択をめぐって大論争が巻き起こるのに似ているかもしれない。

三月一二日一五時三六分に一号機水素爆発、一四日一一時一分に三号機水素爆発と続いて、一四日一三時二五分に二号機の高圧注水系が機能を喪失した時点で、官邸と規制当局は東電の事故対応について不信感をあらわにし、現場に強権的に介入してきた。

一四日一六時過ぎに原子力安全委員会委員長の班目春樹は、所長の吉田昌郎に電話を入れる。吉田は、吉田調書で班目からの電話を次のように振り返っている。

もうパニクっている。これ、こうで、こういうわけでと言っているわけです。何だ、このおっさんはと思って、聞いていると、どうも班目先生らしいなと思って、はいはいという話をしていて、何ですかという話をして、そうしたら、今はもう余裕がないから、早く水を突っ込め、突っ込めと言っているわけですよ。今、ベント操作しているんですけれどもという話をしたら、ベントなどをやっている余裕はないから、早く突っ込めと言っているんですよ。そこからこっちにやりとり(…)班目先生とか、保安院長が隣にいたんです、多分ね。(吉田調書、二〇一一年八月八日から九日、第四ファイル、四七頁)

「即刻減圧注水すべき」という班目からの強い要請に対して、現地や東電本店では、すでに圧力抑制室プールの水温が高く、原子炉からの蒸気が凝縮される度合いが小さいことや、プール水位が上がってウェットベントが実施できなくなることを懸念して、格納容器ベント優先という意見が強まっていく。吉田も、そうした現地の部下たちの判断を支えにして、ベント優先の主張を班目に説明しようとする。しかし、東電本店にいた清水正孝(社長)は、「吉田さん、吉田さん、清水ですがね。班目先生の方式でやってください」と吉田に対して命令を下す。同じく本店にいた髙橋昭男(フェロー)も、「やる方向で、ということで、いまここの場で決めましたんで、早速注入やります」と社長決定を支持する。吉田は、東電の原発事業の最高責任者であった武藤栄(副社長)に助言を求めようとするが、武藤はヘリコプターで移動中のために連絡がとれない。ここで万事休す。吉田は、現地の対応方針を取り下げ、規制当局の決定に服する。

右の対立のむなしさは、規制当局も現地サイドもどちらも正しくなかったというところである。班目委員長が「即刻減圧注水」というのであれば、二号機や三号機の高圧注水系が稼動していたもっと早い段階で現場に介入すべきであった。現地も、圧力抑制室プールが高温になるまで減圧注水への移行を怠っていた。現地が圧力抑制室プールの圧力や水温を監視し始めたのは、一四日朝になってからのことであった。

いずれにしても、この規制当局の現場への強引な介入は、現場規律を大きく引き下げたにちがいない。現地の専門的な知見に裏付けられてベント優先を主張した吉田は、原発技術に通じていない社長からの命令という形で、所長が公然と軽蔑していたにちがいない委員長の決定に従わざるをえなかったからである。吉田は面子を完全に失った。現地と本店、現地と規制当局、そして、所長と部下たちの間にあったであろう緊張関係は、規制当局からの強引な介入によって一挙に弛緩してしまったのでないだろうか。

二〇一四年五月二〇日付けの『朝日新聞』が「所長命令に違反して原発撤退」と報じた所員の福島第二原発への移動が起きたのは、翌一五日の朝であった。午前六時過ぎに四号機で水素爆発があったあとに副部長クラスを含めた多くの所員が福島第二原発に退避した。しかし、吉田所長の指示は、「福島第一の近辺で、所内にかかわらず、線量の低いようなところに一回退避して次の指示を待て」というあいまいなものであった（弱々しいものであったといったほうがよいかもしれない）。字義どおりにとれば、現地対策本部のあった免震重要棟に留まるぐらいしか適当な退避場所はなかった。それにもかかわらず、所員の多くは自然と福島第二原発に移動した。吉田所長は、そうした部下たちの行動を「よく考えれば2F（福島第二原発）に行った方がはるかに正しいと思った」と考えており、部下たちが命令に違反したとはまったく思っていなかった。一五日朝の風景は、吉田所長と部下たちの緊張関係が弛緩してしまったことを示唆していたのでないだろうか。

4-2-5 徴候ベース手順書は完璧なのか?

これまで現地や東電本店、あるいは、規制当局が徴候ベース手順書を無視した指示を現場に出していたことで、事故対応が混乱に混乱を重ねたことを見てきたが、それでは、徴候ベース手順書に従えば、大量の放射性物質を外部に放出することなく、原子炉を無事冷温停止させることができたのであろうか。

徴候ベース手順書が炉心損傷回避を目的として用いられたのは、今般の原発事故が初めてであった。また、格納容器ベントが曲りなりに実施されたのも、世界で初めてであった。そうしたことを踏まえれば、徴候ベース手順書にもさまざまな課題があると考えるほうが自然であろう。

徴候ベース手順書の問題点については、いくつも論点があると思うが、以下の四点について考えてみたい。

第一に、徴候ベース手順書にある減圧注水と格納容器ベントの組み合わせで原子炉を完全に冷やすことができるのであろうか。4-2-3節でも述べたように、福島第二原発は、外部電源をどうにか確保できたものの、圧力抑制室プールを冷却するための非常用ポンプが大津波で破壊されたことから、徴候ベース手順書に従って減圧注水を実行した。しかし、逃がし安全弁を何度か開放して減圧を繰り返したことから、圧力抑制室プールの水温が上昇し、原子炉からの蒸気が凝縮される度合いが低下した。その結果、格納容器圧力も上昇し始め、格納容器ベントの実施も視野に入った。結局は、非常用ポンプを復旧させ圧力抑制室プールを冷却できたことから、原子炉を無事に冷温停止することができた。仮に圧力抑制室プールの冷却がいずれは必要であるとすると、予備の非常用ポンプを現地に設置することは必須となる。

第二に、三号機では一三日午前中からウェットベントの形で格納容器ベントを実施したが、大量の放射性物質が放出された。徴候ベース手順書のウェットベントは、放射性物質が圧力抑制室プールに十分に溶解するということが大前提となっている。しかし、圧力抑制室プールの水温が高くなるに従って、放射性物質が水に濾過される程度が低くなった可能性がある。その場合には、格納容器ベントのフィルターを格納容器の外側にあらかじめ設けておく必要があるであろう。

第三に、今般の事故対応では、逃がし安全弁やベントラインにある空気駆動弁を開閉する手動操作に大変に手間取った。中央制御室から遠隔操作が困難な場合の弁の開閉方法については、いずれの非常時対応マニュアルにも記載がなかった。その結果、マニュアル外の対応をせざるをえなかった。非常時の手動操作についても、詳細な手順をマニュアルに定める必要があるであろう。また、当時の徴候ベース手順書には、消防車ポンプが低圧注水の手段として記載されていなかった。すでに手順書に組み入れられていた消火ポンプに代替する低圧注水系も広く考慮していくべきであろう。

第四に、田辺が強調していることであるが、不幸にも炉心損傷が始まり、非常時対応マニュアルも徴候ベース手順書からシビアアクシデント手順書に移行する場合、格納容器ベントの位置付けが大きく変わってしまう。炉心損傷が起きていない徴候ベース手順書では、格納容器内の放射性物質がそもそも少ないことを前提として格納容器圧力がそれほど高くなくても格納容器ベントを指示している。

一方、炉心損傷が起きているシビアアクシデント手順書では、格納容器内に放射性物質が充満していることを前提として格納容器圧力が非常に高くなるまで格納容器ベントを許容していない。しかし、今般の原発事故では、一号機から三号機までシビアアクシデント手順書で格納容器ベントを許容する格納容器圧力をかなり下回るところで格納容器が破損してしまった。炉心損傷が進行している格納容器の強度という点では、シビアアクシデント手順書を全面的に見直すとともに、ハードウェアの強化も図らなければならないのでないだろうか。

以上の四つの点は、二〇一三年七月に施行された新規制基準で対応しているものもあるが、そうでないものもある。特に、格納容器の強度については、徹底的な再検討が必要なのでないだろうか。

4-2-6 原発危機との向き合い方

今般の原発事故で徴候ベース手順書を活かせなかった経緯を踏まえて、原発危機への向き合い方をあらためて考えてみたい。

現地、東電本社、規制当局の責任者たちは、事故当初から「非常時にマニュアルなんて役に立つはずがない」と徴候ベース手順書を軽んじていた。非常時対応マニュアルの原理原則から逸脱した現場は、混乱に混乱を重ねていった。そうした混乱を象徴していたのが、現場で飛び交った責任者たちの怒号なのかもしれない。混乱が極まってくると、規制当局と現地が言い争い、東電本社が現地の遅滞を非難し、所長が部下の不首尾をなじった。そこで発せられたものは、合理性のある適切な指示ではなく、うまくいかないことを相手の落ち度とする責任転嫁の言葉だった。規制当局は東電に責任をなすりつけ、東電本社は現地から梯子を外して規制当局の側についた。現地はますます追い詰められていった。

東電テレビ会議の映像は、危機時の人間の弱さを映し出しているといえるのかもしれない。徴候ベース手順書は、そもそも、危機における人間の認識能力の限界を踏まえて編み出されたものであった。福島第一原発にも、危機時の人間の弱さを十分に配慮した非常時対応マニュアルが備わっていた。それにもかかわらず、徴候ベース手順書を尊重しなかった責任者たちは、期せずして人間の弱さを垣間見せることとなった。その裏返しとして、彼らは、まさに進行する原発危機と向き合うのをやめてしまったように見える。逆にいえば、責任者の側に原理原則に忠実に原発危機と向き合うという姿勢があってこそ、規制に組み込まれた非常時対応マニュアルの真価が発揮されるのであろう。

経済学研究者として原発危機とどう向き合うべきなのかについては、私自身も悩むことが多かった。『震災復興の政治経済学』の草稿を準備しはじめた二〇一四年の秋ごろには、向き合い方も大きく変わったように思う。現場の事故対応が徴候ベース手順書の順序から著しく離れ、大きく混乱していった事実はできるだけ正確に記録し、できるだけ詳細に分析しようと思った。しかし、不思議な感じもしたが、適切でない判断を示し、合理性を欠く決定を下した人々に対して非難がましい感情をほとんど持たなくなった。吉田、武藤、清水、班目などの固有名詞は、私の頭の中で消えていった。

人間のこしらえた経済制度を分析対象とする経済学研究では、「制度を憎んで人を憎まず」という態度が求められる。そうした態度で既存の制度を徹底的に分析し、そこから得られた分析結果に基づいて制度を改善していく。人への憎しみは、冷静な分析の妨げになるだけである。

もし今後とも原発を継続していくのであれば、危機における人間の弱さを徹底的に見つめ直しながら、その弱さを克服できるようなしっかりとした仕組みを作っていかなければならないのであろう。

4-3 「想定内」と「想定外」の狭間にあった大津波

4-3-1 司法の場での二分法

二〇一一年三月一一日一五時四一分に福島第一原発を襲った一四メートルから一五メートル（遡上高）の大津波がはたしてあらかじめ想定されたものだったのか否かは、東電旧経営陣の刑事責任を問う司法の場でもっとも重要な論点のひとつとなってきた。原発事故の原因とされる大津波が予見されていたのかどうかは、旧経営陣の業務上過失致死傷を立証するうえで重要な構成要件であったからである。

東京地検は、二〇一二年八月一日に住民たちの告発を受けて東電旧経営者を起訴するかどうかの捜査に入った。二〇一三年九月九日に四二人が全員不起訴となった。しかし、二〇一四年七月三一日に検察審査会が当時の旧経営陣三人（勝俣恒久元会長、武黒一郎元副社長、武藤栄元副社長）を起訴相当と判断したことから、東京地検は再捜査に着手した。二〇一五年一月二二日に東京地検は旧経営陣をあらためて不起訴処分とした。二〇一五年七月三一日に検察審査会は、再び起訴相当の議決を下した。その結果、二〇一六年二月二九日に三人の旧経営陣は強制起訴されることになった。二〇一七年六月三〇日に初公判が始まっている。

強制起訴に至る過程で東京地検と検察審査会の主張は、大津波の予見可能性について以下の二点について大きく対立した。

- 地震調査研究推進本部（以下、地震本部と略する）が二〇〇二年七月に公表した「三陸沖北部から房総沖の海溝寄り」に位置する日本海溝の長期評価で津波地震の可能性が指摘されていたこと。
- 西暦八六九年に宮城県沖で発生した貞観（じょうがん）地震に起因する津波堆積物に関する調査が一九九〇年代より進められ、宮城県から福島県北部にかけての沖合で津波地震が発生する可能性が二〇〇八年ごろには指摘されていたこと。

すなわち、東京地検は、右の二点の証拠が大津波の予見可能性を証明するには不十分であると判断し、検察審査会は、これらが十分な証拠であると決したのである。

二〇一七年に入ると、原発事故避難者への損害賠償に関する民事裁判で地裁判決が相次いだ。二〇一七年三月一七日の前橋地裁判決、九月二二日の千葉地裁判決、一〇月一〇日の福島地裁判決は、さまざまな論点で差異があったが、大津波の予見可能性を肯定していた。いずれの判決も、地震本部が二〇〇二年に公表した日本海溝の長期評価を重視していた。

当然ながら、司法の場では、大津波の予見可能性について肯定か否定かの二分法で判断をせざるをえない。しかし、私たちの社会が直面した状況をそのように明確に割り切ることができるのであろうか。確かに、東日本大震災で大津波を経験した現在の私たちから見れば、先の二つの学術的な評価や調査は、まさに大津波を予測していたことになる。しかし、大津波が二〇一一年三月一一日に福島第一原発を襲わなかったとして、私たちの社会は、これらの学術的な調査をもって将来の大津波の可能性を明確に予測していたとみなすことができたのであろうか。

4-3節では、大津波が予見可能であったかどうかについて、ジャーナリストの添田孝史が予見可能であったという立場で丹念な取材を積み重ねて書いた『原発と大津波』（添田 2014）と、貞観津波の学術調査をリードしてきた岡村行信の長い調査の道のりとそこからの教訓をまとめた論文（岡村 2012）を手がかりとして考えていきたい。そうした作業から見えてくることは、私たちの社会が、二〇一一年三月一一日の時点で大津波の潜在的な可能性を「想定内」とも、「想定外」ともできない非常に微妙な状況、より正確にいえば、「想定外」（大津波の可能性がまったく想定されていない状態）から「想定内」（大津波の可能性が完全に想定されている状態）への途上にあったということであった。

4-3-2　マクロ・プレジクション（予測）としての地震本部長期評価

地震本部が二〇〇二年七月に日本海溝の長期評価を公表するに先立って、国土庁など七省庁が一九九八年三月に「太平洋沿岸部地震津波防災計画手法調査報告書」と「地域防災計画における津波防災対策の手引き」（以下、七省庁手引きと略する）を各自治体に通知した。直接の契機は、一九九三年七月一二日に奥尻島が想定を大幅に上回る津波被害を受けたことであった。

七省庁手引きの地震予測は、地震地体構造という考え方に基づいていた。地震地体構造とは、日本列島とそれを囲む海域について、地形・地質学的、あるいは、地球物理学的な特徴を抽出しながら、いくつかの比較的大きな領域として区分し、その領域内では、同じような地震を繰り返すという考え方である。したがって、同じ領域に属していれば、過去に地理的に遠くで起きた大地震と同じような大地震が近い場所を震源として将来起こりうると考えるわけである。地震地体構造という考え方は、きわめて広域的に地震発生の可能性を想定するという意味でマクロ的な発想といえる。

七省庁手引きでは、「宮城県沖から房総半島沖」をひとつの領域と考え、この領域のどこであっても、一六七七年に発生したマグニチュード八・〇の延宝房総沖地震クラスの津波地震があるとした。延宝地震級の津波地震が福島第一原発のもっとも近い場所を震源として起きると、最大高一三・六メートルの大津波が原発を襲うと想定された。ちなみに福島第一原発で当時想定されていた津波水位は約五メートルであった。

当時、地震地体構造に対する典型的な批判は、過去の地震津波の発生状況を踏まえると、地震地体構造で区分された広い領域において同規模の大地震が一様に発生したわけではなく、実際的な津波の想定は、より詳細に区分された領域で過去に発生した地震状況に基づくべきであるというものであった。たとえば、土木学会がそのような批判を持っていた。

地震本部が二〇〇二年七月に公表した日本海溝の長期評価は、七省庁手引きの地震地体構造の考え方をより徹底したといえる。その長期評価では、図4-4が示すように、「三陸沖北部から房総沖の海溝寄り」と名づけられた細長い帯状の領域では、同領域内のいずれの地点においても一六一一年の三陸沖地震（マグニチュード八・一）、一六七七年の延宝房総沖地震（マグニチュード八・〇）、一八九六年の明治三陸地震（マグニチュード八・二）のような大きな津波地震が起きると考えた。

もし福島県沖の津波地震について長期評価をまっとうに踏まえれば、七省庁手引きで想定された「マグニチュード八・〇の地震」ではなく、「マグニチュード八・二の地震」が福島第一原発の沖合で起きることになり、東電が二〇〇八年三月に試算したように、想定津波高は一三・六メートルからさらに

図4-4　三陸沖北部から房総沖北部の評価対象領域

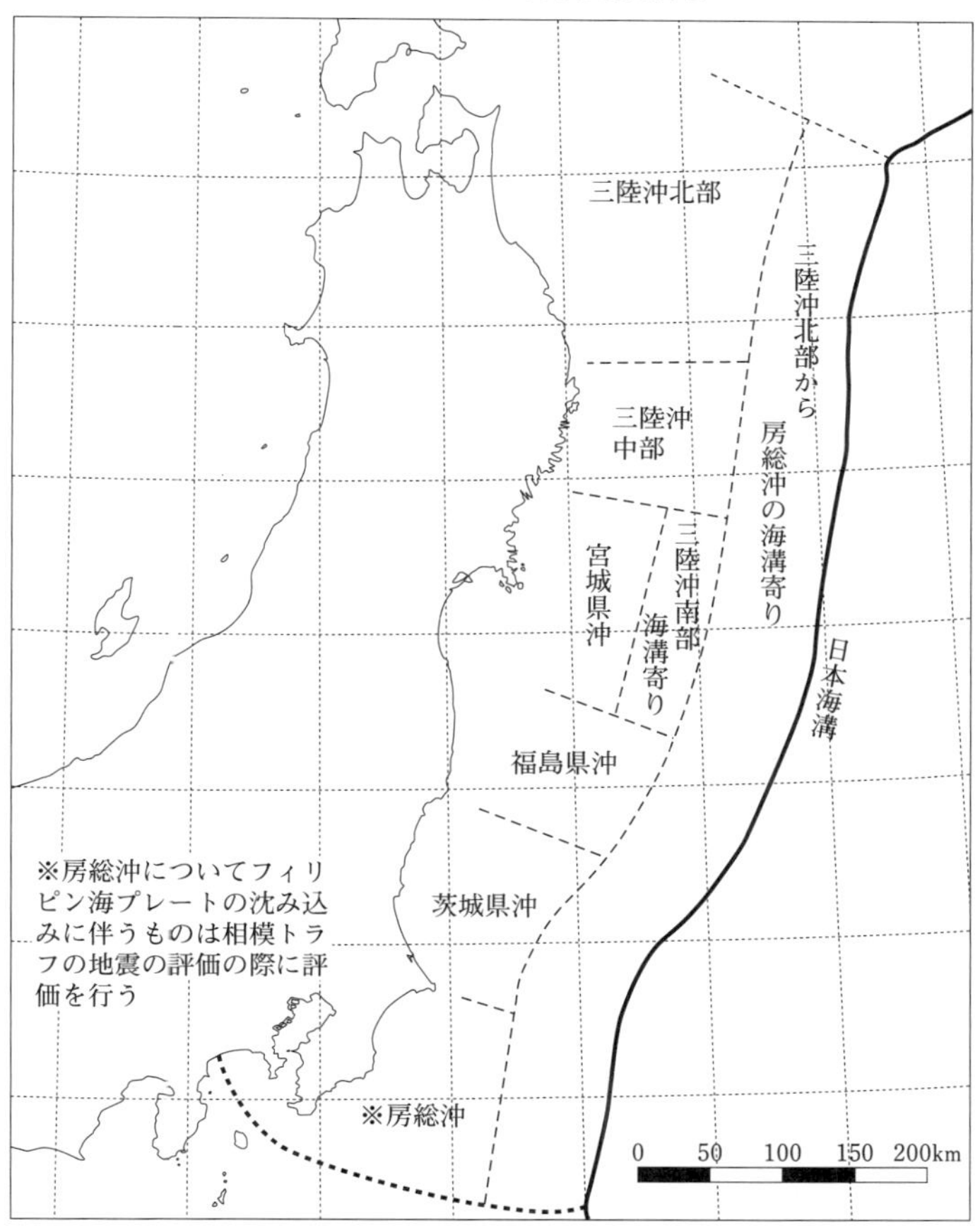

出所：地震調査研究推進本部。

一五・七メートルに引き上げられることになる。

ここでも、七省庁手引きに対する批判と同様の批判が、今度は、内閣府が所管する中央防災会議から地震本部の長期評価に対して発せられた。添田（2014）は、地震本部の長期評価にも関わった地球物理学者の阿部勝征（かつゆき）の以下のようなコメントを引いている（傍線は筆者）。

> 過去に起きた地震は確実だろうけれども、過去に起きたことがないものまで一緒にして発表されてはついていけない、困ると（中央防災会議事務局トップの）政策統括官が地震本部の会合で文句をいったこともあった。信頼度の低い予測をぽんぽん出されては受け止めるほうが迷惑であるといって、（中央防災会議を所管する）内閣府と（地震本部を所管する）文科省は当時、非常に仲が悪かった。（七〇頁）

ここには、地震津波の可能性について可能性がある限りはそれを示そうとする研究者としての立場と、地震津波の可能性について相対的に緩やかな想定で意思決定を積み重ねてきた行政側の立場の鋭い対立があった。こうした対立は、長期評価が公表される二〇〇二年七月より前から表面化していた。

詳しい経緯は添田（2014）を参照してほしいが、地震本部においても、中央防災会議においても、研究者と行政は激しく対立した。その結果として長期評価の冒頭には、次のような留保が付された。[4]

なお、今回の評価は、現在までに得られている最新の知見を用いて最善と思われる手法により行ったものではあるが、データとして用いる過去地震に関する資料が十分にないこと等による限界があることから、評価結果である地震発生確率や予想される次の地震の規模の数値には誤差を含んでおり、防災対策の検討など評価結果の利用にあたってはこの点に十分留意する必要がある。

長期評価の信頼性は、このようにして著しく低められた。また、中央防災会議においても長期評価は事実上否定され、長期評価で想定した地震津波の可能性はその後の防災計画に反映されることがなくなった。防災政策は、長期評価で指摘された将来の可能性のある地震ではなく、過去に実際に起きた地震に基づいて組み立てられることになった。

二〇一一年三月一一日の東日本大震災を経た私たちにとっては、中央防災会議を舞台に展開された研究者と行政の鋭い対立は、研究者が正しく、行政が間違っていたということになる。しかし、東日本大震災の経験を経ていない当時をそのように断じても意味がないのではないだろうか。

ここで冷静に踏まえなければならない事実は、地震本部も、中央防災会議も、事前に定められた行政手続きを経て長期評価や防災計画を決定したわけである。もちろん、決定に反対した研究者の発言も、決定を推し進めた行政サイドの発言も、議事録には残っているので、私たちはその経緯を知ることができる。しかし、行政手続きを経ていったん決められたことの方向性を改めていくには、根本のところから評価を修正していかなければならないであろう。

(4) 長期評価は、以下のウェブサイトから入手できる。http://www.jishin.go.jp/main/chousa/kaikou_pdf/sanriku_boso.pdf

私たちが今あらためて確認しなければならないのは、私たちの社会において、そのような根本的な評価の修正を試みるような動きがあったかどうかではないであろうか。あるいは、七省庁手引きや長期評価に向けられた批判に真摯に答えられるような継続的な営為が専門家側にあったかどうかではないであろうか。そして、二〇〇二年の長期評価に付された留保条件を白紙にするような手続きを踏まなければならなかったのであろう。

もっとも重要なことは、地震地体構造が示す地震の可能性を過去に宮城・福島沖で起きた地震のミクロ・エビデンスから検証することであろう。貞観(じょうがん)地震の学術研究こそはそうしたエビデンスの一つであったのである。

4-3-3 ミクロ・エビデンスとしての貞観地震学術調査

まずは、貞観地震・津波に関する学術調査の長い歴史を振り返ってみよう。

地理学者の吉田東伍は、一九〇六年の論文で八六九年貞観地震とそれによる津波被害の様子が日本三代実録（正確には、実録に先行して菅原道真によって編まれた類聚(るいじゅ)国史）の記述されていることを明らかにした。吉田は、陸奥国府のあった多賀城（現在の多賀城市）で貞観津波の被害が著しかったと推定した。

吉田東伍（1906）「貞観一一年陸奥府城の震動洪溢」、『歴史研究』8、一〇三三―一〇四〇頁。

地震学者の箕浦幸治は、一九八六年に仙台平野で津波堆積物を発見し、一九九〇年の論文で貞観地震の規模や周期を推測している。箕浦たちは一九九一年の英文論文で地層から過去の大津波を推測する方法を報告した。

箕浦幸治（1990）「日本海北東縁および南三陸における巨大津波の再来周期」、『歴史研究』6、六一－七六頁。

Minoura, K. and S. Nakaya (1991) "Traces of tsunami preserved in inter-tide lacustrine and marsh deposits: Some examples from northeast Japan," *The Journal of Geology* 99, 265–287.

東北電力は、一九八〇年代の後半、女川原発の二号機を建設するために、箕浦の協力を得て仙台平野にある貞観津波の堆積物の調査に着手した。東北電力の阿部壽たちは、一九九〇年の論文で仙台平野の津波堆積物の調査を報告した。

阿部壽・菅野喜貞・千釜章（1990）「仙台平野における貞観一一年（八六九年）三陸津波の痕跡高の推定」、『地震』43、五一三－五二五頁。

その後も、以下にあげる論文で貞観津波の堆積物は、仙台平野北方の石巻平野から福島県沿岸北部まで広く確認された。

菅原大助・箕浦幸治・今村文彦（2001）「西暦八六九年貞観津波による堆積作用とその数値復元」、『津波工学研究報告』18、一－一〇頁。

Minoura, K., F. Imamura, D. Sugawara, Y. Kono, and T. Iwashita (2001) "The 869 Jogan tsunami deposit and recurrence interval of large-scale tsunami on the Pacific coast of northeast Japan," *Journal of Natural Disaster Science* 23, 83–88.

澤井裕紀・岡村行信・宍倉正展・松浦旅人・Than Tin Aung・小松原純子・藤井勇士郎（2006）「仙台平野の堆積物に記録された歴史時代の巨大津波—一六一一年慶長三陸津波と八六九年貞観津波の浸水域」、『地質ニュース』624、三六—四一頁。

澤井祐紀・宍倉正典・小松原純子（2008）「ハンドコアラーを用いた宮城県仙台平野（仙台市・名取市・岩沼市・亘理町・山元町）における古津波痕跡調査」、『活断層・古地震研究報告』8、一七—七〇頁。

宍倉正展・澤井裕紀・岡村行信・小松原純子・Than Tin Aung・石山達也・藤原治・藤野滋弘（2007）「石巻平野における津波堆積物の分布と年代」、『活断層・古地震研究報告』7、三一—四六頁。

菅原大助・今村文彦・松本秀明・後藤和久・箕浦幸治（2010）「過去の津波像の定量的復元—貞観津波の痕跡調査と古地形の推定について」、『津波工学研究報告』27、一〇三—一三二頁。

一方、産業技術総合研究所（産総研）も、貞観津波の堆積物の調査に精力的に取り組んでいた。産総研の調査研究の特徴は、これまで地震学研究において独立して行われていた歴史学アプローチ、地質学アプローチ、地球物理学的アプローチを統合したところにあった。特に、佐竹健治たちのグループは、二〇〇八年や二〇一〇年の論文でこれまでの調査で明らかになった津波堆積物の分布域と整合的な結果を生み出すように数値シミュレーションをして、貞観地震の震源位置やその規模を推計した。

佐竹健治・行谷佑一・山本滋（2008）「石巻・仙台平野における八六九年貞観津波の数値シミュレーション」、『活断層・古地震研究報告』8、七一—八九頁。

行谷佑一・佐竹健治・山本滋（2010）「宮城県石巻・仙台平野および福島県請戸川河口低地における八六九年貞観津波の数値シミュレーション」、『活断層・古地震研究報告』10、一―二一頁。

岡村（2012）によると、こうした貞観津波の学術研究の積み重ねを通じて、震源域が当初想定されたよりもかなり南方の福島県北部沖であり、地震規模がマグニチュード八・四以上と推定した。

このようにして、七省庁手引きや長期評価の「三陸沖北部から房総沖の海溝寄り」と名づけられた細長い帯状の領域には、北側の三陸沖の津波地震（一六一一年のマグニチュード八・一の三陸沖地震、一八九六年のマグニチュード八・二の明治三陸地震）と南側の房総沖の津波地震（一六七七年のマグニチュード八・〇の延宝房総沖地震）に加えて、マグニチュード八・四以上といわれる八六九年の貞観地震が区分領域にある中央の空白を埋めたのである。

ここに二〇〇二年の長期評価が抱えていた弱点が克服されたことになる。しかし、こうして学術的成果が整ったのは、二〇〇八年以降であった。

4-3-4 二〇一一年から二〇〇二年への逆戻りをどう考えるのか?

産総研は、二〇一〇年春に貞観地震の研究成果を地震本部に提出した。地震本部も、約一年を目途に日本海溝の地震について長期評価を見直す作業を進めた。「評価結果である地震発生確率や予想される次の地震の規模の数値には誤差を含んで」いるとされた長期評価は根本的に改訂され、二〇一一年四月に公表されることになっていたのである。東北地方太平洋沖地震が起きた翌月であった。

大地震・大津波直後の地震本部の動揺を経て二〇一一年一一月に公表された改訂長期評価には、以下

の文章が含まれていた。(5)

八六九年貞観地震と東北の太平洋沿岸に巨大津波を伴うことが推定される地震

八六九年に地震があり、地震動及び津波を伴い、多数の死傷者を伴った(貞観地震)。この地震の震源域は少なくとも宮城県沖と三陸沖南部海溝寄りから福島県沖にかけての領域を含み、三陸沖まで達する可能性がある。地震の規模はMw(モーメントマグニチュード)八・四程度もしくはそれ以上と推定される。宮城県から福島県にかけての太平洋沿岸で、過去二五〇〇年間で四回の巨大津波による津波堆積物が見つかっており、これらの地域を広く浸水したと考えられる。これら四回の一つが八六九年の地震(貞観地震)によるものとして確認された。また、これら四回のうち貞観地震及び約四-五世紀の地震では、地震時に沿岸が沈降したと推定され、日本海溝のプレート境界で発生した巨大地震である可能性が高いと考えられる。他の二回についてはその津波堆積物の分布から同様の地震である可能性がある。以上のことから、本報告では東北地方太平洋沖型の地震と見なした。

岡村は、二〇〇九年ごろより原子力安全保安院の会合においても、東電に対して貞観津波クラスに備えるように厳しく求めていく。東電が二〇一一年三月七日、すなわち、大地震の四日前に原子力安全保安院に非公式に示した資料には、先述の東北地方太平洋沖を南北に走る帯状の領域の北、中、南のそれぞれについて津波の想定水位が次のように記述されていた(添田(2014)の一一〇頁から一一一頁)。

- 一八九六年明治三陸沖タイプの場合——一五・七メートル
- 貞観津波——九・二メートル
- 一六七七年房総沖タイプの場合——一三・六メートル

三番目の一三・六メートルは一九九八年の七省庁手引きで検討された可能性、一番目の一五・七メートルは二〇〇二年の長期評価で示された可能性、そして、二番目の九・二メートルは貞観津波の学術研究から導き出された可能性であった(6)。

ここに、地震本部の長期評価も、東電の大津波の想定水位（最大波高一五・七メートル）も、二〇一一年の時点から二〇〇二年の時点に舞い戻ってきたわけである。

それでは、この八年あまりの歳月は無駄であったのであろうか？

行政は、二〇〇二年七月の長期評価を尊重しなかったことで結果として間違ってしまったが、それではその間違いに対して責任があったのであろうか？

私の答えはイエスともノーともいえないというものである。

二〇〇二年七月の長期評価の信頼性を著しく低めてしまうような行政の決定は、科学者の知見を強引に踏みにじったものとはどうしても思えないのである。当時の状況を振り返ってみると、評価の信頼性

（5） 改訂長期評価は、以下のウェブサイトから入手できる。http://www.jishin.go.jp/main/chousa/kaikou_pdf/sanriku_boso_4.pdf

（6） 東電は貞観地震のマグニチュードを低めに見積もっていたのかもしれない。

に厳しい留保が付された長期評価の公表は、行政と科学者の間の討論をして、定められた手続きに従って決められたものであった。
もちろん、学問的な信条から「長期評価つぶし」と思われても仕方がないような動きに抗議した科学者も少なくなかった。添田（2014）は、二〇〇四年二月の中央防災会議で長期評価に示された津波地震が防災対象から外されることを決めた議事録を引いている（発言者は特定されていない）。

（長期評価に携わってきた）多くの研究者は明治の三陸（三陸海岸を襲った津波地震のこと）が繰り返すとは思っていませんし、昭和の三陸が繰り返すとは思っていないけれども、あの程度のことは隣の領域で起こるかもしれないぐらいは考えているわけですね。そうすると、それが予防対策から排除されてしまって、過去に起きたものだけで予防対策を講じるということになるのですね。（六五頁）

しかし、長期評価に関わった科学者がすべてそうであったのであろうか。添田（2014）が二〇一三年一二月三日に行ったインタビューに長期評価に関わった阿部勝征は、以下のように答えている。

長期評価が言っていることは科学的には無理がない。三陸沖で明治三陸津波が起きたなら、その隣でも起こるだろう、とその程度は誰でも思うわけですよ。それは否定は出来ないけれども、強く起こるとはいえないんです。僕もこれでおかしくはないだろうと思っていたが、実際起こるかどう

かは内心わからないと思っていたんですよ。(二五三頁)

私は、阿部のコメントが非常に率直であると感じた。中央防災会議の議事録には発言者が特定されていないが、もしかすると、右の二つのコメントは発言の語調から見て同一の研究者だったのかもしれない。

阿部の二〇一三年一二月のコメントと、先に孫引きした二〇〇四年二月の中央防災会議におけるある研究者によるコメントは、紙一重といってもよいのでないだろうか。「宮城・福島沖で津波地震が起きる」と「起きない」のどちらかを断定するには、科学的に説得的なエビデンスがやはり欠けていた。もし、二〇〇二年の時点で貞観地震の震源や規模について科学的なエビデンスが十分に確立していて、三陸沖と房総沖の間隙を埋める宮城・福島沖のピースが完全に埋まっていたならば、阿部は科学者として「起こる」と判断したのでないであろうか。

4-3節の冒頭にあげた質問に戻ってみると、二〇〇二年時点で二〇一一年三月に福島第一原発を襲ったような大津波を予見することについて、だれでも「起きるかもしれない」ということはいえても、科学者として説得力をもって「起こる」と予見することは非常に難しかったのではないであろうか。

吉田東伍によって貞観地震・津波のことが近代になってようやく指摘されたのが一九〇六年であったので、八六九年の地震発生から千年以上経過していた。なお、東北地方太平洋沖地震に起因した大津波が「千年に一度の大津波」といわれたのも、もっとも古い記録が残っている貞観地震と今般の津波地震の間に十世紀以上の歳月が流れたからである。

また、箕浦幸治が津波堆積物から貞観地震を復元しようと初めて試みたのが一九八六年、岡村行信たちの産総研グループが貞観地震の震源と規模を推計したのが二〇〇八年から二〇一〇年なので、貞観地震に関する研究成果の塊ができるのにさらに四半世紀を要したことになる。

私たち社会の津波地震に関する知見がこの四半世紀ではるかに深まったところに大きな意義があったのではないかと私は考えている。事後的に見れば、残念ながら、新しい知見に基づいた危機対応は、二〇一一年三月一一日の大津波に間に合わなかった。

語弊を伴うのかもしれないが、貞観地震について、こうした知見の進化がまったくなかった状況に比べれば、私たちの社会は、今般の大津波に対する危機対応の失敗を、あるレベルの納得をもって受け入れることができるのでないだろうか。4-2節において、福島第一の原子炉に格納容器ベント設備がすでに導入されていた状態に、非常にゆっくりとした危機対応の進歩を見出してきたのと同じなのかもしれない。

仮に現在のように説得的な学問的知見が一九六〇年代にすでに蓄えていたならば、福島第一原発の防潮堤は最初からずっと高いものになっていたであろう。

4-4 経済学から見た危機対応 「想定外」の経済学

4-4-1 低頻度事象への過剰な反応と完全な無視

4-4節では、「想定外」という行動や判断に経済学的な解釈を与えてみよう。

発生確率が非常に低い危機的な事象（英語の catastrophic を略して、キャット（cat）事象と呼ばれること も多い）については、両極端のケースがしばしば観察される。

ひとつは過剰反応で、発生確率が非常に低くても、あたかも確実な事象として取り扱うケースである。もうひとつは完全な無視で、たとえ起こりうる事象であったとしても、「決して起こらない」と最初から決めつけてしまう、すなわち、「想定外」として完全に無視してしまうことである。

行動経済学を法学に積極的に取り入れてきたキャス・サンスティーンは、過剰な反応の事例として、二〇〇一年九月一一日、アメリカが同時多発テロに見舞われた直後に副大統領のディック・チェイニーが主張した「一％ドクトリン」をあげている（サンスティーン 2012）。このドクトリンは、たとえ一％でもテロ支援をしている可能性があるのであれば、それを確実な事柄としてテロ支援者に毅然とした対応をしなくてはならないという考え方である。

一方、サンスティーンは、完全な無視のケースとして気候変動リスクをあげている。サンスティーンは、人間本来の特性を鑑みると、非常に低い発生確率ながら、壊滅的な影響を及ぼすリスクが無視されやすいと指摘している。人間には、「危険の兆候を視界の外に排除するという特性」が備わっていているからである。その結果、少なくとも米国では、気候変動リスクが無視される傾向にあった。

しかし、生起確率を特定することの困難さや大惨事の潜在的な可能性において、気候変動リスクと類似の性質を持つテロリスクについては、たとえ一％程度の生起確率であっても、確実に起きるもの（生起確率一〇〇％）として厳重な政策対応をするというような過剰な反応（「一％ドクトリン」）が米国で広く受け入れられたのはなぜだろうか。

サンスティーンは、テロリスクと気候変動リスクの比較において、テロリスクのほうが大惨事の帰結について想起しやすい点を指摘する。特に、二〇〇一年九月一一日の同時多発テロ以降、テロリスクに対する想起容易性（availability）が米国民の間でいっそう高まり、「生起確率の低さにかかわらず、テロリスクに対して断固として政策対応すべきである」というコンセンサスが形成された。

他の例としては、気候変動リスクと同じく環境リスクであるオゾン層破壊リスクについて米国の消費者が後者にのみ過剰に反応した。その結果、オゾン層破壊リスクへの政策対応が進展した。オゾン層破壊リスクのほうは、その象徴的な被害である皮膚がんが身近なものとして認識され、「地球の保護シールドが危険にさらされている」という平明なイメージでオゾン層破壊リスクを受け取りやすかった。

また、より実際的な要因としては、気候変動リスクに対応するよりも、オゾン層破壊リスクへ対応するほうが費用面ではるかに安かった。すなわち、オゾン層破壊リスクへの政策対応は、費用面で安上がりだったうえに、有権者にとって便益がわかりやすかったという点で、費用対効果の優れた環境政策だった。

サンスティーンの説明に従えば、大地震前に大津波への対応が無視される傾向があったのは大津波による大惨事を想起することが人々にとって困難であったためである。一方、大地震後に大津波リスクに過剰に反応するようになったのは、大津波被害の想起容易性が人々の間で著しく高まったからである。

4-4-2節以降の説明のために「一％ドクトリン」と大津波リスクの完全な無視のケースをグラフ化していこう。**図4-5**は、横軸を「実際の確率」、縦軸を「認識された確率」とする。テロの発生確率が一％を超えると確定的な事柄として取り扱うので、実際の確率が一％を超えると、認識された確率は一

図4-5　1%ドクトリンのケース

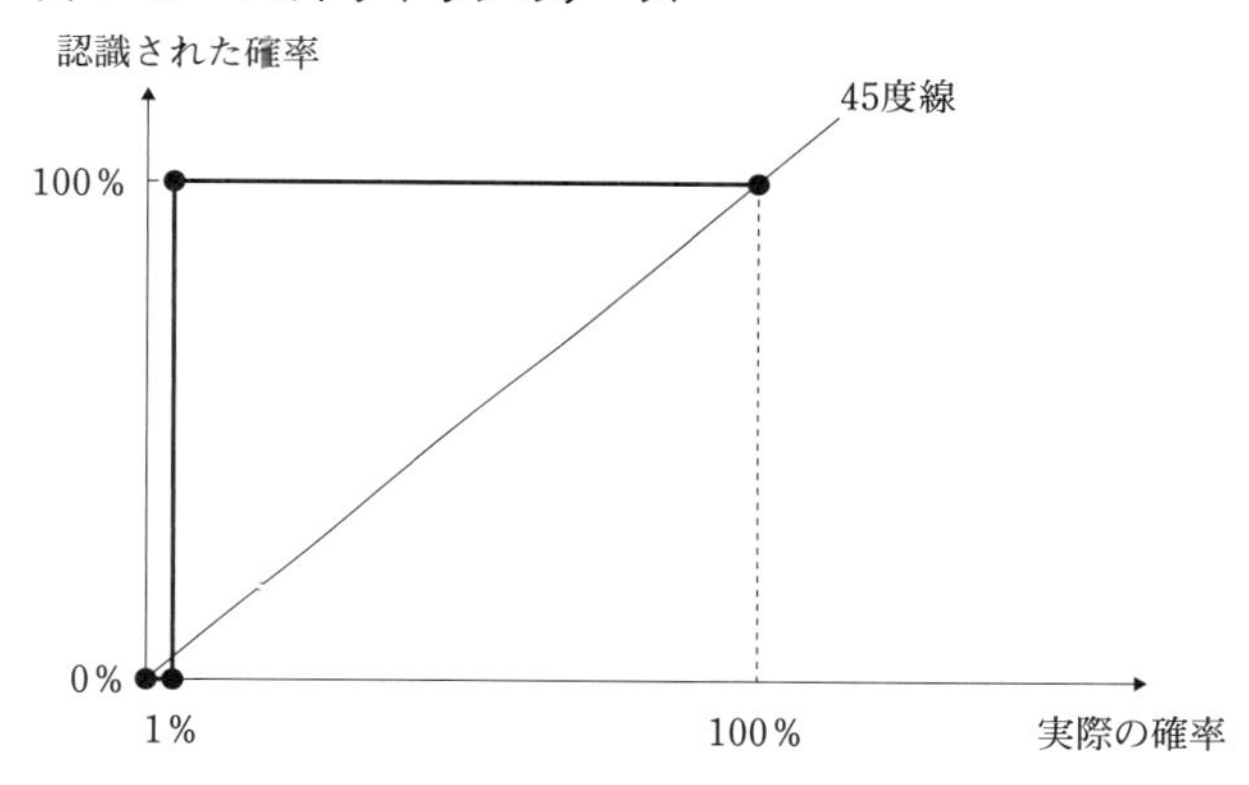

図4-6　「想定外」のケース

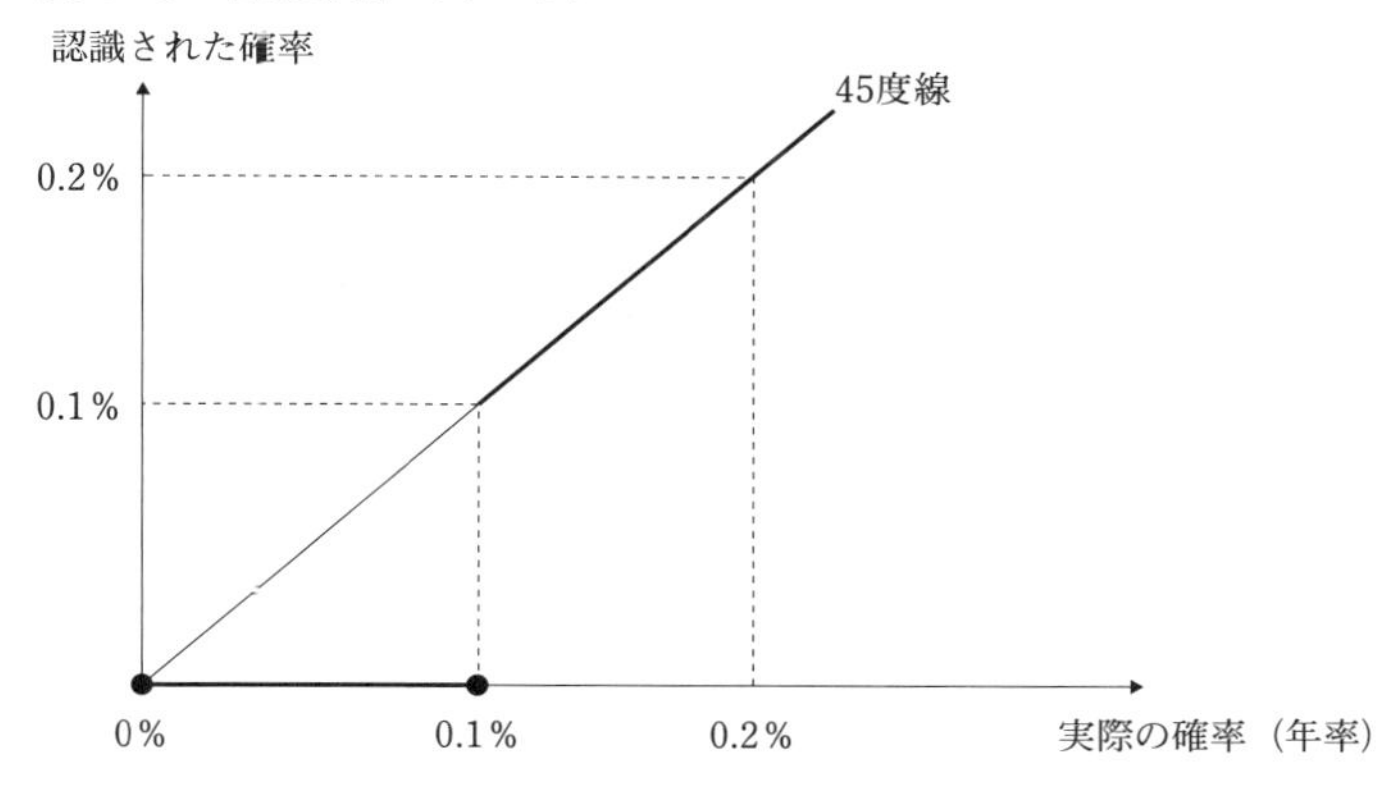

〇〇％のところで水平となる。

図4‐6は、大津波リスクの完全な無視を説明している。ここで「千年に一度」よりも低い頻度の大津波はすべて無視することにしよう。「千年に一度」の頻度は年率換算すると千の逆数で〇・一％となる。したがって、実際の確率が年率〇・一％を下回るところでは、確率評価はゼロとなる。一方、実際の確率が年率〇・一％を超えると、額面どおりに確率評価をするので四五度線上になる。

図4‐6には、もうひとつ興味深いインプリケーションが含まれている。この図では、発生確率が年率〇・一％だけでなく、それよりも低い年率〇・〇一％でも、年率〇・〇〇一％でも、年率〇・〇〇〇一％でも、年率〇・〇〇〇〇一％と等しく発生確率ゼロとして認識される。すなわち、文字の記録が存在する有史に属するような「千年に一度」（千年の逆数で年率〇・一％）の地震や津波でも、人類史上が初めてといってもよい「百万年に一度」（百万年の逆数で年率〇・〇〇〇一％）の地殻変動でも、同じように取り扱われている。3‐1節の言葉を用いると、バッドケースも、ワーストケースも、人間の認識の中では十把一絡げとして取り扱われているのである。

4‐4‐2 アレのパラドックスとプロスペクト理論

低頻度の危機に対する反応については、先に述べてきた過剰な反応でも、完全な無視でもない中間的なケースが経済学では研究対象となってきた。

過剰な反応のケースでは、低い確率（一％）にもかかわらず、確実に起こるとして非常に過大に確率（一〇〇％）が認識されてきた。

一方、完全な無視のケースでは、発生確率が低いキャット事象（危機事象）については、「千年に一度」の大津波であろうが、「百万年に一度」の地殻変動であろうが、十把一絡げに同じように無視されてきた。

この4-4-2節で対象としていくのは、低頻度のキャット事象について、その確率が、実際の頻度にかかわらず、同じように、過大に認識されるようなケースである。

以下では、アレのパラドックス（Allais paradox、フランスの経済学・物理学研究者のモーリス・アレの名前にちなんでいる）と呼ばれている実験結果を紹介してみよう。

まず、被験者は以下のようなクジAとクジBの選択をたずねられる。

クジA：確実に一〇〇ドル得られる。

クジB：一〇％の確率で五〇〇ドル、八九％の確率で一〇〇ドルを得られ、一％の確率で何も得られない。

多くの被験者は、確実に一〇〇ドル得られるクジAを選択する。

次に、クジCとクジDの選択をたずねられる。

クジC：一一％の確率で一〇〇ドルを得られ、八九％の確率で何も得られない。

クジD：一〇％の確率で五〇〇ドルを得られ、九〇％の確率で何も得られない。

二回目の選択では、多くの被験者はクジDを選択する。

もし、被験者がクジで提示された確率を額面どおりに受け取っていると、多くの被験者が示した一回目の選択と二回目の選択は矛盾することになる。そのことを示してみよう。ここでクジE（といっても、ペナルティーを払わなければならないクジであるが…）を考えてみる。

クジE：八九％の確率で一〇〇ドルを支払い、一一％の確率で何も支払わない。

このクジEをクジAとクジBにそれぞれ組み合わせてみる。クジAとクジEの組み合わせは、クジAで確実に得られる一〇〇ドルは、クジEで八九％の確率で一〇〇ドルを支払わなければならないので、このクジの組み合わせは、一一％の確率で一〇〇ドルを得ることができるクジCと同じになる。一方、クジBとクジEの組み合わせは、クジBで八九％の確率で得られる一〇〇ドルはクジEで同じ確率で失うことになるので、結局、クジDと同じになる。

もし、それぞれのクジに示された確率を額面どおりにとっているとすると、クジAがクジBよりも好まれるのであれば、同じクジEを組み合わせた（クジA＋クジE）も（クジB＋クジE）よりも好まれるはずである。先に示したように、前者のクジの組み合わせはクジCと同じで、後者のクジの組み合わせはクジDと同じなので、クジCはクジDよりも好まれるはずである。

しかし、多くの実験結果は、クジAがクジBよりも好まれるのに、クジDがクジCよりも好まれてしまう。アレのパラドックスを説明するひとつの理論としてプロスペクト理論が提示されている（Viscusi 1998）。

プロスペクト理論では、**図4-7**に示されるように、実際の確率と認識された確率に大きなずれが生

図4-7　アレのパラドックスとプロスペクト理論

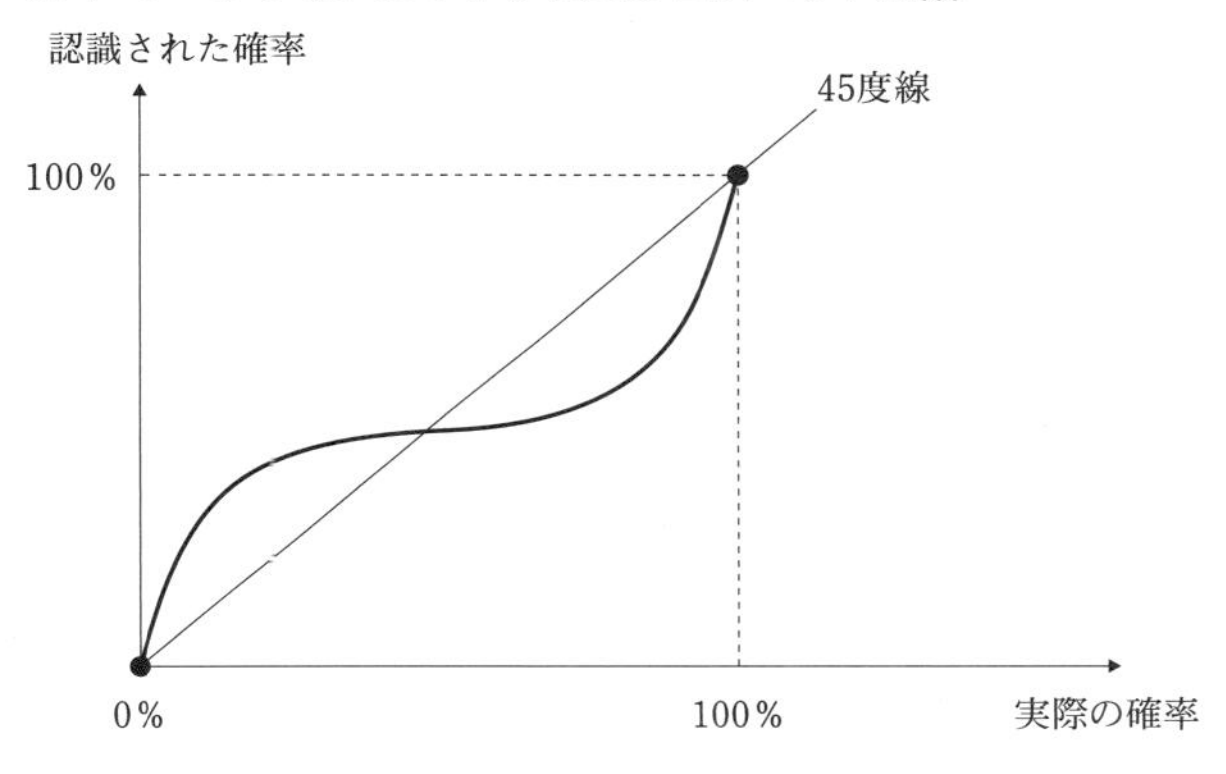

じる。まず、実際の確率がゼロの場合は、認識された確率もゼロとなる一方、実際の確率が一〇〇%の場合は、認識された確率も一〇〇%となる。すなわち、絶対に起きないケースと、確実に起きるケースでは、二つの確率にずれが生じず四五度線上にある。

しかし、それ以外のポイントについては、実際の確率と認識された確率の間にずれが生じる。まず、発生頻度が高いところでは、確率が過小に認識されるので四五度線よりも下に位置する。プロスペクト理論では、ほぼ確実に迫りくる危機をできるだけ低く見積もる傾向を希望効果（危機が到来してほしくないという希望のあらわれ）と呼んでいる。

逆に、発生頻度が低いところでは、確率が過大に認識されるので四五度線よりも上に位置する。プロスペクト理論では、頻度の低い危機の発生を過大に見積もる傾向を恐怖効果（危機を過度に恐れる心情）と呼んでいる。また、恐怖を完全に取り除くために確率評価をゼロに持っていこうとする（原点に近づこうとする）性向は、ゼロリスク指向と呼ばれている。

それでは、なぜ、プロスペクト理論がアレのパラドックスを

図4-8　地震危険度の変化と評価

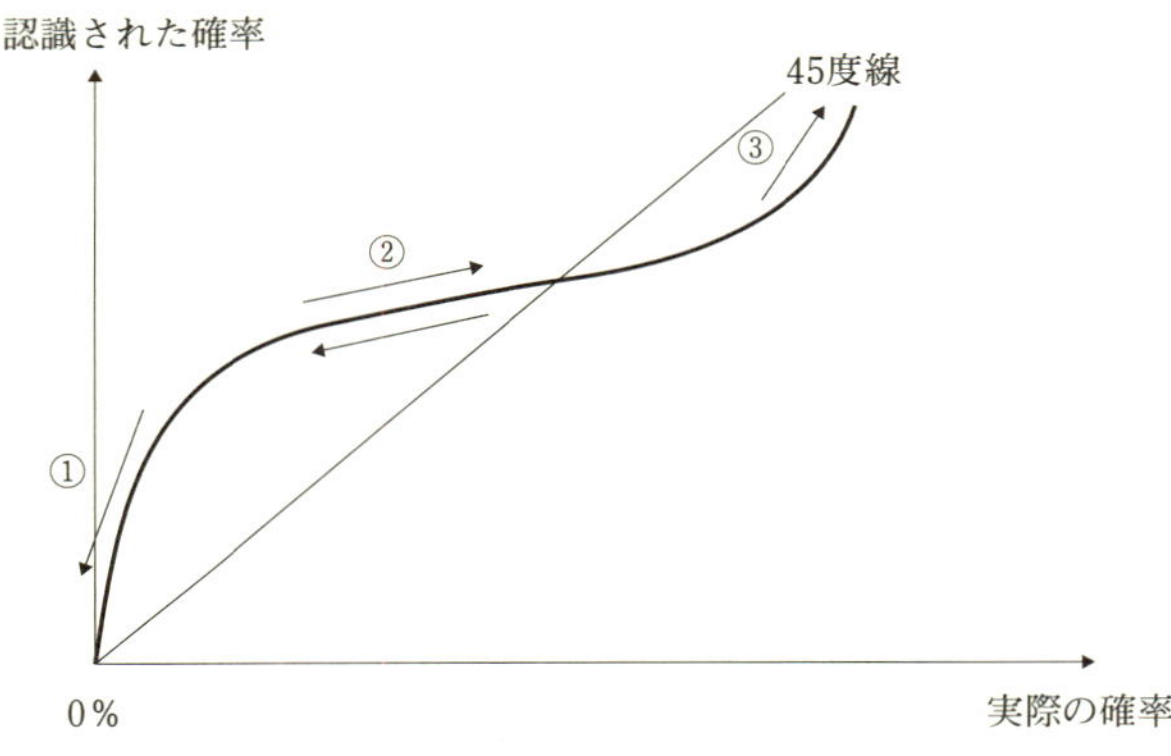

説明することができるのかを見ていこう。

まず、クジAとクジBの選択を見ると、同じく一〇〇ドルを得られるといっても確率一〇〇%のほうは額面どおり評価されるのに対して、八九%という比較的高い確率は過小に評価される。その結果、クジAが選択される。

一方、クジCとクジDの選択では、いずれのクジでも、一一%や一〇%の低い確率が過大に評価され、八九%や九〇%の高い確率が過小に評価されることから、同じく低い確率であっても、五〇〇ドルを得ることができるクジDが魅力的となる。

4-4-3　ゼロリスク指向の実証研究

4-4節の最後に、プロスペクト理論の希望効果、恐怖効果、そして、ゼロリスク指向を実証的に検証した私たちの研究を紹介しよう（顧他 2011）。

この研究では、東京都が町丁目単位（〇〇町××丁目という単位）で公表している地震リスクと地価の関係について時間を通じた変化を観察することで図4-8に描かれているようなプロスペクト理論を検証している。

図４－９　地域危険度ランキングが１段階変化した地域（1999年から2004年）

もしプロスペクト理論の予測が正しいとすると、非常に低い地震リスク（図４‐８の①の領域）では、矢印で示されたリスク低下の度合いが過大に評価されて地価が大きく上昇する。すなわち、ゼロリスク指向が観察される。一方、中程度の地震リスク（同図の②の領域）では、リスク認知が実際のリスクにあまり左右されないので地価はリスクの変化にかかわらず大きく変化しない。最後に、高い地震リスク（同図の③の領域）では、矢印に示されたリスク上昇の程度が過大に評価されて地価は大きく低下する。

私たちの研究では、東京都が『地震に関する地域危険度測定調査報告書』（以下、『地域危険度調査』と略する）で報告している地域危険度ランキングを相対的な地震リスクの指標とした。危険度の低いほうから、１、２、３、４、５と指標化されている。一九九八年三月（第四回）、二〇〇二年一二月（第五回）、二〇〇八年二月（第六回）に公表された『地域危険度調査』を用いることで、一九九八年から二〇〇二年の変化と二〇〇二年から二〇〇八年の変化を地震リスクの変化とした。

こうした相対的な地震リスクの変化が数年の時間ラグを伴

って相対的な地価水準の変化に反映することを想定した。相対的な地価（対数変換した地価の平均からの乖離幅で測っている）の変化は、継続的にデータが得られる地価公示ポイントについて、一九九九年から二〇〇四年と二〇〇四年から二〇〇九年の階差を用いている。**図4-9**は、一九九九年から二〇〇四年の間に地震危険度が安全化の方向に、あるいは、危険化の方向に一段階変化した地価公示ポイントをプロットしている。同期間では、地価公示ポイントの約三分の一において地震危険度のランキングに一段階以上の変化が認められた。

表4-1は、五つの地震リスクランキングの変化の方向を考慮して（安全化と危険化の二方向を別々に考慮して）、地震リスクの変化が地価の変化に与えた影響を推計した結果である。なお、安全化（危険化）の方向で地震危険度指標が小さく（大きく）なるので、マイナスの推計値は、地震リスクの低下（上昇）とともに地価が上昇（低下）する度合いを示している。なお、表4-1にあってアスタリスク（＊）がまったく付いていない数字はゼロとみなしてかまわない。

二つの期間（一九九九年から二〇〇四年と二〇〇四年から二〇〇九年）の推計結果には、次のような特徴が見られる。

- 図4-8の①に相当する地域危険度2から1への変化（安全化）については相対地価が大きく上昇している（推計値の負の度合いが大きい）。
- 同図の②に相当する地域危険度2から4のランキングにおける安全化や危険化では相対地価はあまり変化しない（推計値がゼロに近い）。

表4－1　初期時点の危険度別、危険度変化の方向別の相対地価の地震リスクに関する感応度の推計値

期間	変化の方向	1	2	3	4	5
1999–2004年	安全化（←）	−0.0687 ***	−0.0326 ***	0.0048	0.0492	
	危険化（→）	−0.0067	−0.0003	−0.0843 ***	−0.1152 ***	
2004–2009年	安全化（←）	−0.2032 ***	−0.0651 ***	0.0083	0.0823 ***	
	危険化（→）	−0.0385 ***	−0.0015	−0.0488 ***	−0.1196 ***	

注1：***、**、*はそれぞれの1%、5%、10%水準で統計学的に有意であることを示す。アスタリスク（*）が付いていない数字はゼロとみなしてかまわない。なお、括弧内は頑健な標準偏差である。

注2：第1行に示されている各危険度から安全化、危険化という変化の方向別に、対応する係数が変化前と後の危険度の間に記載されている。

●同図の③の領域に相当する地域危険度4から5への変化（危険化）については相対地価が著しく低下している（推計値の負の度合いが大きい）。

一番目の結果は恐怖効果（より正確には恐怖が解消する効果）の存在とゼロリスク指向を示しており、三番目の結果は希望効果（より正確には希望が薄れていく効果）の存在と整合的である。

やや細かいことになるが、表4-1の推計結果には他にも興味深い点がある。いずれの期間においても、感応度のマイナスの度合いは地域危険度2から1への安全化のほうが地域危険度1から2への危険化よりもはるかに大きい。これは、図4-8で描かれている曲線において、地域危険度の到着点が1となる安全化のほうが（確率ゼロに近く）急な傾きを有しているからである。

逆に、地域危険度4から5の危険化のほうが地域危険度5から4の安全化よりも感応度のマイナスの度合いがはるかに大きい。こうした傾向は、地域危険度の到着点が5となる危険化のほうが確率ゼロから離れて（確率1に近づいて）傾きが急になるからである。

以上の議論をまとめると、発生確率が非常に低いキャット事象に

ついては、発生確率の違いは区別されずに十把一絡げとして、実際の確率よりも過大に評価してリスクに過剰反応する可能性がある。先の「一%ドクトリン」は、過剰反応のもっとも極端なケースといえる。一方、同じようにキャット事象の発生確率が区別されないままに十把一絡げで発生確率が〇%と認識され完全に無視されてしまうことも起こる。この場合、低頻度のキャット事象はまさに「想定外」に置かれてしまう。

過剰反応にしても、完全な無視にしても、低頻度のキャット事象が十把一絡げでまとめられてそうした極端な評価を受ける点では共通している。

あるエピソード　福島原発が欠いた有能な歩哨(7)

福島第一原子力発電所の事故に関する国会事故調査委員会（正式には、東京電力福島原子力発電所事故調査委員会）の報告書を読んでいて、スペインの哲学者オルテガの『大衆の反逆』にある次の一節を思い浮かべた。

ローマ帝国の軍要務令では、軍隊の歩哨は睡魔を払いのけてつねに注意をはらうため、人さし指を唇にあてておくことを定めていた。この姿勢は悪くない。それはひそかな未来のきざしが聞きとれるようにと、夜の静寂にそれ以上の静寂を命じている姿勢に見えるからだ。（オルテガ 1985、八八頁）

二〇一一年三月一一日午後二時四六分時点の福島第一原発には、なぜ「人さし指を唇にあてた」歩哨がいなかったのか。なぜ経営トップは有能な歩哨を配する決定をしていなかったのか。

国会事故調報告は、原発技術の専門家でない人々が中心となって進められたところが常に批判されてきたが、非専門家による調査だからこそ、国民の前に原発事故の本質が浮かび上がった側面も否めない。むしろ、非専門家ならではの常識的判断によってもっと本質に迫れたはずだと思う点も少なくない。若いスタッフたちが意欲的に取り組めば取り組むほど、事故現場、東電本社、政府、規制当局などの調査対象に対する適度な距離感を失い、同情や共感、逆に反感や嫌悪をあらわにして、客観的な記述が危うくなる局面が随所に見られる。

「官邸政治家」という奇妙な用語を乱発して前首相の行動を執拗に批判する記述には辟易（へきえき）した。内閣が原子力災害対策特別措置法（原災法）の定める手続きに違反したことを淡々と指摘すればそれでよい。前首相の個性など、事態の本質ではない。

「官邸政治家」への執拗な批判の直後には「政府関係者が寝食を忘れて対応したことには深い敬意を払わなければならない」という文言に出くわすが、公的報告書で読み手に共感を強いることが必要なのか。

執筆者たちの事故現場の人々に対する感情移入も著しい。「ベントラインを円滑に構成し遂行することができなかったことを短絡的に批判すべきでない」「気概のある運転員の勇気と行動に支えられ、危機にあった原子炉が冷温停止にまで導かれた事実は特筆すべきである」という記述も、情緒だけが先行している。事故調報告書の執筆者は、個々人の責任をいたずらに追及してはならないが、当事者を免罪する権限もないのである。

（7）本エッセイは、二〇一二年九月二日付け『日経ヴェリタス』に寄稿したものである。

先に述べたように、本報告書には非専門家ならではの発想を感じさせる部分も多い。「想定外の津波が主因」という専門家の解釈にこだわらず「津波ばかりでなく、地震自体も事故の背景かもしれない」という視点が調査する側にあったからこそ、「福島第一原発施設は、地震や津波に対して耐力があったのか」を多角的に考察できた。

特に、二〇一一年三月一一日当時の福島第一原発の耐震性は、二〇〇六年に改定された原発施設耐震設計審査指針の求める水準にはるかに及ばなかったことを明らかにしているところは、本報告書の白眉であろう。しかし、その後がいけない。「今回のようにシビアアクシデント対策がない場合、全電源喪失状態に陥った際に、現場で打てる手は極めて限られていることが検証された」と評価しているが、そのように簡単にいいのけてよいものだろうか。

原発施設が地震や津波に脆弱な状態にあったことを、東電や規制当局が認識したうえで、なお、そうした原発施設で収益事業を営んでいたのであれば、本来あるべき施設状態と実際の施設状態の格差について、経営の指示のもとに現場でそのギャップを埋め合わすことができるようにするのが危機管理の鉄則である。

こうした危機管理の鉄則は「建前として安全基準を満たしていると説明できる」とか、「法的には新しい耐震指針に従う必要がない」とかという形式的なレベルの問題ではなく、実質の問題なのである。所長以下の現場幹部は、過酷事故への想像力をあらかじめ十分に培っておくとともに、いざとなれば、現場の人々に日ごろから蓄えてきた知見のもとに的確な指示を出せるようにしておくことが、「現場を預かる」という内実であろう。

報告書によると、原子炉等規制法では原子炉ごとに原子炉主任技術者（炉主任）を配することが原則だったのに、事故当時、福島第一原発では二人の炉主任で六つの原子炉を兼担していた。たった二人の炉主任が一号炉から四号炉を担当していたのである。

事故調参与の木村逸郎は、事故調懇親会で「原子炉ごとに固有の癖がある。一人一炉でなければ、現場で炉への愛着が培われず、安全運転は到底無理」と話していた。要するに「人さし指を唇にあてた」歩哨がいなかった。3-2節で見てきた徴候ベース手順書も、その遵守が原子炉等規制法の保安規定で求められていた。炉主任の未充足も、徴候ベース手順書からの逸脱も、原発事業者が原子炉等規制法に忠実でなかったことが根っこにある。こうした運転体制の不備こそ、原発危機の真の原因でないか。

5　金融危機――単純化される「危機」（専門家と市場の間で）

5-1　リーマン級に備えよ！

5-1-1　世界金融危機をめぐる〈領域〉

本章と第6章では、金融危機や財政危機のような経済危機を対象としていく。したがって、「社会」に対する「科学」という場合、社会科学の一分野である経済学が主に念頭に置かれることになる。

本章では、日本語で「リーマン・ショック」と呼ばれる二〇〇八年九月に世界の金融市場を襲った金融危機をめぐって、今でもそのリスクがあまりに饒舌に、時には表層的に語られ続けてきた私たちの社会のありようについて考えてみたい。

たとえば、二〇一六年五月下旬に開催された伊勢志摩サミットで議論されていたこととあまり関係のないところで、「リーマン・ショック前後」の状況が現在の状況に似ていることが「リーマン前夜」に酷似していると翻案されて、あたかも「リーマン級のリスク」が差し迫っているかのようなフワッとした考え方（ロジカルなものというよりも、レトリカルなものといってよいかもしれない…）がみるみるうちに私たちの社会に広がった。そのことが消費税増税の再延期という大胆な政策対応を支持する雰囲気を何となく醸し出した。

しかし、こうした曖昧さと大胆さばかりが目立つ〈危機の領域〉をズームアウトして眺めてみると、私たちの社会のチグハグさや（言葉が適切でないかもしれないが）滑稽さが浮かび上がってくるようにも思う。

一方、二〇〇七年半ばから始まり、二〇〇八年九月の「リーマン・ショック」も一連の流れに含まれる世界金融危機については、危機の前にも、危機の真只中にも、危機の後にも、世界のいくつもの〈危機の領域〉において危機を哲学しようとする真剣な営為が静かに、そして永続的に試みられてきた。

二〇〇六年夏ごろまでには、さまざまな経済指標を一心不乱に観察し、危機の予兆を探り当てようとした作業が、決して広い範囲ではなかったものの試みられてきた。また、危機の後にも、金融危機を予測できなかった理由や金融危機を引き起こした原因を解明しようとする真剣な営みが、今度はずっと広い範囲で継続されてきた。一方では、金融危機の回避策をめぐって、真剣さがいきすぎて無理を重ねてしまうようなことも起きた。

本章全体では、そのようにして世界金融危機の総体を真剣に哲学しようとする〈危機の領域〉が、もしかすると私たちの社会から致命的に欠落していて、それがゆえに、世界金融危機後の私たちの社会は、

「リーマン・ショック」というたったひとつの言葉に象徴される得体のしれない「危機」に翻弄されてきたさまを、黒の濃淡しか出せない筆であるけれども、そんな筆で一生懸命に描いてみたい。

5-1-2 「リーマン前後」から「リーマン前夜」への怪…

二〇一六年五月二六日に開かれた伊勢志摩サミットの首脳会合で首相の安倍晋三が「現在の世界経済が二〇〇八年九月のリーマン・ショック前夜の状況と似ている」と発言したというニュースは、翌日にかけていくつものメディアを通じて報じられた。多くの人々はそのニュースに強い関心を寄せた。

安倍首相は、さまざまな機会をとらえて「リーマン・ショックや大震災のような事態が起きない限り、消費税の再増税を延期しない考えに変わりはない」（二〇一六年三月二日の参議院予算委員会）と述べてきたことから、いよいよ消費税増税再延期の地ならしを始めたのではないかという憶測が持たれたのである。

なお、日本語でいう「リーマン・ショック」は、二〇〇八年九月一五日に米国の大手投資銀行（日本でいうと証券会社）であるリーマン・ブラザーズが破綻して世界の金融市場が大混乱に陥った事態を指している。後に議論するように、英語圏のメディアではリーマン・ブラザーズの破綻を含む世界金融危機をリーマン・ショックと呼ぶことはあまりない。

本題に戻って、二〇一六年五月二六日から二七日にかけての報道を丁寧に追っていくと意外な事実にぶつかる。

先のニュースを早い段階で伝えたのは日本経済新聞であった。五月二六日一五時四二分に配信された報道によると、安倍首相はサミットの第一セッションで**図5-1**のグラフを持ち出して「リーマン級の

図５－１　国際商品価格（2005年＝100）

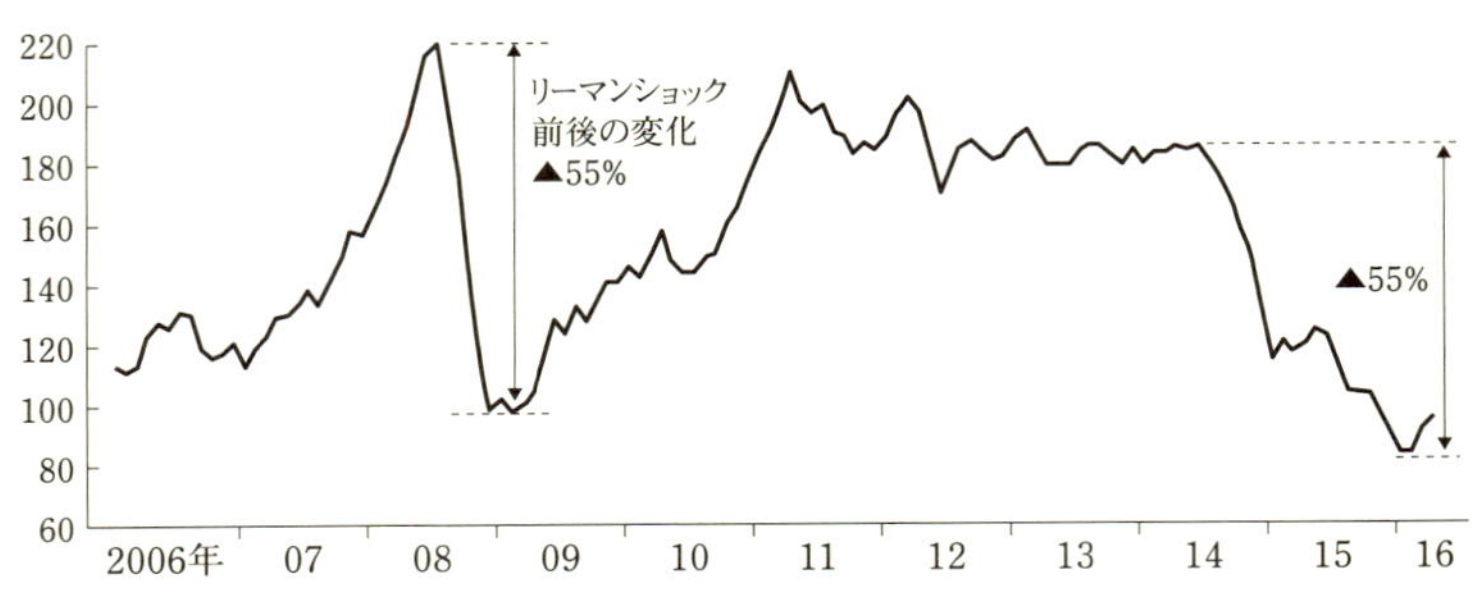

資料：IMF Primary Commodity Price.
出所：2016年５月26日15時24分配信の『日本経済新聞』より。

経済危機再燃を警戒」したとされている。そのグラフにはエネルギー・食料・素材など国際商品価格の推移が示されていて、最近の動向が「リーマン・ショック前後での下落幅である五五％と同じ」（傍線は筆者、以下同じ）ということが主張の根拠のひとつとなったようである。

五月二六日に配信されたロイター電でも、同様に国際商品価格が「二〇一四年以降五五％下落しており、リーマン・ショック前後と同様」とするデータを各国に提示したと伝えている。

日本経済新聞やロイター電が報じた内容によると、安倍首相は「リーマン・ショック前夜」ではなく「リーマン・ショック前後」の状況と現在の経済状況を比較した。[1] 図５－１のデータは、ＩＭＦ（国際通貨基金）のウェブサイトから簡単にダウンロードすることができるが、報じられた内容には間違いがなかった。

エネルギー、食料、素材などの国際商品価格は、リーマン・ブラザーズが破綻した二〇〇八年九月をはさんで二〇〇八年七月から二〇〇九年二月にかけて二二〇・〇から九八・

二へ五五・四%低下している。注意してほしいのであるが、二〇〇八年九月の価格が一九六・六なので、リーマン・ショック前の下落幅が四三・四であったのに対してリーマン・ショック後の下落幅は七八・四であって、後者が前者を大きく上回った。

一方、近年の国際商品価格は、原油価格の下落を主因として二〇一四年六月から二〇一六年一月にかけて一八五・二から八三・二へと五五・一%下落している。

これらのデータを素直に読む限り、近年の世界経済は主としてリーマン・ショック後に生じた国際価格下落幅を経験してきたということになる。仮に国際価格下落を「危機」の典型的な現象とするのであれば、最近の世界経済はすでに「危機」に陥っていることになるが、もちろん、そうした解釈は無謀すぎる。二〇一四年半ばから二〇一六年初めまでの国際商品価格の低下は、世界金融危機のころのように一次産品への需要が著しく低迷したからではなく、産油国の減産合意の失敗や米国のシェールガス開発で原油市場が供給過剰となったからである。こうしたデータが語るところでは、現在の世界経済が「リーマン・ショックの前夜」にあるという証左にならない。

先の報道によると、安倍首相は、最近の新興国の経済指標（設備投資増加率、輸入増加率、ＧＤＰ成長率）や新興国への資金流入がリーマン・ショック後に相当する水準まで落ち込んでいることもサミットの会合で指摘したとされる。ここでも、現在の経済とリーマン・ショック後の経済の比較であって、リーマン・ショックの予兆として新興国の経済指標を取り扱っていたわけではない。

（1） http://www.imf.org/external/np/res/commod/index.aspx

しかし、日本経済新聞が翌二七日未明（午前一時三六分）に配信した記事には、次のような文章が含まれていた。

首相の「危機」へのこだわりには並々ならぬものがある。討議では商品価格や新興国経済に関する指標を並べた四ページの資料も配布。いずれのページにも「リーマン・ショック」という単語を盛り込み、「リーマン前と状況が似ている」と指摘した。

この記事では、「リーマン前後」や「リーマン後」が「リーマン前」にいつの間にか置きかわったのである。朝日新聞、毎日新聞、読売新聞、産経新聞なども、五月二七日から二八日にかけて「安倍首相がサミットの討議の場で『世界経済はリーマン・ショック前夜に似ている』との景気認識をもとに財政政策などの強化を呼びかけた」と報じていた。

五月二七日の新聞各紙によると、安倍首相はサミットの討議の場で「リーマン・ショック直前の洞爺湖サミット（二〇〇八年七月七日から九日に開催）で危機の発生を防ぐことができなかった。その轍は踏みたくない。世界経済は分岐点にある。政策対応を誤ると、危機に陥るリスクがあるのは認識しておかなければならない」と発言した。

それにしても非常に不思議な経緯であった。

サミットでの議事は公表されないので、安倍首相と各国首脳の間で実際にどのようなことが話し合われたのかを確認しようがない。ただし、五月二七日に議長としてサミットを締めくくった首相会見では、サミットの討議内容が示唆されている。少し長くなるが、引用してみる。なお、会見内容は、首相官邸のウェブサイト[2]の会見記録から引用している。

最大のテーマは、世界経済でありました。

株式市場の下落により、世界では、この一年足らずの間に一五〇〇兆円を超える資産が失われました。足元では幾分か回復し、小康状態を保っていますが、不透明さは依然残っており、世界的に市場が動揺しています。

それは何故か。最大のリスクは、新興国経済に「陰り」が見え始めていることです。

今世紀に入り、世界経済を牽引してきたのは、成長の活力あふれる新興国経済です。リーマン・ショックによる経済危機が世界を覆っていた時も、景気回復をリードしたのは、堅調な新興国の成長。いわば、世界経済の「機関車」でありました。しかし、その新興国経済が、この一年ほどで、急速に減速している現実があります。

原油を始め、鉄などの素材、農産品も含めた商品価格が、一年余りで、五割以上、下落しました。これは、リーマン・ショック時の下落幅に匹敵し、資源国を始め、農業や素材産業に依存している新興国の経済に、大きな打撃を与えています。

成長の糧である投資も、減少しています。昨年、新興国における投資の伸び率は、リーマン・シ

(2) https://www.kantei.go.jp/jp/97_abe/statement/2016/index.html

ョックの時よりも低い水準にまで落ち込みました。新興国への資金流入がマイナスとなったのも、リーマン・ショック後、初めての出来事であります。

さらに、中国における過剰設備や不良債権の拡大など、新興国では構造的な課題への「対応の遅れ」が指摘されており、状況の更なる悪化も懸念されています。

こうした事情を背景に、世界経済の成長率は昨年、リーマン・ショック以来、最低を記録しました。今年の見通しも、どんどん下方修正されています。

先進国経済は、ここ数年、慢性的な需要不足によって、デフレ圧力に苦しんできましたが、これに、新興国の経済の減速が重なったことで、世界的に需要が、大きく低迷しています。

最も懸念されることは、世界経済の「収縮」であります。

世界の貿易額は、二〇一四年後半から下落に転じ、二〇%近く減少。リーマン・ショック以来の落ち込みです。中国の輸入額は、昨年一四%減りましたが、今年に入っても、更に一二%減少しており、世界的な需要の低迷が長期化するリスクをはらんでいます。


首相会見のどこにも、「世界経済がリーマン前夜にある」ことを示唆するような言葉はない。むしろ、現在の世界経済ですでに起きてしまったことがリーマン・ショック後の状況に類似していることを指摘しているが、だからといって、世界経済が「危機」前夜にある、あるいは、「危機」の真只中にあると主張していたわけではなかった。

それにもかかわらず、あいまいな「危機」の状況把握の後に次のような文章が続くと、聴くほうとしては、何となく大胆に「危機」に備えなくてはならないという不思議な気分になってしまう。

現状をただ「悲観」していても、問題は解決しません。私が議長として、今回のサミットで、最も時間を割いて経済問題を議論したのは、「悲観」するためではありません。

しかし、私たちは、今そこにある「リスク」を客観的に正しく認識しなければならない。リスクの認識を共有しなければ、共に力を合わせて問題を解決することはできません。

ここで、もし対応を誤れば、世界経済が、通常の景気循環を超えて「危機」に陥る、大きなリスクに直面している。私たちG7は、その認識を共有し、強い危機感を共有しました。

そして、新興国経済に弱さが見られる今こそ、G7がその責任を果たさなければならない。G7で協調して、金融政策、財政政策、そして構造政策を進め、「三本の矢」を放っていく。そのことを合意いたしました。アベノミクスを世界で展開してまいります。

伊勢志摩サミット後の六月一日に行われた消費税増税再延期に関する首相会見でも、これまで見てきたようにあいまいに定義された「危機」や「リスク」が醸し出す雰囲気のままに、消費税増税再延期を含む経済政策で「危機」に大胆に立ち向かうことが宣言された。

こうした世界経済が直面するリスクについて、G7のリーダーたちと伊勢志摩サミットで率直に話し合いました。その結果、「新たに危機に陥ることを回避するため」、「適時に全ての政策対応を行う」ことで合意し、首脳宣言に明記されました。
私たちが現在直面しているリスクは、リーマン・ショックのような金融不安とは全く異なります。しかし、私たちは、あの経験から学ばなければなりません。（中略）
「リスク」には備えなければならない。今そこにある「リスク」を正しく認識し、「危機」に陥ることを回避するため、しっかりと手を打つべきだと考えます。
今般のG7による合意、共通のリスク認識の下に、日本として構造改革の加速や財政出動など、あらゆる政策を総動員してまいります。そうした中で、内需を腰折れさせかねない消費税率の引上げは延期すべきである。そう判断いたしました。

「私たちが現在直面しているリスクは、リーマン・ショックのような金融不安とは全く異なります。しかし、私たちは、あの経験から学ばなければなりません」という二つのセンテンスが間にはさまれると、聴いているほうはかえって「私たちが現在直面しているリスク」とリーマン・ショックを知らず知らずに結びつけてしまうのかもしれない。

右の首相会見の前々日五月三〇日に民進党の長妻昭衆議院議員は、「現在の世界経済は、リーマン・ショック直前のような危機にある、と政府は考えているのか、明確にお示し願いたい」と質問主意書を衆議院に提出した。六月七日に安倍首相は「伊勢志摩サミット及びサミットの議長として行った記者会見において、御指摘の『世界経済はリーマン・ショック前に似ている』との発言は行っていない」という答弁書を大島理森衆議院議長に提出している。

安倍首相の答弁書には嘘がまったくなかったのだと思う。サミットの会合で「リーマン・ショック前夜の状況」ということは決して話し合われなかったのであろう。

「現在の世界経済がリーマン・ショック前夜にある」という認識は、私たちの社会がメディアも含めて伊勢志摩サミットの外側で勝手に幻想してしまったようである。そうして幻想された「危機」への対応が消費税増税再延期というきわめて大胆なものであったことは記憶しておくべきであろう。

なお、消費税増税再延期については、6-1節であらためて議論していきたい。

5-1-3 日本経済にとっての「リーマン・ショック」

先ほど、英語メディアでは、リーマン・ショックという用語はほとんど用いられないと述べた。仮に二〇〇八年九月一五日のリーマン・ブラザーズの破綻をいうのであれば、the collapse of Lehman Brothers といわれる。一方、リーマン・ブラザーズの破綻を含めて二〇〇七年半ばから世界的に進行していた金融危機全体を指すのであれば、the global financial crisis、あるいは、年号を明確にするのであれば、the financial crisis of 2007-2008 といわれることがほとんどである。本章では、前者の意味（リーマン・ブラザーズの破綻）で依然として「リーマン・ショック」という言葉を用い、後者の意味（一連の金融危機の総体）では「世界金融危機」という言葉を用いていく。

おそらく伊勢志摩サミットに参加した首脳たちは、安倍首相が二〇〇八年九月のリーマン・ブラザーズの破綻を起点として、その前後の経済状況に着目する発想に戸惑ったのではないであろうか。

日本経済も含めてほとんどの国では、リーマン・ブラザーズ破綻以前から金融危機がすでに進行していた。まずは、当時の日本経済を見てみよう。図5-2は、代表的な株価指標である日経平均の推移を描いている。なお、本章で用いているグラフは、比較的長めの期間をとって、できる限り米国経済の指標も含めている。読者には、現在の日本経済を長い時間の流れの中で、彼我の比較にも目配りして振り返ってほしいと思うからである。私たちのメモリーは結構頼りないものなのである。

その図5-2によると、日経平均は二〇〇七年六月末に一万八一三八円でピークとなった後に下落に転じている。二〇〇八年八月末に一万三〇七三円まで低下し、二〇〇九年二月末に七五六八円でボトムとなった。二〇〇七年六月末から二〇〇九年二月末までの日経平均の変化幅一万五七〇円のうち、二〇〇八年八月末までに五〇六五円下落し、そこから二〇〇九年二月末までに五五〇五円下落していた。株価下落はリーマン・ショックの一年以上前から始まっていたのである。

図5-3に描かれている実質GDP（日本経済の生産活動の指標）も、リーマン・ショック以前から低下に転じていた。実質GDPは二〇〇八年第1四半期でピークとなり、その後、リーマン・ショックのあった二〇〇八年第3四半期をはさんで二〇〇九年第1四半期までの一年間に八・七％低下した。実質GDPで見ても、リーマン・ブラザーズの破綻は、不況の引き金になったというよりも、すでに進行していた景気停滞を加速させたといったほうが正確であろう。実質GDPが二〇〇八年第1四半期の水準を回復するのは、二〇一三年第2四半期まで待たなければならなかった。

それでは、なぜ、日本経済において景気停滞や株価低迷が二〇〇七年半ばごろから始まったのであろうか。もっとも重要な要因のひとつは、それまで輸出産業主導の景気回復を支えてきた円安が円高方向に転じてきたからである。為替レートが円安から円高に転じた背景には、5-2節で詳しく見ていくよ

図5-2　日経平均とダウ平均

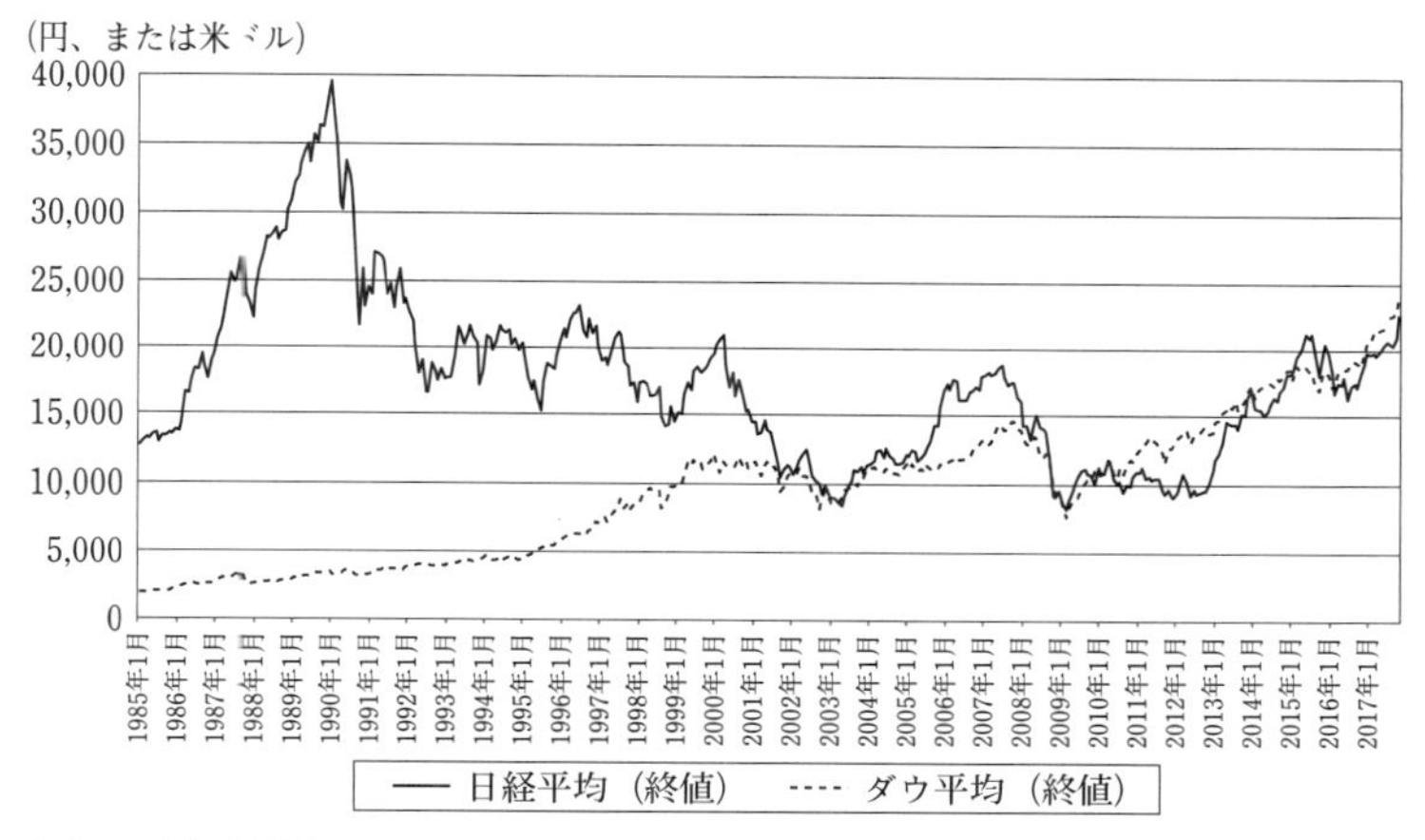

出所：日本経済新聞、S&Pダウジョーンズインデックス。

図5-3　日本と米国の実質GDP

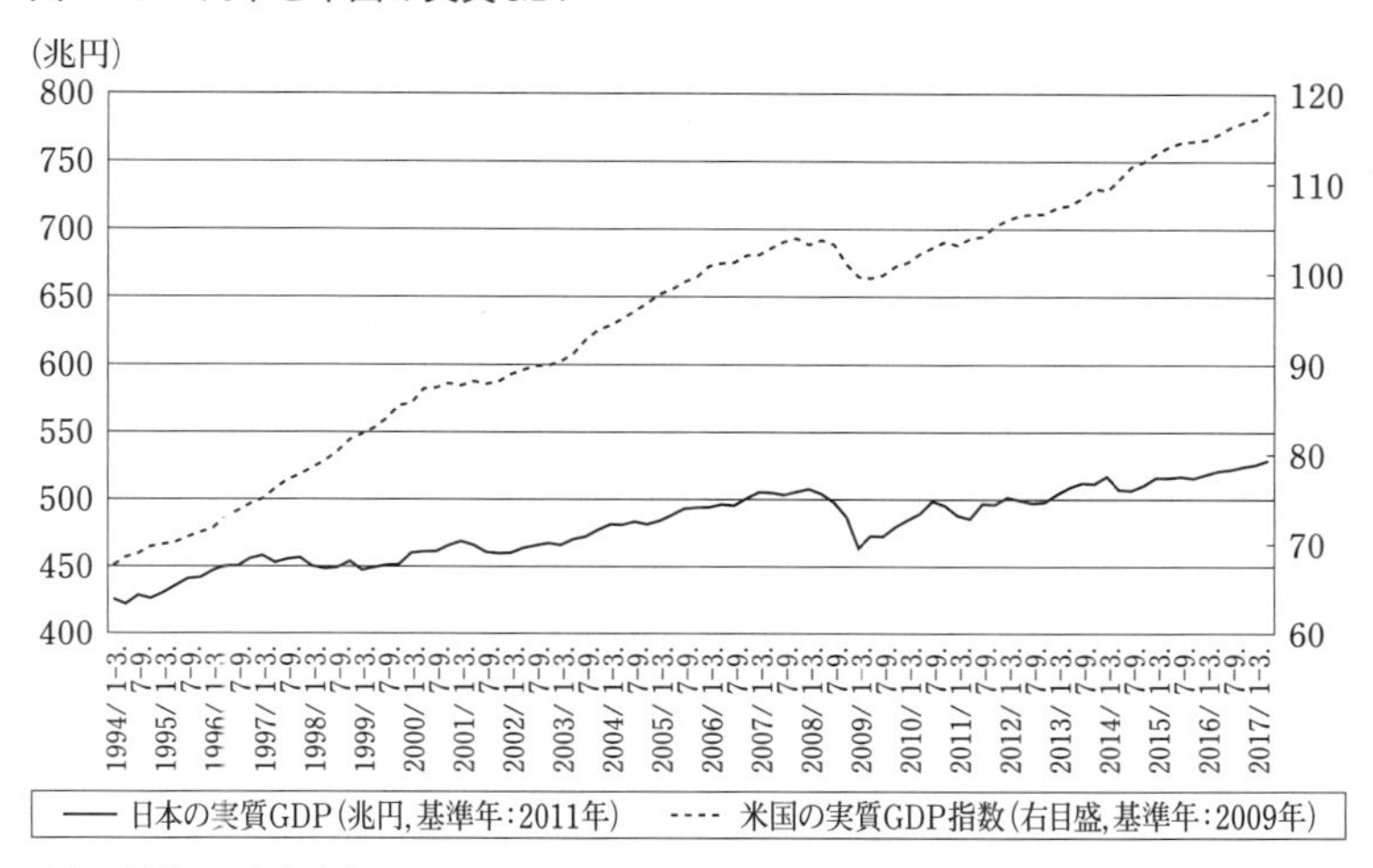

出所：内閣府、米商務省。

うに、日本国内から海外に流出していた資金が二〇〇七年半ば以降に始まった世界金融危機を契機として日本国内に再還流するようになったという事情がある。その結果、円建て資産への需要が高まり、円通貨が増価（円高）傾向を示すようになった。

ここで為替レートのことについて少し説明をしておきたい。

日常的に用いられる為替レート、たとえば、一ドル一二〇円といった円とドルの換算レートは**名目為替レート**と呼ばれている。この名目為替レートでは、インフレがマイルドな国の通貨が増価し、インフレが進行する国の通貨が減価していくので、他国に比べて物価が落ち着いている円通貨は、自然な流れとして円高傾向になる。二つの国のインフレ率の違いを反映した自然な動向を取り除いた為替レートは**実質為替レート**と呼ばれている。もし、実質為替レートが名目為替レートに比べて円安傾向（レートの上昇）を示していたとすると、インフレ率の違いに起因する自然な円高を打ち消して円安が実質的に進行していたことになる。

五年、一〇年単位で為替動向を見るときには、名目為替レートよりも実質為替レートを用いることが多い。年ごとに見ると、インフレ率の二国間の違いがわずかでも、五年、一〇年と積み重なると、その差が大きくなるからである。

さて、本題に戻ろう。

図5-4は、円／ドルの為替について名目レート（破線）と実質レート（実線）を描いたものである。実質為替レートは、二〇〇四年一月から二〇〇七年六月まで円安傾向（レートの上昇傾向）が続き、その後、円高傾向（レートの下降傾向）に転じている。実質為替レートが円高に転じたことで製造業の輸出

図5-4　円／ドルレートの名目と実質（1986年1月を基準年）

出所：日本銀行、総務省、米国労働統計局。

が主導してきた経済成長が頓挫し、日本経済は景気停滞期に入っていった。

世界金融危機で米国や欧州が経済危機に陥ったのは、5-2節で議論するように資金が国外に流出し、金融機関の破綻が相次いだことも重なって極度の資金不足に陥ったからである。一方、日本経済の停滞は、米国や欧米と対照的に資金が国内に再還流して円高になったことが主な原因であった。

これまでの議論から読者にわかってもらいたいのは、日本経済も巻き込まれた世界金融危機は、リーマン・ブラザーズの破綻といった、たったひとつの要因が引き金になったものではなく、一年以上の長い期間にわたって複雑な要因が重なり合って進行してきた経済現象であったという点である。

5-1-4　現在進行形で転換点を把握することの難しさ

ただし、世界金融危機の最中にあって、同時進行で経済状況の転換点を確認していくのは決して容易でなかったことも強調しておきたい。

内閣府が主催している景気動向指数研究会でも、二〇〇二年初から始まった景気回復のピークがはじめて議論されたのは二〇〇九年一月二九日の会合であった。その会合では、二〇〇七年一一月が景気の山と暫定的に設定された。最終的に景気のピークが二〇〇八年二月に確定したのは、二〇一一年一〇月一九日の会合であった。景気のピークを公式に確定するのに、景気が回復から停滞に転じてから三年以上の時間が経過した。

それにしても、金融危機当時の状況を客観的に振り返るだけの十分な余裕がある現在にあって、二〇〇七年半ばから二〇〇八年にかけて進行した世界金融危機を二〇〇八年九月一五日のリーマン・ブラザーズの破綻といった出来事だけに無理やり代表させて「危機」のイメージを作り上げようとした安倍首相のレトリックには、やはり問題があったのではないだろうか。

たとえていうならば、リーマン・ショックとは、すでに始まっていた戦争におけるひとつの重大な戦場であった。当時、相次いだ金融機関の破綻は、ひとつひとつが戦場であったと考えることができる。各国の金融当局や中央銀行にとって、前の戦場をいかに始末し、今の戦場にいかに対処し、次の戦場にいかに備えるのかは一大事であったにちがいない。そうした数々の戦場の流れにあったリーマン・ブラザーズの破綻前後の出来事だけをつまみ出してきて「いまだ始まっていない戦争の予兆」というのであれば、それはすこぶるミスリーディングなことであろう。

ただ、経済学を専門とする一人として私にも反省がある。

私は、当時、現在の状況を「リーマン前夜」とみなすような認識があそこまで世間に広がり、消費税増税再延期の決定と微妙に共鳴するとはまったく思っていなかった。したがって、私は公の場で何も発言しなかった。

第3章で詳しく見てきたように、ラクイラ地震前の安全宣言に関わった地震学者たちは、「群発地震は地震エネルギーを解放するので、大地震の予兆ではない」という政府見解に対して「科学的に十分に検証された見方ではない」と明示的にはいわなかった。その結果、住民たちは「エネルギーが解放されたのだから大丈夫」というわかりやすい政府のレトリックに安堵し、「群発地震が続く中にあっても、家に戻って大丈夫なのだ」という必ずしも科学的根拠のない理由で安心してしまった。

「リーマン前後」が実際の会合のコンテキストから離れて、「リーマン前夜」に何となく入れ換わってしまい、消費税増税再延期という、大胆な（もしかすると無謀な）危機対応につながった経緯を振り返るにつけ、「**言うべきことを言わない**」という消極的な行為についても、専門家はきわめて重い責任を社会に対して負っているということを改めて痛感した。

5-2　金融危機の予測と回避

5-2-1　エリザベス女王の疑問

それでは、人々が金融危機を真剣に、誠実に振り返っている、ある美しい風景を眺めてみたい(3)。

二〇〇八年一一月五日に英国の名門大学であるロンドン・スクール・オブ・エコノミクス（London School of Economics, ＬＳＥ）を訪れたエリザベス女王は、ＬＳＥの経済学者たちに向かって「そんな大変な金融危機だったのに、なぜだれも前もって気がつかなかったのですか」と疑問を発した。当時、LSEのリサーチ・ディレクターであったルイス・ガリカノは、「いつもだれかがだれかに頼っていて、だれもが、みんなが正しいことをしていると思い込んでいたからです」と答えた。女王は、そんな市場の混乱を「なんとひどいこと」と反応した。女王が個人的な感想を述べることはきわめてめずらしかった。

こうした説明だけでは女王に満足してもらえないと考えたのは、経済学者たちのほうであった。経済学者たちは翌年六月に英国アカデミーのセミナーで金融危機を予測できなかった理由を討議した。その年の夏には、LSE教授のティム・ベズリーとイングランド銀行（英国の中央銀行）の政策委員のピーター・ヘネシーが経済学者たちを代表して女王に三頁の親書を送っている。

その親書を入手したオブザーバー紙によると、①低金利で資金が借りやすかったことから債務が米国を含むいくつかの経済で積み上がってしまったこと、②債務の偏りという不均衡があるにもかかわらず「金融の魔法」でリスクを金融市場で首尾よく分散できると根拠のない希望的な観測が持たれてしまったこと、③みんなが自分のメリット（給与や報酬）だけで仕事をこなし、「結果よければすべてよし」でやってきたら、だれも監視していないところで複雑に入り込んだ不均衡が次から次に生じてしまったこと、④そうこうしているうちに二〇〇七年夏に危機が始まり、どんどん進行していってリーマン・ブラザーズの破綻でとどめを刺されたことなどが書かれていた。

親書の最後には、「金融危機の時期、程度、深刻さを予測し、危機を阻止することに失敗したのにはいろいろな理由がありますが、もっとも重要な理由は、多くの賢明な人々がシステム全体のリスクを理解する想像力が総体として欠如していたことです」と結論付けていた（傍線は筆者）。「賢明な人々」には経済学者も当然含まれているので、経済学者たちは親書で自らの非も認めたことになる。

金融危機をめぐる経済学者と女王の対話の機会は、それから三年以上経過した二〇一二年一二月一三日に再び訪れる。イングランド銀行を訪ねた女王は、同銀エコノミストのスジット・カパディアに突然呼び止められて、金融危機を予測できなかった理由について説明を受けることになった。女王は、カバディアの説明に耳を傾けた。

カバディアが「危機の前はとっても調子がよくてシティ（金融街）が慢心し、金融規制など必要ないと考えていました」というと、女王は「金融危機のことを見通しがたくて、人々に気の緩みがあったからかもしれません」と答えた。カパディアが「イングランド銀行のスタッフたちは次の危機を回避するためにここで働いています」というと、女王の夫エディンバラ公は「次の危機が来るのかね？」と聞いた。新聞記事は、エディンバラ公の「ジョーク」と書いているが、大資産家の王室にとっては、案外に真剣な質問だったのかもしれない。

女王は、金融危機の原因についても関心を持った。

カパディアは女王への説明を締めくくるにあたって、金融危機の理由として、①金融危機がそもそも滅多に起こらないイベントであるために予測が難しいこと、②人々が市場の効率性を信じ金融規制は必要ないと考えたこと、③金融システムが相互につながり合っていることが十分に理解されていなかった

（3）本小節での記述は、以下の新聞記事に基づいている。*The Daily Mail*, November 6th, 2008, *The Observer*, July 26th, 2009, and *Sky News*, December 13th, 2012.

ことの三点をあげた。

英国経済を混乱に陥れた金融危機に対する女王の持続的な探求心とともに、長い期間にわたって女王に丁寧に説明しようとする経済学者たちの誠実さについて（経済学者たちは女王を通じて国民に語りかけていたのかもしれない）、私は静かに深く感動した。

これも、危機について深く思考している〈危機の領域〉の一風景ではないであろうか。

5-2-2 なぜ、世界金融危機は予測できなかったのか？[4]

それでは、英国の経済学者と同様に世界金融危機を予測できなかった理由をあらためて考えてみよう。

(1) 住宅価格のローカルさ、ナショナルさ、グローバルさ

実は、一九九〇年代半ば以降から始まった米国都市部を中心とする住宅価格高騰が資産価格バブルでないかという見方は、二一世紀に入って米国のエコノミストの間で徐々に広がっていった。当時のエコノミストは、一九八〇年代に入って整備されてきた住宅価格データベースのうち、住宅価格に対する家賃の割合、すなわち、家賃・住宅価格比率に着目していた。仮に家賃に比べて住宅価格が高くなりすぎると、家賃・住宅価格比率は大きく低下するはずである。

実のところ、二〇〇〇年代に入ると、家賃・住宅価格比率の低下が顕著となってきた。図5-5は、平均住宅価格と家賃・住宅価格比率の推移を描いたものである。平均住宅価格は、一九九五年第4四半期の一三万三七五二ドルから早いテンポで上昇し、二〇〇七年第1四半期に二九万四七七一ドルでピー

図5-5　米国住宅市場の住宅価格と家賃

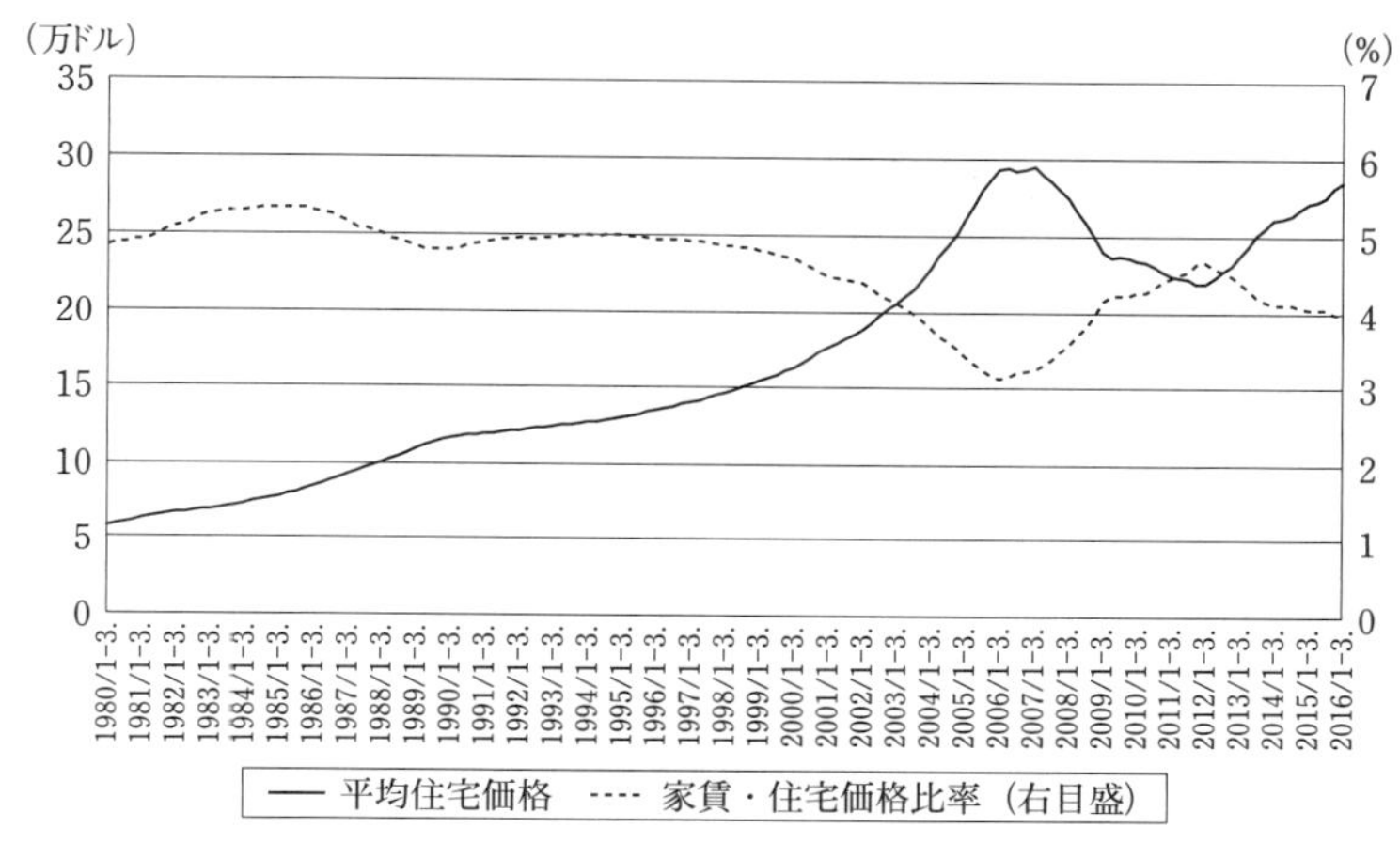

出所：リンカーン土地政策研究所（http://datatoolkits.lincolninst.edu/subcenters/land-values/)。

クとなるまで高騰し続けた。その間、それまで五%前後で安定して推移していた家賃・住宅価格比率は、一九九六年第1四半期に五%を割り込んで、二〇〇六年第1四半期には三・一%まで低下した。この推移を見る限りは、住宅価格の長期動向に照らすと、家賃に比べた住宅価格が高騰していたことになる。

なお、二〇〇七年半ばから金融危機が進行してからの動きを見ると、平均住宅価格は、二〇〇七年第1四半期のピークに比べて二〇〇八年第3四半期までに一二・二%低下し、二〇一二年第1四半期までに二五・六%下落した。一方、家賃・住宅価格比率は、二〇〇六年第1四半期から上昇に転じ、二〇一二年第1四半期に四・七%に達した。

いずれにしても、家賃・住宅価格比率の動向を見ていくと、二一世紀初頭にあって住宅価格の行き過ぎた上昇が明らかであった。ただ、多くのエコノミストは、住宅価格は地域に固有の要因が反映されたローカルな経済指標と考えていて、ナショナルなレベルの重要な経済指標として位置付けていなかった。いわんや、米国都市部の住宅価格動向からグローバルなインプリケーションが得られるとは思われていなかった。

しかし、二〇〇六年初から住宅価格が下落に転じる前の時点にあって、住宅価格の高騰が引き金となって米国経済が深刻な不況に陥る可能性を指摘していたエコノミストも少数ながらも存在していた。

二一世紀の変わり目にITバブル（情報技術関連の株式が高騰した現象）の可能性をいち早く指摘したイェール大学教授のロバート・シラーも（シラー 2001）、自らも住宅価格指数の開発に携わっていたこともあって住宅市場の異変に気づいていた。さらには、住宅価格バブルがはじけることで米国経済が不況になる可能性も指摘していた。たとえば、二〇〇六年八月三〇日付けの『ウォール・ストリート』紙にカール・ケースとともに寄稿した論説でも、そうした見方を表明していた。

ニューヨーク大学で教鞭をとっていたヌリエル・ルービーニも、住宅価格バブルの崩壊が米国経済に深刻な影響を及ぼすことを早い段階から警告していた。二〇〇六年八月三〇日付けの自らのブログにアップした「ボブ・シラーはとんでもなく鋭いやつだ！」というエッセイでは、シラーとケースの上述の論説を引きながら、住宅価格の下落が二〇〇六年中にも始まると主張していた。[5]

ところで、シラーがITバブルの存在を検証するのに用いた指標は、景気変動調整済みP／E（以下では、単にP／Eと呼ぶ）であった。この指標は、一株あたり企業収益に対して現在の株価がどの程度の水準にあるのかを示したものである。分母に実質企業収益の一〇年平均（収益は、earnings でEと略す）を、分子に実質株価の現在値（株価は、price でPと略す）をそれぞれとっているので、P／Eと呼ばれている。[6]

分母の企業収益について一〇年平均をとっているのは、数年単位で生じる景気変動の影響を取り除くためである。P／Eに冠されている「景気変動調整済み」は、こうした分母に施した調整を指している。

現時点のP／Eが上昇するということは、企業収益の長期動向に比して現在の株価が高すぎることを示している。すなわち、株式市場における資産価格バブルの生成は、P／Eの急激な上昇によって特定することができるはずである。たとえば、一九八〇年以降のP／Eの長期平均が二一・八なので、その水準を大きく上回れば資産価格バブルの証左として解釈できるであろう。

図5-6は、図5-2でも描かれていた米国の代表的な株価指標であるダウ平均について、その変化をクローズアップするために自然対数をとったものである。(7) ITバブルの生成と崩壊は、ダウ平均が二一世紀初頭に一万一千ドル前後の値をつけた後に二〇〇一年から二〇〇二年にかけて九千ドルを割り込んだ現象を指している。

図5-7に描かれたP／Eの推移を見ると、確かに、P／Eは一九九九年一二月に四四・二の高水準に達していて、長期平均の二倍以上の水準となっていた。シラーは、この観察事実をもってITバブルの崩壊を予想したのである。事実、シラーの予想を裏付けるかのように、二〇〇一年以降、P／Eは大

（4）本節で展開している内容のかなりの部分については、二〇〇八年末に脱稿した齊藤（2009）で議論している。

（5）http://www.economonitor.com/nouriel/2006/08/30/bob-shiller-is-sharply-shrilland-the-risks-of-a-housing-led-systemic-financial-crisis/

（6）家賃・住宅価格比率やP／Eについての詳しい議論は、齊藤（2010）を参照してほしい。

（7）数値を自然対数に変化すると、古い時代のダウ平均水準が低かったころの変化をクローズアップすることができる。たとえば、一万ドルと五千ドルの違いであると、そのままの水準では二倍もの違いがあるが、自然対数変換をすると九・二一〇対八・五一七となって、その差は八・一％の違いにすぎなくなる。

図5-6　日経平均とダウ平均（自然対数をとったもの）

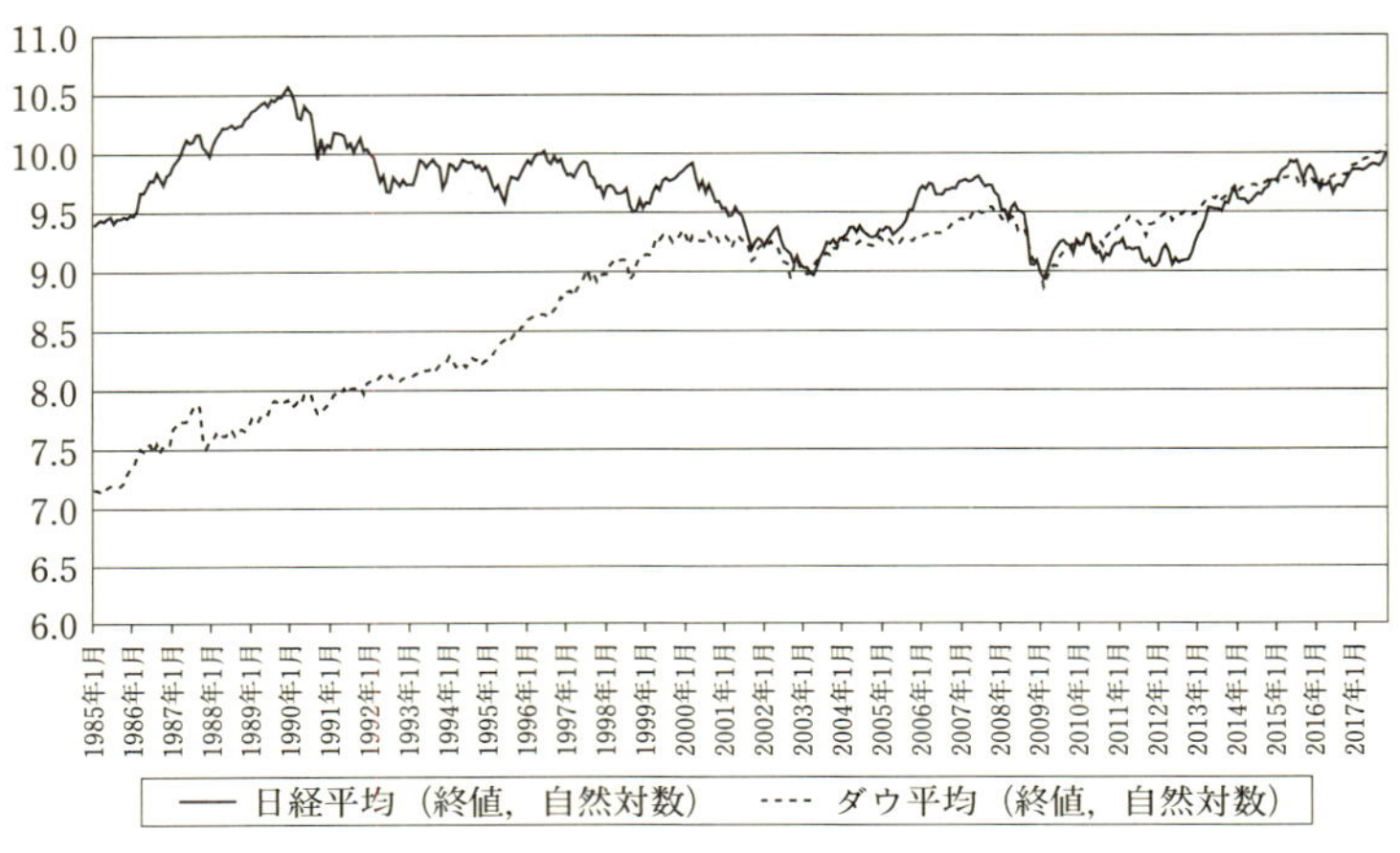

出所：日本経済新聞、S&Pダウジョーンズインデックス。

きく下落し、二〇〇一年九月に二七・七、二〇〇三年二月に二一・二まで低下した。

ＩＴバブル崩壊後は、ダウ平均が二〇〇三年一二月に一万ドル台を回復し、二〇〇七年一〇月には一万三九三〇ドルに達した。二〇〇〇年代半ばの株価はこのように堅調に推移してきたが、それでは、ＩＴバブルのときのようにＰ／Ｅの動向から資産価格バブルを明確に特定できたかというと、非常に難しい判断だったように思われる。Ｐ／Ｅは、二〇〇三年の二月の二一・二から二〇〇七年五月の二七・五まで上昇していたが、Ｐ／Ｅの長期動向に照らして明らかに高いというわけではなかった。

図5-5に描かれた家賃・住宅価格比率の場合、一九九〇年代半ばからの五％の長期動向からの乖離は容易に読み取れたが、図5-7に描かれたＰ／Ｅの場合、二一世紀初頭に大きく乱高下した後であったので、それに比べればマイルドな上昇をもって、株式市場で資産価格バブルが生じていると判断することは決して容

図5-7　景気循環調整済みP/E（ニューヨーク証券取引所）

出所：ロバート・シラーのウェブページ（http://www.econ.yale.edu/~shiller/data.htm）。

易でなかったであろう。このような住宅価格と株価の異同もあって、多数派のエコノミストの間では、あくまでローカルな市場と見られた住宅市場とナショナルなレベルで中核を担っている株式市場が別々に考えられたのかもしれない。

なお、ダウ平均も、二〇〇七年初にから始まった住宅価格下落にやや遅れて二〇〇七年一〇月から下落し、二〇〇九年二月に七千ドルのところで底を打った。P／Eも二〇〇九年三月に一三・三まで低下した。いずれにしても、住宅価格や株価の下落は、二〇〇八年九月のリーマン・ブラザーズ破綻にはるかに先行していた。

二〇〇〇年代前半は、住宅価格割高の可能性が指摘されつつも、低金利を背景として住宅市場には潤沢な資金が供給され続けた。また、住宅ローン、とりわけ、低所得者向けのサブプライムローンをパッケージとした証券化商品がグローバルな金融市場で活発に取引されることになった。その結果、住宅ローンが不履行となる信用リスクも、世界中に撒き散らされることになった。

すなわち、価格高騰が米国の都市部を中心としたローカルな現象と見られていた住宅市場は、米国経済全体の資金を吸収する場となっていたという意味でナショナルな現象となり、証券化という金融技術によって住宅ローンの信用リスクが世界中の金融市場に広がっていったという意味でグローバルな現象となった。

まさに、英国の経済学者やエコノミストが女王に説明したように、ローカルなレベルで、ナショナルなレベルで、さらにはグローバルなレベルで金融市場の間にきわめて複雑な相互依存性が生じてしまったことを、いかに賢明な人々であったとしても同時進行で見極めることが非常に難しくなっていたのである。

(2) キャリートレードで増幅された金融市場の不均衡

英国の経済学者たちが女王に送った親書にも指摘されていたグローバルなレベルでの金融市場の不均衡は、各国の金利や為替の動向に大きなずれがあったことから増幅されていった。

その中で中心的な役割を担ったのが**キャリートレード**と呼ばれる国境をまたいだ投資手法であった。キャリートレードは、「金利が相対的に高く通貨が増価する傾向にある国」(資金調達国)が、「金利が相対的に低く通貨が減価する傾向にある国」(資金供給国)から資金を調達することによって莫大な収益を稼ぎ出す投資手法である。

資金調達国は、資金供給国の低い金利の安い通貨の資金を調達して、自国の高い金利で運用し、返済

図5-8　日本、米国、英国、ユーロ圏の短期金利

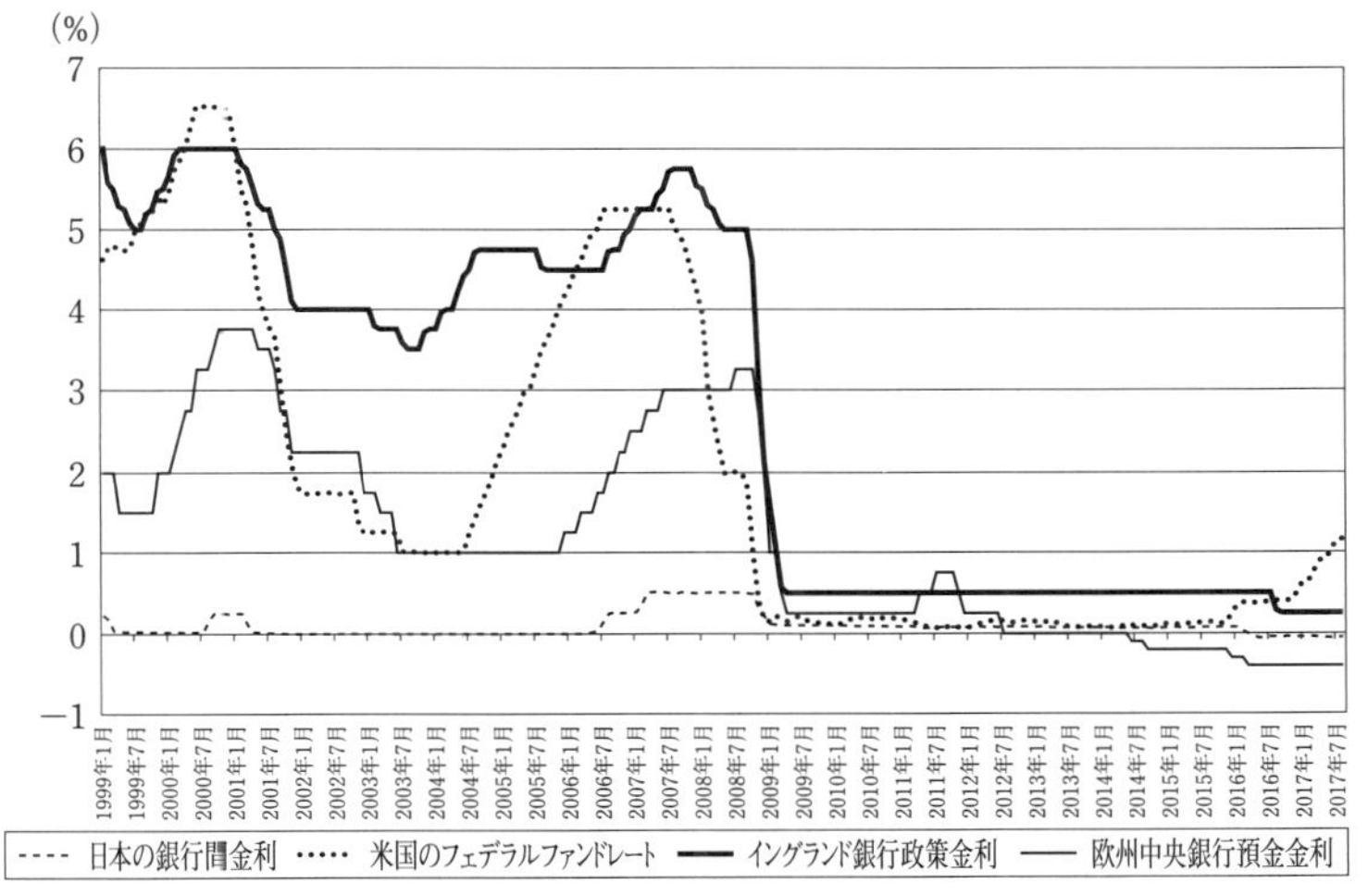

出所：日本銀行、連邦準備制度、イングランド銀行、ブンデスバンク。

の時期には増価した自国通貨を相手国の通貨に換算することでいっそう返済負担を減じることができる。

このように金利と為替に大きなずれがあるような関係が、まさに英国、ユーロ圏（統一通貨ユーロを採用している欧州の国々）、米国、日本の間で生まれたのである。図5-8が示すように、金利については、二〇〇〇年代前半に英国、米国、ユーロ圏、そして、時期も大きく遅れて、引き上げ幅も非常にマイルドに日本の順で引き上げられた。具体的には、英国が二〇〇三年一一月から、米国が二〇〇四年七月から、ユーロ圏が二〇〇五年一二月から、そして、日本が二〇〇六年七月から金利が引き上げられた。

その結果、先に引き上げられた国が資金調達国、後に引き上げられた国が資金供給国となって国際間で一方通行の資金循環が生じたのである。二国間で交互に資金調達と資金供給が同時に起きて資

金が双方向に循環するケースと異なって、一方通行の資金循環は二国間で資金の偏りを生み出してしまう。

それでは、為替のほうに眼を移してみよう。ここでも、5-1-3節で紹介した実質為替レートを用いていく。しかし、二国間の為替レートでなく、自国通貨と複数の外国通貨の平均的な交換レートである実効為替レートに着目する。実効為替レートは、通常の為替レートのように相手国通貨を基準にするのではなく、自国通貨を基準とするので、その上昇（低下）が増価（減価）を示すことになる。

図5-9の実質実効為替レートの推移が示すように、二〇〇〇年代前半、英ポンドは高止まり、ユーロは増価傾向にあって、逆に、米ドルと日本円は減価傾向となった。すなわち、為替の側面で見ると、日本や米国から英国やユーロ圏に向かって資金が一方通行で循環していたことになる。

こうして金利と為替の動向を見ると、国際間のキャリートレードにおいて、英国と日本が両極端の役割を担っていたことになる。すなわち、日本は、低金利に円安が重なって常に資金供給国の役割を担い、英国は、高金利にポンド高が重なって常に資金調達国の役割を担った。

こうした一方通行の国際的資金循環では、資金調達国サイドで資金運用に焦げ付きが発生すると、急激な巻き戻しがかかって資金循環は一挙に逆転することになる。まさに二〇〇七年に半ばに起きたのが、資金調達国サイドの運用の焦げ付きであった。とりわけ、米国住宅価格が下落に転じてからは住宅ローンの不履行が一挙に増え、サブプライムローンをはじめとした住宅ローンの証券化商品は暴落した。そうした証券化商品に投資をしていた米国、英国、ユーロ圏の投資家は莫大な損失を抱え込むことになる。

一方、常に資金供給国の役割を担っていた日本の金融機関は、一斉に資金回収にまわったことから、

図5-9　日本円、米ドル、英国ポンド、ユーロ圏の実質実効為替レート

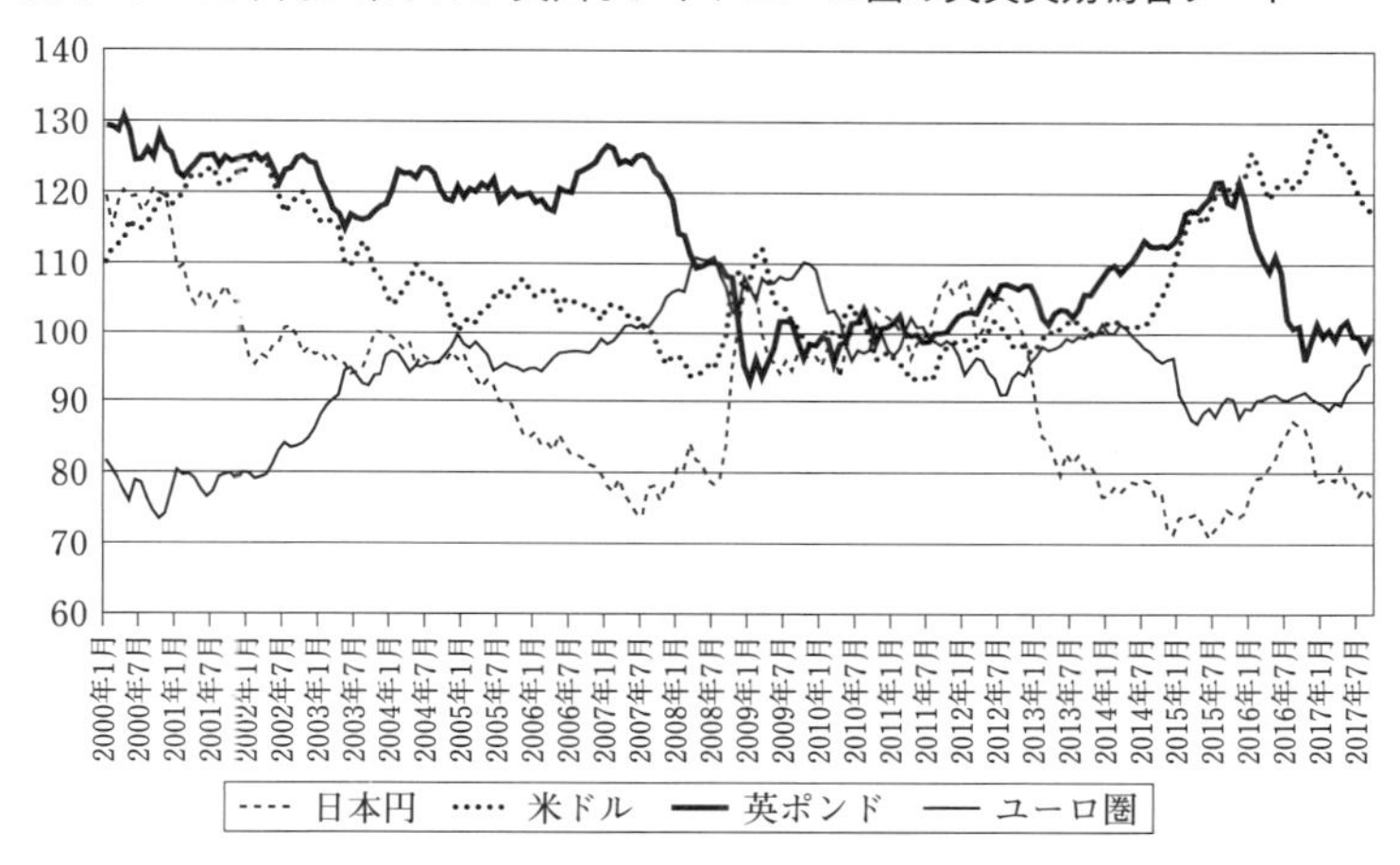

出所：国際決済銀行（https://www.bis.org/statistics/eer.htm）。

資金が日本国内に再還流した。その結果、日本円は減価から増価に転じたのである。そうして生じた円高が日本経済の景気を低迷させたことは、5-1-2節で見てきたとおりである。

二〇〇〇年代の前半、常に資金調達国の役割を担ってきた女王の国は、世界金融危機のもっとも大きな痛手を受けたわけである。女王の悩みがいかに深かったことか…

いずれにしても、このようにキャリートレードが国際間の資金循環の不均衡を生み出してきた複雑な事情を同時進行で的確に見通していた経済学者やエコノミストはほとんどいなかった。

(3) 寛大な救済への期待と落胆

それにしても、二〇〇八年九月一五日の**リーマン・ブラザーズ**の破綻がとりわけ注目を浴びてきた理由はこれまでの説明では今ひとつ見えてこない。二〇〇七年夏以降、数多くの金融機関が破綻してきたが、リー

マン・ブラザーズ破綻のどこが特別であったのであろうか。

結論を先に述べると、金融市場のプレイヤーたちは、二〇〇七年半ば以降に金融危機が進行していっても「いざとなれば、政府や中央銀行が寛大な救済をしてくれる」とたかをくっていたようなところがあった。英国の経済学者たちが女王に語ったことは、金融危機前の投資家たちの慢心であったが、実は、金融危機の真只中にあっても投資家たちに慢心があった。そのような暗黙の了解があったところに、リーマン・ブラザーズだけは、公的救済の対象とならなかったのである。そういう意味でリーマン・ブラザーズはまさに「特別」であった。

二〇〇七年半ば以降の破綻金融機関に対する公的救済の経緯を簡単に振り返っておこう（重田2008）。

二〇〇七年八月、ドイツ**IKB産業銀行**、サブプライムローン関連損失を発表。政府系金融機関が資金支援方針。

二〇〇七年八月、フランス**BNPパリバ**（総合金融機関）傘下のミューチュアルファンド、サブプライムローン問題で資産凍結。欧州中央銀行（ユーロ圏の中央銀行）、金融市場に九四八億ユーロの資金供給。

二〇〇七年九月、英国**ノーザン・ロック**（住宅ローン組合）、サブプライムローン問題で資金繰りが悪化、取り付け騒ぎ。イングランド銀行（英国の中央銀行）、救済融資発表。二〇〇八年二月に英国政府は一時国有化を決定。

二〇〇八年三月、米国**ベアー・スターンズ**（投資銀行）、事実上の破綻。連邦準備制度（米国の中央銀行）、ＪＰモルガン・チェース経由で資金支援。

二〇〇八年九月七日、米政府系金融機関の**フレディマック**（連邦住宅金融抵当公庫）と**ファニーメイ**（連邦住宅抵当公庫）が米国政府の管理下。

そうした一連の流れのなかで二〇〇八年九月一五日にリーマン・ブラザーズが主としてサブプライムローン問題で破綻した。負債総額は六一三〇億ドルに達した。リーマン・ブラザーズの破綻が市場で驚きをもって迎えられたのは、破綻前に米国政府が、破綻後に米国議会（下院）が、金融危機の元凶とされていた大手投資銀行を救済することに対する納税者の強い反感を懸念して、リーマン・ブラザーズへの公的資金注入を断乎として拒否したからである。事前にも事後にも救済されなかった巨大投資銀行リーマン・ブラザーズは、世界の金融市場を混乱に巻き込んでいった。

一方、リーマン・ブラザーズの破綻の翌日の九月一六日、米国政府と連邦準備制度[8]は、リーマン・ブラザーズへの対応ときわめて対照的に、最大手保険会社**ＡＩＧ**に救済融資を決定するとともに、政府がＡＩＧの株式の七九・九％を取得し事実上の国有化に踏み切った。

すでに深刻な金融危機が進行していたなかにあって、リーマン・ブラザーズの破綻が特別であったのは、大手金融機関の公的救済を当然視していた市場関係者の期待を見事なまでに裏切り、投資家たちを

（8）　連邦準備制度は、米国の中央銀行制度を指していて、英語では、Federal Reserve System、あるいは、ＦＲＳと呼ばれている。日常的に用いられるＦＲＢは、連邦準備理事会（Federal Reserve Board）のことを指し、ＦＲＳの中核的な役割を担っている。なお、ＦＲＳを構成している地方の連邦準備銀行も、ＦＲＢ（Federal Reserve Banks）と呼ばれている。

奈落の底に突き落としたからであった。

このような事情に接してくると、「リーマン前夜」と現在の金融市場の類似を強調すること自体、ずいぶんとおかしなことになってしまう。しかしながら、もしかすると、伊勢志摩サミットの会合に臨んだ安倍首相は、現在も人々が各国政府に対して救済期待を持っていて、政府はそうした期待を決して裏切ってはいけないということをいいたかったのかもしれない。

(4) 実体経済への甚大な影響

これまで見てきたことを踏まえると、世界金融危機の進行が日本経済や米国経済の実態に深刻な影響を及ぼしてきたことも了解できるであろう。ローカルな市場、ナショナルな市場、グローバルな市場が、進んだ金融技術や投資手法によって複雑に結びつけられたなかにあって、米国の住宅価格下落を引き金としてそれまでに蓄積してきた矛盾が一挙に顕在化して、一方通行の国際資金循環に急激な巻き戻しがかかったのであるから、それぞれの経済が混乱したのも当然であった。

図5-3に示されているように、米国の実質GDPも二〇〇七年第4四半期以降低下し、二〇〇九年第2四半期までに四・二％下落した。実質GDPが二〇〇七年第4四半期の水準を回復するのは、二〇一一年第2四半期になってからである。

金融市場と実体経済の深く複雑な結びつきという点も、実は今般の世界金融危機の新しい側面であったといえる。株価の下落程度だけを見れば、一九八七年一〇月一九日にニューヨーク証券取引所が一日で経験した株価暴落のほうがはるかに大きかった。ダウ平均は、たった一日で二二・六％下落した。のちに**ブラックマンデー**（暗黒の月曜日）と呼ばれるこの株価暴落は、一九二九年一〇月二四日の**ブラックサーズデー**（暗黒の木曜日）の一二・八％の下落を大きく上回った。一九八七年一〇月一ヶ月間の高値から安値への暴落率を見ると三九・三％に達した。

しかし、米国の実体経済のほうは、ブラックマンデーの影響をほとんど受けなかった。実質GDP指数は一九八七年、一九八八年を通じて成長が頓挫することはなかった。ブラックマンデーも、ポートフォリオインシュアランスのような進んだ金融技術が主たる要因のひとつとなっていたが、二〇〇七年から二〇〇八年の世界金融危機のように進んだ金融技術や投資手法が金融市場と実体経済を複雑に深く結びつけるようなことにはなっていなかったのである。

すなわち、一九八七年当時は、金融市場の混乱が実体経済に及ぼす度合いが非常に小さかった。こうしたブラックマンデーの教訓も、二〇〇七年から二〇〇八年にかけての世界金融危機が各国の実体経済に及ぼす影響を過小評価する要因になったのかもしれない。

5-2-3 危機回避策は万能なのか？

(1) 公的支援に対する納税者の反感

5-2節の最後には、金融危機への事後的な対応として打ち出された金融危機回避策のチグハグさについて見ていきたい。

各国の金融当局は、世界金融危機後に金融危機の回避策を提出せざるをえなくなった。米国や英国を中心として、金融危機が進行していくなかで破綻した金融機関に巨額の公的資金が投じられたことから、

「次の金融危機は絶対に起こさない」という回避策を提示しない限り、納税者や議会が納得しそうにならなかったからである。

このあたりの事情については、当時を振り返ってみる必要があるかもしれない。

たとえば、米国議会は、金融危機の原因に関わったと考えられる関係者に対して厳しく責任を追求した。連邦準備理事会（連銀）のアラン・グリンスパン前議長も、二〇〇〇年代前半の金融緩和政策と今般の金融危機との関連が問われた。政策側の最高責任者であったヘンリー・ポールソン財務長官も、ベンジャミン・バーナンキ連銀議長も、納税者である国民に対して大胆な政策決定の説明責任を果たさなければならない場面にいく度となく立たされた。

ところで、当時の日本はどうであったかであろうか。

5-2-2節の(2)で見てきたように日本経済も国際的な資金循環の偏りを生み出してきたことに関わってきたが、大勢では「日本経済は米国発金融危機の被害者である」ことを大前提とされていた。国民の側にも、政府や行政に金融危機の責任を問う雰囲気はほとんどなかった。

ただし、二〇〇八年一〇月二一日に開かれた国会では、日本銀行の副総裁候補の所信聴取で意味深長な場面があった。あまり大きく報道されなかったが、政府に候補者として指名された山口広秀日銀理事は、世界的な金融危機が起こった背景として「私どもの緩和政策がひょっとすると何がしかの影響を与えた可能性は否定できないと思っている」と発言している。婉曲な表現であるが、日本側の政策責任者が世界金融危機の原因と責任について言及した唯一であった。しかし、その後、発言が取りざたされることもなかった。

そうした事態の進展にこそ、当時の日本の政策現場の〝空気〟が象徴されていたのかもしれない。

(2) 世界金融危機後の規制強化

それにしても、これまで見てきたように金融危機の背景にはきわめて複雑な要因があったことから、ひとつの、あるいは、少数の政策手段で効果的な危機回避策を打ち出すことなど、まずは不可能であると考えるのが自然であろう。それにもかかわらず、各国の金融当局は納税者や議会に対して効果的な危機回避策を提示し、その回避策がいかに有効なのかを説明しなくてはならない立場に立たされたのである。

そうなれば、無理を通さなければならなくなるのも仕方がなかったことなのかもしれない。

以下では、金融規制の統一的なルールを作成しているバーゼル銀行監督委員会（以下、バーゼル委と略する）と呼ばれている国際的な組織が「金融機関の自己資本を充実させることで金融危機の発生確率を飛躍的に引き下げることができる」という強弁を展開していたことを振り返ってみたい。なお、金融機関の自己資本規制は、国際決済銀行（ＢＩＳ）がバーゼル委の事務局を担っていることからＢＩＳ規制と呼ばれることもある。

カジュアルな理屈の面では、自己資本強化と金融危機回避を結びつけるのはそんなに難しい話ではないのかもしれない。

個々の金融機関が自己資本を充実させれば、投資先や融資先が焦げついても、潤沢な資本によって莫大な損失を十分に吸収することができる。その結果、金融機関は金融危機への対応能力を大きく向上させることができる。こうしたインフォーマルな議論であれば、金融機関の危機対応能力の向上で金融危機の発生が抑止されると主張できたのかもしれない。

しかし、どの程度、自己資本を充実させれば、どの程度、金融危機の発生を抑えることができるのかを定量的に示すことはとても難しい。バーゼル委が二〇一〇年八月に公表した「強化された自己資本・流動性規制の長期的な経済効果に関する評価」と題された報告書（以下、単に報告書という）は、そうした困難なタスクに挑んだのである。二〇一〇年というと、バーゼル委でも新しい自己資本規制の策定に向けて精力的な作業が進められていたころである。

なお、世界金融危機後に議論されてきた新しいBIS規制は、二〇一七年一二月にようやく合意をされた。また、規制の完全な実施は、二〇二七年になることが見込まれている。実に、新しい金融規制の枠組みが完全に実施されるまでには、世界金融危機勃発後の二〇年間という途方もない長い時間を要するということになる。

(3) そんなにうまい話があるのだろうか…

報告書では、二〇〇七年から二〇〇八年の世界金融危機で各国経済が被った損失の累計は、中間的な見積もりで各国の実質GDPの六割強に達するとしている。一方、総資産（正確には資産のリスクごとにウェートをつけて計算した総資産額）に対して七％の自己資本をあてると（報告書発表当時の平均的な自己資本比率にほぼ等しい）、金融危機が「年四％から五％の発生確率となる」と推計している。「年間四％から五％の発生確率」というと若干わかりにくいが、その確率の逆数をとって、「二〇年（年間五％の逆数）から二五年（年間四％の逆数）に一度の頻度で金融危機が起きる」といえば、わかりやすいかもしれない。

この報告書が非常にユニークである点は、金融規制で課される最低限の自己資本比率を七％からさらに引き上げるると、金融危機の発生確率が大幅に引き下げられると主張しているところである。たとえば、自己資本比率が九％となると、金融危機の発生確率は年間二％弱に低下し、金融危機は五〇年（年間二％の逆数）に一度のイベントとなる。さらには、自己資本比率が一一％となると、金融危機の発生確率は年間一％に低下し、金融危機は百年（年間一％の逆数）に一度のイベントとなる。自己資本比率が一三％になると、金融危機の発生確率は実に年間〇・五％まで低下して、二百年（年間〇・五％の逆数）に一度のイベントになる。

報告書は、上述のような推計結果に基づいて、金融危機の総損失がＧＤＰの六割強に達することを前提に、自己資本比率を一三％まで引き上げることを推奨している。すなわち、自己資本比率を七％から一三％に引き上げると、「二〇年から二五年に一度」起きていた金融危機は、「二百年に一度の頻度」でしか起きなくなる。ＢＩＳ規制の強化で、まさに金融危機の脅威を封じ込めることができるのである。もしそのようなことが可能であれば、このような自己資本規制強化は、きわめてパワフルな金融危機回避策といえる。

それにしても、こんなうまい話があるのであろうか？

以下では、当該報告書のインプリケーションを標準的な資産価格決定モデル（その概要については5–3節を参照してほしい）の枠組みで吟味した齊藤（2011）の内容を紹介してみたい。

まずは、報告書が金融危機の発生確率をどのように推計しているのかを見てみよう。報告書では、一四ヶ国について、以下にあげた年を「金融危機のイベントのあった年」と特定している。すなわち、ベルギー（なし）、カナダ（一九八三年）、デンマーク（一九八七年）、フィンランド（一九九一年）、フランス（一九九四年）、ドイツ（なし）、イタリア（一九九〇年）、日本（一九九一年）、オランダ（なし）、ノルウェー（一九八七年、一九九〇年）、スペイン（なし）、スウェーデン（一九九一年）、英国（一九八四年、一九九一年、一九九五年、二〇〇七年）、米国（一九八八年、二〇〇七年）としている。

報告書では、金融危機イベントのあった年を1、そうでない年を0として金融危機の発生確率を推計するモデルが用いられている。そのモデルの説明変数には、各国の銀行部門の自己資本比率、流動性資産比率、預金調達比率、不動産価格上昇率とその階差、名目GDPに対する経常収支比率が含まれている。金融危機の発生確率は、おおむね、自己資本比率、流動性資産比率、預金調達比率などで表される銀行部門の財務健全性が劣化するほど、不動産価格が高騰し、それがピークを迎えるタイミングで、あるいは、経常収支が悪化するほど高まると推計されている。

報告書は、こうして推計された計量モデルを用いて自己資本比率水準に応じた金融危機の発生確率を推計している。先にも述べたように、自己資本比率が七％であると、金融危機発生確率が年四・六％、自己資本比率が一〇％で年一・四％に低下し、さらに自己資本比率が一三％になると年〇・五％まで低下する。

(4) 自己資本充実で株価高騰?!

右に述べた推計方法にはいくつもの問題があるが、ここでは深入りしない。とにもかくにも報告書の推計結果を尊重していこう。齊藤（2011）では、報告書で求められているそれぞれのシナリオにおいて、5-2-2節で用いた株式市場のＰ／Ｅがどのような水準で成立するのかを標準的な資産価格モデルで計算している。

なぜ、株式市場のＰ／Ｅの水準に関心を持つのかというと、金融危機のように発生頻度は低いがマクロ経済に甚大な影響を及ぼすショックは、その可能性をわずかにでも引き下げることができると、収益に対する株価が大きく上昇するからである。すなわち、金融危機の発生確率が低下すると、Ｐ／Ｅが上昇することになる。こうしたＰ／Ｅの上昇の程度が妥当なのかどうかを検討することによって、逆に報告書のシナリオの理論的な整合性を問うてみたい。

そこで、金融危機ショックの影響が甚大で実質ＧＤＰが一時的に六三％低下するケースについて、金融危機の発生確率が年四・六％（自己資本比率七％の場合）から年一・四％（同一〇％）、さらに年〇・五％（同一三％の場合）へと減少する場合にＰ／Ｅがどの程度上昇するのかを計算している。すると、Ｐ／Ｅは、三・五から八・四、さらには一五・二へと顕著に上昇する。

こうした結果はかなり驚きである。

もし報告書が推奨するように自己資本比率を七％から一三％に引き上げ、その結果、金融危機の発生確率が四・六％から〇・五％に引き下がるとすると、自己資本規制強化のアナウンスメントで株価は四倍程度（$\frac{15.2}{3.5} \approx 4.3$）に高騰することになる。しかし、このような経済学的帰結は、現実的であるとは到底考えられない。

要するに、報告書に盛られている金融危機回避策の効果はずいぶんと虫のよい話ということになる。危機回避策の効果に関する定量的な分析では、科学的な装いに隠れて、これまで見てきたような無茶を通してしまうことがしばしば起きてしまう。しかし、あまり無茶をしないというのも、〈危機の領域〉における専門家の作法なのかもしれない。

5-3 経済学から見た危機対応 危機と資産価格(9)

5-3-1 資産価格、資産利回り、そしてリスク

第3章から第5章では、危機に関わるリスクが地価や株価などの資産価格に反映する事例をいくつかあげてきた。

3-1-3節では、大阪府を南北に走る上町断層帯のリスクについて活断層が直下にある土地の価格が大きく割り引かれることを見てきた。4-4-3節では、東京都の計測した地域危険度(地震リスクを反映した指標)の変化と相対地価の変化の関係を見て、地震リスクが低くなる変化で地価が上昇し、地震リスクが高くなる変化で地価が低下することを検証した。本章の5-2-3節では、金融規制の強化で金融危機の発生確率が著しく低下すると、企業収益に対する株価が大きく上昇する可能性を理論モデルに基づいた計算によって示した。

危機のリスクが高いほど資産価格が割り引かれるという結果は、直観にかなっているように見えるが、しかし、よくよく考えてみると、わからなくなってしまう読者も決して少なくないのでないであろうか。

まずは、リスクとの関係で資産価格と利回りの違いである。右の議論では、リスクが高いほど、資産価格が低くなる。しかし、読者は、リスクとリターン（利回り）にトレードオフがあって、リスクの高い資産ほど、リターンが高いといわれていることを思い出すであろう。同じハイリスクとの関係においても、資産価格が低くなるのに、利回りは高くなるということで混同してしまう。

確かに資産価格と資産利回りの関係は厄介なのである。以下では、それらの関係を整理してみよう。

今、一〇〇円の資産Aが一年後に確実に一〇五円になるとしよう。この場合、利回りは、次のように計算して五％である。

$$\frac{105-100}{100}=0.05$$

現在の一〇〇円と一年先の一〇五円の関係は、次のような数式を念頭に置いて一年先の一〇五円を五％の率で割り引いた現在の価値は一〇〇円となるという言い方をする。

$$\frac{105}{1+0.05}=100$$

それでは、現在一〇〇円の資産Bが一年先に五〇％の確率で一一〇円となり、五〇％の確率で一〇〇円となるとしよう。この場合、一年先に半々の確率で一一〇円か一〇〇円かになる資産を五％で割り引くと、現在の価値は一〇〇円となる。すなわち資産Bの利回りは、資産Aの利回りと同じく五％となる。

（9）本節の議論では、Nakagawa et al.（2007, 2009）、Saito and Suzuki（2014）、齊藤（2007）に依拠している。

$$\frac{0.5\times110+0.5\times100}{1+0.05}=100$$

それでは、みなさんは、利回りが五％で同じ資産Aと資産Bのどちらを選択するであろうか。どちらの資産にも一〇〇円を投資すると、一年先に資産Aでは確実に一〇五円、資産Bでは平均して一〇五円を回収できる。おそらくは、どちらの利回りも五％で同じであれば、一〇五円を確実に回収できる資産Aを選択するであろう。

それでは、資産Bの利回りが五％から八％に上がればどうであろうか。資産Bの一年先の価格を八％で割り引くと、現在の価格は九七・二円となる。

$$\frac{0.5\times110+0.5\times100}{1+0.08}=97.2$$

資産Bは、資産Aよりも二・八円安く購入できて（100円－97.2円＝2.8円）、平均して一一〇円を回収できる。そうであれば、資産Bを選択するかもしれない。

この場合、リスクのある資産Bは、リスクのない資産Aに比べて、資産価格で見ると二・八円安く、利回りで見ると三％高いことになる（8％－5％＝3％）。ここにリスクの相対的に高い資産において資産価格が低く、利回りが高い関係を認めることができる。

さらにリスクの高い資産を考えてみよう。資産Cが一年先に五〇％の確率で一二〇円となり、五〇％の確率で九〇円となるとしよう。資産Cも、一年先に平均して一〇五円を回収できるが、資産Bと比較しても収益の変動が大きい。それでも、資産Cを一五％で割り引いて九一・三円の価格であれば、あるいは、資産Aや資産Bよりも資産Cが選択される可能性もあるであろう。

$$\frac{0.5\times120+0.5\times90}{1+0.15}\approx91.3$$

こうして見てくると、リスクが低い順に資産A、資産B、資産Cとなるが、利回りは五%、八%、一五%と上昇し、資産価格は一〇〇円、九七・二円、九一・三円と低下していく。すなわち、利回りはリスクとともに上昇し、資産価格はリスクとともに低下する。

資産価格や利回りの表示は、リスクのない安全資産（この場合は、資産A）を基準とすることも多い。たとえば、資産価格は、資産Bで二・八%分、資産Cで八・七%分、安全資産から割り引かれる。一方、利回りは、資産Bで三%分、資産Cで一〇%分、リスクプレミアムがついているといわれる。

5-3-2　危機のリスクと資産価格

それでも、依然として読者は納得しないかもしれない。

これまで対象としてきた地震リスクにしても、金融危機リスクにしても、一年あたりの発生確率は非常に小さく、いくら大規模な損害をもたらすとしても、そうした超低頻度のキャット事象が地価や株価に大きな影響を与えるとは考えにくいと思うかもしれない。

たとえば、地震の発生確率が年〇・一%（すなわち、千年に一度の地震）として、土地資産の物理的な価値が平時で一〇〇単位として、地震発生時で五〇単位に半減するとしよう。一方、安全資産（地震の影響を受けない資産）は、その物理的な価値が平時でも、地震発生時でも一〇〇単位とする。

表5-1　地震リスクを伴わない安全資産価格と地震リスクを伴う土地資産価格

		地震リスクを伴わない安全資産		地震リスクを伴う土地資産		リスクの有無による価格差
		平時	地震発生時	平時	地震発生時	
物理的価値		100単位	100単位	100単位	50単位	
発生確率		99.9%	0.1%	99.9%	0.1%	
ケース1	単位あたりの評価	10円／単位	10円／単位	10円／単位	10円／単位	0.5円
	資産価格	1000円		999.5円		
ケース2	単位あたりの評価	10円／単位	100円／単位	10円／単位	100円／単位	5円
	資産価格	1009円		1004円		
ケース3	単位あたりの評価	10円／単位	1000円／単位	10円／単位	1000円／単位	50円
	資産価格	1099円		1049円		
ケース4	単位あたりの評価	10円／単位	1円／単位	10円／単位	1円／単位	0.05円
	資産価格	999.1円		999.05円		

ケース1として資産の物理的価値の評価は、平時でも、地震発生時でも、一単位あたり一〇円としよう。すると、**表5-1**が示すように地震リスクを伴う土地資産価格は、

100単位×10円／単位×0.999
+50単位×10円／単位×0.001＝999.5円

と計算され、九九九・五円となる。一方、地震リスクを伴わない安全資産価格は、

100単位×10円／単位×0.999
+100単位×10円／単位×0.001＝1000円

と計算され、千円となる。

確かに、地震リスクを伴う土地資産価格は、安全資産に比べてたった〇・五円、率にして〇・〇五％しか割り引かれない。地震リスクを伴うかどうかでは、資産価格の差がほとんど生じない。

しかし、ケース1の想定には、不自然なところがないであろうか。物理的な資産の評価が平時と地震発生時で

同じことがあるのであろうか。地震が発生すると、経済全体も大きなダメージを受け、健全な資産が稀少となる。その分、物理的な資産はより高く評価されるであろう。たとえば、ケース2として、一単位あたりの価格が平時では依然として一〇円であるが、地震発生時には一〇倍の一〇〇円となるとしよう。この場合、土地資産価格は一〇〇四円となり、安全資産価格一〇〇九円から五円、率にして〇・五％割り引かれる。

さらに地震が経済全体に壊滅的な被害をもたらし、地震発生時の資産評価が一単位あたり千円に急騰するとしよう（ケース3）。この場合は、土地資産価格は一〇四九円となり、安全資産価格一〇九九円から五〇円、率にして四・五％割り引かれる。

このように見てきて明らかなように、地震や金融危機で経済全体が壊滅的な被害を受ける場合には、その発生確率がきわめて小さくても、それらのリスクを伴う資産（株式や土地）は、それらのリスクを伴わない安全資産に比べて相当程度割り引かれることになる。逆にいうと、たとえ発生確率が小さな危機であっても、その危機がきわめて大きなダメージを経済全体にもたらす場合には、株価や地価などの資産価格の（安全資産に比した）割引度合いはそうした危機の重要なシグナルとなるわけである。

ただし、以上の議論は若干、留保も必要となってくる。危機によって経済全体が継続的にダメージを受ける可能性がある場合、将来の経済停滞を反映して危機発生時の資産評価はかえって低下する場合がある。たとえば、金融危機が次から次に生じるような状況である。**表5-1**のケース4のように、危機発生時の一単位あたりの資産評価が一〇円から一円に低下すると、安全資産と土地資産の間には価格差がほとんどなくなってしまう。

Saito and Suzuki（2014）が明らかにしていることであるが、もし連続する危機が経済成長率を引き下げてしまう可能性があると、リスクを伴う資産のほうが安全資産よりも価格がかえって高くなることさえ生じる。ありえそうなケースとしては、非常に長期的な戦争が近い将来勃発することが予想されて、土地や金地金などの実物資産が高騰するような場合であろうか。

いずれにしても、土地や株式などの資産価格は、たとえ発生確率が低くても、危機の経済的なインパクトを敏感に反映するのである。

あるエピソード　商工中金の危機対応融資の顚末

商工中金は、中小企業金融を専門とする公的金融機関であるが、二〇一六年一〇月に危機対応融資という制度で不正融資をしていたことが発覚した。

そもそも危機対応融資とは、リーマン・ショックや大震災に見られるような外部的要因により一時的な危機的状況に陥った場合に中小企業に必要な資金を供給する公的な融資制度である。

たとえば、リーマン・ショックのときには、「国際的な金融秩序の混乱に伴う景況悪化により、一時的に売上の減少その他の業況の悪化を来している中小企業者等であって、中長期的には、その業況が回復し、かつ、その事業が発展することが見込まれるもの」に対する貸付制度が立ち上げられた。

この融資制度が実行されると、元本の八割までが日本政策金融公庫の補償が受けられ、年〇・二％から〇・三％の利子補給（国庫負担）が行われる。したがって、危機対応融資先の中小企業が破綻すると、補償実行額が国庫から負担されることになる。

商工中金が行った不正融資とは、危機対応融資を実行するための要件（危機要件）を満たすために、融資稟議書に添付する資料の改竄や捏造を行ったことを指している。すなわち、危機要件を満たすために売上や収益をかなり過小に見積もった。

なぜ、不正融資が生じたのであろうか。

まずは、景気が改善して危機対応の差し迫った必要性がないにもかかわらず、過大なノルマを達成するために不正融資に走ったという面が指摘されてきた。さらには、「危機」を口実に過大な予算をつけ、それを無理にでも消化するという仕組みそのものに問題があったという見方もある。

二〇一七年一〇月二六日付け『朝日新聞』朝刊によると、二〇一六年七月には、安倍晋三首相が消費税増税再延期の理由として世界経済がリスクに直面していることを強調し、その夏の参議院選挙で新たな経済対策を約束した。秋の補正予算では、「デフレ脱却・世界経済の減速」の危機対応を名目に危機対応融資制度に対して七千億円の事業拡充が認められている。

商工中金の危機対応融資制度が機能不全に陥ってしまった背景には、私たちの社会の側に「危機の濫用」という本質的な問題があるのかもしれない。

6　財政危機――「危機だから」という口実（大学教員と大学生の間で）

6‐1　消費税増税をめぐる物語

6‐1‐1　財政危機というイメージ

第5章までは、私たちの社会が環境危機や原発危機などの特定の危機にどのように対応してきたのか、さらには、どのように対応すべきなのかを論じてきた。本章では、私たちの社会がさまざまな危機に対応しているうちに、財政危機という新たな〈危機の領域〉に迷い込んでしまった状況を考えていきたい。

一九九〇年代半ば以降、さまざまな危機対応やいくたびもの危機の後始末に巨額の財政資金が投じられ、あるいは、「今は危機だから」が口実となって財政支出の削減や増税が先延ばしにされてきた。その結果、中央と地方の公的債務が日本経済の名目規模（名目GDP）の約二倍の水準にまで積み上がってしまった。こうした事態によって日本政府が近い将来、債務を返済できないという意味で財政破綻に陥るのではないかという懸念も高まってきている。財政危機とは、政府が財政破綻するかもしれない可能性を指している。

それにしても、財政危機の可能性を明確にイメージするのはとても難しい。

第一に、どの程度の時間フレームワークで財政危機を考えればよいのかが自明でない。たとえば、消費税増税は財政再建の最も重要な政策ツールのひとつとして位置付けられてきたが、その政策手段をめぐる政治情勢は目まぐるしく変化してきた。

安倍晋三首相は、二〇一四年一一月に景気への懸念から消費税増税（税率八%から一〇%への引き上げ）の延期を決定し、二〇一六年六月に経済危機の回避を名分として同増税の再延期を決断した。さらに首相は、二〇一七年九月には、二〇一九年一〇月の消費税増税の使途を年金や医療だけでなく教育にも充当することを決定した。このような経緯を見てくると、消費税増税という政策は、きわめて短期的な政治的配慮から、国会や内閣の討議を経ることなく首相の熟慮と裁量の範囲で決められる性質のもののように思えてしまう。

一方、消費税増税は恒久財源（将来にわたって税収が確保できる財源）であるからこそ、財政再建の切り札になると考えられてきた。たとえば、消費税率一%あたりで二兆円の税収にすぎなくても、一〇年で計二〇兆円、五〇年で計一〇〇兆円の税収が生み出される。消費税増税は、一〇年単位の長期で実施されてこそ、巨額な政府債務の返済原資となっていくのである。そうした長期的な政策効果を上手に発揮させようと思えば、専門家によるよほど綿密な検討と国会や政府での丁寧な議論が不可欠になってくるであろう。

一年、二年の短期的な配慮で決められる消費税増税の現実の姿と、一〇年単位の長期でこそ効果が生まれる消費税増税の本来の姿のあまりに強烈なコントラストのために、消費税増税をどのような時間フレームワークで見通すのがよいのかがわからなくなってしまう。

第二に、私たちは、財政破綻の可能性についても両極端のイメージを持っている。ひとつは、非常に悲観的なシナリオである。まさに政府が財政破綻に陥り、海外のいずれの投資家からも資金を調達できなくなる。資金繰りがつかなくなった政府は、あらゆる政府機能を停止せざるをえない。国民は教育、医療、福祉といった政府が提供してきた社会サービスをまったく受けることができなくなる。政府はどうにか資金を捻出するために日本銀行に輪転機のフル稼働を命じて紙幣を乱発させ、物価上昇率が月率五〇％（年率で約一三〇倍）を超えるようなハイパーインフレ状態となる。そのようにして国民は極度の社会混乱に巻き込まれていく。

もうひとつは、非常に楽観的なシナリオ、すなわち、財政危機など絶対に起きるはずがないという見通しである。日本経済にはすでに国内外に蓄えが多く、政府債務を維持する能力を十分に備えている。たとえば、家計が保有する金融資産に限っても二〇一七年六月末で一八三二兆円に達し、住宅ローンや消費者ローンの負債を差し引いても一五一五兆円である。一方、中央や地方の政府が抱える金融負債は一二七二兆円に達するが、政府や地方自治体が保有する金融資産を差し引けば負債は七〇八兆円まで縮小する。すなわち、家計がネットで保有する金融資産で中央や地方の政府がネットで保有する金融負債を十分にカバーできる。事実、現在でも物価は落ち着いているし、政府もゼロ近傍の水準の金利で国債を発行することができている。財政破綻が起きて社会混乱に陥るなどというのは、まったくの杞憂である。「財政危機が迫っている」といつもいっている狼少年に耳を貸す必要などない。

財政危機の見通しについても、超悲観的なシナリオと超楽観的なシナリオのあまりのコントラストに私たちは立ち尽くしてしまう。

そこで本章では、超悲観的なシナリオと超楽観的なシナリオの間にさまざまな可能性が広がっていることを明らかにしたい。

たとえば、第二次世界大戦直後の経済混乱では、日本経済がハイパーインフレ（先述のように一年で一〇〇倍以上に物価が高騰する状態）に陥ったかのようにしばしばいわれてきたが、実は一九四五年から一九五一年の六年間で物価が一〇〇倍になった（にすぎなかった…）。確かに、物価高騰は深刻であったが、第一次世界大戦直後にドイツが経験したように物価が半年で二万五千倍という状態ではなかった。すなわち、第二次世界大戦直後の日本経済も、第一次世界大戦直後のドイツ経済も同じように財政危機に直面していたが、その程度にはかなりの違いがあった。

禅問答のようになってしまうが、超楽観シナリオからも、超悲観シナリオからも距離を置きつつ、超楽観と超悲観の間にさまざまな経済状況があって、「とてつもなく悲惨」でなくても「相応に悲惨」という状況は十分に起こりうることを考えてみたい。本章では、そのようにして、危機の予測も、危機対応の効果もきわめて不確実な財政危機の「領域」に踏み込んでいこう。

6-1-2 政策決定プロセスにおける誠実さと謙虚さ

まずは、きわめて短期的な政治的配慮から指導者の熟考と決断だけで消費税増税に関わることが決められてきた最近の動向を振り返ってみよう。以下の文章は、二〇一六年六月に安倍首相が消費税増税の再延期を表明したおりに、かなり批判的なモードでしたためたものである（齊藤 2016a）。今では、なぜ自分がかくも戸惑っていたのか理解できるようになった。

今月一日（二〇一六年六月一日）の首相記者会見で最終的に表明された消費税増税再延期の決定は、消費税増税自体への賛否にかかわらず、「守るべき一線をついに越えてしまった政策決定ではないか」と困惑した人が多かったのでないだろうか。私自身も、たとえ首相といえども、それまで公式に、非公式に形成されてきた政策合意によって縛られているはずだと思っていたところに、首相が自由に振る舞うことができる裁量的領域の広大さを見せつけられた思いがした。

もちろん、そうした裁量的な意思決定がただちに違法だと主張するつもりはない。しかし、これまで地道に積み重ねられてきた政策合意に対して首相がどのような意見を持っていたとしても、まずはそれを尊重する誠実さ、そして、もしそれを変更するのであれば、まずは丁寧に説得からはじめる謙虚さが首相に求められるのでないだろうか。今、そんな思いを持って筆をとっている。

今般の消費税増税は、二〇一二年六月に民主党、自民党、公明党の幹事長会談で社会保障と税の一体改革に関する三党確認書で合意された。ただし、三党合意に基づいた税制抜本改革法には景気判断条項が含まれ、政府は、経済状況によって消費税率引き上げの施行を停止することが認められた。

消費税率は、予定どおり二〇一四年四月に五％から八％に引き上げられた。しかし、安倍首相は、二〇一四年一一月に景気判断条項に基づいて八％から一〇％の引き上げを、二〇一五年一〇月から二〇一七年四月に一年半延期することを表明した。

その際に首相は、「**再び延期することはない。ここで皆さんにはっきりとそう断言いたします。平成二九年四月の引き上げについては、景気判断条項を付すことなく確実に実施いたします**」と力強い言葉で延期の決意を語った。事実、二〇一五年度に改正された税制抜本改革法では、景気判断条項が削除された。

それでは、首相は、どのような事実をもって景気判断条項によって延期を決したのであろうか。二〇一四年第３四半期の国民総生産（ＧＤＰ）は、消費税増税延期を表明した首相記者会見の前日に発表されたが、前期比年率で一・六％減少した。二期連続のマイナス成長であった。

図6-1を用いてＧＤＰと家計消費の動きを見てみよう。消費税増税の実施では、実施前に前倒し需要が発生するので、実施直後の二〇一四年第２四半期に反動減で生産や消費が落ち込むのは自然な姿である。政策的に憂慮すべきなのは、前倒し需要が顕在化する前の二〇一二年第４四半期の水準から底割れして経済停滞が生じてしまう事態であろう。

確かに二〇一四年一一月の時点に立つと、今後、実質ＧＤＰや実質家計消費が二〇一二年第４四半期の水準を大きく下回って推移する可能性は必ずしも否定できなかったように思う。

首相の消費税増税延期の表明で際だったのは、「景気判断条項で実施停止をするのは今回一度きりである」という強い決意と、政権が展開する経済政策の成功に対するゆるぎない自信であろう。大げさな言い方になるのかもしれないが、多くの国民は、首相の決意と自信に熱い期待を寄せたのでないであろうか。

事実、ＧＤＰや家計消費は、二〇一二年第４四半期の水準から底割れするどころか、二〇一四年度後半になって堅調に推移してきた。図6-1が示すようにＧＤＰは二〇一四年第４四半期から回復し、二〇一五年第１四半期以降も高めで推移してきた。ＧＤＰの動向を見る限り、消費税増税の悪影響は実施後の半年間に

図6－1　国内総生産と家計消費の季節調整済み実質値（2012年第1四半期から2016年第1四半期）

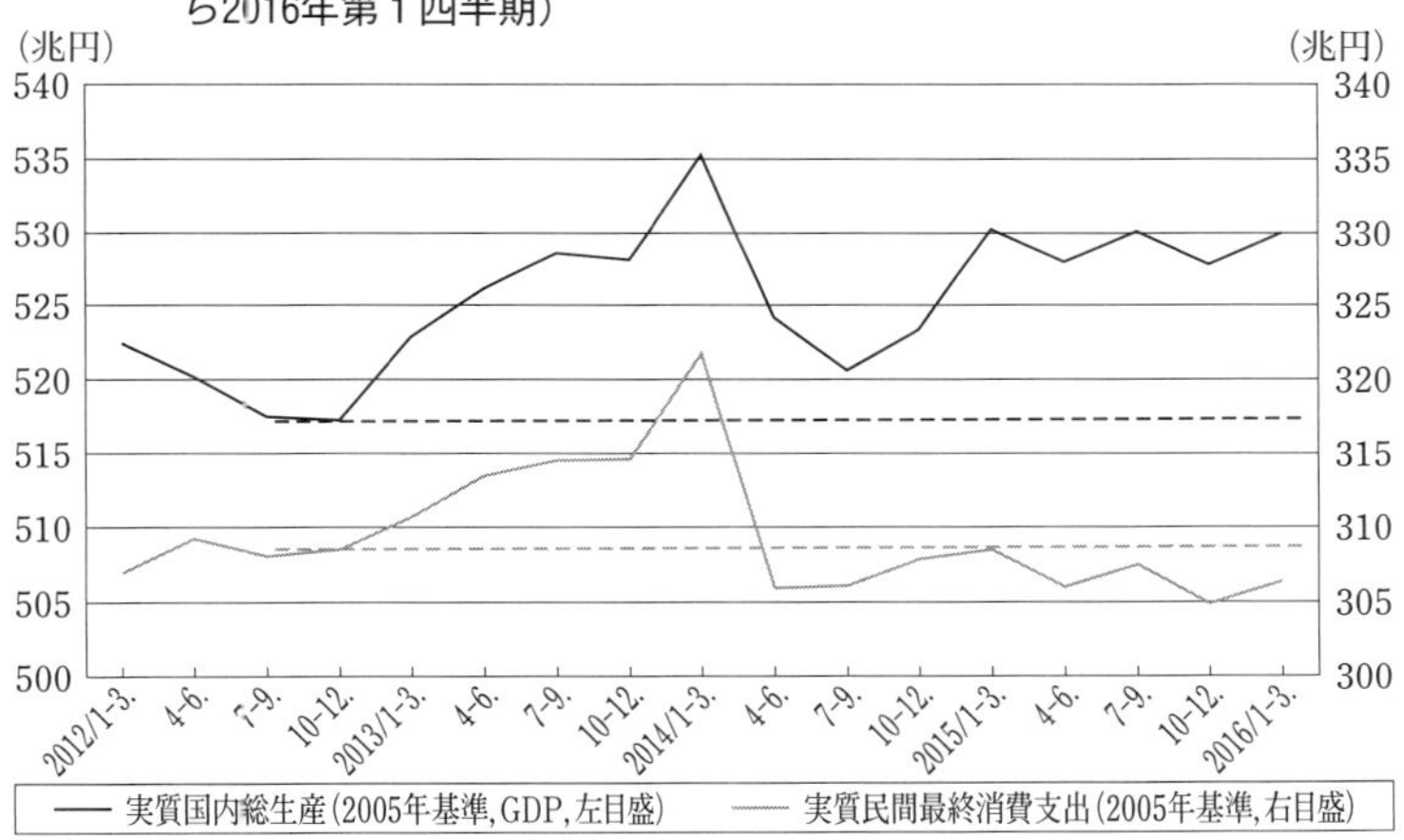

出所：内閣府。

とどまった。

家計消費は、二〇一五年第1四半期に二〇一二年第4四半期の水準に回復した。その後は、若干弱含みで推移してきたが、底割れというような状況にはなかった。確かにGDPで見た生産の回復ほどには家計消費が回復していない。ただし、生産と消費の食い違いは、労働所得よりも企業収益にパイがより多く分配された結果ではなかった。消費デフレーター（消費財の物価指数）で実質化した雇用者報酬は、実質GDP以上に回復していた。なお、二〇一四年半ばより石油などの一次産品価格が急激に低下して交易条件が改善したことが、こうした堅調な労働所得の背景にあった。

それにもかかわらず、首相は、おそらく、二〇一四年四月の消費税増税の足枷がなければ、二〇一四年度や二〇一五年度の日本経済はもっと良好な経済になったにちがいなかったという思いを募らせたのであろう。二〇一七年四月の消費税増税も、政権の経済政策の足を引っ張るものとして是が非でも忌避したかったにちがいない。

自らの経済政策を成功させたいという思いは、政治家として当然の野心であろう。しかし、だからといって、これまでの合意や自らの公約を踏みにじる自由は、民主政治の中にあって認めがたいものでないだろうか。

先にも述べたように、消費税増税の実施は、自民党が政権に復帰する前に公党間で合意し、その合意内容が立法化された。それでも、二〇一四年一一月の消費税増税延期は、景気判断条項の発動による合法的なものであった。しかし、首相は、その際に「景気判断条項による再延期はしない」と公約し、その条項も法律から削除した。すなわち、首相は、自らで自らの裁量権を縛ったのである。

常識的に考えれば、二〇一七年四月の消費税増税は、粛々と実施されるべきはずであった。しかし、政権によって、さまざまな再延期の口実が模索された。

消費税増税をめぐる政策論議では、景気判断条項がすでに削除されたにもかかわらず、「消費税による家計消費の低迷」が常に再延期の口実として通奏低音のように響いていた。

首相は、三党合意でも延期決定でもまったく考慮されていなかった「リーマン・ショック級」の経済危機や「大震災級」の自然災害の「発生」をもって消費税増税を再延期する可能性に言及するようになった。

二〇一六年四月一四日・一六日に発生した熊本地震についても、それを「大震災級」とみなそうとする動きがあった。熊本地震は決して小さな地震でなかったが、それでも、それがもたらした被害規模から見れば、東日本大震災や阪神淡路大震災とは比較しづらかった。

さらには再延期の要件として、深刻な経済危機の「発生」が、発生するかもしれない「リスク」にすり替えられるようになった。国際的な経済学者と討議する国際金融経済分析会合やG7の首脳会合では、経済危機の「リスク」が議題にあげられた（5-1節を参照のこと）。事実、再延期を表明した首相記者会見では、「**今そこにある『リスク』を正しく認識し、『危機』に陥ることを回避するため**」というのが再延期の大義名分とされた。

私は、こうした意思決定プロセスのありように、将来に禍根を残しかねないような憂慮すべき事柄がいくつも含まれているように思う。

第一に、消費税増税再延期をめぐる情勢判断について、政府内や与党内で、あるいは、国会において十分な議論が尽くされてこなかった。やや感傷的な表現になってしまうが、政権を一生懸命に支えてきた政治家や官僚が肝心要の政策課題で議論の外側に置かれていたことを知ったときの無念さを思うと切ない。

第二に、財政規律の維持が、きわめて大規模な金融緩和と財政出動の大前提であることを、首相は忘れてしまったのではないだろうか。現政権発足以降、「異次元」と称された金融緩和を推進してきた日銀も、復興予算拡大、大型補正を組み合わせた一五ヶ月予算と大胆な財政出動を展開してきた財務省も、「恒久財源としての消費税増税」を実施するための環境整備という思いが強かったにちがいない。

黒田東彦（はるひこ）日銀総裁は、二〇一六年五月末、二〇一三年一月の政府と日銀との共同声明で財政再建の推進を公約していることに言及した。黒田総裁が白川方明（まさあき）前総裁時代の共同声明をあえて引き合いに出したのは、とかく現総裁と前総裁の対照が取り沙汰されるが、財政再建が非伝統的な金融緩和の大前提であるという点で新旧総裁が完全に一致していることを如実に物語っていた。

第三に、多くの人々は、鋭い対立を回避して経済構造や財政構造の改革に取り組もうとしない首相に深い懸念を持つようになったのではないだろうか。もしかすると、G７の首脳も、同様の懸念を抱いたのかもしれない。

当然ながら利害構造に深く切り込む構造改革は、厳しい対立が不可避である。フランスでは、解雇規制緩和で大統領が労働組合と厳しく対立している[1]。イギリスでは、ＥＵ残留のために首相が懸命に闘っている。米国では、金利正常化に向けて連銀議長が金融市場との対話を辛抱強く続けている。

消費税増税もだれにも歓迎されないし、増税で国民に信を問うことなど不可能である。だからこそ、三党合意という政治手法で慎重に合意形成が進められてきた。そして、合意の実現には、経緯を尊重する誠実さや議論を尽くす謙虚さが政権に不可欠である。政治の側に誠実さと謙虚さが失われたとき、公で決して物言わぬ人々の心は、政権から、いや政治から静かに、しかし確実に離れていくであろう。

今（二〇一七年一一月の執筆時）から振り返ってみると、二〇一六年六月という時点は、世界の政治の潮流が大きく変わっていく転換点だったのかもしれないとも思えてくる。同月二三日には、英国の国民投票でEU離脱票が僅差でEU残留票を上回った。同年一一月八日の米大統領選では、バラク・オバマを継承するヒラリー・クリントンがドナルド・トランプに負けた。翌年三月一八日のフランス大統領選で当選したエマニュエル・マクロンは、労働市場改革などで苦しい状況に立たされている。

安倍首相が消費税増税再延期について国民の信を問うた二〇一六年七月一〇日の参議院選挙では、自民党と公明党の連立政権が勝利している。ただし、欧米の政治に関わる論争では激しい対立点が浮かび上がってきたが、日本の消費税増税については選挙を通じて議論が深まったということはまったくなかった。

6-1-3　二〇一六年六月の意思決定　再考

当時、安倍首相が再延期のひとつの根拠とした家計消費の低迷については、疑問を持ったエコノミストが少なくなかったように思う。確かに、首相がいうように、二〇一四年四月の消費税引き上げ以降、二〇一六年第1四半期（一月から三月まで）まで家計消費が弱含みで推移していた。しかし、実質で見たGDPや雇用者報酬は着実に回復していた。それまで家計消費が低迷してきた理由は、生産（実質GDP）が回復しても、労働所得（実質雇用者報酬）が回復しなかったからと解釈されてきたが、二〇一四年以降は、生産だけでなく労働所得も回復していた。「そうであるならば、消費がもっと伸びていたはずだ」と多くのエコノミストは考えたのである。

この疑問は、後になってある程度解決する。二〇一六年六月一日に首相の手許にあったGDP統計（国民経済計算）は二〇一六年五月一八日に公表された二〇〇五年基準のものであった。その後、内閣府は、同年一二月八日に公表したGDP統計から二〇一一年基準に切り替えた。

図6-2は、実質GDPと実質家計消費の推移について、二〇〇五年基準（破線）と二〇一一年基準（実線）を比較したものである。なお、物価水準の基準年も二〇〇五年から二〇一一年に変更しているので、生産や消費の水準は両基準で大きく異なっている。

二〇一二年第4四半期から二〇一六年第1四半期の変化率を見ると、確かに二〇〇五年基準では実質GDPが二・五％上昇していたのに、実質家計消費の変化率はマイナス〇・七％でわずかな下落であった。しかし、二〇一一年基準で見ると、実質GDPは四・一％も増加し、実質家計消費も一・〇％上昇していた。すなわち、経済全体の生産はよりいっそう力強く拡大し、家計消費も緩やかに回復していた。

もちろん、GDP統計が二〇〇五年基準から二〇一一年基準に切り替えられてマクロ経済統計の傾向

（1）正確には連邦準備制度理事会議長。

図6−2　実質GDPと実質民間最終消費の推移（2005年基準と2011年基準）

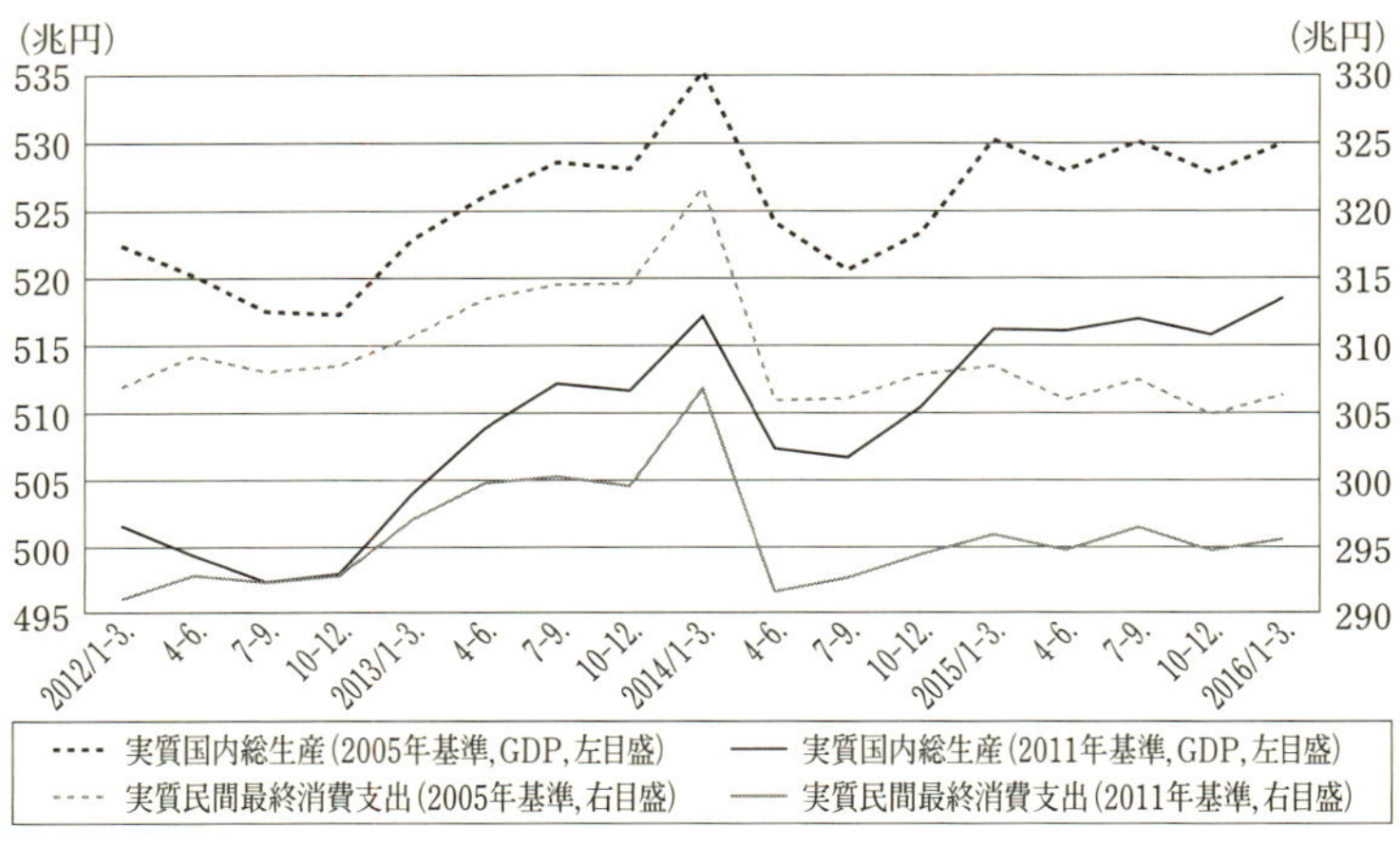

出所：内閣府。

が大きく変わったことについて、安倍首相に責任があったわけではない。しかし、消費税増税の再延期の根拠となった統計的な証拠が、決して頑健なものでなかったということは確認しておいてもよいであろう。

6-1-4　私が決断しました

それにしても、消費税増税の再延期という重要な政策決定について、国会、内閣、閣議での熟議の結果ではなく、首相一人の熟考と決断の結果であったという経緯は、きわめて印象的であった。二〇一三年一〇月一日に消費税増税を五%から八%に引き上げることを表明した首相会見でも、法律ですでに決まっていたことを実施するにもかかわらず、首相の熟考による決定であったという点が強調された(2)。

本日、私は、消費税率を法律で定められたとおり、現行の五%から八%に三%引き上げる決断をいたしました。（中略）大胆な経済対策を果断に実行し、この景気回復のチャンスをさらに確実なものにすることにより、経済再生と財政健全化は両立し得る。これが熟慮した上での私の結論です。

二〇一四年一一月一八日に一〇%への消費税増税を二〇一七年四月に延期する首相会見でも、同様に首相の熟考と決断が前面に押し出された。

本年四月より八%の消費税を国民の皆様に御負担いただいております。五%から八%へ三%の引き上げを決断したあの時から、一〇%へのさらなる引き上げを来年予定どおり一〇月に行うべきかどうか、私はずっと考えてまいりました。

確かに、有識者やブレーンの意見は聴取しているが、徹底した議論がなされたわけではなかった。国会や内閣のメンバーと消費税増税をめぐって喧喧諤諤の議論がなされたわけでもなかった。そして、首相は熟考の末に決断した。

アベノミクスの成功を確かなものとするため、本日、私は、消費税一〇%への引き上げを法定どおり来年一〇月には行わず、一八カ月延期すべきであるとの結論に至りました。

（2）首相会見は、以下の首相官邸ウェブサイトから引用している。https://www.kantei.go.jp/jp/97_abe/statement/index.html

さらには、6-1-2節でも引用した力強い決意が首相の口から語られる。

来年一〇月の引き上げを一八カ月延期し、そして一八カ月後、さらに延期するのではないかといった声があります。再び延期することはない。ここで皆さんにはっきりとそう断言いたします。平成二九年四月の引き上げについては、景気判断条項を付すことなく確実に実施いたします。三年間、三本の矢をさらに前に進めることにより、必ずやその経済状況をつくり出すことができる。私はそう決意しています。

二〇一六年六月一日の再延期の決定でも、有識者の意見には耳を傾けているが、有識者の知見と首相の判断を結びつけるロジカルなプロセスは十分に説明されることなく、首相の熟考と判断によって結論が下されている。

しかし、「リスク」には備えなければならない。今そこにある「リスク」を正しく認識し、「危機」に陥ることを回避するため、しっかりと手を打つべきだと考えます。(中略)今般のG7による合意、共通のリスク認識の下に、日本として構造改革の加速や財政出動など、あらゆる政策を総動員してまいります。そうした中で、内需を腰折れさせかねない消費税率の引上げは延期すべきである。そう判断いたしました。

ここでいう「リスク」の内実がいわゆるリーマン・ショックに代表されるような金融危機が念頭に置かれていたことは、5-1節で見てきたとおりである。
二〇一四年一一月の会見と二〇一六年六月の会見で政策判断が本質的に異なっていたことは明らかだった。しかし、首相会見を聴いた人々は、その判断の変化について「新しい判断」という言葉だけが印象に残って、説得的な説明を受けているような気がしなかった。

ですから今回、「再延期する」という私の判断は、これまでのお約束とは異なる「新しい判断」であります。「公約違反ではないか」との御批判があることも真摯に受け止めています。

国民は、首相の判断が国会、内閣、閣議における徹底的な議論でもまれることを期待していたであろうに、いきなり、それも、衆議院選挙ではなく参議院選挙で「信」を問われてしまえば戸惑うばかりだったであろう。

信なくば立たず。国民の信頼と協力なくして、政治は成り立ちません。「新しい判断」について国政選挙であるこの参議院選挙を通して、「国民の信を問いたい」と思います。

二〇一七年九月二五日の首相会見では、二〇一九年一〇月に予定されている消費税増税について使途の変更が表明されたが、首相自らの判断のみが前面に打ち出されて、十分な説明がなされないという会見パターンはまったく変わっていなかった。

人づくり革命を力強く進めていくためには、その安定財源として、再来年一〇月に予定される消費税率一〇％への引き上げによる財源を活用しなければならないと、私は判断いたしました。（中略）この消費税の使い道を私は思い切って変えたい。（中略）少子高齢化という最大の課題を克服するため、我が国の経済社会システムの大改革に挑戦する。私はそう決断いたしました。そして、子育て世代への投資を拡充するため、これまでお約束していた消費税の使い道を見直すことを、本日、決断しました。

本来であれば、税の使い道こそ、国民の負託を受けた議員が国会で真剣に議論すべきはずであったが、今度も、首相の決断について、国民の方が「信」を問われることになった。

国民の皆様とのお約束を変更し、国民生活に関わる重い決断を行う以上、速やかに国民の信を問わねばならない。そう決心いたしました。二八日に、衆議院を解散いたします。

消費税増税の実施、延期、再延期、そして使途の変更のように税と予算に関わるイシューは、本来であれば、国会が最終的な意思決定機関である事項である。それにもかかわらず、国会、政府、内閣で十分な議論がなされないままに、行政府の長の熟考と決断が国民の前に直接提出され、それについて国民の判断に委ねられるという事態は、きわめて不自然な状況といえるのでないだろうか。考えようによっては、消費税増税という政策課題が憲法改正の国民投票の予行練習とされている様相さえあった。「熟議がまったくない国会」と「熟考・判断する首相」の組み合わせは、不自然を通り越して不思議な感じさえする。

6-2 私たちは、危機で生じた途方もない借金をどのように返済してきたのか？ そして、どのように返済していくのか？

それでは、次に消費税増税の長期的な側面に焦点を当ててみよう。ここで長期とは、一〇年程度の長さではなく、一〇〇年程度の長さを念頭に置いている。以下の文章は、一橋大学国際公共政策大学院が二〇一七年四月一九日に主催した「一八歳からの国際・公共政策セミナー」で講演した記録である。なお、図表は当時のものをそのまま用いている。学生向けの講演の雰囲気を伝えるためにデス・マス調のままとし、フォントも教科書体とした。

Emma Morano is shown in Verbania, Italy, on May 14, 2016. | AFP-JIJI

WORLD

Italian Emma Morano, last known survivor of 19th century, dies at 117

AFP-JIJI, AP

ARTICLE HISTORY | APR 16, 2017

ROME – Emma Morano, an Italian woman believed to have been the oldest person alive and the last survivor of the 19th century, died Saturday at the age of 117.

出所：Japan Times，2017年４月16日掲載、AFP＝時事。

6-2-1　若い人の前で国の借金の話をするとは？

二〇一七年四月一六日付け *Japan Times* 一面に死亡記事が載りました（上の写真）。一八九九年にイタリアで生まれたエンマ・モラーノさんが一一七歳で亡くなったという記事です。モラーノさんは、一九世紀に生まれて最後まで生き延びた人です。まさに、一九世紀、二〇世紀、二一世紀という三つの世紀を生き抜いてきた人です。今日のお話は、そうした世紀の時間単位に関わることを話してみたいと思います。

今日は、「みなさん」という場合、年齢が二〇歳前後の方々を念頭に置いて話します。一九九〇年代半ばから一九九〇年代末にかけて生まれた人たちを第一の聴き手として話します。

今日のタイトルは、「私たちは、危機で生じた途方もない借金をどのように返済してきたのか？」なのですが、実は、「そして、どのように返済していくのか？」と続くのです。あまりにタイトルが長すぎるので、二番目のセンテンスは告知から外してもらいました。何でも、長すぎるのは嫌われますから。

実は、今日は、国の借金である「国債」、そして、みなさんは少し驚かれるかもしれませんが、みなさんの財布に入っているお札、やや仰々しい言い方をすると、「紙幣」も、日本銀行の借金証書ですが、こうした借金証書である国債や紙幣を「返す」ということは、どういうことなのか。そして、「返す」ことで守られている社会の大切な部分とは何なのか。さらには、「返さない」と社会は一体全体どうなるのか。そんな話をします。

そうした話をみなさんの前でするのは、実のところ、とても緊張します。国の借金が急激に膨らんだのは、一九九〇年代半ばころからで、まさにみなさんが生まれた時分からです。ですので、膨れ上がった国の借金のことについて、みなさんはまったく責任がありません。

一方、私は、すでに五〇歳代半ばを過ぎていますが、国家債務の膨れ上がっていく時期を大人として過ごしてきました。私は、経済政策に直接関わる立場にいませんでしたが、しかし、マクロ経済学や金融論を研究するものとして、経済政策にもいろいろと発言してきたわけで、非常に深刻な事態になったということは、同時代人として責任を痛切に感じています。

それにもかかわらず、そうした莫大な借金を「返す」という話をするわけですから、それは、みなさんがまったく責任のない借金の返済の一端を、みなさんが担うことを意味しています。私たち年輩の者がずいぶんと虫の良い話をしているというように聞こえても仕方がないことを、みなさんはこれから聞かされるわけです。ごめんなさい。先に謝っておきます。

6-2-2　有権者として、市民としての知的たしなみ

みなさんの多くは、すでに有権者になられています。「有権者としてのたしなみ」、「市民としてのマナー」が求められています。さらには、社会の人々は、みなさんに対して、大学で高い教育を受けてき

ているのだからということで「賢明な判断」を期待しています。今日は、国の借金を「返す」という話を通じて「有権者としてのたしなみ」、「市民としてのマナー」、「賢明な判断」とは、どのようなことから培われるのかを一緒に考えてみたいと思っています。

最初は、事実を正しく受け止めるということです。

経済に関わる現象は、かなりの場合、何らかの形で統計数字にまとめられていますので、事実を正しく受け止めるということは、数字を正しく読むということと重なる部分が多いのです。数字を読むという作業は、面倒くさい面もありますが、結構楽しい面もあります。

次に、理屈をもって物事を考えるということです。

大げさな言い方をすると、理屈は理論ということになります。理論は、その言葉の響きどおりに、難しくて、まどろっこしくて、身につけるのに時間がかかります。辛気臭いものです。今日の話の中にも、突然のように、国の借金の国債を「返す」とは、日本銀行の借金の紙幣を「返す」とは、どういうことなのかを、理詰めで考えてみたいと思います。

私たちは、膨大な借金を前にすると、コツコツと返すことよりも、借金に打ちのめされて何をしてよいのかわからなくなるかと思えば、一方では、「どうせなら借金をチャラにしてよ」ととんでもないことを言い出します。

実は、庶民だけでなく、経済政策を担っている政治家や官僚たちも、途方に暮れていたかと思えば、急にとんでもないことを言い出します。本来はそれを引き留めるはずの学者が、極端な考え方を後押しするというようなこともしばしば起きてしまいます。

余談になりますが、日本史に興味がある方は、「借金をチャラにする」というと徳政令のことを思い出すかもしれませんね。徳政令では、借りた人が「返さない」ではなくて、貸した人が借金を免除するというもので、時の政府は、金融業者に徳政を命じますね。江戸時代は、大名が藩札という借用証書で商人たちから金を借りましたが、結構、律義に返しているんですね。お取り潰しになった赤穂藩も、銀貨（シルバーですね）で藩札を買い上げています。明治の廃藩置県のときも、藩札は、額面どおりというわけではありませんが返済されました。

すいません、話が脱線してしまいました。話を元に戻します。借金を「返す」ということの理屈が見えていると、コツコツと返すことの意味も見えてきますし、それで守られている社会の仕組みも理解することができます。さらには、「返さない」ということがどのように悲惨な結果をもたらすのかについても、思いをめぐらすことができて、「返さない」などと無責任なことを口にしなくなります。

事実と理論に続いて重要なのが、歴史です。先ほど、今の莫大な国の借金は、みなさんの責任ではないといいましたが、実は、どの時代に生まれた人々も、自分が生まれる前に社会で起きてきた出来事を背負わされています。大げさなことをいうと、それぞれの人々が運命的に社会の歴史を背負っているということになります。

言い方を変えると、各人が経験することができる長さを超えたタイムスパンで、たとえば、社会人として社会に関わりをもって生きる期間はせいぜい四〇年から五〇年くらいだと思いますが、半世紀を超える時間の長さで起きてきた出来事の影響を受けていることになります。さらに見方を変えると、私たちが現在行っていることが、半世紀の時間を超えて将来に影響を及ぼすということにもなります。

今日の話では、少なくとも、「これまでの一世紀」、「これからの一世紀」というぐらいの時間の長さで物事を考えるということをしたいと思っています。事実、理論、歴史、展望という観点で、国の借金を「返す」ということを考えてみたいのです。

6-2-3 みなさんが生まれたころから国の借金が膨らんできた

まずは、「返す」の前に「借りる」ですが、なぜ、「借りる」かといえば、一時的に支出が収入を上回って、借りざるをえなくなるからです。それでも、借りた金を「返す」ということは、長い目で見れば、収入の範囲で支出をまかなうということになります。国の場合は、主たる収入は、税収ですから、長い目で見れば、国は、税収の範囲で支出をまかなうのが原則です。

長期的に見て収入と支出の帳尻を合わせることを、予算制約と呼んでいますが、政府ばかりでなく、企業も、家計も、こうした予算の制約を受けています。その結果、すべての人々が、世の中にある貴重なモノやサービスを大切に使うということが求められるわけです。予算を無視して浪費することが許されないわけです。

先ほど申し上げたように、日本国の借金は、みなさんが生まれた一九九〇年代半ばからずっと増え続けています。とても「一時的に借りている」とはいえない状態です。

先の理屈でいえば、所得が後から増えていれば、借金もそんなに苦にならないのですが、日本経済全体の所得も、国の税収も伸び悩んでいるところに、二〇年以上も国の借金が膨らんできたわけです。

少し詳しく見ていきましょう。数字を見てみます。

まずは、日本経済全体の所得水準から。日本経済全体の所得水準は、名目国内総生産という意味の略語ですが、名目GDPという指標で測ります。[3] 名前が意味するとおりにGDPは、日本経済全体の所得水準だけでなく、生産水準も、あるいは、支出水準も表しています。

図6-3のグラフを見てみましょう。グラフを見るときの注意ですが、横軸と縦軸の単位を確認してください。横軸を見ると、一九七九年度から二〇一五年度までの三七年の期間を示しています。「年度」とは、たとえば、一九七九年度だと、一九七九年四月初めから一九八〇年三月末までを意味します。縦軸は、単位が一〇億円となっていますので、600,000とゼロが五つ並ぶと、六〇〇兆円ということになります。淡い線（旧い時代の数字）と濃い線（新しい時代の数字）は、統計の方法が違ってきているので、線がずれてしまっているわけです。

そうしたズレはありますが、何だかさびしいグラフですね。みなさんが生まれたころから、名目GDPは、五〇〇兆円を少し上回ったころでずっと横ばいです。それまでの一五年間で名目GDPが二倍になったこととはとても対照的です。それでも、言い方を変えてみれば、過去二〇年間、五〇〇兆円強という非常に高い水準で推移してきたともいえます。

表現の仕方は、いろいろとありますが、名目GDPが成長しない状態は、それまでの成長してきた状態に比べて「失われた二〇年」というような言い方をされてきました。経済成長が「失われた」という意味です。

（3） GDPは、gross domestic productの略で国内総生産と訳されている。名目GDPは貨幣単位で測った国内の生産規模を、実質GDPは物価変動の影響を取り除いた国内の生産規模をそれぞれ意味している。

図6-3　1990年代半ば以降に停滞する名目GDPの推移

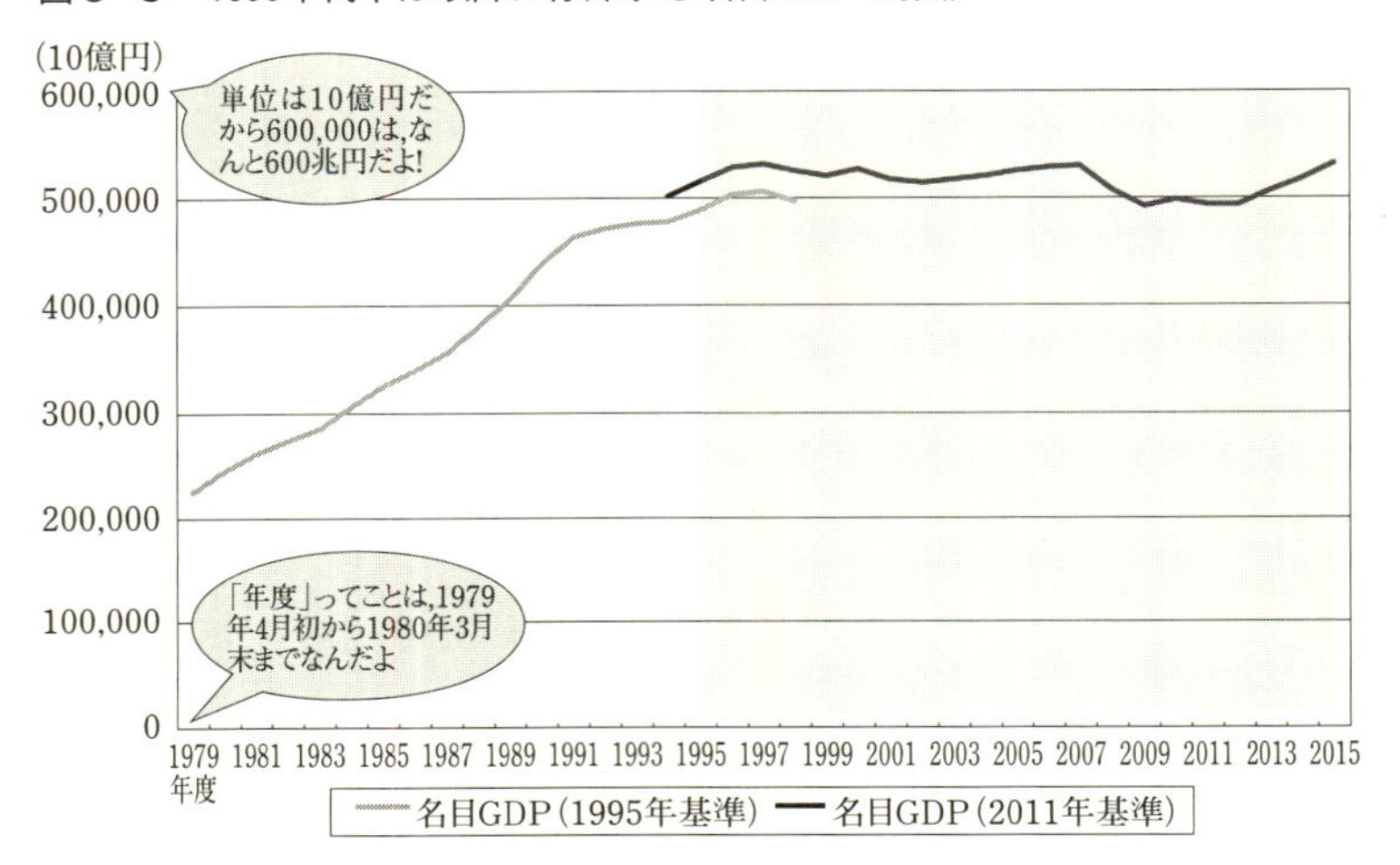

出所：内閣府。

図6-4　1990年代に入って膨れ上がる国債などの残高

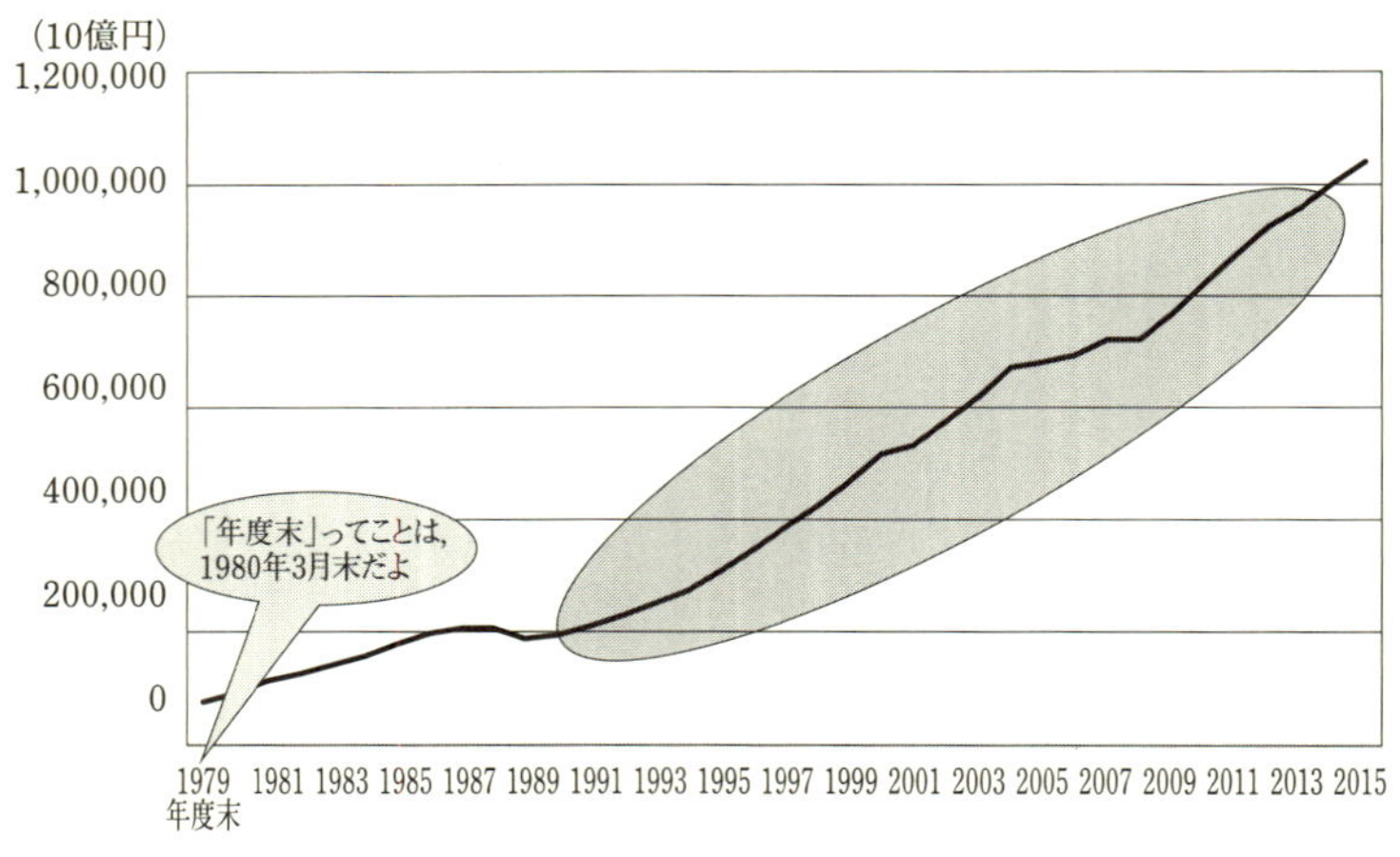

出所：内閣府、日本銀行。

それでは、借金のほうはどうでしょうか。**図6-4**は、国と地方の借金を合わせた額を示しています。政府の借金のほうは、一九九〇年代前半から増え始めて、二〇〇兆円だったものが、現在では、千兆円を超えてしまっています。要するに、借金の残高は、四半世紀の間に五倍に膨れ上がったわけです。日本経済全体の所得は横ばいできたのに、借金はなんと五倍ですから、一時的に借金をして、所得が上昇してから借金を返済するというような状況ではないことは明らかです。

ここでわき道にそれてしまいますが、数字の見方について、少し考えてみましょう。数百兆円なんて数字が何だか大きすぎて、実感がわかないと思う人も多いと思います。

最近も人口予測が出ましたが、現在、日本の人口は、一億二七〇〇万人ぐらいです。四捨五入で一億人とします。今、一兆円を一億人に一人ずつ均等に配分すると、一人一万円になります。ですので、たとえば、五〇〇兆円の名目GDPは、一人あたりで五〇〇万円という勘定です。四人家族で二千万円になります。それでも決して小さな数字でないですが、少しは身近な数字になるのではないでしょうか。

もうひとつの数字の捉え方は、名目GDPに対する割合です。この方法ですと、異なる時代の数字を比較することができます。たとえば、一九六〇年度の名目GDPは一七兆円で、その一割というと一・七兆円でした。一方、現在の名目GDPの一割は五〇兆円強なので、一九六〇年度の一・七兆円と現在の五〇兆円を同程度の水準として比較することができます。

「国民一人あたり」という見方や「名目GDPに対する割合」という見方は、なかなか便利なので、以下でも使ってみたいと思っています。

図6-5　危機のたびに高まる国債などの残高の対GDP比

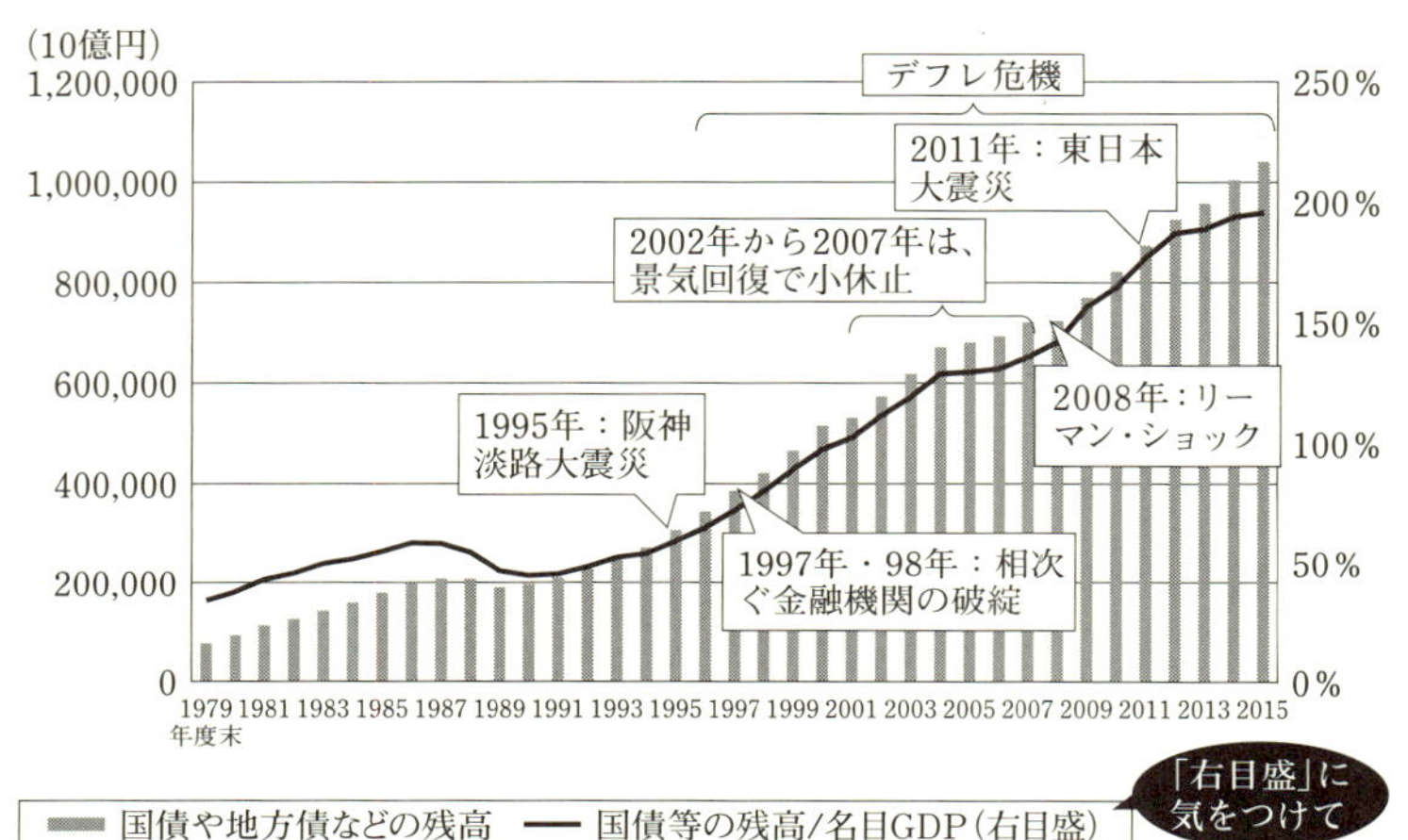

出所：内閣府、日本銀行。

6-2-4　危機のたびに借金が膨らんできた

図6-5は、国と地方の借金の残高だけでなく、実線で名目GDPに対する借金の比率を示しています。やはり、実線も、一九九〇年代から上昇し始めています。一九九〇年代初頭に名目GDP比で五〇%だったものが、現在では、二〇〇%に近づいています。要するに、国と地方の借金は、現在、名目GDPの二倍になりました。

この間、日本社会は、いくつもの危機に見舞われてきました。

一九九五年に阪神淡路大震災、一九九七年、一九九八年には、銀行や証券会社が相次いで破綻する金融危機。二〇〇四年から二〇〇七年は、「戦後最長の景気回復期」と呼ばれる時期とも重なって、借金の膨張も小休止でしたが、二〇〇八年九月のリーマン・ショックと呼ばれる世界的な金融危機で再び借金が膨らみ始めました。記憶に新しいと思いますが、二〇一一年には、東日本大震災が起きています。

先ほども触れましたように、一九九〇年代後半から名目GDPが伸び悩んだ「失われた二〇年」は、物価がなかなか上がらなかったこともあって「デフレ危機」というような呼び方もされました。

なぜ、危機のたびに国の借金は膨らむのでしょうか。

第一に、危機に対応するために莫大なおカネが必要となります。特に、自然災害からの復旧、復興には、途轍もないおカネがかかります。

第二に、金融危機や自然災害で経済が不況になると、景気対策におカネが必要となります。

第三に、「危機」が口実になって、増税の実施や歳出の削減が先延ばしになります。たとえば、最初に三％の消費税が導入されたのが一九八九年なのですが、三％から五％への引き上げは、八年経過した一九九七年になってからです。一九八九年の消費税導入の後に株価や地価などの資産価格が暴落して、一九九七年の消費税増税のあとに金融危機が起きたことから、消費税増税は、「危機の引き金になる」、「危機の最中に増税などもってのほかだ」という考え方が広がりました。

冷静に考えると、一九九〇年前後の株価や地価の暴落も、一九九七年から一九九八年の金融危機も、消費税の直接的な影響などではなく、金融市場の複雑な事情を反映したものであったにもかかわらず、「消費税増税⇒経済危機」という原因と結果の結びつけ方が定着してしまいました。

その結果、二〇〇二年から二〇〇七年は、日本経済も比較的順調に推移したのですが、「ここで消費税を引き上げれば、景気の腰が折られる」という考え方が政治家の間で一般的でした。二〇〇八年九月のリーマン・ショックで消費税増税の可能性は、当面なくなってしまいました。さらには、二〇一一年の東日本大震災の影響で先延ばしやむなしということになっていきます。

消費税増税が五％から八％に引き上げられたのが、ようやく二〇一四年四月でした。しかし、二〇一五年一〇月に予定されていた一〇％への引き上げは、「まだデフレからの脱却ができていないから」という理由で二度延期されました。要するに、「経済危機」が口実とされて、消費税の引き上げが先延ばしにされてきたわけです。

6-2-5 国の台所事情

もう少し具体的に、政府支出と税収といった国の台所事情を見ていきましょう。

図6-6のグラフは、一般会計と呼ばれる国の勘定について、折れ線グラフで歳出（政府支出ですね）と歳入（税収をはじめとした収入ですね）を見たものです。棒グラフのほうは、歳出が歳入を超える資金について借金（国債）でまかなった部分です。

今度の縦軸の単位は、兆円です。横軸は、元号表示です。私も西暦のほうがなじみがあるのですが、このグラフは、財務省の資料からそのままとってきたものですから、元号になっています。昭和は25を足して、平成は12を引いて西暦換算です。

一九八〇年代後半、経済成長（バブル景気と呼ばれていました）のおかげで税収が拡大してからは、一九九〇年代以降、二〇一四年の消費税増税までは、歳出が拡大基調、歳入が縮小基調で、「ワニの口」などという表現が使われてもいます。経済危機のたびに支出が膨らみ、税収が縮むということを繰り返してきたからです。

ただし、一九八〇年度後半に日本経済がバブル景気に沸いた時期であっても、歳出が歳入を上回って

図6-6　一般会計の歳出と歳入

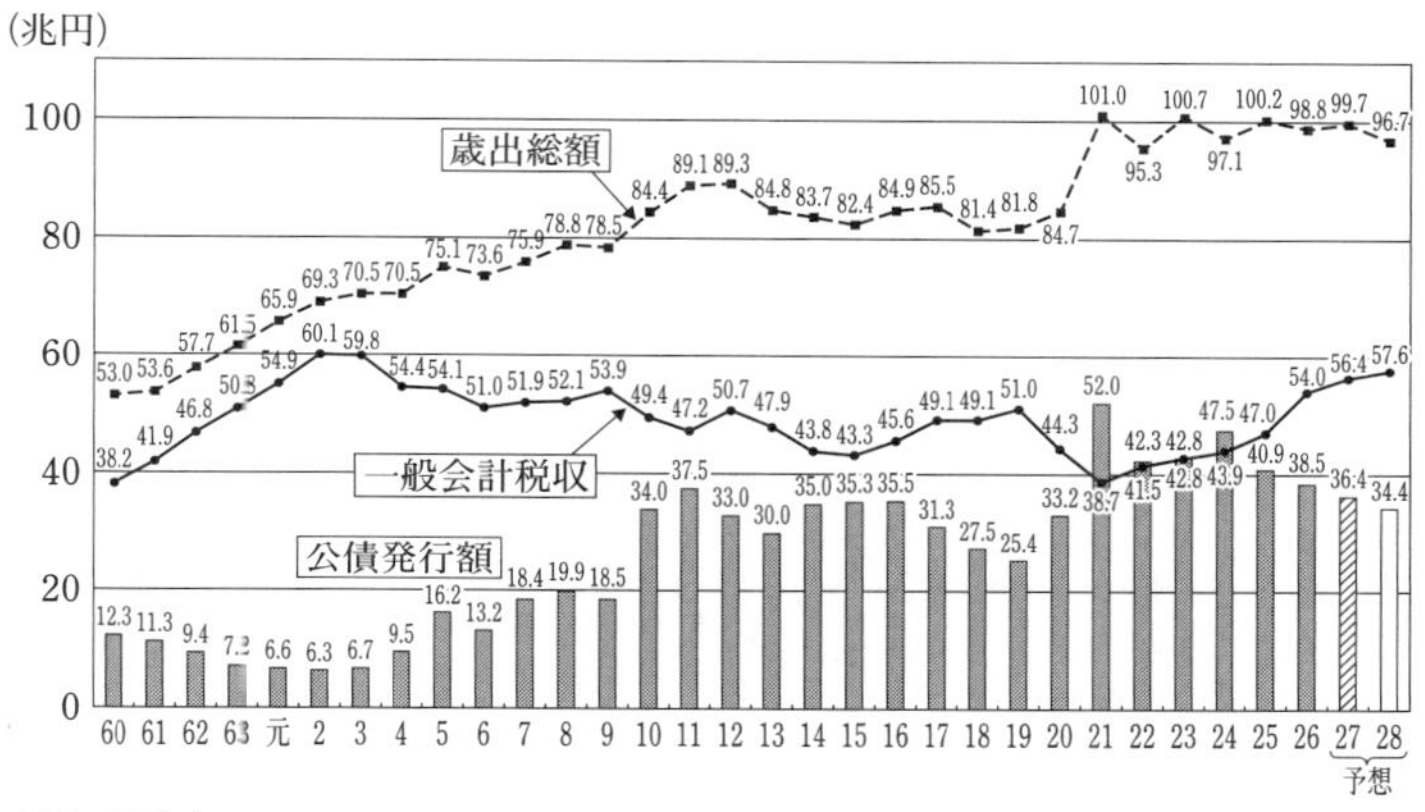

出所：財務省。

おり、国債の発行で支出の一部がまかなわれていたことは、非常に重要な事実だと思います。経済が順調であっても、放漫財政に根本的な対策が打たれなかったわけです。先ほども触れたように、消費税増税が導入できたのも、バブル景気の終わり方の一九八九年になってからです。そんなところに、一九九〇年代後半からいくつもの危機が続いて、増税も、歳出削減も先送りにされました。

一九九五年の阪神淡路大震災は、政府支出にも、税収にも、大きな影響を及ぼしませんでしたが、一九九七年末から続いた金融危機は、政府支出にも、税収にも、甚大な影響を与えました。政府支出は、一九九八年度からの二年間で一〇兆円膨らむ一方、税収は七兆円程度落ち込みました。その結果、国債の発行額は、一九九七年度の一八・五兆円から一九九八年度に三四・〇兆円、一九九九年度に三七・五兆円に膨らみました。

先ほど申し上げたように、二〇〇二年から二〇〇七年は景気回復期にあたったことから税収は拡大する一方で、政府支出は横ばいで推移しました。国債の発行額も、二〇〇四年度の三五・五兆円から二〇〇七年度には二五・四兆円まで減少しました。

しかし、二〇〇八年九月のリーマン・ショックと呼ばれる世界的な金融危機によって、税収は一〇兆円以上落ち込む一方で、景気対策のために政府支出は一五兆円も膨らみました。二〇一一年の東日本大震災の影響は、歳出に五兆円ほどの増加でしか表れていませんが、莫大な復興予算が、一般会計とは別の特別会計で計上されたからです。

その後は、二〇一四年の消費税増税で七兆円ほどの税収拡大がありましたが、歳出はリーマン・ショックや東日本大震災で膨らんだ規模の水準で推移しました。

6-2-6　豊かな社会における国家の救済

過去二〇年間を振り返ってみると、人々は、「危機からの救済」を国家にますます求めるようになりました。その結果、国の借金はますます膨らんできました。理由はいくつもあると思います。

- 相次ぐ危機で人々が疲弊し、苛立っていた。
- かつての経済成長が忘れられなかった。経済成長の再来が期待され、政府の経済対策がその高すぎる期待値を穴埋めしようとした。
- 人々が高齢化して危機に立ち向かう元気がなくなってきた。
- 情報技術が進歩して、政策に対する不満が表に出やすくなった。たとえば、「保育園落ちた、日本死ね」というブログの文言が政治を動かした。

一方では、名目GDPで五〇〇兆円を超える豊かな社会であるがゆえに国民の要求水準がいっそう高まったという事実も無視できないと思います。

たとえば、一九九五年の阪神淡路大震災と二〇一一年の東日本大震災の復興予算を比較してもそうした傾向を指摘することができます。東日本大震災は、阪神淡路大震災と比べて、死者行方不明者数は三倍以上でしたが、建物などの被害は同程度、被災をした人々の数は三分の一でした。一方、復興予算の規模は、東日本大震災が阪神淡路大震災の二倍を超えました。被災者一人あたりで見た復興予算額は、阪神淡路大震災が五八〇万円だったのに対して、東日本大震災は三一五五万円にも達しました。

二つの大震災の間には、個人財産への公的な支援に対する考え方も大きく変化しました。阪神淡路大震災の当時は、「住宅の再建も含めて個人財産には公的な支援をいっさいしない」ということが原則でした。しかし、その後は、自然災害における住宅再建については、一戸あたり最高三〇〇万円の支援が認められるようになりました。東日本大震災では、高台や内陸への住居移転に伴う宅地造成などの費用も、国の予算で手当てされました。

福島第一原発事故の損害賠償や処理費用についても、同様のことがいえます。原発事故で失われた自然環境に対する代償が非常に高い水準になっています。現在のところ、福島第一原発に関連する費用のほとんどは、電気料金の値上げと東京電力の負担でまかなわれていますが、近い将来、大規模な財政負担が必要になってくる可能性があります。

損害賠償の規模は、二〇一一年の当初見積では五兆円程度でしたが、現在は、八兆円まで膨らみました。風評被害や精神的苦痛に対する賠償が中心です。豊かな社会において求められる事故の代償がいかに大きいものなのかを物語っていると思います。

事故処理の費用も飛躍的に拡大する可能性があります。事故を起こした原子炉を廃炉にするのに政府の推計では八兆円となっていますが、日本経済研究センターの推計では三二兆円まで拡大するとしています（日本経済研究センター 2017）。一番大きな理由は、放射性物質に汚染された地下水を処理した水に含まれるトリチウムと呼ばれる放射性物質を取り除くのに二〇兆円の追加的な費用がかかるからです。科学的に見ると、トリチウムを海洋に放出することは、環境への影響がきわめて小さいとされているのですが、そうした軽微な環境への影響も、社会が不寛容になっているということだと思います。[4] 東京オリンピック誘致のおりに安倍首相が「福島第一原発事故の海洋環境への影響は'under control'」といったことを重ね合わせると、国際社会もそうした高いレベルの環境保全を求めているということなのかもしれません。

放射性物質で汚染された土壌や建物を除染する費用も、政府推計では六兆円のところが、日本経済研究センターの推計では三〇兆円です。これも、除染で生じたがれきや土壌の処分を暫定的なものではなく、最終的なものにすると、二四兆円の追加予算が必要になってくるからです。ここでも、社会が非常に高い水準の環境保全を求めていることを反映しています。

このように考えてくると、原発事故処理にかかる総費用は、政府の推計の二〇兆円強から七〇兆円へと大きく膨らむ可能性があります。そのようなことになれば、電気料金の値上げや東京電力の負担ではとてもまかなうことができずに、国の借金をあてることになるでしょう。

原発事故処理費用が総額で七〇兆円というと、国民一人あたり七〇万円の負担になって、四人世帯で二八〇万円となります。長い期間にわたって、世帯あたり年間一〇万円の税金をかけて処理費用を捻出すべきだという極端な提案さえ出されているのです。

このように豊かな社会における危機への対応が、ますます多額の予算を必要とする状況を生んでいます。

6-2-7 「返す」とは？「返さない」とは？

日本社会が豊かになって、そこでいくつもの危機に遭遇することで、国の借金が大きく膨らんで、名目GDPの二倍にも達するような事態になったわけですが、かつて歴史上にそのようなことがあったのでしょうか。

実は、ありました。

ここでは、日本と英国の歴史的事例をあげてみたいと思います。日本は、一九三七年の日中戦争を契機に軍事予算が拡大し、一九四一年の南方進出や太平洋戦争で軍事予算は膨張しました。**表6-1**にあるように、名目GDPと類似した指標で名目GNE(5)という指標で日本経済の規模を測ってみると、政府の借金の残高は、一九四四年に名目経済規模の二倍に達しています。終戦の年でも一・七倍の規模でした。

(4) 第2章の「あるエピソード」を参照してほしい。
(5) GNEは、gross national expenditureの略であり、国民総支出と訳されている。GDP（国内総生産）が生産サイドから見たマクロ経済の規模を計測しているのに対して、GNEは支出サイドから見たマクロ経済の規模を計測している。

表6-1　戦前の政府債務

（単位：億円）

	名目国民総支出（GNE）	政府債務残高	
		年末残高	対名目GNE比
1930	138.5	68.4	49.4%
1931	125.2	70.5	56.3%
1932	130.4	79.1	60.7%
1933	143.3	89.2	62.2%
1934	156.7	97.8	62.4%
1935	167.3	105.3	62.9%
1936	178.0	113.0	63.5%
1937	234.3	133.6	57.0%
1938	267.9	179.2	66.9%
1939	330.8	235.7	71.2%
1940	394.0	310.0	78.7%
1941	449.0	417.9	93.1%
1942	543.8	571.5	105.1%
1943	638.2	851.2	133.4%
1944	745.0	1519.5	204.0%
1945	1144.7	1994.5	174.2%

出所：大川・篠原・梅村（1974）、日本銀行統計局（1966）、大蔵省昭和財政史室（1983）。

もうひとつの事例ですが、一八世紀の英国は、予算のやりくりに苦労して一七四九年には返済期限のない国債である永久国債を発行するようになりました。一七九三年から一八一五年のナポレオンとの戦争で戦費がかさみ国民所得に対する国債残高の比率は、一八一八年で二一〇%に達しています。

後から詳しく見ていくように、二〇世紀半ばの日本と一九世紀の英国は、膨張した国債の返済ということでは、まったく対照的な方法が選択されたのです。

ここで少しややこしい話をしたいと思います。国の借金である国債を「返す」とはどういうことなのかを考えてみたいのです。この講演の冒頭に、有権者のたしなみとして、事実、理屈、歴史、展望が大切だといいましたが、ここまで事実を数字で振り返って、歴史を垣間見たところで、理屈に入りたいと思います。

少し我慢して聞いてください。

理屈を話すということは、抽象的なモデルを通して現実を見るということで、時として常識と戦うようなところがあります。あるいは、通常の理解を逆なでして、聴く人たちを不快にしてしまうようなところもあります。

ですから、どうか辛抱して聞いてください。

まずは、日本銀行のような中央銀行がまだ存在せず、紙幣が発行されていなかった時代のことを考えてみましょう。たとえば、商人が農家から大量の米を買うとします。米商人は米農家に対して、支払い期日と支払い金額を定めた手形を振り出します。通常、手形の額面額は米の支払い代金を上回りますが、この差額部分が期日までの利息に相当すると考えてください。いずれにしても、「手形が期日に返済される」という前提があるからこそ、米農家は支払い代金として米商人が振り出した手形を受け取るのです。

「手形が期日に返済される」という前提が満たされていると、その手形は、米商人と米農家の関係を越えて市中に出回る可能性が出てきます。たとえば、米を売った農家が他の農家から麦を買う場合には、その手形で代金を支払えばよいわけです。この場合、手形の持ち主が米農家から麦農家に交代することが手形に裏書きされます。

さらには、米を買うために手形を振り出した商人が遠方にいると、米農家から手形を受け取った麦農家がわざわざ遠方に取り立てに行かなくても、近くの両替商に手形を持ち込めばよいのです。両替商では、米農家の住む村に近い店が、麦農家に代わって米商人に出向いて返済を求めます。

このように米商人が振り出した手形は、それが最終的に返済されるまでの間、あたかも紙幣のように、代金の支払い手段として市中を、ときには、国中を駆け巡ることができます。

実をいうと、中央銀行が発行する紙幣は、中央銀行が期日を設けずに振り出した手形なのです。ただし、紙幣の受け渡しごとに裏書きをする必要がなく、紙幣を保有している者が直ちに貸し主です。中央銀行制度ができた当初は、中央銀行の窓口に紙幣を持ち込むと、いつでも金や銀に換金してくれました。こうしてまとめると、中央銀行の紙幣は、「いつでも金や銀の形で返済される」という前提があったからこそ、支払い手段として市中に流通することができます。

残念ながら、今の一万円札は、日銀の窓口に持ち込んでも、一万円相当の金や銀に換えてくれることはありません。しかし、一万円札は、依然として「いつでも返済される」という性質を備えています。

まずは、一万円札を持っていると、それを民間銀行に預け入れることができます。すると、一万円札の保有者からすれば、一万円札は、一万円の民間預金の形で返済されたことになります。一万円札を受け取った民間銀行は、それを日銀に持ち込んで、日銀に開いた当座預金に入金します。ただし、日銀の当座預金も、紙幣と同じく日銀の負債ですので、これでは一万円札が当座預金に代わっただけで、一万円が返済されたことにはなりません。

それでは、日銀は、民間銀行に対して一万円をどうやって返済するのでしょうか。実のところ、日銀は「確実に返済を期待できる証書」である国債と交換することで、民間銀行に対して当座預金を返済しているのです。

いずれにしても、日本銀行と民間銀行の間では、国債と紙幣で等価の交換を繰り返していることになります。そうした国債と紙幣の等価交換を前提とすると、紙幣に価値があるのは、国債に価値があるからですし、国債に価値があるのは、国債が税金によって返済されるからということになります。こうした一万円の等価交換の連鎖を見てくると、「いつでも返済される紙幣」と「確実に返済を期待できる国債」が両輪となって、一枚一枚の紙幣の流通が支えられていることになります。

あらためて今の話をまとめてみますと、

➤国債が国の借金証書であるのに対して、紙幣が日本銀行の借金証書であること、
➤金融市場の仕組みが国債と紙幣の等価の交換で成り立っていること、
➤紙幣が価値を持つのは、国債の価値に裏付けられているからということ、
➤国債の価値を持つのは、結局は、税金によって返済されるからということ、

となります。

6-2-8 政府と日本銀行でお互いに借金をチャラにしてしまおう…

これまでの話で注意してもらいたいことは、日本銀行が政府を直接の相手として国債の取引をしていないというところです。

通常、国債が発行されるときは、政府が民間銀行に国債を売ります。民間銀行は、家計や企業の預金者から得た貯金で、政府から国債を買うわけです。そうして民間銀行が買った国債を、日本銀行が買っていることになります。したがって、日本銀行も、民間銀行も、国債が返済されることを大前提に国債の取引をしています。そういうなかにあっては、「政府が国債を返済しない」ということがあると、すべてが狂ってしまいます。逆にいうと、「政府が税収で国債を返済しない」ということは制度的に許さ

れていないともいえます。

ただし、ひとつだけ例外があります。政府は国債を返済せずに、日本銀行は紙幣を返済しない場合があるのです。それは、政府と日本銀行が直接、国債を取引するようなケースです。具体的には、政府が国債を日本銀行に渡す代わりに、日本銀行は政府に紙幣を渡すような状況です。この場合、政府も、日本銀行も、借金を負っているわけなので、政府と日本銀行が合意すれば、お互いに返済をせずに、借金をチャラにすることができます。

紙幣という日本銀行の借金は、チャラにしやすい性格も備えています。日本銀行による国債直接引受で大量の紙幣を手にした政府は紙幣を市中にばらまくわけですので、紙幣という借用証書の債権者は政府から新たな紙幣保有者に代わるわけです。しかし、日本銀行からすれば、だれが紙幣を保有しているかわかりません。新たな債権者の顔が見えない借金は、気易くチャラにすることができるのかもしれません。

いずれにしても、国債と紙幣をお互いに相殺してチャラにしてしまうと、国債は税金で返されないわけですから価値がゼロですし、紙幣は価値のある国債の裏付けがまったくないので、その部分の紙幣の価値もゼロです。

ただ、経済全体で紙幣の価値がゼロになるわけではなく、経済取引の規模に応じて紙幣が必要となってくるので、人々が「紙幣を保有したい」という需要の分だけは紙幣にも価値が生じます。したがって、紙幣の価値が薄まって、下落するというほうが正確かもしれません。

いずれにしても紙幣の価値が暴落するということは、物価が高騰することを意味しています。今、こここで簡単に説明することは若干難しいのですが、国債の価格が暴落するということは、金利が急上昇することを意味します。[6]

こうした例外的なケースでは、政府は物価高騰で借金を帳消しにすることができます。しかし、その代償としては、物価が高騰するわけです。物価高騰では、人々が買いたいものも十分に買うことができなくなります。また、物価が高騰する分だけ、人々が保有する金融資産の価値は目減りします。市民は、国債返済のために税金を納める必要はなくなりますが、物価の高騰で大損害を被ります。

現在の法律では、財政法と呼ばれていますが、こうした政府と日本銀行の直接取引は禁じられています。

現行の法制度のもとでは、政府は借金をチャラにすることはできないのですが、法律を変えれば、できないわけではないともいえます。その結果、人々は、税金を納める必要はなくなりますが、物価高騰の被害を受けます。

ここで押さえておかなければならないことは、借金を「返さない」というと、「返さない」自分だけは、借金の負担から逃れられると勘違いしてしまうのですが、実は、物価高騰というのは、だれに対しても、容赦なく襲ってくるわけです。要するには、たとえ「返さない」でも、負担や損害から逃れられないということです。

（6）3-3-1節で説明したように、利回り（金利に相当）が上昇すると将来の元本や利息が割り引かれる度合いが大きくなるので資産価格は低下する。逆に、資産価格が低下すると、その背後で金利が上昇していることになる。

表6-2　終戦直後の政府債務

（単位：東京小売物価指数以外は億円）

	名目GNE	東京小売物価指数	政府債務		
			名目残高	対名目GNE比	実質残高
1945	1145	100	1995	174.2%	1995
1946	4750	614	2653	55.9%	432
1947	1兆3090	1,653	3606	27.5%	218
1948	2兆6650	4,851	5244	19.7%	108
1949	3兆3760	7,892	6373	18.9%	81
1950	3兆9460	7,753	5540	14.0%	71
1951	5兆4420	10,036	6455	11.9%	64

出所：大川・篠原・梅村（1974）、日本銀行統計局（1966）、大蔵省昭和財政史室（1983）。

6-2-9 「長くコツコツ返す」と「物価高騰で帳消し」と

そろそろ理屈の話は、やめます。

しかし、国の膨大な借金の向き合い方について、二つの対照的な方法があることが見えてきます。

第一は、人々が税金を払って、コツコツと借金を返していくこと。

第二は、政府が借金を物価高騰で帳消しにすると決めてしまうこと。

第一の方法は、確かに堅実な気がしますが、それでは、「コツコツと」がどの程度長い期間なのかがまったく見当がつきません。

第二の方法は、借金を帳消しにしたときに、どの程度物価が高騰するのかまったく見当がつきません。

二〇世紀半ばの日本——実は、日本政府は、第二次世界大戦の軍事費と終戦処理で膨れに膨れ上がった借金について、第二の方法で、すなわち物価高騰で借金をほぼ帳消しにしました。当時は、日本銀行が政府を直接の相手として国債と紙幣の交換をすることができたのです。

表6-2を見てもらいたいのですが、政府債務の名目GNEに対する比率は、一九四五年に一七四％だったものが、一九五一年には一二％にまで激減しています。

物価水準は、一九四五年から一九五一年の間に何と一〇〇倍になりました。年ごとに見ていくと、

六・一倍、二・七倍、二・九倍、一・六倍、一・〇倍、一・三倍

といった感じです。

物価高騰のすさまじさは、半端でなかったわけです。この間、当然のことながら、経済はひどく混乱しました。金利は、どうにかこうにか抑えつけていたのですが、物価の高騰で人々の生活は困窮したわけです。

ただ、ここで注意をしてほしいことがひとつあります。終戦直後、右のように物価は高騰しましたが、この程度の物価高騰はハイパーインフレとはいいません。ハイパーインフレの定義は、インフレ率が月率で五〇％以上、年率で一三〇倍以上ですから、一九四五年から一九五一年の六年間で起きた物価高騰が一年で起きてはじめてハイパーインフレと呼ばれることになります。

たとえば、第一次世界大戦後のドイツでは、フランスとベルギーが一九二三年一月にドイツのルール地方を占領しましたが、その年の六月までにドイツの物価は二万五千倍に達しました。まさに、ハイパーインフレが起きたわけです。

実は、増税をしなかったというのは、正確な表現でありません。日本政府は、一九四六年に旧い紙幣を強制的に貯金させ、その預金の一部に対して一〇〇％の財産税をかけるような荒業をしました。事実

上の財産没収ですね。

借金の帳消しのために必要だったとはいえ、物価高騰にしても、財産没収にしても、社会が騒然となって、暴動が相次いでもおかしくない状態だったのですが、進駐軍の存在が、国内暴動を事実上抑え込んだのです。

一九世紀の英国――一方、一九世紀の英国は、第一の方法を選びました。国民からの税収や植民地からの収入で国債をコツコツと一世紀にわたって返してきました。国民所得に対する国債残高の比率は、一九世紀の初頭に二〇〇%を超えていたものが、一九世紀の終わりには四〇%にまで低下しています。

この間の英国経済は、他の国が産業革命を成功させたこともあって、厳しい国際競争に立たされてきたのですが、それでも、物価の緩やかな下落や金利の低位安定が保たれてきました。そうしたなかで英国の国債は、税収を中心として少しずつ返済されてきたわけです。

英国政府が国債をコツコツと返済してきた背景には、民間銀行はもとより、イギリスの中央銀行となっていくバンク・オブ・イングランド、すなわちイングランド銀行（当時は民間銀行といえば民間銀行だったのですが）が、政府に対して、常に税金で国債を返済することを迫っていたという事情があります。

「百年もかけて」というとびっくりされそうですが、国家の返済期間というのは、そうした時間単位でもあります。個人であれば、住宅ローンはせいぜい三〇年ですが、国家は、半世紀、一世紀単位なのです。

日本の現行制度でも、国債は、一〇年満期のものを六回借り換えて六〇年で返済することが想定されています。先ほど、一八世紀から英国は返済期限を定めない永久国債を発行するようになったといいましたが、よく誤解されることですが、永久国債は「永遠に返済しなくてもよい国債」ではなく、「政府が返済期限を選べる国債」といえます。気の遠くなるような話ですが、借り換えを遡っていくと発行の起源が一七二〇年にまで遡ることができる永久国債が、なんと二〇一四年に返済されたという事例もあります。

6-2-10 一世紀かけて借金を返すとは？

それでは、日本の膨大な債務を増税で返済していくとして、どのくらいの期間がかかるのかを考えていきましょう。

まずは、増税分がそのまますべて国債の返済にあてられるわけではないことを確認してみます。税収が政府支出（正確には国債の利払い費を除く支出なのですが）を上回る収支が重要な指標となります。この収支は、基礎的財政収支とか、プライマリーバランスとかと呼ばれていますが、基礎的財政収支がマイナスであれば、増税分はまずは、その穴埋めに用いなければなりません。そのうえで基礎的財政収支が黒字になった部分で国債を返済することになります。

国の一般会計の基礎的財政収支の赤字は、現在のところ、年一〇兆円を上回っています。**図6-7**が示すように、国と地方を合わせて見てみると、対名目GDP比で三%を超えていますから、年二〇兆円近くあることになります。内閣府が基礎的財政収支赤字の将来見通しを発表していますが、現実的な想

図6-7　国・地方の基礎的財政収支（対GDP比）

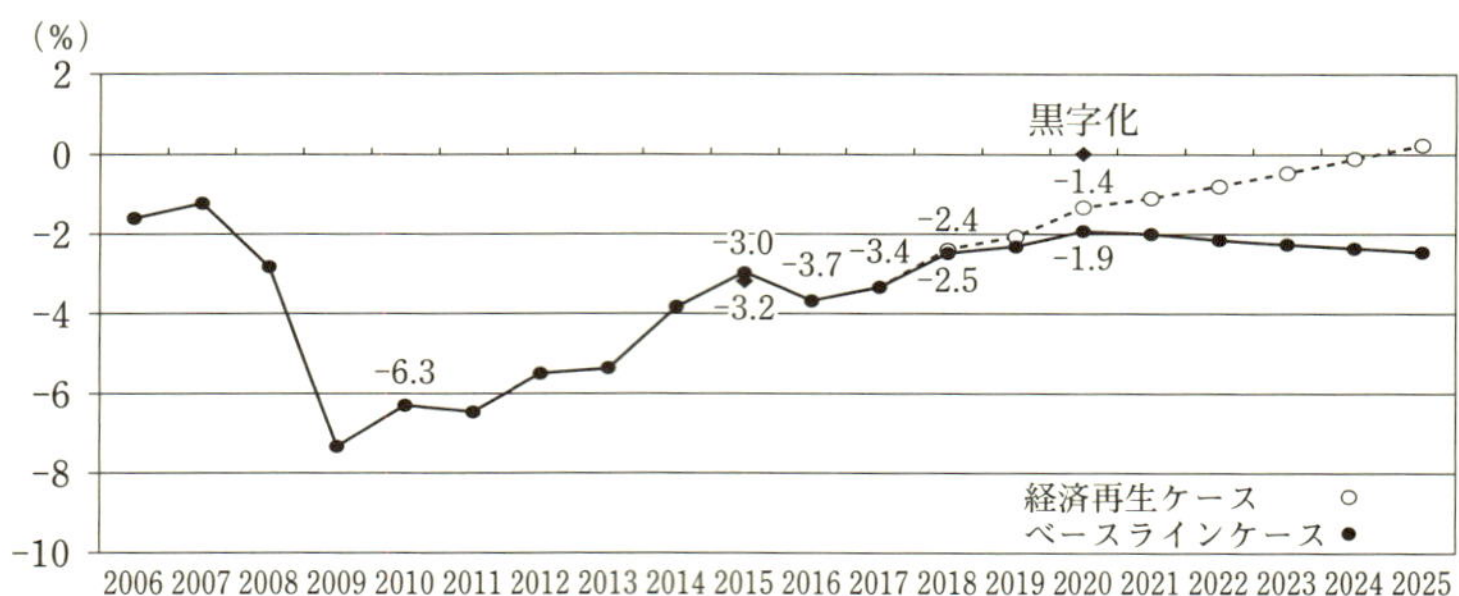

出所：内閣府が2017年1月25日に経済財政諮問会議に提出した「中長期の経済財政に関する試算」5頁より。

定では、二%前後で推移する見込みです。

何年かかって一千兆円の借金を返済できるのかを、思い切って単純化した仮定のもとで計算をしてみましょう。

- 物価は一定、
- 金利はゼロ、
- 名目GDP五〇〇兆円で一定、
- 消費税増収は基礎的財政収支の赤字一〇兆円の穴埋めに使い、残りを借金返済にあてる、
- 消費税率引き上げ一%あたりの税収が年二兆円、

と仮定します。

繰り返しになりますが、これからの話はあくまで仮定の話です。現実にそのようになるという予測ではないです。しかし、こうした仮想の話から、国家がどの程度の時間フレームワークで借金を返済するのかということがはっきりと見えてきます。

ここで、消費税率を一〇%引き上げるとします。そうすると、二兆円/%×一〇%で年二〇兆円の税収、そのうち、一

〇兆円（五〇〇兆円の二%に相当）は、基礎的財政収支の赤字の穴埋めに使って、残りの一〇兆円を借金の返済にあてます。

すると、一〇兆円×一〇〇年で一千兆円也。

ただ、一世紀という時間の長さは、ずいぶんと控えめです。消費税の増収が無駄使いに費やされることは十分に考えられますから。

いずれにしても、こんなことをいうと、消費税率八%から一八%への引き上げなんて無理だということをいわれてしまいそうですが、**表6-3**を見てわかるように、他の国々の消費税率を見ると、二〇%というのは、結構ありえる水準なのです。

6-2-11 結局、きれいな空気も、水も戻ってきたよ！

一世紀をかけて返済とは、気が遠くなりそうですが、そういう時間単位で物事を考えるのは、理論的に見て突拍子もないわけではなく、歴史的に見てもありえないことでないわけです。

ここで、物価と金利が安定した経済環境で二〇%程度の消費税率で一世紀かけて国債を返済しようと提案しているのは、いくつかの理由があります。

表6-3　消費税・付加価値税の標準税率
（2017年1月現在）

デンマーク	25%
フランス	20%
ドイツ	19%
オランダ	21%
スウェーデン	25%
ノルウェー	25%
ベルギー	21%
オーストリア	20%
イタリア	22%
韓国	10%
インドネシア	10%
台湾	5%
ニュージーランド	15%
フィリピン	12%
日本	8%
カナダ	5%
タイ	7%
中国	17%
シンガポール	7%

出所：国税庁調べ。

第一に、少子高齢化という人口動態を考えると、長期にわたって高い経済成長を望むことが難しくなってきました。

第二に、物価上昇で帳尻をとろうとすると、すでに見てきたように短期決戦で物価高騰か、あるいは、持久戦でもずいぶんと高いインフレが必要になってきます。たとえば、一〇年で物価を二倍にすることを考えてみましょう。「七〇の法則」と呼ばれている簡単な数学規則がありますが、％表示の金利水準と年数の期間をかけて七〇となると、複利計算で約二倍になるというものです。この「七〇の法則」を用いると、年七％の物価上昇で一〇年間だと、物価が二倍になります。恒常的に物価が上昇すると、金利もその分上昇しますので、高いインフレ率に高い金利ということになります。

第三に、「次のとんでもない危機」に備えてということがあります。もちろん、「次のとんでもない危機」が一〇〇年待ってくれるというわけではありませんが、できる限り、政府が借金を身軽にしておくほうが、危機に対処しやすいということがあります。英国の場合、一九世紀の一世紀をかけて国債を返済して身軽になっていたことで、第二次世界大戦の軍事費をまかなうことができたといわれています。英国は、終戦の年に国債残高が名目GDPに占める割合は再び二倍を超えてしまいました。

もちろん、危機に向き合うということは、借金だけの問題ではありません。

講演の前半で話してきたように、豊かな成熟社会において、どこまで個人は国家に頼るのか、あるいは、どこまで個人が国家から自立するのかということを本当に真剣に考えていかないと、安易に国家に頼るばかりであれば、国の借金は増える一方になると思います。

私がここで「一世紀単位」の時間で物事を考えることをあえてしたのは、そうしたとんでもない時間単位は、各個人が成人として経験できる時間単位（せいぜい四〇年から五〇年でしょうか）を明らかに超えているわけで、個人の経験を超えて物事を考えるには、理論的に突き詰めて、歴史のメモリーを大切にするということを語ってみたかったわけです。

福島第一原発の事故の処理を終えるのに半世紀から一世紀かかるといわれています。しかし、私たちの社会は、この途方もなく時間のかかる課題を放り出すわけにはいきません。原発というきわめてリスクの高い発電手段を選択した責任を全うしなければならないからです。

こんな時間のかかる問題を考えると、滅入ってしまいます。本当に滅入ります。

実は、今日お話した講演の内容を、先日、妻と息子の前で予行練習しました。

予行練習をしたのは、私自身が、内容にどうも自信が持てなかったからです。「百年もかけて返す」なんて長期にわたって国民の負担を求めるような政策、国の内外でポピュリズムが蔓延するなか、若い人からもまったく相手にされないと思ったからです。

以下は、息子のアドバイスです。

経済学的に見て長期的に課題が解決できることと、政治学的に見てその課題解決が困難であることとは、次元がまったく違う問題であって、経済学者は、経済学的な可能性を丁寧に主張すれば、それでいいんじゃないの、

というのです。大学で政治学を専攻してきた息子から、こうした励まし（？）をもらえるとは思いもよ

りませんでした。

一方、妻は、面白い感想をくれました。みなさんはご存じないかと思いますが、私どもが幼かった一九六〇年代、一九七〇年代は、全国各地で深刻な公害問題が起きていて、現在の中国でＰＭ２・５が大気を汚染しているように、日本の大気は光化学スモッグでひどく淀んでいました。妻は次のように言ったのです。

四〇年前、五〇年前、自分たちが幼かったころ、日本の空気は汚れていて、子どもたちは、運動場で遊ぶことができませんでした。近所を流れる川は汚れていて、異臭で近寄ることができませんでした。海といえば、赤潮の発生で、たとえ海の近くであっても、泳ぐ場所はプールでした。しかし、今は、きれいな空気も、きれいな水も、戻ってきました！

あなたの話も、結局はそういうことなんですね。

今日の講演はここで終わらせていただきます。聞いていただいてありがとうございます。

6-3　ヘリコプターマネーと異次元金融緩和の比較考、あるいは、「金融政策の形相」について

読者には本当に申し訳ないが、もう一本だけ拙稿を読んでもらうことになる。以下に続く文章は、今

般の財政政策を考えるうえで切っても切り離すことができない金融政策について掘り下げて論じたものである（齊藤 2016b）。ただし、統計数字は、寄稿時のものからアップデートしている。

6-3-1　異形の金融政策

最近、ヘリコプターマネーというニックネームで呼ばれている金融政策が、日本銀行（日銀）の展開してきた異次元金融緩和に代わる新たな政策手段として注目を浴びている。私は、こうした話題に接するにつけ、ついつい「金融政策の形相」ということに想いをめぐらしてしまう。

ヘリコプターマネーも、異次元金融緩和も、ともに特異な形相をしている。ヘリコプターマネーと聞いて思い浮かべる金融政策の顔つきには、いつもどこかいかがわしさがただよっている。たとえば、それは次のような様相だろうか。

財務大臣が国債を引き受けてもらうために日銀本店に国債証書を持ち込む。日銀総裁は引受代金として日銀券（紙幣）のずっしりと詰まったジュラルミンケースを大臣に引き渡す。大臣は、ジュラルミンケースを携えた部下たちとともに日銀本店の屋上からヘリコプターに乗り込み、東京上空から紙幣をばら撒く。「ばら撒かれた紙幣を手にするのは自分かもしれない」と連想し、「なんてすばらしい金融政策なのか！」と興奮する自分がおかしくもある。

虚構ではなく、史実に目を転じてみても、いかがわしい錬金術というイメージがヘリコプターマネーからは拭い去れない。正式には「中央銀行による国債直接引受」と呼ばれているヘリコプターマネーは、日中戦争や太平洋戦争の戦費のかなりを捻出した。太平洋戦争の四年間だけを見ても、政府は、国債を含めて政府債務を一六〇〇億円拡大させた。その規模は、名目GNE（国民総支出）の二年分を大きく超えた。後述するように、そのうちの九〇〇億円にのぼる資金は、日銀、満州中央銀行、そして占領地現地の発券銀行や中央銀行を通じた銀行券増発によって捻出されてきたのである。

一方、異次元金融緩和の形相は、まさに〝異形〟という言葉がふさわしい。二〇一三年四月に日銀総裁によってキックオフの笛が吹かれるやいなや、日銀は狂ったかのように国債を買いあさった。日銀の資産規模は、二〇一二年度末の一四〇兆円から二〇一五年度末に四〇六兆円に、二〇一六年度に四九〇兆円にそれぞれ達し、二〇一七年五月には五〇〇兆円を超えた。すなわち、日銀のバランスシートは日本経済の生産規模（名目GDP）に匹敵するまで膨張したことになる。猛烈な国債買入の結果、日銀は、二〇一六年度末までに発行された長期国債六一七兆円の六割強を保有するまでになった。民間銀行などが日銀に開いた当座預金口座には、大量の国債を買い入れた見返りとして二〇一二年度末から二〇一六年度末にかけて二四三兆円もの資金が振り込まれてきた。こうした数字に接していると、日銀が日本経済に面して仁王立ちしている姿を重ね合わせてしまう。

ヘリコプターマネーと異次元金融緩和は、特異な形相という点で似ているが、それが物価に及ぼす影響は好対照であった。中央銀行が紙幣を新たにばら撒けば、かならずや物価が高騰する。

たとえば、一億円分の紙幣が一年間で経済全体を一〇周回って一〇億円相当の取引がなされていたとしよう。そこで流通している紙幣が突然、二倍の二億円分に増えれば、そもそも一〇億円相当の同じ取引数量が一億円×二×一〇周で二〇億円相当の取引に膨らむので、物価（数量あたりの単価）は二倍に上昇する。

物価は実のところ二倍以上になる。物価が高騰しはじめると、紙幣の目減りが激しくなるので、人々は急いで紙幣を使おうとする。そうすると、紙幣は、たとえば、一年間で一〇周でなく二〇周も経済全体を駆け巡る。その結果、そもそも一〇億円だった同じ取引数量が一億円×二×二〇周で四〇億円相当の取引となるので、数量あたりの単価（物価）は四倍に跳ね上がる。

こうした物価高騰は、国民にとって迷惑千万な話であるが、政府にとってまんざら悪い話でもない。物価が上昇した分、国債の実質返済負担は大きく軽減されるからである。たとえば、物価が四倍になれば、国債元本の実質価値は四分の一まで急減し、実質返済負担もその割合で激減する。

戦中の猛烈なヘリコプターマネーは、終戦間際から戦後にかけて物価高騰を引き起こした。東京の小売物価は、一九四五年から五一年にかけて一〇〇倍となった。その結果、同期間も額面で三倍以上に膨らんだ政府債務は、実質残高で実に三〇分の一に激減した。すなわち、政府は、巨額の戦費から生じた国債返済負担をほとんど帳消しにできたのである。ただし、日本経済全体で国債の返済負担が軽減されたわけではないことに注意すべきであろう。物価高騰が人々から購買力を暴力的に奪い、猛烈なインフレ税[7]の形で国民に対して国債の返済負担を強いたのである。

一方、異次元金融緩和は、異様な形相に似つかわしくなく、物価への影響はすこぶる控え目であった。二〇一三年四月のキックオフから三年以上たっても、日銀がインフレ目標に掲げてきた年二％の物価上

（7）この場合のインフレ税とは、国民が保有している国債の実質価値が物価上昇で引き下げられることによって、政府が国債を返済する実質的な負担を軽減させられることを指している。国債は、本来は所得税や消費税で返済されるが、ここではインフレがこれらの税の役割を間接的に担っていることから、インフレ税と呼ばれている。

昇さえ引き起こすことができていない。日銀券と日銀当座預金の発行残高を合計したマネタリーベースが二〇一二年度末から二〇一六年度末にかけて三・一倍にもなったことを考えると、物価はびくともしなかったというほうが適切なのかもしれない。

前置きが長くなったが、ヘリコプターマネーと異次元金融緩和は、冷静になってそれぞれの原理を考えればわかることなのであるが、似て非なるものなのである。それにもかかわらず、私たちは、ヘリコプターマネーと異次元金融緩和について、前者が後者の延長線上にあるかのように位置付けてきた。なぜだろうか。私たちは、二つの金融政策が特異な形相という点において似ているところに、やや大げさな言い方をすると、二つの政策が生み出す視覚的なイメージに惑わされて、両者の原理的で決定的な違いがまるで見えなくなってしまったのかもしれない。

しかし、視覚的なイメージによる混乱が私たちの側にあったにしても、なぜ、今、ヘリコプターマネーなのかについては、まだまだ掘り下げて考えてみる必要があるのでないだろうか。実は、これも冷静になって考えてみると見えてくることであるが、ヘリコプターマネーを必要とした戦中の経済状況は、とても深いところで日本経済の現況と酷似しているのである。

巨額な政府債務に悩まされてきた政策決定者の立場からすれば、「秩序ある」という但し書きが常套句として添えられるが、継続的な物価上昇も、それによる政府債務の実質返済負担軽減も、のどから手が出るほどほしい政策的果実である。その意味でヘリコプターマネーに魅力を感じている政策決定者も少なくないにちがいない。

一方、インフレ税によって国債返済負担を強いられる国民の側からすれば、インフレへの警戒感も根強い。国民が異次元金融緩和にえもいわれぬ違和感を持つのも、ヘリコプターマネーと視覚的なイメージが重なって、物価高騰という政策的帰結をついつい連想してしまうからであろう。そうした雰囲気にあっては、あからさまな日銀の国債直接引受には、国民の反発が強いにちがいない。

そうこう考えてくると、冒頭に述べた「金融政策の形相」という論点は、案外に重要でないだろうか。現在の日本経済においてヘリコプターマネーの本質的な必要性があるとして、異次元金融緩和のように似て非なる枠組と正反対に、「表面的な容貌がまったく異なるのに本質においてそっくり同じ枠組み」が忍び寄ってくる可能性もあるかと思う。ヘリコプターマネーのどこかに魅力を感じている人々が、ヘリコプターマネーという「狼」に「羊の皮」を被せてそっと日本経済に忍び込ませてくるかもしれない。

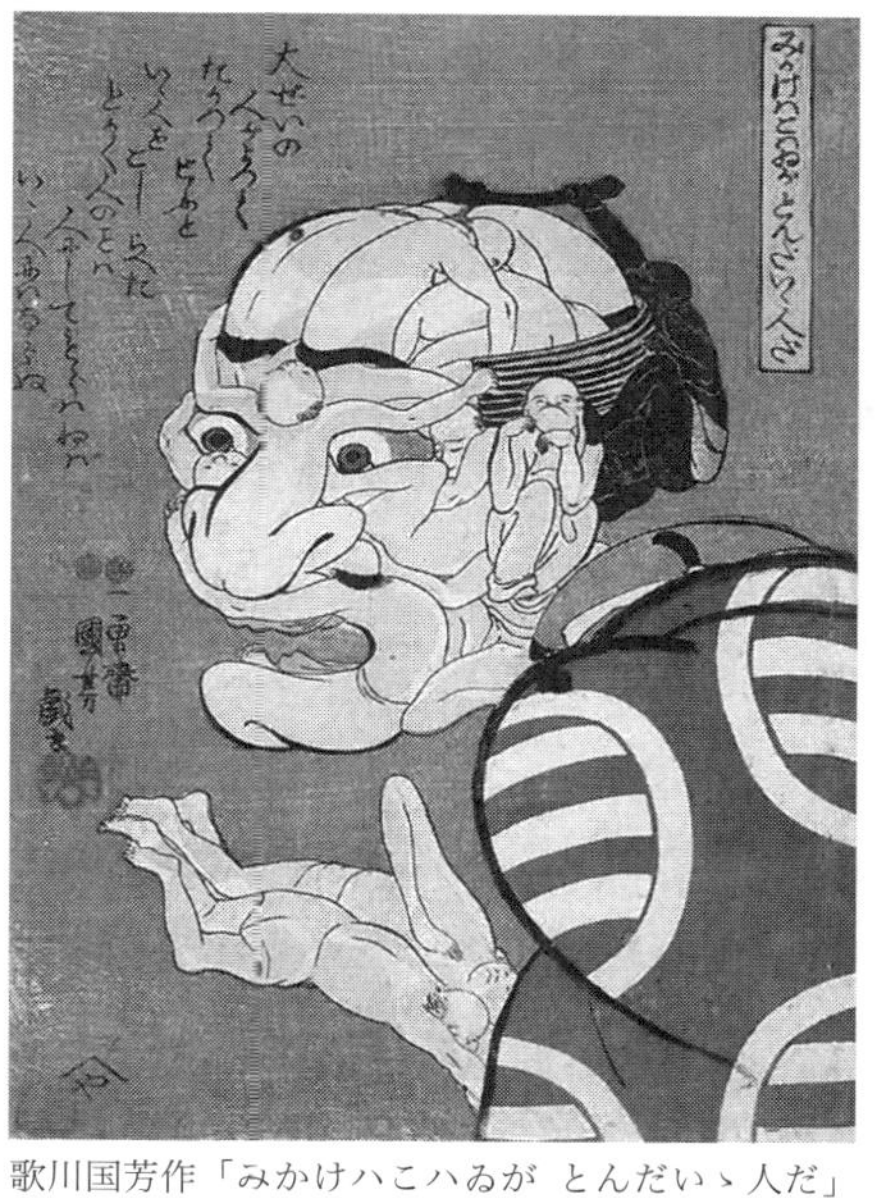

歌川国芳作「みかけハこハゐが とんだいゝ人だ」

一方では、見かけは仰々しい国債直接引受なのに、実は財政資金捻出との決別をそっと宣言するような金融政策もある。歌川国芳の浮世絵の画題ではないが（上の写真）、「見かけは怖いが、とんだいい国債直接引受だ！」というのもある。金融政策だって、形相だけではわからない。そんなことを本章の最後に考えてみたい。

6-3-2　ヘリコプターマネーとは似て非なる異次元金融緩和

ヘリコプターマネーにおいて「日銀が政府から国債を直接**引き受ける**」操作と、異次元金融緩和のように「日銀が民間銀行から国債を**買い入れる**」操作の本質的な違いを正確に理解するためには、次の二つのことを押さえておくとよいかもしれない。

ひとつは、日本銀行の資金供給手段には、日銀券だけでなく日銀当座預金（そのかなりの部分が準備預金と呼ばれている）も含まれているということである。ただし、「資金供給」という言葉のニュアンスとは異なって、日銀券も日銀当座預金も日銀が発行した預金契約なので、日銀が日銀券や日銀当座預金の形で資金を市場に供給するという操作は、日銀が預金契約によって資金を調達していることになる。それにもかかわらず、「資金供給」という言葉が用いられるのは、日銀券や当座預金にある資金が経済取引の最終的な決済手段として用いられているからである。たとえば、紙幣（日銀券）でモノを買うことができ、日銀当座預金を通じて送金や手形を最終的に決済することができる。

もうひとつ押さえておきたいことは、政府が発行した国債が市中において自然な形で消化される姿である。通常は、家計などが預けた資金で民間銀行が政府から国債を引き受ける。資金の流れからすると、「**民間貯蓄⇒民間銀行⇒政府**」となる。

すなわち、政府が発行した国債は、究極的に民間貯蓄によって支えられていることになる。異次元金融緩和と国債直接引受では、上述の資金循環に対する日銀の関わり方が大きく違うのである。以下、少しばかりややこしい議論になるが、両者の決定的な違いをできるだけ丁寧に説明していこう。

図6-8のパネルAは、異次元金融緩和のように日銀が民間銀行から国債を買い入れる枠組みを説明

している。ここでは、日銀に国債を売却した民間銀行は売却資金を日銀の当座預金口座に預ける。

この取引における日銀は、当座預金を預けている民間銀行に対して債務者である一方、国債発行者の政府に対して債権者である。その結果、日銀は、政府と民間銀行の間を、さらにいえば政府と家計の間を金融仲介しているにすぎない。

したがって、資金の流れとしては、**「民間貯蓄⇒民間銀行⇒日銀⇒政府」**となって、先述の自然な資金の流れを変えていない。民間貯蓄を資金原資とする民間銀行預金が依然として国債を支えているという意味では、**新たに資金が創造されたわけではない**。

こうして見てくると、日銀は異次元金融緩和で長期国債を大量購入して、日銀当座預金を急拡大させたのにもかかわらず、物価がほとんど変化しなかった理由も明らかになるであろう。二〇一二年度から二〇一五年度にかけて日銀は長期国債の保有を二〇〇兆円強拡大させるとともに、買い上げた先の民間銀行が日銀に開いている当座預金口座に二〇〇兆円強を振り込んだ。しかし、こうした二〇〇兆円超の資金は、日銀によって新たに創出されたのではなく、異次元金緩和の実施にかかわらず民間貯蓄としてすでに市中に供給されていたのである。

一方、図6-8のパネルBは、日銀が政府から国債を直接引き受けるケースを説明している。日銀は、直接引き受けた国債を資産に計上する一方、政府が日銀に開いた当座預金に購入資金を入金する。

それから先の風景としては、財務大臣が資金の振り込まれた日銀当座預金の小切手帳を切って、公共事業の落札業者に請負代金をその小切手で支払うところを思い浮かべればよい。あるいは、気前の良い大臣であれば、庁舎の屋上から持参人払式小切手を街ゆく人々に向けてばら撒くかもしれない。

図6－8　日銀の国債市中買入と国債直接引受の違いについて

パネルA：日銀の市中買入

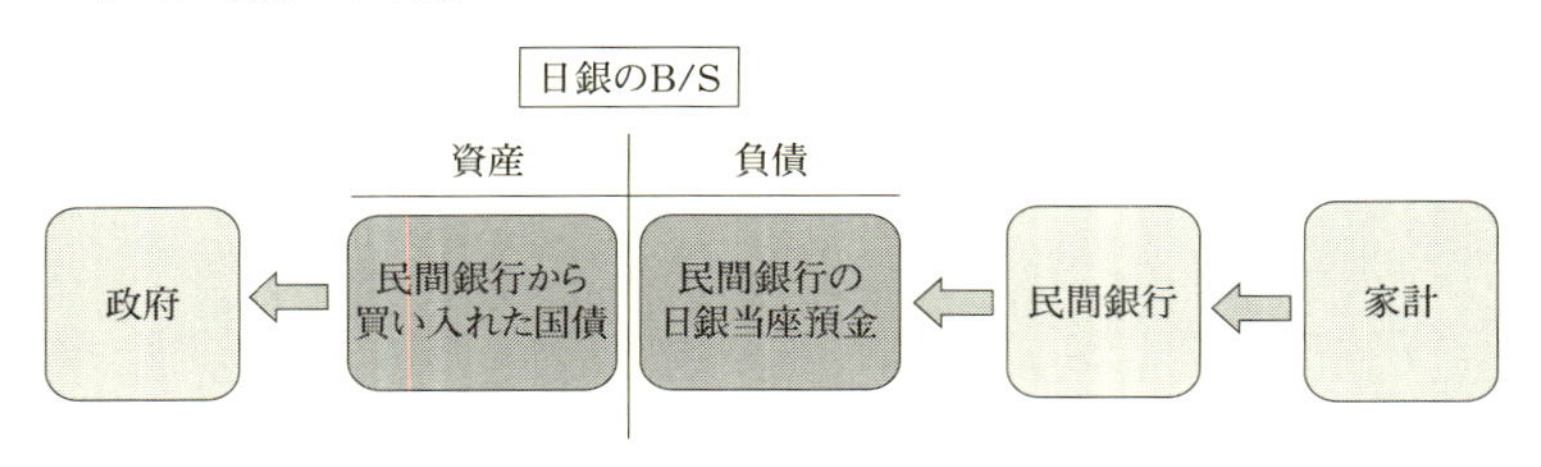

パネルB：日銀の直接引受

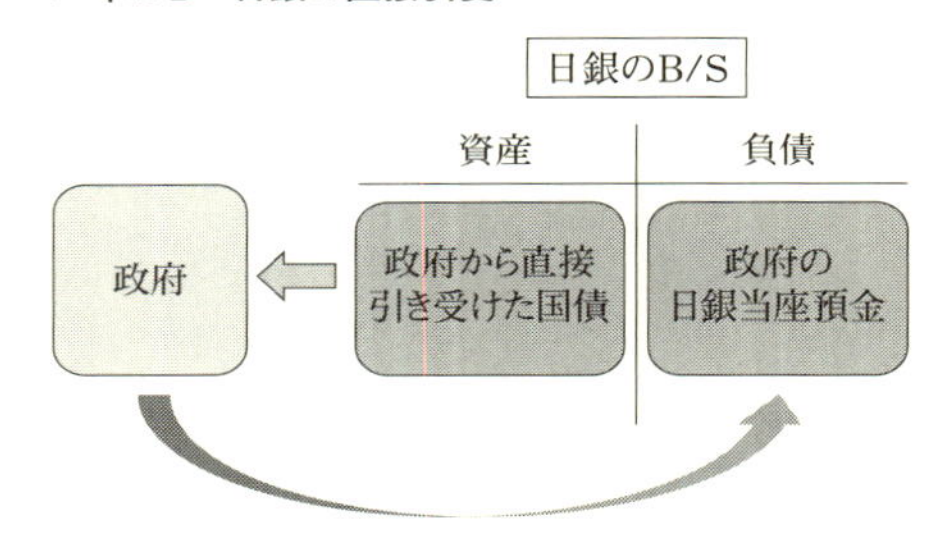

こうした取引における日銀は、国債発行者の政府に対して債権者であるが、当座預金保有者の政府に対して債務者である。この場合、政府と日銀の間だけで債権と債務は完全に相殺される。

すなわち、政府と日銀の間の貸借取引は、まさに国債引受の瞬間において、民間銀行との資金循環から完全に隔絶された形で可能なのである（図6-9参照）。

いいかえると、日銀による国債直接引受では、民間銀行を通じて供給される民間貯蓄とはまったく独立に、**政府に対して財政資金が新たに捻出される**。

先に見てきたように、こうして民間貯蓄の裏付けなしに新たに創出された資金が市中に供給されると、物価は確実に高騰する。一方、政府は、国債直接引受のおかげで民間貯蓄の制約から逃れて国債

図6－9　日銀の国債直接引受と契機とした民間貯蓄との断絶

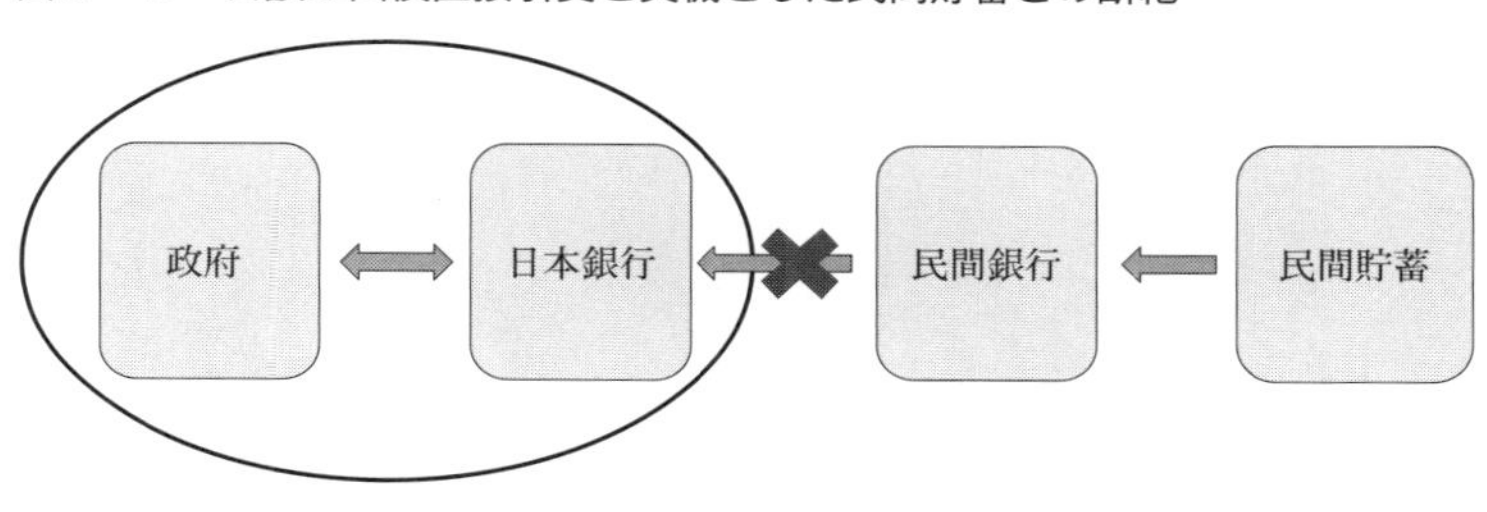

を自由に発行し、財政資金を自在に捻出できるので、政府の財政規律は完全に失われる。戦中から戦後にかけて財政規律が喪失し、物価が高騰した苦い経験を踏まえて、現在の財政法では、日銀による国債直接引受を固く禁じている。

6-3-3　異次元金融緩和は政策コストゼロなのだろうか？

それでは、日銀による国債直接引受は、財政規律喪失と物価高騰という形で経済全体に甚大な被害をもたらすが、異次元金融緩和は物価に影響を及ぼすこともなく、まったくの人畜無害なのであろうか。

実は、日銀が民間銀行から大量の国債を買い入れて日銀当座預金に資金を振り込む異次元金融緩和にも、大きな政策コストが生じているのである。ここでいう政策コストとは、政府の支出増や収入減で納税者が追加的に負担しなければならない費用を指している。なお、6-3節では、日銀当座預金全体ではなく、その大部を占める準備預金に焦点を当てていく。(8)

(8)　日銀当座預金とは、日本銀行に開かれた当座預金である。準備預金は、その日銀当座預金のうち市中銀行が日銀に開いている当座預金に相当する。市中銀行は、それぞれの預金残高に応じて準備預金に預け入れる義務があるが、預け入れ義務のある準備預金を法定準備預金と、それを超えた準備預金を超過準備預金とそれぞれ呼んでいる。

ところで、6-3-3節では、異次元金融緩和に政策コストが発生するメカニズムを見ていきたいのであるが、読者にひとつだけお断りしなくてはならない。ここでの議論は、昨今の金融政策を考えるうえで必要不可欠な論点なのであるが、本節全体の流れからすると、起承転結の「転」のような部分である。そこでとりあえず読み飛ばして、後で読んでいただいてもいっこうかまわない。ただ、6-3-3節を読んでもらうと、最後に登場する「見かけは怖いが、とんだいい国債直接引受だ！」のくだりを存分に堪能できること請け合いである。

さて、異次元金融緩和については、「政策コストを支払う必要がない」という理解が一般的なように思われる。確かに、日銀による通常の金融調節では、政策コストが発生するどころか、通貨発行益という形で政府収入の増加に貢献している。

日銀は、通常、銀行券（紙幣）発行や準備預金を通じて金利ゼロで資金を調達し、その資金で買い入れた長期国債の利息収入を得ている。すなわち、日銀は、国債金利とゼロ金利の差に相当する利鞘を通貨発行益として享受している。こうした日銀の利鞘収入は、毎年、政府に納付されて政府収入の一部となる。

しかし、以上の議論は、市中に流通している紙幣一〇〇兆円（二〇一六年度末）と、民間銀行が日銀に預入義務のある法定準備預金九兆円の範囲までである。現在、日銀の準備預金残高は、法定準備預金額をはるかに超過して二六四兆円に達している。日銀は、二〇〇八年一〇月以降、こうした超過準備預金に対して年〇・一％の金利を支払ってきた。

たとえ日銀であっても、法的強制力なしに民間銀行から資金を調達しようと思えば、金利を支払わなければならなかった。日銀は本年二月に「負の金利」政策を実施したが、それ以降も二〇〇兆円を超える準備預金に対してプラス〇・一％の金利を支払い続けている。

膨大な規模に達した超過準備預金については、「金利ゼロでの資金調達」という通常の図式がもはやあてはまらないことになる。

一方、「負の金利」政策の実施で長期国債金利もマイナスになった結果、「長期国債からの利息収入」という部分も危うくなってきた。

長期金利が負に転じると、日銀は額面額を超えて長期国債を買い入れなければならない。購入価格と額面額の差額は、償還期限まで分割して損失として毎年計上する必要が生じる。

「ゼロ金利で資金を調達して正の金利で運用する」ことで一兆円規模が期待されてきた通貨発行益は、超過準備預金に対する〇・一％の付利継続や長期金利のマイナス化で年数千億円単位の減収となった。当然、通貨発行益の減少は政府収入減につながり、その分が金融政策のコストに相当するのである。

将来に目を向けてみると、二％のインフレ目標を達成して短期金利が〇・五％を上回る水準になれば、日銀の費用がさらに膨らみ収益がいっそう減じる。その結果、通貨発行益がマイナスに転じて通貨発行損が生じる可能性さえある。

日銀は、市場実勢に合わせて超過準備預金に付した金利を引き上げることを迫られ、金利支払負担が増大する。市中に流通する紙幣も、インフレで価値が目減りしていくことが嫌われて、二〇一七年一月に一〇〇兆円を超えた残高は、短期金利が〇・五％以上だったころの規模である名目ＧＤＰの約八％（現在の名目ＧＤＰ水準を前提とすると約四〇兆円）まで半分以下に減少するであろう。その結果、日銀が紙幣発行によってゼロ金利で資金調達できたメリットもかなりの程度失われる。

また、長期金利上昇で国債価格が下落すると安い価格で長期国債を処分せざるをえなくなり、日銀は売却損を被る。

なお、国債金利がマイナスでも、高くなっても、通貨発行益が減少するという議論は混乱するかもしれない。正確にいうと、日銀が国債を購入したときの金利がそもそも低い場合と、日銀が国債を購入したときよりも売却するときに金利が高い場合に通貨発行益が減少する。

こうして見てきて明らかなように、現在の時点においてもすでに、将来の時点ではいっそう、異次元金融緩和政策には政策コストがかかってくるのである。

異次元金融緩和スキームのあまりに異様な形相に目がくらみ、国債直接引受との本質的な違いも、そこから生じる政策コストも、私たちにとって非常に見えづらくなった。

政策の異形さに惑わされて、異次元金融緩和によって政策コストをかけずに日銀が国債を引き受けているという錯覚に陥れば、財政支出拡大に歯止めがかからず、増税実施も先送りされるばかりであろう。そういう意味では、異次元金融緩和にも、財政規律を弱体化させる弊害があるといえる。

6-3-4 戦中・終戦期のヘリコプターマネー狂想曲

日銀は、満州事変が勃発した翌年の一九三二年になって政府から国債を直接引き受けるようになった。

6-2節で述べてきたように、中央銀行による国債直接引受の本質は、民間貯蓄とは完全に独立に財政資金が新たに創出されるところにある。逆にいうと、政府が必要とする資金規模が民間貯蓄の規模を

表6-4　戦前の政府債務と民間貯蓄

（単位：億円）

	名目国民総支出（GNE）	政府債務残高			純民間貯蓄	
		年末残高	対名目GNE比	純増額	貯蓄額	対名目GNE比
1930	138.5	68.4	49.4%	2.7	5.2	3.8%
1931	125.2	70.5	56.3%	2.1	8.3	6.7%
1932	130.4	79.1	60.7%	8.6	12.1	9.3%
1933	143.3	89.2	62.2%	10.1	15.7	10.9%
1934	156.7	97.8	62.4%	8.6	16.4	10.5%
1935	167.3	105.3	62.9%	7.5	26.3	15.7%
1936	178.0	113.0	63.5%	7.8	29.7	16.7%
1937	234.3	133.6	57.0%	20.5	35.8	15.3%
1938	267.9	179.2	66.9%	45.7	43.2	16.1%
1939	330.8	235.7	71.2%	56.5	66.4	20.1%
1940	394.0	310.0	78.7%	74.4	87.1	22.1%
1941	449.0	417.9	93.1%	107.8	118.5	26.4%
1942	543.8	571.5	105.1%	153.7	135.5	24.9%
1943	638.2	851.2	133.4%	279.6	166.4	26.1%
1944	745.0	1519.5	204.0%	668.4	231.1	31.0%
1945	1144.7	1994.5	174.2%	475.0		

出所：大川・篠原・梅村（1974）、日本銀行統計局（1966）、大蔵省昭和財政史室（1983）。

大きく上回るときにこそ、国債直接引受がその真価を発揮する。

表6-4によって国債を含む政府債務の拡大規模（五列目）と民間貯蓄（正確には、純民間貯蓄）の規模（六列目）を比較してみよう。高橋是清が蔵相を務めていた時期（一九三一年一二月から一九三六年二月のほとんどの期間）は、民間貯蓄が政府債務の増加を大きく上回っていた。一九三二年から一九三六年の期間を見ると、政府債務が四三億円拡大したのに対して、民間貯蓄総額は一〇〇億円に達した。民間貯蓄の六割弱を民間設備投資にまわしても、財政支出を十分にまかなうことができた。

一方、日中戦争が始まった一九三七年から一九四一年にかけては、政府債務の拡大規模（三〇五億円）が民間貯蓄総額

表6-5　日本銀行券の発行推移

（単位：億円）

	日本銀行券	
	年末残高	純増額
1930	14.4	
1931	13.3	-1.1
1932	14.3	1.0
1933	15.4	1.2
1934	16.3	0.8
1935	17.7	1.4
1936	18.7	1.0
1937	23.1	4.4
1938	27.5	4.5
1939	36.8	9.2
1940	47.8	11.0
1941	59.8	12.0
1942	71.5	11.7
1943	102.7	31.2
1944	177.5	74.8
1945年8月	554.4	377.0

出所：日本銀行統計局（1966）。

（三五一億円）の八七％を占めるようになった。民間貯蓄は、民間設備投資にまわすと、財政資金を支える余裕がなくなりはじめてきた。この期間は、国民精神総動員運動の一環として貯蓄奨励運動が活発となったが、それでも民間貯蓄が十分でなかったことになる。裏を返せば、日銀による国債直接引受の必要度がそれだけ高まってきた。

太平洋戦争開始後の一九四二年から一九四四年にかけては（残念ながら一九四五年の民間貯蓄推計が存在しない）、戦費急増によって政府債務が一一〇二億円拡大して、五三三億円相当の民間貯蓄総額を大きく上回った。日銀による国債直接引受なくしては、膨大な戦費をまかなえない状態に陥った。

事実、国債直接引受によって新たに創出された資金の規模のかなりの部分は、日銀券の発行増に対応している。**表6-5**によって日銀券発行の拡大ペースを見ていくと、一九三二年から一九三六年が五億円強だったものが、一九三七年から一九四一年に四一億円強、一九四二年から一九四五年八月までには四九五億円に達した。

一九四二年から一九四五年について国債直接引受によって創出された財政資金の規模をさらに詳しく見ていこう。ここで注意しなければならない点は、日銀だけが国債直接引受やそれと同等の操作で財政

表6-6 中央銀行、植民地の中央銀行、占領地の中央銀行・発券銀行による政府債務の調達額（1942年から1945年8月まで）

（単位：億円）

政府債務の増額規模	(i)日本銀行券の発行増分	(ii)占領地の中央銀行、発券銀行の政府貸し上げ引受額増分	(i)+(ii)
1577	495	427	922

出所：大蔵省昭和財政史室（1955）。

資金を捻出したわけではなかったことである。満州の中央銀行である満州中央銀行も、日本国債を直接引き受けた。また、華北や華中に設立された現地発券銀行（中国連合準備銀行や中央儲備銀行など）も朝鮮銀行や横浜正金銀行を通じて財政資金を新たに創出してきた。表6-6が示すように、同期間に政府債務は一五七七億円拡大したが、その六割に相当する資金九二二億円が多様なヘリコプターマネーによって生み出されたのである[9]。

さらに戦争末期の一九四五年二月以降は、臨時軍事費特別会計とは別枠で外資金庫と呼ばれる極秘勘定を通じて、占領地現地の発券銀行が大々的なヘリコプターマネーを実施してきた。その規模は、通貨価値が著しく減じた現地円換算で五千億円を超えた。

なりふりかまわずのヘリコプターマネーによって戦費を捻出してきた結果、外地では、戦中より猛烈なインフレに見舞われた。たとえば、一九三六年から一九四五年の終戦にかけての物価水準は、北京で二一〇倍、上海で五七〇〇倍に高騰した。

外地に比べると内地のインフレはマイルドであったが、それでも、物価水準は、日中戦争以降の一九三七年から一九四五年にかけて二・七倍、太

（9） より詳細な分析は、Saito（2017b）を参照してほしい。

平洋戦争以降の一九四二年から一九四五年にかけて一・七倍となった。

日本経済が猛烈なインフレに見舞われたのは、戦後になってからである。表6-2（6-2節に掲載）が示すように、東京の小売物価は、一九四五年から一九五一年にかけておよそ一〇〇倍になった。

その重要な政策的帰結は、政府債務の実質返済負担の激減であった。一九四五年から一九五一年にかけて政府債務は名目額で一九九五億円から六四五五億円に拡大したものの、その実質残高は一九四五年基準で一九九五億円から六四億円へと三〇分の一以下になった。この間、国民は、一九四六年二月から一九四八年七月までの二年半に及ぶ預金封鎖、財産没収といっていいほど高率な財産税、そして猛烈なインフレ税によって政府債務の返済を無理強いされてきたのである。

6-3-5 「羊の皮を被った」ヘリコプターマネー

それでは、半世紀ほど時間を下ってきて、二〇世紀終わりから二一世紀初頭の期間について表6-4に対応する数字を見ていく。まずは、表6-7の六列目にある民間貯蓄（純民間貯蓄）の推移を追ってみよう。

これらの数字の系列は、いささかショッキングである。一九九〇年代半ばに額にして四〇兆円台半ば、対名目GDP比で九％前後と推移してきた民間貯蓄総額は、一九九〇年代末から上下を繰り返しつつも減少傾向を示してきた。二〇一二年度以降は、四〇兆円を割り込んだ。国民貯蓄が低下傾向にある根本的な要因は家計貯蓄の顕著な減少が主因である。表6-7の八列目を見ると、家計貯蓄は二〇一二年度に一〇兆円を大きく割り込んでいる。少子高齢化の進行で貯蓄を積み上げる若・中年層が減り、貯蓄を

表6-7　1994年度以降の政府債務と民間貯蓄

（単位：兆円）

年度	名目GDP	中央政府債務			純民間貯蓄		純家計貯蓄	
		年度末残高	対名目GDP比	純増額	貯蓄額	対名目GDP比	貯蓄額	対名目GDP比
1994	502.4	267.0	53.1%	20.4	46.8	9.3%	39.7	7.9%
1995	516.7	300.4	58.1%	33.4	50.1	9.7%	33.8	6.5%
1996	528.7	333.9	63.2%	33.5	54.5	10.3%	31.2	5.9%
1997	533.1	373.5	70.1%	39.6	51.7	9.7%	35.9	6.7%
1998	526.1	412.1	78.3%	38.6	50.8	9.7%	34.7	6.6%
1999	522.0	459.2	88.0%	47.0	52.9	10.1%	32.5	6.2%
2000	528.6	508.4	96.2%	49.2	55.0	10.4%	25.7	4.9%
2001	518.9	527.7	101.7%	19.3	42.7	8.2%	15.8	3.0%
2002	514.7	573.1	111.3%	45.4	49.2	9.6%	13.9	2.7%
2003	518.2	630.6	121.7%	57.5	56.2	10.8%	12.9	2.5%
2004	521.0	674.2	129.4%	43.6	56.1	10.8%	10.2	2.0%
2005	525.8	689.1	131.1%	14.9	50.3	9.6%	8.5	1.6%
2006	529.3	699.0	132.1%	9.9	48.2	9.1%	8.3	1.6%
2007	531.0	721.1	135.8%	22.0	44.7	8.4%	6.0	1.1%
2008	509.4	727.9	142.9%	6.9	31.9	6.3%	10.3	2.0%
2009	492.1	771.1	156.7%	43.2	44.0	8.9%	12.7	2.6%
2010	499.2	818.9	164.1%	47.8	47.9	9.6%	11.5	2.3%
2011	493.9	865.1	175.2%	46.2	41.5	8.4%	10.7	2.2%
2012	494.7	914.3	184.8%	49.2	36.6	7.4%	6.1	1.2%
2013	507.4	949.4	187.1%	35.1	35.0	6.9%	-3.1	-0.6%
2014	517.8	993.3	191.9%	43.9	35.4	6.8%	0.5	0.1%
2015	532.0	1027.3	193.1%	34.0	41.8	7.9%	2.2	0.4%
2016	538.0	1033.0	192.0%	5.6				

注：純民間貯蓄は、家計、非金融法人、金融機関、非営利団体の純貯蓄を合計している。
出所：日本銀行、内閣府。

取り崩す高齢層が増えてきたからである。

一方、表6-7の三列目にある国債を含む政府債務は、拡大の一途をたどってきた。社会保障負担の増大と相次ぐ経済対策の結果、景気回復期を含む二〇〇五年度から二〇〇八年度の期間と二〇一六年度を除いて、政府債務は年三〇兆円台から五〇兆円台のペースで着実に拡大してきた。その結果、政府債務の対名目G

DP比は、二〇〇%に近づいた。

非常に深刻なことに、政府債務の拡大ペースは、二〇一一年度以降、民間貯蓄総額を上回るようになった。二〇一一年度から二〇一五年度の期間について見ると、政府債務が二〇八兆円拡大したのに対して、民間貯蓄総額は一九〇兆円にとどまった。

少子高齢化で民間貯蓄総額が減少するのは自然であるが、そのようなマクロ経済の縮小過程にあって政府債務が拡大していくのは不自然である。民間貯蓄の減少と政府債務の拡大というちぐはぐな組み合わせは、今後も続いていくであろう。近い将来、日銀による国債直接引受の潜在的な必要性は、国民貯蓄の減少と政府債務の拡大で生じる帳尻を埋め合わす手段として、戦中よりも高まるかもしれない。

かといって、政府の要請を受けて日銀があからさまに国債直接引受を行ってしまえば、国民の反発も強いであろう。そこで、財政資金を少しずつ創出しつつ、秩序ある物価上昇で政府債務の実質返済負担を徐々に軽減できるように、節度を持って徐々に、できれば、国民からはわかりにくいようにヘリコプターマネーを実施したいと考える政策責任者も多いのでないだろうか。

実は、一九三二年に日銀の国債直接引受に着手した高橋是清たちも、「金融政策の形相」にはずいぶんとこだわっていた。日銀による国債直接引受の潜在的な危険性を熟知していた彼らは、国債が民間銀行を通じて民間貯蓄によって消化されている自然な姿にできるだけ早く戻そうとした。事実、高橋財政期には、直接引き受けた国債の約九割は、売りオペと呼ばれる操作で民間銀行に売られたのである。すなわち、日銀による国債直接引受で生じた「**日銀⇒政府**」という関係を「**民間貯蓄⇒民間銀行⇒政府**」という自然な姿に置き換えてきた。

図6-10　日銀の民間銀行への直接融資の効果

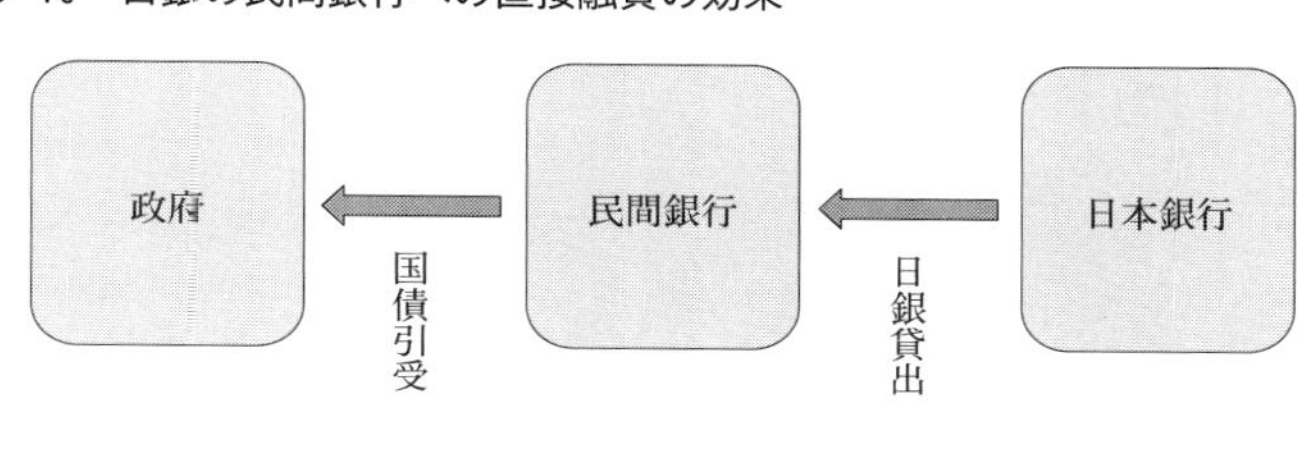

しかし、先に見てきたように、日中戦争が始まった一九三七年以降は、民間貯蓄で政府債務を支える余裕がなくなりはじめた。それにもかかわらず、大蔵省や日銀は、国債が民間銀行によって消化される自然な姿に依然としてこだわった。

どのようにしたのであろうか。彼らは、ヘリコプターマネーという「狼」に「羊の皮」を被せるようなことをした。日銀の国債直接引受を描いた図6-8のパネルBにある政府と日銀の間に民間銀行を挟みこんだのである。**図6-10**が示すように、日銀が民間銀行に融資をし、民間銀行はその資金で政府から国債を引き受けた。すなわち、「**日銀⇒民間銀行⇒政府**」という流れの後半にある「**民間銀行⇒政府**」の部分だけを見れば自然な姿のように見える。しかし、民間銀行のバックに控えていたのは、民間貯蓄ではなく、日銀が新たに創出した資金であった。

この仕組みには、さらにおまけも付いてきた。日銀は、一九三七年から民間銀行への貸出金利について国債金利（年三・五％）を下回る水準に引き下げた。民間銀行の立場からすれば、日銀から低い金利で借りて、より高い金利の国債に運用できるので、政府と日銀の間に割り込むことで利鞘を得ることができた。民間銀行も、ヘリコプターマネーの偽装工作に喜んで加担したことになる。

それでは、現在の日銀が有する政策スキームに民間銀行への融資制度があるであろうか。実は、貸出支援基金と呼ばれている民間銀行への貸出制度がある。現在の貸出支援基金は、民間銀行の貸出に資金使途が限られていて、国債投資への資金に直接用いることができない。しかし、いったん日銀からの資金が民間銀行に入ってしまえば、民間銀行としては、政府から国債を引き受ける資金余力を高められる。将来、日銀が貸出支援基金で民間銀行に融資する際の金利を思い切り引き下げる可能性も否定できない。

こうして見てくると、貸出支援基金のような仕組みが「羊の皮」となって、異次元金融緩和が国債市中買入から国債直接引受へと質的に変容していく事態をカモフラージュするようなことが将来起きるのかもしれない。

6-3-6 「見かけは怖いが、とんだいい国債直接引受だ！」

さて、これまでの話であると、金融市場で経済政策を考えている人たちは油断ならない輩ばかりだと誤解を受けかねない。そこで最後に「見かけは怖いが、とんだいい国債直接引受だ！」という仕掛けを紹介したい。以下は、ベンジャミン・バーナンキ前連銀議長や岩村充教授が提案した複雑な仕組みを思い切って簡略化したものである。

まず、日銀は、政府との取引において、民間銀行からすでに買い入れた長期国債を、満期が定まっていない永久国債と交換する。ここで登場する永久国債は、その金利が時々の短期金利に連動する変動利付債でもある。こうした日銀と政府の国債交換は、日銀が民間銀行からすでに買い入れた長期国債との交換なので、ヘリコプターマネーのように新たに資金を創出するわけではない。ただし、日銀が政府から通常の長期国債と引き換えに変動利付永久国債を引き受けるという点だけに着目すると、見かけは狼の姿をした国債直接引受である。

ここでは簡単に日銀の準備預金金利も短期金利に連動するとしよう。そうすると、日銀から見れば、保有している変動利付永久国債の利息受取は、準備預金の利息支払で完全に相殺される。その結果、6-3-3節で説明した通貨発行益はゼロである。この仕組みは、「見かけは怖い」国債直接引受の形相をしていながら、新規資金も創出しないわ、通貨発行益も生み出さないわで、財政資金の捻出にはまったく役に立たない。

しかし、とてもよいことがひとつある。6-3-3節で議論したように、このままいけば、将来、金利が上昇する局面で日銀は莫大な通貨発行損を被ることになる。これは、財政収入が大幅減額するという意味で財政負担が激増するのと同じである。上の「見かけは怖い」直接国債引受によって、こうした将来の財政負担をほぼ回避することができる。

変動利付国債は、永久債に限ったことではないが、価格でなく金利で経済環境に適応していくので、金利が上昇しても通常の長期国債のように債券価格が下落することはない。その結果、日銀が将来被るであろう長期国債の売却損をうまく避けて、通貨発行損をほぼゼロにすることができるのである。

…と書いてきた本章を読んでいただいた方から、「本当に〝とんだいい〟なのでしょうか」と疑問をぶつけられた。こうして政府と日銀の間で将来の莫大な通貨発行損を清算してすっきりしておいて、あらためてヘリコプターマネーを堂々と発動する懸念はないものか。もしそうであるとすると、複雑怪奇な形相に惑わされたのは、私自身だったということになる。

そんな私がいっても説得力に欠けるが、「金融政策の形相」に惑わされてはいけない。現在の日本経済が抱えている社会保障負担や景気対策は、私たちにとって「戦争」なのである。それは、今後、民間貯蓄が縮小していくなかで戦わなければならない厳しい「戦争」となるであろう。そうであったとしても、国家が「戦争」で負う債務の拡大は、私たちが将来の備えとした貯蓄の範囲内に留めるというのが、私たちが将来世代に対して守るべき節度なのだと思う。特異な形相をしたヘリコプターマネーには、先の大戦がそうであったように、そうした節度を私たちから一挙に奪い去り、無謀な「戦争」に駆り立てかねない魔性がある。

長々と書いてきたが、「金融政策の形相」に惑わされてはいけない。そのことだけがいいたかった。

6-4 経済学から見た危機対応　債務返済の経済学

6-4-1 日本銀行の負債は返済しなくてよいのだろうか？

読者には、財政危機という「領域」の複雑な性格を理解するために、もうひとつ厄介な節を読んでもらいたい。特に財政危機の可能性について「日本銀行が国債を引き受けてくれる限りは問題がない」、「日本経済が順調に成長する限りは問題がない」という過度に楽観的なシナリオの妥当性を再考していく。すなわち、公的債務の返済にマジックはなく、ほとんどを国民の納税を通じて返済しなければならないことをあらためて確認しておきたい。

第7章で議論していくことになるが、「過度に楽観的なシナリオ」から距離を置くということは、経

図6-11　各経済部門のバランスシート（2016年度末）

（単位：兆円）

一般政府	
金融資産	国債・地方債など
562	1,054

⇔

日本銀行	
国債など	日銀券
427	105
	日銀当座預金（準備預金） 343

⇔

民間銀行	
国債など	預金
201	1,422
日銀当座預金 324	

⇔

家計	
現預金	住宅ローン、消費者ローン
932	317

済政策の合意形成において非常に重要な要素となってくる。

まずは「日本銀行が国債を引き受けてくれる限りは問題がない」という超楽観シナリオのほうを検討していこう。

読者は「自分の借金を他人様の資産で返済することができる」と聞けば、「そんな馬鹿な」と思うであろう。しかし、国や地方の借金のことになると、そうした議論がまかり通ってしまう。たとえば、英金融サービス機構の長官だったアデア・ターナーは「国の借金は中央銀行の資産で相殺することができる」と主張して注目を浴びた（ターナー 2016）。ターナーの主張のポイントは、国と中央銀行は他人どうしなどではなく、統合政府として一体なのであるというところにある。

それでは、ターナーの主張をひとつずつ確認してみよう。

図6-11が示すように、あるいは、6-3節で議論してきたように、一般政府（中央政府、地方公共団体、社会保障基金を合わせた総称）、日本銀行、民間銀行、家計は、資産と負債の連鎖でつながっている。まず、家計が民間銀行に預金を預ける。民間銀行は預金を原資として、その一部を国債などの公的債務に投資し、その一部を日本銀行の当座預金に預ける。日本銀行は、民間銀行から預けられた当座預金と、預金証書として発行された紙幣によって調達した資金で主として国債を購入する。最近では、政府は、国債による資金調達のかなり

の部分を日本銀行に依存することになっている。

それでは、二〇一六年度末の具体的な数字を見てみよう。日本銀行は、紙幣発行で一〇五兆円、当座預金で三四三兆円、合わせて四四八兆円の資金を調達した。その資金のうち、四二七兆円が国債などの公的債務に投じられた。ターナーの主張では、政府や地方が発行している一千兆円を超える公的債務のうち日本銀行が保有している四二七兆円は、政府と日本銀行の間で相殺できる。卑近な言葉でいえば、日本銀行が保有する部分の公的債務は政府と日本銀行の間でチャラにすることができる。

そんなうまい話がありえるのであろうか。

確かに、国債については、政府が債務者で日本銀行が債権者である。両者が合意できれば、「国債をなかったもの」にできるように見える。しかし、政府への債権を放棄した日本銀行は困ってしまうであろう。当座預金に預けている民間銀行や紙幣を保有しているさまざまな主体は、日本銀行にとって債権者であるが、政府に債権放棄をした日本銀行はそうした債権者に対して返済原資を失ってしまうからである。

ターナーの主張が成り立つためには、民間銀行や紙幣保有者が日本銀行に対して債務返済を求めない状態が、未来永劫続かなければならない。すなわち、民間銀行は日本銀行の当座預金に永遠に資金を預け、紙幣保有者は紙幣を永久に持ち続けなければならない。さらに言い方を変えれば、「日本銀行が保有する国債について政府は返済していなくてもよい」という主張は、「日本銀行が抱える負債（紙幣と当座預金）について日本銀行は回収（あるいは、返済）しなくてよい」という主張と表裏一体の関係にある。

しかし、そのようなことを期待するのは非常に難しい。

現在、日銀当座預金が三〇〇兆円を大きく超えているのは、市場金利がゼロか負になっているにもかかわらず、当座預金のかなりの残高に〇・一%の金利が付されているからである。もし、金融市場が正常な状態になって金利が正の水準に離陸する一方、当座預金の金利がゼロに戻れば、準備預金（日銀当座預金の中核を占める預金）に預入義務のある残高を超えて民間銀行は当座預金に資金を置くことはなくなるであろう。現在の経済規模を前提とすると、民間銀行が準備預金に預けなければならない所要準備額は九兆円にすぎない。

それでは、紙幣のほうはどうであろうか。現在、紙幣の発行残高は一〇〇兆円を超えているが、その規模の紙幣が未来永劫、市中で流通し続けるとは考えにくい。現在、紙幣の発行残高が膨張しているのは、金利がゼロにへばりついていて、銀行に預けるよりも、家のタンスや金庫にしまっておくほうがよいと考えている人々が多いからである。もしかすると、超低金利で有力な投資機会が乏しい環境にあって、不正に得た所得を隠匿する手段として紙幣が保有されているのかもしれない。

しかし、短期金利が〇・五%を超えると、人々は、それまでタンス預金としていた紙幣のかなりを銀行に預け直すようになるといわれている。それでは、紙幣発行はどのくらいの規模まで縮小するのであろうか。結論を先取りすると、経済の名目規模（名目GNE）の八%程度、現在の経済規模で見ると、紙幣発行残高は四〇兆円まで縮小する。

あまり知られていないことであるが、金融市場が正常な環境にあっては、名目GDPに対する紙幣発行残高の割合は驚くほど安定している。図6-12は、日本銀行が銀兌換券を発行した一八八五年から二

図6-12　マーシャルのk（日銀券発行残高/名目GDP（名目GNE））と公定歩合

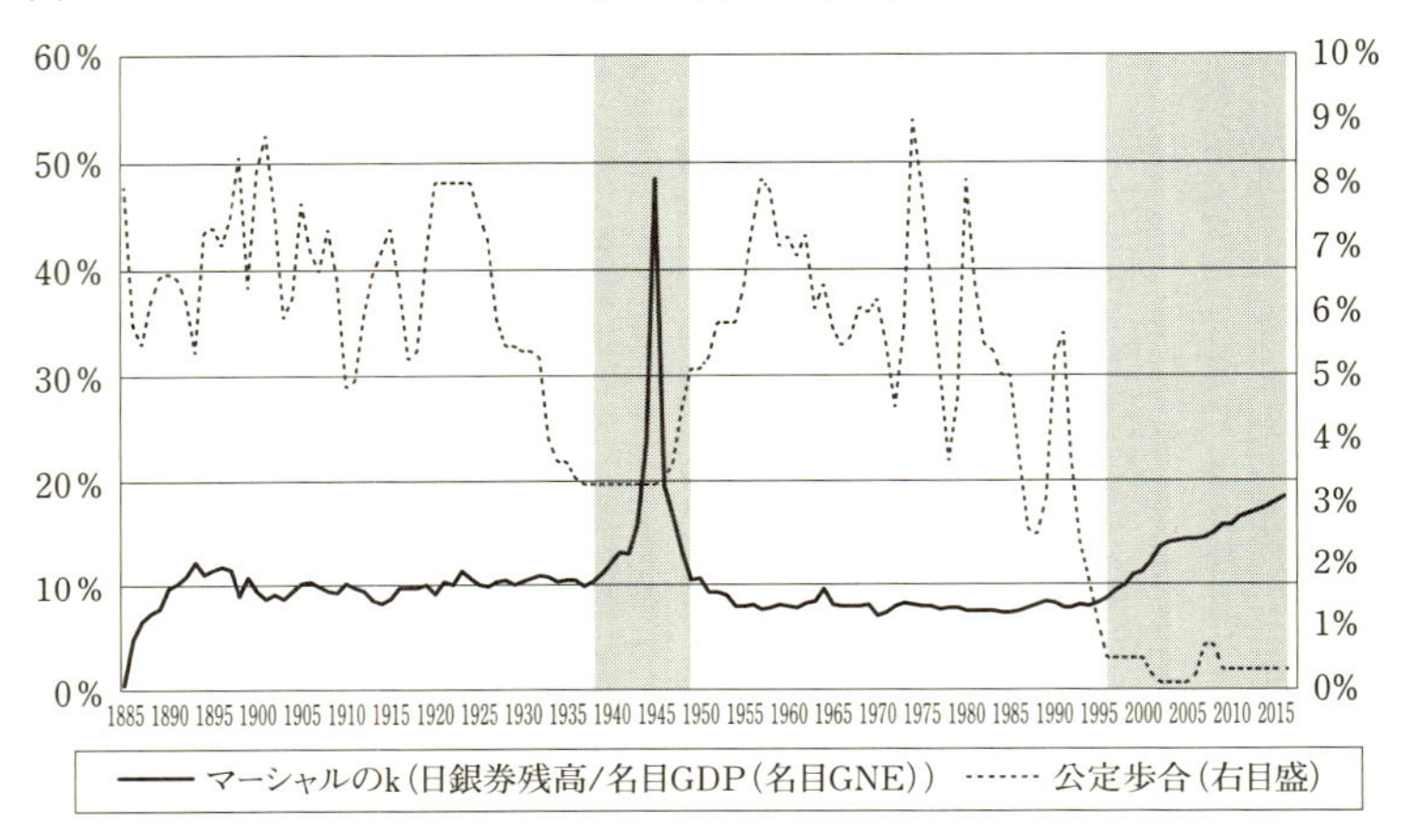

出所：Saito (2017a).

〇一六年までの一世紀を超える期間について、紙幣発行残高を名目GDPで除した**マーシャルのk**の推移を描いたものである。[10] 同図には、現在は基準割引率（あるいは基準貸付利率）と呼ばれている公定歩合金利の推移も短期金利の指標として描かれている。

戦前は、二〇世紀の初頭から一九三〇年代半ばまでのマーシャルのkは一〇％で安定していた。一方、戦後の混乱期を経過した一九五〇年代初めから短期金利が〇・五％を上回っていた一九九五年までは、マーシャルのkがほぼ八％で安定してきた。戦後のマーシャルのkの長期平均が戦前に比べて一〇％から八％に低下したのは、金融市場が高度化して紙幣に依拠する取引が減少したからであろう。

しかし、過去一世紀以上の歴史において二回だけ、マーシャルのkが長期平均から上方に乖離する契機があった。二回目の上方乖離は、これまでに述べてきたように、短期金利がゼロ近傍まで低下して紙幣需要が急激に高まった時期である。一九九六年以降、マーシャルのkは長期平均の八%から上昇し、二〇一六年には二〇%近くに達した。こうした傾向の裏返しとしていえることは、短期金利が〇・五%を上回るような状況に戻れば、マーシャルのkは長期平均の八%に回帰するであろう。

一方、一回目の上方乖離は、一九三七年から一九四九年の間に起きている。同期間、マーシャルのkは一〇%から急激に上昇し、一九四五年に五〇%弱でピークをむかえ、その後急速に低下している。この間は、金利は低かったとはいえ三・三%とゼロ水準から大きく離れていたので、二回目の上方乖離の説明を一回目に直接あてはめることはできない。

さまざまな理由が考えられるのだと思う。最近、私は、同期間の戦中戦後に日本経済が統制経済に置かれ闇市場が拡大したことに着目して、マーシャルのkの上方乖離の理由を考えてみた(Saito 2017a)。特に、戦中にあっては、闇市場のディーラーたちが不正に得た所得を隠匿するために匿名性を保持できる紙幣を保有した結果、紙幣需要が急激に拡大したと考えた。闇取引で正規の経済(formal economy)から闇市場に漏出した所得規模を推計すると、紙幣の追加需要に見合うことが明らかになった。

ここで強調しておきたいのであるが、マーシャルのkが上昇していくプロセスでは、紙幣発行の拡大に比して物価が落ち着いて推移し、逆に、マーシャルのkが低下していくプロセスでは、貨幣発行の拡大規模を大きく超えて物価が高騰していく。

一九三七年から一九四五年は紙幣発行が二四・一倍となったが、物価上昇は二・七倍にとどまった。

(10) マーシャルのkは、経済全体に流通している貨幣残高の相対規模で測ったものである。ここでのマーシャルのkは、名目GDP(あるいは、名目GNE)に対する日銀券残高の比率で定義している。

一方、6-2節や6-3節で見てきたように、一九四五年から一九五一年は物価が一〇〇倍に高騰したが、紙幣発行は九・一倍にとどまっていた。いずれにしても、マーシャルのkは一九五〇年には一九三七年よりも前の水準を若干下回る水準に戻ってきただけで、マーシャルのkが底なしに低下するということはなかった。

こうしたマーシャルのkの動向も、終戦直後の日本経済がハイパーインフレに陥ったわけでないことを物語っている。いったんハイパーインフレが起きると、紙幣拡大のテンポをはるかに超えて物価が高騰していくので、マーシャルのkは急テンポでゼロに収斂していく。たとえば、第一次世界大戦後のドイツでは、一九二三年一月から六月までの半年間で貨幣供給が二千倍になったが、物価は二万五千倍を超えた。年率換算で見た貨幣拡大のテンポに対する物価高騰のテンポは、第二次世界大戦後の日本経済で一対一・六であったのに対して、第一次世界大戦後のドイツ経済で一対一五六にも達していた。

大戦後のドイツ経済では、とんでもなく高騰する貨幣価値で測った経済規模に対して、貨幣残高が無視できるような規模になってしまった。すなわち、マーシャルのkは、ゼロに向かってまっしぐらに低下していったのである。

以上の話をまとめると、預入が義務付けられている準備預金(日銀当座預金)が名目GDPの二%、市場に長期的にとどまる紙幣が同八%、あわせて名目GDPの一割に相当する日本銀行の負債が、日本銀行が返済をする必要のない負債規模といえる。現在の経済規模で換算すると、たかだか五〇兆円強ということになる。要するに、日本銀行が五〇兆円強に対応する原資で購入した国債については、日本銀行と政府の間で相殺、すなわちチャラにすることができる。

いいかえると、ターナーの議論が適用できる範囲は、日本銀行が現在保有している四〇〇兆円の国債のうち、せいぜい五〇兆円にすぎない。それを超える国債残高は、結局、国民が納税によって返済しなければならないことになる。

6-4-2 やはり国債は税金で返済する必要がある（本小節は少し難しいので後回しにしてもかまわない）

それでは次に「日本経済が成長する限りは財政危機など問題でない」という超楽観シナリオを考えていこう。

6-2節で説明したように、国債の相対規模は、名目GDPに対する割合で測定されることが多い。ここで国債の発行残高をB、名目GDPをYと定義すると、国債の相対規模（ここでは、便宜的に公債比率と呼ぼう）はB/Yで測られる。

この公債比率は、毎年、どのように変化していくのであろうか。ここで公債比率の変化幅は、$\Delta\left(\frac{B}{Y}\right)$と書き表すことにしよう。国債金利を$i$、基礎的財政収支（国債の元利支払を除いた経費を税収から差し引いたもの）を$T-G$、名目GDPで測った経済成長率をgとすると、以下の関係が成り立つことが知られている。

$$\Delta\left(\frac{B}{Y}\right) = -\frac{T-G}{Y} + \frac{B}{Y}(i-g)$$

右の式が明確に示すように、名目GDPに対する国債発行残高の割合である公債比率を引き下げるためには、基礎的財政収支改善（$(T-G)\uparrow$）、国債金利低下（$i\downarrow$）、経済成長（$g\uparrow$）、そして、金利が成長率を上回っていれば公債比率が低い状態（$\frac{B}{Y}\downarrow$）がそれぞれ必要となってくる。

6-2-10節の議論では、名目金利も、経済成長率もゼロなので（$i=g=0$）、右の式の右辺第二項は消えてしまう。名目GDPに対する基礎的財政収支の割合（$\frac{T-G}{Y}$）がそもそもマイナス二％だったところに、消費税率一〇％の引き上げでプラス二％までもってくると、右の式からは、毎年、公債比率が二％ずつ低下することになる（$\Delta\left(\frac{B}{Y}\right)=-2\%$）。想定では、当初の公債比率が二〇〇％であったので（$\frac{B}{Y}=200\%$）、二〇〇％を二％で割って一〇〇年かかるというわけであった。

右の式は、低金利と高成長の組み合わせ（$(i-g)\downarrow$）で公債比率を低下できることを示しているが、実証的、理論的な観点から、そうしたシナリオが効力を持つのかどうかを検討してみよう。

まずは、実際のデータを見てみる。**表6-7**は、一九八〇年度から二〇一七年度について、名目GDPに対する基礎的収支の比率、国債金利（利払い費を公債残高で割ったもので代用している）、経済成長率、公債比率をまとめたものである。本表では、公的債務を国の負債に限るとともに、財政収支も国の一般会計に絞っていることに注意してほしい。

もっとも注目すべき点は、経済成長率が国債金利を上回る現象がきわめて最近の現象であるというところである。国債金利に対する経済成長率は、一九八〇年代で七・〇％に対して六・三％、一九九〇年代で四・八％に対して二・三％、二〇〇〇年代で一・七％に対してマイナス〇・六％であった。

一方、二〇一三年以降は、一・三％対二・六％、一・三％対二・〇％、一・三％対二・八％、一・三％対一・五％、一・三％対二・五％、二〇一〇年代を通じても一・三％対一・五％となって経済成長率が国債金利を上回って推移してきた。

表6-7　一般会計の財政状況

年度	基礎的収支/名目GDP	利払い費/公債残高	名目GDP成長率	利払い費/公債残高−名目GDP成長率	公債残高/名目GDP
1980	−3.6%	7.4%	10.3%	−2.9%	28.4%
1981	−2.1%	7.5%	6.6%	0.9%	31.1%
1982	−0.9%	7.6%	4.5%	3.1%	34.9%
1983	−1.0%	7.5%	4.4%	3.1%	38.0%
1984	−1.1%	7.4%	6.7%	0.7%	39.5%
1985	−0.4%	7.2%	7.2%	0.0%	40.7%
1986	0.1%	6.8%	3.6%	3.2%	42.4%
1987	0.2%	6.5%	5.9%	0.6%	41.9%
1988	0.7%	6.3%	7.1%	−0.8%	40.4%
1989	1.1%	6.2%	7.1%	−0.9%	38.7%
1980年代平均	−0.7%	7.0%	6.3%	0.7%	37.6%
1990	1.9%	6.1%	8.7%	−2.6%	36.8%
1991	2.3%	6.1%	4.9%	1.2%	36.2%
1992	1.9%	5.8%	1.9%	3.9%	36.9%
1993	1.5%	5.4%	−0.2%	5.6%	39.9%
1994	0.4%	5.1%	4.2%	0.9%	41.1%
1995	0.1%	4.6%	2.7%	1.9%	43.6%
1996	−0.9%	4.3%	2.3%	2.0%	46.3%
1997	0.0%	4.0%	0.9%	3.1%	48.4%
1998	0.3%	3.5%	−1.3%	4.8%	56.1%
1999	−1.8%	3.1%	−0.8%	3.9%	63.5%
1990年代平均	0.6%	4.8%	2.3%	2.5%	44.9%
2000	−2.0%	2.7%	1.3%	1.4%	69.5%
2001	−2.1%	2.3%	−1.8%	4.1%	75.6%
2002	−2.6%	2.0%	−0.8%	2.8%	81.8%
2003	−3.8%	1.7%	0.6%	1.1%	88.2%
2004	−3.7%	1.5%	0.5%	1.0%	95.8%
2005	−3.0%	1.4%	1.0%	0.4%	100.2%
2006	−2.1%	1.4%	0.6%	0.8%	100.5%
2007	−0.8%	1.4%	0.3%	1.1%	102.0%
2008	−1.0%	1.4%	−4.1%	5.5%	107.2%
2009	−2.7%	1.4%	−3.4%	4.8%	120.7%
2000年代平均	−2.4%	1.7%	−0.6%	2.3%	94.2%
2010	−4.6%	1.3%	1.4%	−0.1%	127.5%
2011	−4.6%	1.2%	−1.0%	2.2%	135.6%
2012	−4.5%	1.2%	0.1%	1.1%	142.5%
2013	−4.6%	1.3%	2.6%	−1.3%	146.6%
2014	−3.5%	1.3%	2.0%	−0.7%	149.5%
2015	−2.5%	1.3%	2.8%	−1.5%	151.3%
2016	−2.0%	1.3%	1.5%	−0.2%	156.5%
2017	−2.0%	1.3%	2.5%	−1.2%	156.3%
2010年代平均	−3.5%	1.3%	1.5%	−0.2%	145.7%

注：一般会計基礎的財政収支（プライマリー・バランス）は、「税収＋その他収入−基礎的財政収支対象経費」として簡便に計算したものであり、SNA（国民経済計算）ベースの中央政府の基礎的財政収支とは異なっている。

出所：財務省。

こうして見てくると、低金利と高成長の組み合わせで公債比率を引き下げる試みは、長い期間にわたって低金利と高成長のシナリオが実現するのかどうかにかかっているといえるであろう。

国債金利と特定することなく、名目金利一般の下限について次のような長期関係が理論的に成立することが知られている。

名目金利 > 名目成長率 = 人口成長率+技術進歩率+インフレ率

すなわち、理論的な観点からは、名目金利を上回るような名目成長率が長期にわたって実現するとは考えにくいのである。特に、成長戦略で技術進歩率を引き上げ、金融緩和政策で年二%程度のインフレを目指しつつ、ゼロ近傍の名目金利を長い期間にわたって維持することは、経済の自然な姿からはずいぶんと遠いものとなるであろう。

むしろ、二〇一〇年代になって認められる超低金利傾向は、人口減少、技術進歩の停滞、物価安定を反映していると考えた方がよいのかもしれない。そうであるとすると、低金利と高成長の継続という長期シナリオで国債の相対規模を引き下げていくという試みは、かなり無茶なことになる。

6-4-3　本章を締めくくって

本章では、財政危機に対する私たちの見方が、短期的な配慮と長期的な効果の間で、あるいは、超楽観シナリオと超悲観シナリオの間で股裂き状態になっているありようを見てきた。そうした複雑な様相を示す〈危機の領域〉において、「財政危機などまったく問題がない」とする超楽観シナリオにも距離を置いてきた。一方、「財政危機がきわめて深刻な形で顕在化する」という超悲観シナリオは、私たちが通常、悲観シナリオとして考えている以上に悲惨なものであることも確認してきた。

さらには、もしかすると本章のもっとも重要な論点になるかもしれないが、超楽観シナリオと超悲観シナリオの間の可能性を見つめていくと、やはりそれでも悲惨なのである。本章でいく度か取り扱ってきたが、第二次世界大戦直後に日本経済はまさに財政危機に直面したが、危機の程度ははなはだしく深刻なものだったというわけではなかった。年一三〇倍以上というハイパーインフレ状況に比べて六年で一〇〇倍という物価高騰の程度であった。終戦直後の政府は、年数倍の物価高騰や財産没収に近い資産課税を通じて内外の債務を返済することができ、債務不履行に陥ることもなかった。

しかしながら、財政危機の程度としては著しく深刻であったわけではなかったのにもかかわらず、終戦直後の経済混乱は日本社会にとって忌まわしい記憶として長く残った。こうした苦い経験こそ、財政危機をできる限り回避し、仮に財政危機が起きたとしてもその程度をできる限り緩和できるように、日ごろから地道な営為を継続していくことの大切さを物語っているのでないであろうか。

あるエピソード　貨幣の宿命

岩村充が著した『貨幣進化論』（岩村 2010）は、貨幣と物価の歴史を楽しく、しかし、真剣に考えるうえで格好の著作である。

たとえば、こんな話が挿まれている。戦後間もない一九四八年に花森安治が創刊した『暮らしの手帳』のことを話題としているが、その花森が一九七〇年に書いた詩の一節にある「見よ僕ら一銭五厘の旗」が戦前の郵便はがき料金であることが書かれている。それでは、一九五一年の郵便はがき料金はいくらだったのかというと、五円であった。すなわち、郵便はがき料金で見た戦前から終戦の物価上昇率は三〇〇倍強にすぎず、戦中・戦後の物価高騰はハイパーインフレではなかったことがさらりと書かれている。

本章の中心課題は、「債務を返す」という点において「国債も返済すること」が、そして「紙幣も回収すること」がそれぞれ運命付けられているところであった。岩村は、回収がまったく予定されていない通貨として、IMF（国際通貨基金）が加盟国に割り当てているSDR（特別引出権）のことを話題としている。ここで「回収が予定されていない通貨」という意味は、SDRがIMFの発行した債務ではなく、SDRの保有者も債権者としてIMFに対する請求権を持っているわけでもない事態を指している。すなわち、SDRの価値は、IMFが保有する資産に裏付けられたものではない。それにもかかわらず、IMF加盟国の通貨当局の間では、SDRと各国通貨（回収が予定されている中央銀行債務）が交換できるのである。

不思議といえば、不思議である。

岩村は、「他国の通貨当局が（SDRを）受け取ってくれるだろうという期待が拠り所となって（SDRの）価値が維持されています」と述べている。同時に、通貨当局の「期待」によって価値が支えられているSDRの危うさについても論じている。「SDRの価値は作り出されてから四〇年以上、まだまだ崩壊せずに維持されています。でも、それが永遠に続くという保証はありません」と指摘している。

「政府は国債を返済しなくてもよい」の裏側で「日本銀行はその負債を返済しなくてもよい」と想定したアデア・ターナーたちは、もしかすると、SDRという仕組みを考えていた人たちと同じく、危うく、しかし、美しい夢を見ているのかもしれない。

7　エピローグ――〈危機の領域〉における合意形成の技法と作法

7-1　トランス・サイエンスの領域と〈危機の領域〉

7-1-1　トランス・サイエンスの領域　科学が社会に持ち込んだ難題

トランス・サイエンス（後述）という言葉に馴染みのある読者の中には、本書の冒頭のつぶやき（以下に略して再掲）を読んで、あるいは、「はじめに」からエピローグにジャンプしてきて、本書がトランス・サイエンスの問題を取り扱ったものだと思われたかもしれない。あるいは、第1章から第6章を読み進んでエピローグにようやくたどり着いた読者は、本書の対象としている〈危機の領域〉が、トランス・サイエンス的な領域と似ているようでどこか違うのでないかと感じてきたのかもしれない。

科学は本来、曖昧さを伴うものであるが、リスクや不確実性から自由になりたいという私たちの願いが、科学にいっそうの曖昧さを強いているという面もある。だからこそ、私たちの社会がそのことに気がついて、今よりも少し根気強く、辛抱強くリスクや不確実性に向き合うためには、専門家を含めた多様な人間が、かなりの忍耐と寛容をもって多様な意見を交換する熟議の場が是非にも必要になってくる。そのような場所こそが、〈危機の領域〉の到着地点となりそうである。

まずは、トランス・サイエンスが何なのかを説明していこう。

トランス・サイエンスとは、当時、原子力開発の応用研究や核物理学の基礎研究の分野で世界をリードしていた米オークリッジ研究所所長、アルヴィン・ワインバーグが一九七二年の論文（Weinberg 1972）で提起した概念である。

ワインバーグは、「科学によって問うことはできるが、科学によって答えることができない問題領域」をトランス・サイエンスと呼んだ。ワインバーグは、トランス・サイエンスの具体的な事例として、科学的検証にとって不可欠な実験データが到底得られない状況をあげている。

- 低レベルの放射線に被曝することで突然変異がどの程度増加するのかを高い精度をもって計測しようとすれば、十億匹単位のマウスを用いた実験を行わなければならない。
- 原子力発電所で複数の安全装置が同時に故障して事故に陥る確率が一機あたり年一千万分の一であることを検証するためには、たとえば、一千機の実験炉を一万年間運転してデータを蓄積しなければばならない。

- 巨大ダムやプルトニウム増殖炉の先端巨大技術の安定性を検証しようと思えば、フルスケールの試作品を作って長期間にわたってテストをしなければならない。

右の三つの事例では、検証実験を抽象的なレベルで仮想することはできても、現実の社会に実装することは到底不可能であろう。そうした場合、低レベル放射線被爆の危険性、原子力発電所の安全性、先端巨大技術の安定性は、科学的な手続きによって厳密に示すことができない。すなわち、ここであげられた事例は、「科学の言葉で問うことができるが、科学の手続きで答えることができない問題」ということになる。

ワインバーグは、それにもかかわらず、これらの問題について社会が何らかの意思決定（たとえば、原子力発電所が安全であるかどうかの判断）をする必要があれば、専門家は利害関係者や一般市民とともに討論に参加しコンセンサスの形成に関与しなければならないとしている。科学と社会が交錯するトランス・サイエンスの領域で合意を形成し意思を決定していくためには、まさに専門家と非専門家の間での熟議が不可欠となってくる。

科学と社会が交錯するトランス・サイエンスの領域で生じた問題の越境の仕方を注意深く見てみると、「科学から社会」であって「社会から科学」でないところに特徴があることが見えてくる。ワインバーグの論文にも「諸問題が科学を越えていく」(they transcend science.) と表現されている。先の三つの事例でも、科学的な実験手続きで厳密に解決できない問題が社会のほうに投げかけられている。

したがって、トランス・サイエンスの領域での課題解決は、専門家が利害関係者や市民などの非専門家の協力を得ながらも、結局は、社会から科学のほうに再び問題を回収していくような方法がとられることが多い。たとえば、トランス・サイエンス的な問題を生じさせてしまっている実験手続きの限界を代替的な手法によって科学的に克服するような解決の仕方である。ワインバーグも「科学ができることはトランス・サイエンスの領域に知性をできるだけ注入することである」と述べている。

しかし、今日的なコンテキストでトランス・サイエンスのさまざまな問題を提起してきた小林傳司は、トランス・サイエンスの領域の問題を社会から科学に再回収して解決を図ろうとする発想に反対を唱えている科学者も少なくないことを指摘している（小林 2007）。たとえば、トランス・サイエンスの概念を日本に初めて紹介した柴谷篤弘は、科学のほうで原発の安全性を高めるという方向ではなくて、社会のほうが原発の利用を控える合意を形成していく選択肢も十分に考慮すべきであると主張している（柴谷 1973）。小林自身も、コンセンサス会議（後述）という仕組みを実践することで、トランス・サイエンスの領域で生じた問題をむしろ社会の側に移して合意を形成していくことを模索してきた。

7-1-2 〈危機の領域〉 社会が科学に持ち込んだ難題

第2章から第6章で詳しく見てきた〈危機の領域〉も、トランス・サイエンスの領域と同じように社会と科学が交錯したところで問題が生じているが、越境の仕方が「社会から科学」であって「科学から社会」でないところに特徴がある。すなわち、社会のほうが科学に対して難題を突きつけている。より正確にいうと、社会の制度、行政の慣行、人間の性向といった人間社会の諸要素が科学の領域に解決が困難な問題を投げかけている。このように逆方向の越境の仕方を踏まえると、〈危機の領域〉での問題は、主として科学から社会へ再び回収していくことで解決することが必要となってくるであろう。

章ごとに順を追って議論の内容を振り返ってみよう。

第2章で取り扱ってきた豊洲市場地下水汚染問題は、行政や住民が環境リスクに対して過剰に反応した結果、科学的に見て合理性を欠き、費用対効果も著しく損ねている汚染対策がとられてきたと理解されがちである。しかし、その経緯を丁寧に見ていくと、一九七〇年代までに土壌と地下水がかなりの程度汚染されてきた豊洲用地について、その汚染度に見合った土地用途を模索してこなかったことが問題の根幹にあった。確かに、二〇〇三年に施行された土壌汚染対策法は豊洲用地を対象としなかったが、二〇一〇年の同法改正では豊洲用地が対象となった。土壌汚染対策法の改正を見通すことができた時点(二〇〇八年ごろ)で豊洲用地の土地用途に関して東京都、東京ガス(旧地主)、卸売市場関係者、住民の間で新たな合意をなすべきであった。そうした合意形成の致命的な欠如が合理的にも技術的にも解決することが困難な問題を専門家たちに投げかけることになってしまった。まさに社会の側が科学のほうへ難題を持ち込んでしまった事例といえる。

第3章のテーマである地震予知は、社会と科学の関係がもっと複雑である。通常、地震予知の問題は、科学者のほうが実現できるはずもない地震予知を社会に持ち込み、貴重な科学予算が浪費されてきたというように理解されてきた。確かにそうした側面があったことは否めないが、東海地震予知に関わる社会制度の経緯を丁寧に調べていくと、社会のほうが、正確にいうと、政治や行政のほうが、地震予知技術の科学的根拠が脆弱である状況をうまく〝利用〟してきたという側面が見えてくる。

大規模地震対策特別措置法の内容を見ても、予知情報の発信方法を見ても、およそ地震予知を発することを前提として東海地震予知制度が建てつけられたものとは思えなかった。むしろ、地震予知制度の本来の趣旨は、大地震の可能性が東海地方に限定され、「地震予知が発せられない限り地震が到来しない」と人々が漠然と考えるような状態を生み出すところにあった。東海地震予知の仕組みは、まさに「発声されない」安全宣言であった。そうした予知制度が社会的な支持を受けてきたのは、「地震が到来するかもしれない」という不確実性をできる限り解消したいという人間の側の願望に根ざしていたからであろう。このような趣旨で制度化された地震予知が人々にもたらしていた「安心」は、一九九五年の阪神淡路大震災で吹き飛んでしまった。

第4章は、大津波の到来について、あるいは、原発事故の危機対応について、科学の側が相当の知見を準備していたにもかかわらず、社会の側が、特に行政サイドがそうした科学的な知見を取り入れていく過程でさまざまな問題に直面してきたことを明らかにしている。ここでも、それぞれの経緯を丁寧に見ていくと、「行政vs科学」という対立軸で「行政が科学を押しやってしまった」と単純に解釈することができない側面が浮かび上がってくる。

大津波が宮城・福島沿岸を襲う可能性については、二〇〇〇年代に科学的エビデンスの重みが増してきた時期と行政サイドで地震リスクを再評価してきた時期がちょうど重なっていたところに、二〇一一年三月に大津波が東北地方の太平洋岸を襲ったという経緯をどのように解釈するかは決して簡単なことではないであろう。

原発事故の危機対応マニュアルの定着についても、表面的な事実だけを見ていけば、規制当局や電力会社がかなり消極的であった。そのように遅々として定着が進まなかった背景には、「過酷事故を回避することをミッションとしている行政が過酷事故への対応を考えるのは自己矛盾である」という行政独特のロジックがあった。また、「著しく過酷な状況に至る過程にある事故」も、「著しく過酷な状況にある事故」も、十把一絡げにして「想定外」においてしまう認識上のバイアスが規制当局や東電経営者にあったことも、危機状況に応じた段階的な危機対応マニュアルの定着を妨げてきた。

第5章と第6章は、金融危機や財政危機に対応する経済対策がトピックスとなって、「社会」の範囲が非常に広く、「科学」もここでは自然科学ではなく、社会科学の一分野である経済学となる。その結果、標準的なトランス・サイエンスの領域に比べて、これらの〈危機の領域〉は、社会と科学の混然度がいっそう高くなる。

第5章では、まず、二〇〇七年から二〇〇八年に起きた世界金融危機に関する予測、危機対応、危機回避がきわめて困難であった背景を振り返っている。もっとも重要な理由は、金融危機のメカニズムが経済学的に十分に明らかにされていなかったからである。そうした背景にあったところに、二〇一六年五月から六月にかけて金融危機のメカニズムが経済政策の現場できわめて単純化されて議論されるようになった。「リーマン・ショック」という言葉で金融危機がなんとなく語られ、そうした金融危機が迫っているようにもいわれ、いや、そのような金融危機とは違う新たな危機の可能性があるといいかえられ、そんな漠然とした「不安」が醸成されるなかで、消費税増税再延期という大胆な経済政策が決定された。第5章では、こうした一連のプロセスの中に熟議の契機がほとんどなく、首相の強いリーダーシップを中心として進められてきたことを振り返った。

第6章は、私たちの社会が第2章から第5章のような危機に直面していくプロセスで、危機対応自体に莫大な財政資金が投じられてきたこと、「危機だから」ということが口実となって歳出削減や増税が先送りされてきたこと、そして、その結果として私たちの社会は財政危機という新たな危機を抱え込んでしまったことを振り返ってきた。

財政危機への対応がとりわけ困難なのは、超楽観論や超悲観論から距離を置くことが難しいからである。超楽観論では、標準的な経済学の知見が平気で無視をされ、「財政危機などやってはこない」と安心する。一方、超悲観論では、「およそ起こりえないワーストケース」のシナリオと「ある程度起こりえるバッドケース」のシナリオが十把一絡げにされて不安だけがひたすら煽られる。その結果として、私たちの社会は、「まぎれもないワーストケース」だけでなく、「起こりえるいくつものバッドケース」への備えも失ってしまう可能性が生じる。第5章も、第6章も、経済学という社会科学の外側で、社会の側だけで金融危機や財政危機への対応が決まっていく様相を描いてきたといえるかもしれない。

こうしたさまざまな〈危機の領域〉において熟議を通じて「危機対応の失敗を納得できる」状態でのコンセンサスの形成がはたして可能なのかどうかを、このエピローグで考えていきたい。読者に見通しを付けてもらうために対応箇所を以下に示しておく。

第2章：環境危機　7-3-3節
第3章：地震予知　7-2-1節、7-3-1節
第4章：原発危機　7-3-1節

第5章：金融危機　7-3-4節
第6章：財政危機　7-2-2節、7-2-3節、7-2-4節、7-3-2節

7-1-3　トランス・サイエンスの領域における熟議

7-1節の最後にトランス・サイエンスの領域における熟議の実例を紹介しよう。プロローグで議論したボロボロの〈無知のヴェール〉で覆われたところで、参加者たちが、利害、立場、専門、認知バイアスなどからある程度に自由になり、できる限りで対等な立場で討議することによってコンセンサスを形成していくというプロセスは、トランス・サイエンスの領域でも、〈危機の領域〉でもまったく変わるところがない。トランス・サイエンスの領域では、こうしたボロボロの〈無知のヴェール〉で覆われたところでの熟議の事例が数多くあるが、以下では、二つのケースをとりあげていこう。

(1)　専門家集団における熟議　加速器設計の場合

まずは、茨城県つくば市にある高エネルギー加速器研究機構（以下、KEKと略）で加速器の設計に携わってきた平田光司の論文（平田 2015）を手がかりに、専門家集団における熟議の事例を見ていきたい。専門家集団の場合、知識、教養、発想法には共通の基盤があることから、熟議で対等な立場になる必要があるとすると、それぞれの専門から自由になることがもっとも重要になってくるであろう。

平田は、KEKのBファクトリーの加速器（以下、KEKB加速器と略する）を開発するプロセスにおける合意形成を詳細に振り返っている。KEKB加速器（三五九頁の写真）は一九九八年に完成し、数々の

研究成果を生み出してきた。二〇〇八年にノーベル物理学賞を受賞した小林誠と益川敏英の研究成果も、KEKB加速器での実験から生まれたものである。

加速器の性能は、単位時間あたりの素粒子反応をいかに起こしやすくするかにかかっている。そのために候補にあがったのが、電子と陽電子を正面衝突ではなく少し角度をつけて衝突させる有限交差角衝突であった。有限交差角衝突は、すでに設計事例があったが、共鳴が発生するリスクがあった(ワインバーグの先ほどの分類からすると、先端巨大技術の不安定性といってよいのかもしれない)。

もうひとつの候補にあがったのは、蟹(かい)空洞というまだ理論段階にあった装置であった。蟹空洞は、共鳴が発生するリスクはなかったが、設計事例がまったくない未知の技術で開発の困難が予想された。

平田は、当時のKEKが直面した状況は社会と交錯することなく科学の分野で完結していたという意味でトランス・サイエンスとはいえないが、有限交差角衝突の不安定性や蟹空洞の開発リスクについて厳密な科学的検証が不可能であったという意味で「科学で正確に答えられない」トランス・サイエンス的な課題であったとしている。

KEKは、「衝突方式について有限交差角衝突を先行させるが、蟹空洞開発も進める」という方針でコンセンサスが形成された。平田(2015)は、衝突方式を決定する加速器グループ、加速器を利用する実験家集団(ステイクホルダー、クライアントとも呼ばれている)、さらには加速器開発に携わる周辺的専門家の間でどのように合意が形成されたのかを分析している。

まずは、加速器グループが有限交差角衝突の採用を提案するが、実験家集団は共鳴が発生するリスクに懸念を表明した。しかし、実験家集団としても、高性能の加速器で世界の研究をリードしたいという

注：PF-AR：大強度パルス放射光を発生させる放射光源
PF：放射光施設
LINAC：電子陽電子入射器（線形加速器）
出所：高エネルギー加速器研究機構。

思いが強く、共鳴リスクが決してゼロでないことを受け入れて、有限交差角衝突を支持するほうに回った。

一方、周辺的専門家も、有限交差角衝突を採用することで生じる設計上の問題にさまざまな疑義を持った。加速器グループは、周辺的専門家の疑問についてひとつひとつシミュレーション分析で答えていく。そうした質疑応答のプロセスを繰り返しながら、周辺的専門家も、加速器グループの説得に応じていく。非常に印象的なのは、加速器グループの研究者にとってシミュレーション分析を行ったところで査読雑誌の個人業績（科学者にとってもっとも重要な業績）にはならなかったにもかかわらず、KEKという組織の中で精力的に分析が進められていったところである。ただし、シミュレーション分析はデザインレポートとして研究者個人の専門的業績には入れられていた。

結局は、KEKの専門家集団全体が有限交差角衝突の採用に同意していく。もちろん、共鳴リスクは依然としてゼロではなかったが、異なる専門家たちは、有限交差角衝突が失敗しても、「だめな場合はしょうがない」というところで合意が形成された。平田（2015）は、佐藤（2009）の以下の文章を引いている（傍線は筆者）。

これまで考えつく範囲の解析で有限交差角衝突が不可能だという結果が出たことはなく、KEK加速屋の考えが及ばない人智を越えた理由でだめな場合にはしょうがないので、有限交差角衝突がうまくいかない場合には、まだその技術的課題さえも十分には理解されていないが、蟹空洞に助けてもらおうという覚悟だったと思います。

平田は、KEKB加速器の開発が成功したことについて、衝突方式の専門家（加速器グループ）だけで有限交差角衝突の採用を決定したのではなかった点を強調している。衝突方式という分野では専門家ではない実験家集団や周辺的専門家がそれぞれの専門分野を踏み越えて加速器グループにさまざまな疑問を繰り返しぶつけ、加速器グループもそうした疑問に対して真摯に答えていくというプロセスを経て、有限交差角衝突の採用について合意を形成した。

その合意の程度はとても高く、KEKの専門家たちが「だめな場合はしょうがない」と覚悟するほどのレベルであった。それぞれの専門家が自らの専門を踏み越えて熟議に参加することで、「将来の失敗をも納得して受け入れられる」というきわめて高いレベルのコンセンサスに至ったわけである。

私は、平田の論文を読んでいて、専門家の間でなされた熟議の美しい風景を思い浮かべてしまった。

(2) コンセンサス会議という試み　専門家と市民の対等な討論

今度は、専門家と市民が対等に討論するコンセンサス会議という仕組みを紹介していこう。先の加速器開発の事例がそれぞれの専門家が自らの専門から自由になるという意味での〈無知のヴェール〉であったことから、読者の中には、コンセンサス会議も専門家が自らの専門から離れて市民の立場で他の市民と討論するというイメージを持っているかもしれない。実際は、まったく逆に、市民が専門家と対等の立場でテーマとなっているイシューを討論していく仕組みである。しいていえば、市民も、専門家も、「立場」から自由になることが、対等な討論の前提となっている。

ここでは、小林傳司も関わって二〇〇〇年九月から一一月に実施された「遺伝子組み換え農産物のベネフィットとリスク」に関するコンセンサス会議を紹介しよう（小林 2007）。

コンセンサス会議は、以下の三つのグループから成り立っている。

専門家パネル：遺伝子組み換え農産物に関して高度な知見を有している専門家から構成され、市民パネルの市民に遺伝子組み換え農産物の基礎知識を提供するとともに、市民からの質問に対して質疑応答をする。遺伝子組み換え農産物について特定の立場に偏っていない専門家が選出される。

市民パネル：遺伝子組み換え農産物について「専門的知識を有していないこと」を条件として全国から公募される。市民パネルは、会議事務局や専門家パネルの専門家たちから遺伝子組み換え農産物に関する基礎知識の提供を受ける。さらには、専門家パネルに対して「鍵となる質問」を作成し、その質問をめぐって専門家パネルと質疑応答を行う。最終の会合では、市民パネルだけでコンセンセンサス文書を作成し公表する。なお、このコンセンサス会議では、一八人の市民が選ばれた。

ファシリテーター：ファシリテーターは、専門家パネルと市民パネルの会合で司会進行を務めるとともに、市民パネルがコンセンサス文書を作成することを支援する。通常は、経験豊かな研究者がファシリテーターの役割を担う。このコンセンサス会議では、小林がファシリテーターを務めた。

まずは、準備会合として、一日、市民パネルのメンバーが事務局の専門家から基礎知識の提供を受ける。市民パネルは、その後、二日間の会合で専門家パネルに向けて「鍵となる質問」を作成する。この時点で本会合に参加する専門家パネルのメンバーが決められる。すなわち、市民パネルは本会合まで専門家パネルには会わない。選任された専門家たちには、「鍵となる質問」が伝えられる。

小林は、この準備会合の段階が、専門家と市民の両者が対等な立場で討議する環境を整える効果を持つとしている。

いよいよ本会合となるが、市民パネルと専門家パネルが「鍵となる質問」をめぐって討論を行う。ここで重要なことは、質問について専門家が市民に一方的に説明するのではなく、あくまで双方向の議論が持たれる。また、意見の多様性は市民パネルの側だけでなく専門パネルの側にもあって、「鍵となる質問」に対して専門家の答えが違うケースも多々生じる。

その後、市民パネルは、ファシリテーターの支援を受けつつ、市民どうしで議論を積み重ね、コンセンサス文書を作成していく。このコンセンサス会議で何が討論され、どのようにコンセンサス文書が作成されたのかは、小林（2004, 2007）を見てほしい。

小林は四年後にコンセンサス会議に参加した市民や専門家と座談会の機会を持つが、そこでの発言は、このコンセンサス会議が専門家と市民の間の、あるいは、市民どうしの熟議の場であったことを示している。たとえば、市民パネルに登場した女性は次のような発言をしている（小林 2007）。

反対派の方のお話を聞くと、たとえば子供がアトピーの場合、お医者さんに行くと、食品添加物とか遺伝子組み換えとかそういうものはやめなさいといわれるそうなんです。それは非科学的なのかもしれないですが、母親の恐怖感みたいなのがあって、そんな食品は許せなくなるそうです。私も実際に子供がぜんそくのときにお医者さんに行ったら、食品添加物はやめなさいといった指導をされました。だから、何か身近な不安にさらされているお母さんというのは、反対が多いんだなと思いました。それで、いままで反対派の人は極端な人だと偏見を持っていましたが、相手の立場がよく理解できるようになりました。（一九九頁から二〇〇頁、ただし、最後の一文は筆者が会話調に若干修正している。）

また、市民パネルの市民の寄稿文には次のようなものもあった。

専門的な分野についての判断は素人には無理だという固定観念が殆ど払拭されることではないであろうか。遺伝子組み換え農産物に関する「市民の考えと提案」（コンセンサス文書）が始めて公表されたとき、専門家のあいだから市民は決して無知ではなかったという驚きの声が上がったのを見

て、むしろこちらが驚いた。（二〇一頁）

小林の著作（小林 2007）を読んでいて、コンセンサス会議に高いポテンシャルを感じるとともに、市民パネルと専門家パネルの有機的な結びつきを媒介するうえで、小林が務めたファシリテーターの役割がもっとも重要な要素のひとつではないかと感じた。

7-2 多様な市民と多様な専門家――虚構の熟議、実験の熟議

7-2-1 虚構の熟議（その1） 地震予知をめぐる緊急コンセンサス会議

それでは、小林たちが実践してきたコンセンサス会議という手法が〈危機の領域〉にも応用することができるのかを考えてみたい。そうはいっても、過去に実践例がないことから、7-2節では、二つの虚構の熟議と一つの実験の熟議について、その様子を描いていくことにしよう。

3-2節のラクイラ地震の安全宣言の問題点は、ラクイラ市長のマシモ・チャレンテが安全宣言後にメディアに語った次の言葉で的確に指摘されている（纐纈・大木 2015）。

私がいえることとは、あなた方が選択や決断をしなければならない時があるということです。たとえば雪が降るか、降らないか、そして学校に行くか、行かないか、しかし、今回の場合、繰り返しますが、われわれは市民保護庁と緊密な関係にあることと、地震は予知できないということです。

たぶん、降雪はできるでしょうが、地震はまったくできません。（六〇頁）

ラクイラ市長は、将来起きるかもしれない大地震について、そのリスクを引き受けているのは、市民保護庁でも、地震学者でもなく、市民一人ひとりであることを述べていたのである。しかし、実際に起きたことは、行政の発した安全宣言に市民は一時的に「安心」をし、大地震が起きて「安心」が吹き飛んでしまってからは、行政や専門家への不信がとんでもなく高まったのであった。

そうであるとすると、安全宣言をめぐる熟議は、行政、専門家、市民がそれぞれの立場からできるだけ自由になって、大地震が起きるかもしれないという可能性に対して、関係する人々がその能力に応じて責任を引き受ける契機を見出していく場でなければならないことになる。

それでは、X市で安全宣言の受け止め方をめぐって緊急のコンセンサス会議が開催されたとしよう。

ファシリテーター（以下、F）：今日はお集まりいただいてありがとうございます。ファシリテーターを務めますFです。今日は、安全庁がX市に発令しようとしている「近い将来、大地震は到来しない」という安全宣言をめぐって急遽、コンセンサス会議を開くことになりました。専門家パネルには、地震予知を否定するS教授、地震予知を積極的に進めているT教授、そして、今回、安全宣言を発令しようとしている安全庁のU長官にお越しいただきました。市民パネルの方は、時間の制約もあって三人の市民の方、Aさん、Bさん、Cさんに来ていただきました。それでは、U長官、安全宣言の趣旨を説明していただけませんか。

U長官：市民の皆さんがご心配されていると思いますが、年初からマグニチュード二前後の地震が五〇〇回以上起きています。安全庁は、わが国の地震学の英知を結集して到達した結論として、「**近い将来、大地震はX市を含む地方で起きない**」と宣言したいと思います。主な理由は、五〇〇回以上の群発地震で地震エネルギーはほぼ開放されたからです。市民の皆さん、どうかご安心ください。

T教授：待ってください。私が長年観測してきた地殻内のラドンガス濃度の計測結果によりますと、最近、濃度が高まっていて、大地震の予兆と考えてよいかと思います。安全庁の安全宣言は、まったくのデタラメです。

S教授：U長官がいわれた「地震学の英知」に私も含まれていると思いますが、長官を交えた先日の会合の席上で申し上げたように、「群発地震は大地震の予兆とはいえない」ということは科学的に主張できますが、その理由は、過去の長い観測記録を踏まえた統計的な事実であって、決して「群発地震が地震エネルギーを開放しているから」といった理由ではありません。

U長官：S教授ともあろう方が…あなたは、先日の会合でそのようなことを一言もおっしゃらなかったではありませんか。

S教授：いや、私を含めて多くの同僚が発言しようとしたのに、司会を務めていた副長官が私たちの発言を制したからではありませんか。

U長官：そのようなことは決してない。

F：少し落ち着いてください。ファシリテーターの私のほうから専門パネルの方に質問させてください。T教授だけが数日先の大地震を予知されています。私も研究者ですが、私たち科学の分野では、

「…である」ということを主張しようとすると、「…でない」という可能性がまずは排除できる、通常ですと、「…でない」という可能性はせいぜい五％の確率にとどまるという検証結果を提出しなくてはなりません。[1] T教授、そういった意味での科学的に厳密な根拠がおありになるのでしょうか。

T教授：このような緊急事態にあって、あなたは何を悠長なことをいっているのですか。大地震の可能性が少しでもあれば、市民に伝えるべきではないでしょうか。

F：T教授、私のいった意味での科学的に厳密な根拠はないのですね。

T教授：そんなものは必要ない。私の長年蓄積してきたデータで十分ではないか。

F：専門パネルばかりで話していてもコンセンサス会議の意味がありません。市民の方、何か質問はありますか。

市民A：よろしいですか。先ほど、長官が「群発地震がエネルギーを開放した」といわれて、それに対して、S教授が反対を述べられていましたが、反対理由をもう少し詳しく教えていただけないでしょうか。

U長官：素人市民にそんなことわからんよ。Fさん、時間の無駄だと思うが…

F：そのようなことはないと思いますよ。長官、市民の良識を馬鹿にしてはいけません。S教授、噛み砕いて説明していただけませんか。

S教授：噛み砕かなくても結構簡単なことですよ。マグニチュードが一単位違うと地震エネルギーは

(1) 2-3-2節を参照してほしい。

三〇倍になります。したがって、マグニチュード二の群発地震のエネルギーと、たとえば、マグニチュード六の大地震を比べると、四単位の違いがあるので、三〇×三〇×三〇×三〇となります。市民の皆さん、お手許に電卓がありますか。

市民B：そんなの電卓でなくても、八一万倍ですね。

S教授：失礼しました。要するに、群発地震が大地震のエネルギーを開放するためには、群発地震が八一万回起きないといけないわけです。年初からの発生回数はたかだか五〇〇回です。

U長官：S教授ともあろう方が…市民にわかりやすく説明するために詭弁を弄されている。それでは、トンデモ地震学じゃないですか。「行政のための地震学」では決してない。

S教授：詭弁のつもりは毛頭ありませんが…それに私たち研究者は、行政のために研究しているわけでもありません。

市民C：私のほうからよいですか。S教授、それにもかかわらず、「群発地震は大地震の予兆でないから大丈夫」といわれていませんでしたか。

S教授：私はそういったつもりはなくて、過去の地震データを踏まえると、かなり高頻度の群発地震があっても、大地震につながったケースはほとんどなかったといっているだけです。ですので、現在の状況を踏まえますと、近い将来の大地震は、起きるとも、起きないとも、いえないというのが、大多数の地震学者の見解だと思います。

T教授：起きるとも、起きないとも、わからないような科学では、無責任のきわみだ。

F：この時点で、U長官は起きない、T教授は起きる、S教授は起きるか、起きないか、わからないということで、三つの立場が鮮明になりました。最後に私のほうから長官にお伺いしたいのですが、このような中にあって行政が安全宣言を発令しようとする意味は何なのですか。

U長官：Fさん、当たり前のことを聞かんでください。市民に安心してもらうために決まっているじゃないですか。そうした意味では、このような緊急コンセンサス会議は市民をいたずらに混乱させるだけじゃないのですか。

市民A：そんなことはないと思いますよ、長官。ところで、長官とT教授にお伺いしたいのです。自分たちの予想が外れた場合には、どのような責任が生じるとお思いですか。

T教授：大地震が起きなければ、それにこしたことはないではないですか。

市民B：でも、T教授の地震予知で私は夜も十分に眠れません…こんな状態がずっと続くのでしょうか。

市民C：私のところは、小さなホテルを経営しているのですが、地震予知のおかげで閑古鳥ですよ。

U長官：BさんやCさんのおっしゃるとおりですよ。だからこそ、私たちは、市民の方々に安心してもらうために安全宣言を出すわけです。先ほど、X市長とも協議したのですが、政府と市当局は、近々、T教授を騒乱罪で告発することにしました。

（会場が一時騒然）

F：皆さん、静粛に。Aさん、質問をどうぞ。

市民A：U長官、それでは、安全宣言が外れて、大地震が到来したときの政府の責任はどうなるのでしょうか。

U長官：だから、わが国の地震学の英知を結集して至った結論なんですから、政府が決して間違えっこないと信じてください。

S教授：いやいや、長官、今あなたがいった言葉は、それこそ、地震学の英知が必死で反論すると思いますが…

U長官：S教授、今、そんなことをいうのですか。あなたは、先日の会合でそんな発言をしていない。議事録で確認できることだ。

S教授：あのときは、あなた方が私たちの発言を封じたから…それでは、今、反論します。

U長官：そんなの遅い。

F：一点だけ、市民パネルに確認しておきたいのですが、この緊急コンセンサス会議が開催されている今の時点では、安全宣言は、安全庁の方は、地震学の英知のお墨付きを得ているといわれるが、地震学の英知の方は、「そんな覚えはない」という、その程度の合意状態だということです。

U長官：Fさん、そんなとりまとめは、あんまりだ。ひどすぎる。

F：それでは、市民パネルの方々だけに残っていただいて、時間はあまりないので申し訳ないのですが、コンセンサス文書の作成にかかってください。もちろん、私も、コンセンサス文書作りのお手伝いをします。

市民パネルは、コンセンサス会議の議事録を添付して、以下のコンセンサス文書を二時間後に市庁舎で発表した。

地震安全宣言に対する市民の考え方

私たちは、先ほど、安全庁のU長官、地震学の権威であるS教授、T教授が加わったコンセンサス会議に参加して、以下の意見で一致をみました。

私たちは、T教授が長年の研究成果から市民に地震の危険性を知らせたいという熱意に感動し、U長官の市民を安心させたいという使命感にも同じく感銘をしました。一方、大地震は「起きる」とも「起きない」とも断言されないS教授に冷たさを感じました。市民に寄りそってこその地震学なのではないかという思いがあります。

しかし、S教授は、科学によって断言できる範囲に発言をとどめて自らが責任を負える範囲を限定されています。一方、ファシリテーターの先生とのやりとりを伺っている限りは、T教授の地震予知は厳密な科学的手続きに裏付けられていないという印象を受けました。U長官の安全宣言についても、S教授の反論のほうがもっとものように思いました。会議で明らかになったのは、T教授は地震予知の失敗を、U長官は安全宣言の失敗をまったく考慮していないということです。

よくよく考えてみると、地震予知の失敗（心配したけど、結局、大地震は来なかった）や安全宣言の失敗（安心していたら、大地震が起きた）は、結局、私たちが引き受けなければなりません。そうこう考えていると、地震予知にも、安全宣言にも頼らずに、自分たちができる範囲で「来るかもしれない大地震」に備えるしかないのだと思います。

大地震の際には家具が倒れるかもしれませんから、前もって固定しましょう。ビルやマンションにいる方々は避難経路を確認しましょう。大地震後に備えて非常用の食料や水を備えてみましょう。病院や老人ホームは、十分な準備が必要になってくると思います。よほど心配な方は、遠くの親戚や友人を一時的に頼るのも、ひとつの考え方かもしれません。

市民パネルが至った結論は、地震予知や安全宣言にかかわらず、常日頃から大地震への備えをするのは市民にも責任があるということです。とても平凡な結論になったことをお詫び申し上げます。

市民パネル　A、B、C

市民パネルのコンセンサス文書を読んだ安全庁のU長官は、安全宣言の発令を控え、T教授の告発も見送った。

7-2-2　虚構の熟議（その2）消費税率をめぐる仮想将来世代との対話

第6章の財政危機の問題は、煎じ詰めていくと、現在世代と将来世代の利害の対立をどのように解消していくのかという点に行き着く。財政危機への対応における世代間対立の問題について解決のヒントを与えてくれるのが、西條辰義が提案するフューチャー・デザインという考え方である（西條 2015）。

ここでは、フューチャー・デザインという考え方を次のように乱暴にまとめてみよう。

人間行動には、将来の問題を極端に楽観的に考えるというバイアスがある。悲観的な発想よりも、楽観的な発想が広がっているほうが、現在世代の環境適応力を高め、ひいては、生存可能性を引き上げていくであろう。その意味では、人間行動に見られる楽観バイアスは、人間の生存に必要不可欠な要素と考えることもできる。

一方、財政危機や環境危機への対応のように現在世代と将来世代の間で利害対立が深刻な課題においては、現在世代の生存を支えている楽観バイアスが将来世代の利益を著しく損ねる可能性が生じる。西條は、そうした世代間対立の問題を解消するためのひとつの試みとして、**仮想将来世代**が現在世代の意思決定のプロセスに参加する枠組みを提唱しているのである。

西條の提起した問題を熟議のコンテキストに引き寄せて考えると、仮想将来世代が現在世代との討議に参加することで、討議参加者全員が自らの年齢と世代からある程度に自由になって将来の問題を考える契機を見出すことができるかどうかが決定的に重要となってくるであろう。仮想将来世代の参加が、年齢と世代から自由になるという、ぼろぼろの〈無知のヴェール〉を生み出すのであろうか。

以下の虚構の熟議は、現在の老年、壮年、青年が財政問題を討議しているコンセンサス会議に、三〇年先の青年（正確には、将来世代の青年を装った現在世代の青年）がたった一人参加することで、討議参加者が年齢と世代から自由になれる契機を見出した物語である。

ファシリテーター（以下、F）：今日はお集まりいただいてありがとうございます。ファシリテーターを務めます「」です。今日の財政問題に関するコンセンサス会議はとても変則的です。専門家は、財政学が専門であるX教授だけです。X教授には、将来の消費税率についていくつかのシナリオを準備してもらいました。市民パネルの方は、**二〇二〇年を現在として**、現在世代を代表して、**八〇歳のAさん、五〇歳のBさん、二〇歳のCさん**に参加してもらっています。

市民B：質問をいいですか。私は、男なんですか、女なんですか。

F：両方の立場を代表してください。仮想的なものですが、三〇年先の、すなわち、**二〇五〇年の将来世代を代表して、二〇歳のDさん**にも参加をしてもらっています。

市民C：仮想将来世代には、五〇歳や八〇歳の方はいないのですか。

F：いやいや、あなたですよ。Cさんは、三〇年先に五〇歳、Bさんは、三〇年先に八〇歳ですから。

市民B：ということは、Cさんと私は、現在世代でもあって、将来世代。

市民A：私だけが、純粋、現在世代かな。一一〇歳というわけにはいかないから。

市民D：私だけが、純粋、将来世代ですね。二〇二〇年には生まれていなかったことになっているんで。でも、実際は、二〇〇〇年生まれで今、二〇歳なので、Cさんと同じなんですが…

F：それはそうなんですが、Dさんには、三〇年先の二〇歳になりきってもらいましょう。

市民D：難しいですが、そうしてみます。

F：自然体でいいんですよ。それでは、X教授、消費税率のシナリオについて説明をお願いします。

X教授：まずはお断りしなければならないのは、これからお示しする消費税率シナリオは、財政学者がこれまで提出してきたものの中では非常に楽観的なものに属するということです[2]。そうしたお断りをしておいたうえで説明をさせてください。

市民A：学者先生は、いつも慎重だなぁ。

X教授：それが仕事みたいなものですから。いくつかの仮定をおきながら[3]、今から五〇年先の二〇七〇年に、公債残高の名目GDPに対する比率（以下では、公債比率と略させてもらいます）が一〇〇%を下回るような消費税率シナリオを考えています。肝心のことをいい忘れていました。二〇一九年の公債比率は二〇〇%としていますので、五〇年かけて半減を目指すというわけです。**図7-1**は…

市民B：なんでそんな中途半端な図表番号なんですか。

X教授：こちらにも都合があるんで、すいません。この図は、四つのシナリオについて向こう五〇年間の消費税率を示しています。最初のシナリオは、二〇一九年に消費税税率が一〇%に引き上げられましたが、二〇二〇年から毎年〇・一六%ずつ引き上げていきます。次のシナリオは、消費税率を一〇年間一〇%に据え置いて二〇三〇年から年〇・二四%ずつ引き上げます。同様に第三と第四のシナリオは、二〇年間据え置いて二〇四〇年から年〇・四三%ずつ、三〇年間据え置いて二〇五

（2） 小林（2014）の消費税率の引き上げ幅に関する財政シミュレーション研究のサーベイによれば、低いほうの推計で将来二〇%から二五%で安定すると予測している。一方、高いほうの推計では、二〇八七年で六〇%、二〇七〇年で五三%というシミュレーション結果が紹介されている。本節で示された財政シミュレーションでは、もっとも悲観的なケースでも二〇六九年に二九%で、既存の財政シミュレーションでは低いほうに属する。

（3） ここでのシミュレーションは、6-4-2節で説明したモデルに基づいて、①名目金利と名目成長率は〇%とする、②消費税率一%で名目GDPの〇・四%の税収が確保できる、③二〇二〇年以降の歳出構造は二〇一九年のままとして、二〇一九年時点の基礎的収支赤字は名目GDPの二%に相当すると仮定している。本節の財政シミュレーションでもっとも大きな問題は、③の仮定で歳出構造を一定と想定しているところである。Hsu and Yamada（2017）が厳密に示しているように、今後少子高齢化が進行していくと公的医療費の拡大の要因（公的医療費拡大で一般会計からの国庫負担が拡大する要因）だけで今後三〇年間で所得税率にして約一〇%の増税、あるいは、消費税率にして五%から一〇%の増税が必要となってくる。増税が困難である場合には、七〇歳以上の窓口負担について現行の一割から二割のところを三割にまで引き上げる必要がある。なお、Hsu and Yamada（2017）では、公的年金の給付は社会保険料で毎期まかなわれている意味で、マクロ経済スライドが想定されている。いずれにしても、公的年金や健康保険について、一般会計からの国庫負担の想定によって消費税率の予想は大きく異なってくる。

図7－1　消費税率の推移（2070年に債務比率100%）

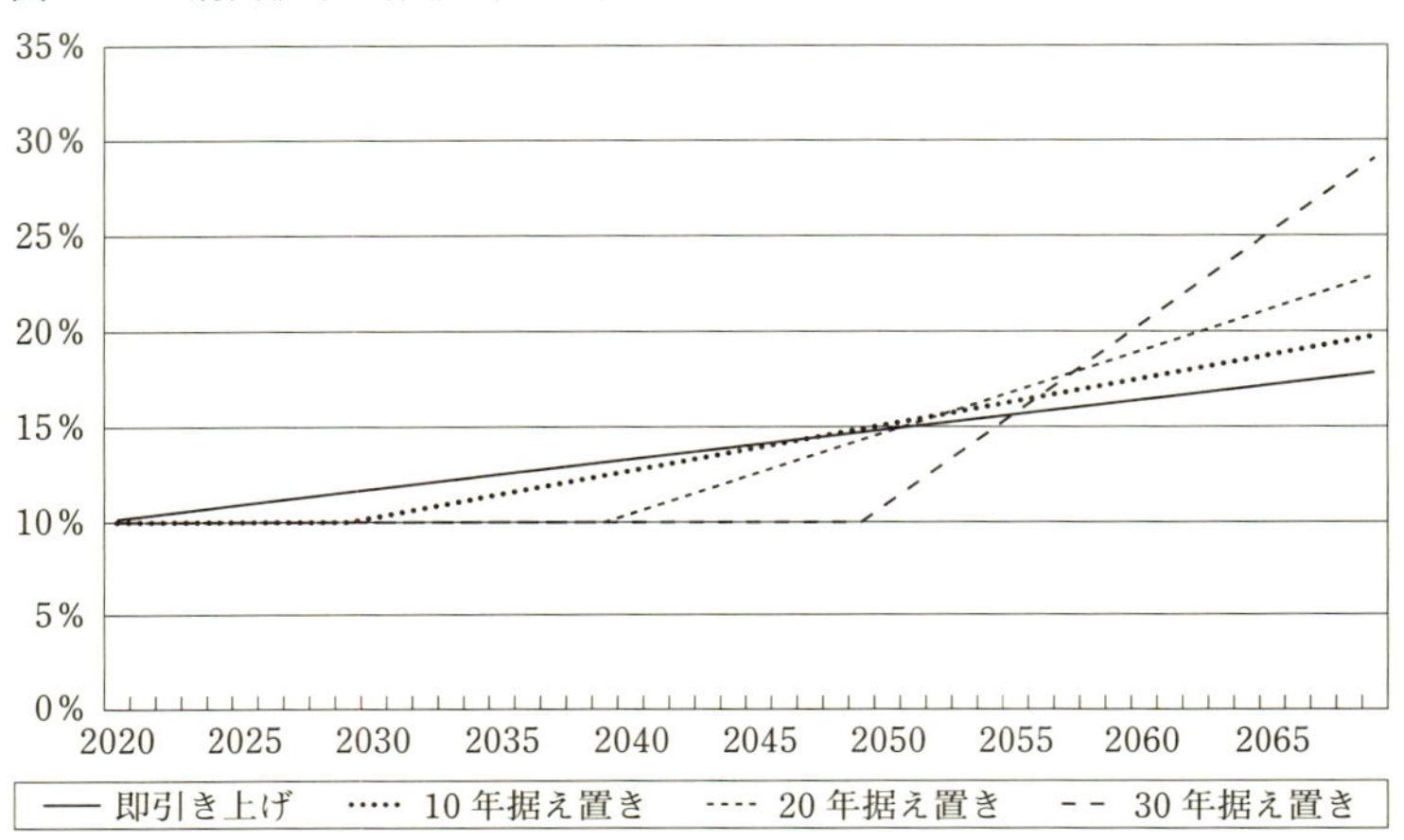

〇年から年〇・九五％ずつ引き上げていきます。

市民A：小数点二位までの引き上げ幅では細かすぎませんか。

市民D：将来世代的には、電子マネーに置き換わってヘッチャラですよ。

F：Dさん、その調子。

市民B：税率一〇％の据え置き期間が長いほど、一年あたりの引き上げ幅が大きくなるのですね。

X教授：いずれのシナリオでも、二〇七〇年で公債比率を一〇〇％にするというゴールは決まっているので、税率一〇％の据え置き期間が長くなると、後からの引き上げ幅が大きくならざるをえないのですね。また中途半端な図表番号といわれてしまいそうですが、**図7-2**は、それぞれのシナリオでの公債比率の推移を示しています。三〇年据え置くシナリオでは、消費税率を引き上げ始める二〇五〇年で公債比率は二六〇％を上回っています。

市民B：そもそも、公債比率を一〇〇％まで低くしな

図7-2　公債残高/名目GDP比率

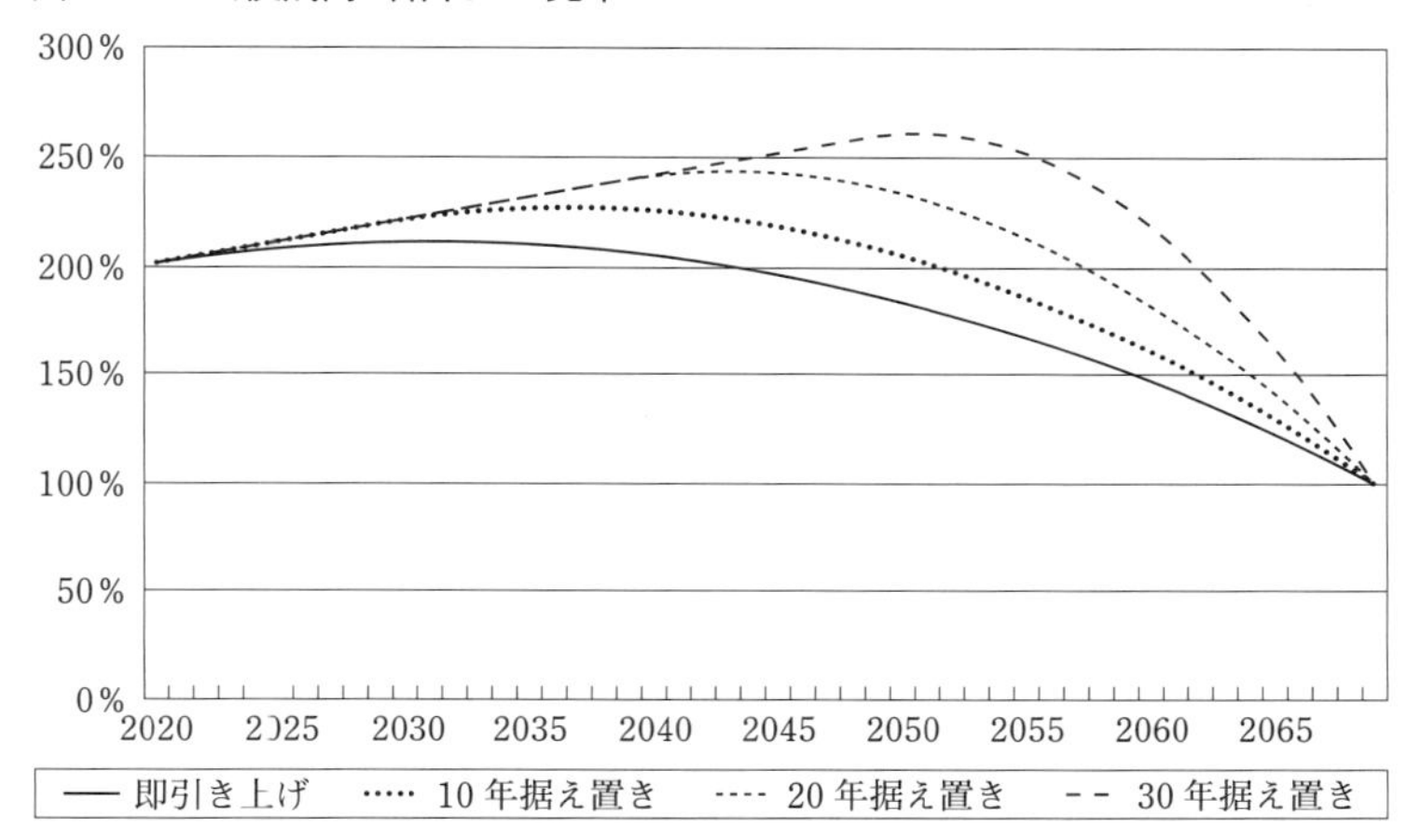

くてはならないのですか。

X教授：簡単に説明することは非常に難しいのですが、国であってもずっと借金をし続けられる公債比率に限度があって、ここでは、とりあえず、公債比率一〇〇％というところをそうした限度の目途としているわけです。もし、このまま五〇年間、一〇％で据え置くと、公債比率は二〇七〇年に三〇〇％を超えてしまいます。こうした規模は、さすがに限度を超えていますね。

市民A：それでは、今、永遠に消費税率を一〇％に据え置くという決定をしてしまうとどうなるのですかね。

F：そのことは、私のほうから説明させてください。もし私たちの社会がそのような決定をした場合、将来、いずれかの時点で日本社会の存立が危ぶまれ、おそらくは、Aさんを除いて、人生のいずれかの時点で日本政府の破綻という深刻な事態に直面するということになりますので、とりあえずは、そうした

表7－1　2020年時点と2050年時点の向こう20年間の平均消費税率

	即引き上げ	10年据え置き	20年据え置き	30年据え置き
2020年から向こう20年間の平均税率	12%	11%	10%	10%
2050年から向こう20年間の平均税率	16%	17%	19%	20%

シナリオはここでは考えないということにしたいのですが。みなさん、それでよろしいですか。

一同：異議なしです。

X教授：市民の方々に今後の税率の相場観を持ってもらうために、**表7－1**では、二〇二〇年と二〇五〇年について、向こう二〇年間の平均消費税率を計算しています。たとえば、即時引き上げですと、二〇二〇年から二〇四〇年の平均消費税税率が一二％ですが、三〇年間据え置くと、二〇五〇年から二〇七〇年の平均消費税率は二〇％になります。現在の倍ですね。

F：X教授、ありがとうございます。それでは、どのシナリオを選ぶのか、現在世代と将来世代の市民の方々でご議論ください。もちろん、シナリオについて質問があれば、X教授にいつでも聞いてください。

市民A：私は、議論から下ります。

F：Aさん、いきなりなんですか。

市民A：私はせいぜい生きてあと一〇年、どのシナリオでも、消費税税率は一〇％か、一〇％を少し上回るだけでほとんど変わりませんから。

F：そんなことをおっしゃらずに…

市民B：私は、三〇年据え置きを支持します。三〇年据え置かれれば、八〇歳まで税率一〇％ですし、その後、税率が大きく上昇しますが、Aさんと一緒で、そのころには、あと一〇年といったところなので。

Ｆ：Ｂさんは、将来世代の八〇歳としての発言でもあるわけですね。

市民Ｂ：そういうことです。

市民Ｃ：私も、できるだけ据え置き期間を長くしてほしい気がします。二〇歳から五〇歳までは、たくさん消費するでしょうから、できるだけ消費税は低いほうがありがたいですね。確かに、五〇歳になってから、消費税率が急テンポで高くなるのもつらいですが、そのころには、消費もあんまりしなくなるかもしれないですから。

Ｆ：Ｃさんは、将来世代の五〇歳としての発言でもあるわけですね。

市民Ｃ：そうです。

市民Ｄ：私は、先輩の方々とはまったく逆に、二〇二〇年からすぐに消費税率を徐々に引き上げてほしいですね。即引き上げと三〇年据え置きを比べると、二〇五〇年から二〇七〇年の平均消費税率は、一六％から二〇％と四％も上昇するわけですから、若い者にとっては、とっても辛いことです。

Ｆ：市民の方々の意見が出そろったところで、多数決をとってみると、棄権がＡさんの一票、三〇年据え置きが四票、

市民Ｄ：待ってください、ＢさんとＣさんの二票ではないのですか。

Ｆ：Ｂさんは将来世代の八〇歳として、Ｃさんは将来世代の五〇歳としての発言でもありますから。

市民Ｄ：そんなぁ…

Ｆ：そして、二〇二〇年で即引き上げは、Ｄさんの一票。投票結果は、三〇年据え置きということに

なりました。それでよろしいでしょうか。

市民A：棄権しておいて今から議論するのは、おかしいのかもしれないですが、Fさんの投票のやり方はおかしいんじゃないですか。

F：どこがですか。

市民A：現在世代の二〇歳（Cさんのことだね）と将来世代の五〇歳、現在世代の五〇歳（Bさんのことだね）と将来世代の八〇歳は、同じ人間ですよね。同じ一人の人間が、現在の時点で二票とはおかしいですね。

F：それでは、三〇年据え置きは二票となりますね。それでも、多数決の結果は、依然として三〇年据え置きとなりますが……

市民A：私は気が変わりました。**どうせどのシナリオでも自分にはあまり関係ないので、**二〇二〇年で即引き上げに一票投じます。

F：そうすると、三〇年据え置きと即引き上げとが二票二票でスプリットですね。厄介なことですが、投票のやり直しになります。それにしても、Aさんはなぜ心変わりをされたのですか。

市民A：Dさんが不憫に思えてきましてね。Dさんは、私と九〇歳も年齢が違うことになりますが、一世代を三〇年とすると、三世代先ということになって、ひ孫ですから。そのひ孫が「即引き上げ」っていうんですから、あまり損することのない私は、ひ孫のDさんのために投票したいと思ったわけです。

市民B：そういう見方をすると、Dさんは、私にとって孫ですね。どうしたらよいでしょうか。

市民C：そういう見方をすると、Dさんは、私にとって子どもですね。どうしたらよいでしょうか。

市民D：ずっと先輩方の議論に聞き入ってしまって発言できなかったのですが、そんな議論を聞いていて、自分が生まれる前の世代の人たちと実際にお話しをしているような気分になりました。Aさんのお気持ちはとってもうれしいし、目の前のBさんやCさんが、おじいちゃん・おばあちゃん、お父さん・お母さんだと思うと…

市民B：そうなんですよ。自分の孫の前で、孫が一番嫌がる三〇年据え置きをいえるのかどうかということですね。

市民C：私も同じなんですよ。自分の子どもの前で、自分の子どもが一番嫌がる三〇年据え置きをいえるのかどうかということですね。

市民D：そんなお話を聞いていると、ひおばあちゃん・ひおじいちゃん、おばあちゃん・おじいちゃん、お母さん・お父さんに甘えたい気持ちも出てきますし、しっかりとしないといけないんだという気持ちにもなります。

F：X教授、市民の方々の議論を聞いていて、何かコメントはありますでしょうか。

X教授：実は、今回のコンセンサス会議のセットアップは、Fさんと相談して決めたのですが、二〇二〇年と二〇五〇年の選択、二〇歳、五〇歳、八〇歳の組み合わせは、まさに三〇年を一世代と考えて、二〇五〇年に二〇歳となる仮想の将来世代が一人議論に参加することで、現在世代の市民たちのそれぞれの世代と年齢の組み合わせからどれだけ自由になれるのかということを実験してみたかったわけです。もちろん、完全に自由になることなどできませんが、やはり、**将来世代がたった**

一人でも議論に参加すると、現在世代の人たちも、立場をある程度、相対化できるのではないかと思いまして。

F：コンセンサス会議も、熟議の一形態なのですが、熟議の本質的なところは、討議の参加者が、それぞれの立場からできるだけ自由になるということなのですね。そうした場合に、世代と年齢から自由になるということが一番難しい。

X教授：実は、Aさんが中立的な役割になるということも、シナリオを設計するなかで重要でした。しばしば、シルバー民主主義という言葉で高齢者の利害というか、失礼な言い方ですが、わがままが優先されているようにいわれていますが、実は、そうでもないんですね。再び失礼な言い方になってしまいますが、「あと十年もない」という人は、現在世代への未練も少ないので、その分、相対的に自由な立場になるわけですよ。

市民A：私は、教授先生の罠にまんまと引っかかったわけですね。

F：そんなことはないと思いますよ。利害にかかわらないということが、熟議の重要な要素ですから。実は、今日は、本会合ではなくて、準備会合なんですよ。本会合では専門家パネルの先生方もX教授でない方々です。でも、問題の本質がわかってもらえたのではないかと思います。これで市民パネルの皆さんは、現在世代のAさん、Bさん、Cさんが将来世代のDさんをどのように受け入れればよいのか、将来世代役のDさんがAさん、Bさん、Cさんを前にしてどのように振る舞えばよいのか、BさんやCさんが現在世代と将来世代の両面をどのように担っていけばよいのかが、いろいろと見えてきたのではないかと思います。本会合の準備としては大変によかったと思っています。今日は、本当にありがとうございました。

7-2-3 実験の熟議　将来世代配慮型の熟議で現在世代は将来世代に責任を負うようになるのか？

7-2-3節では、西條辰義たちがフューチャー・デザインのプロジェクトで実施してきた実験成果を踏まえて、「将来世代配慮型の熟議（後述）で現在世代は将来世代に責任を負うことがはたして可能なのか」を考えてみたい。

熟議の本質的な役割は、人々ができるだけ対等な立場で多様な意見を交換することによって将来の可能性をできるだけ広く想定し、その拡大した可能性についてそれぞれの能力の範囲で「現在の自分」が「将来の自分」に対して責任を引き受けていく契機を見出すところにあった。

このケースのように、「現在の自分」と「将来の自分」が同一の人格である場合には問題を考えやすい。しかし、「現在の世代」が「将来の世代」に責任を負うというコンテキストでは、二つの世代が別の人格となってしまって問題がとたんに難しくなる。

ただし、7-2-2節の「虚構の熟議」で現在世代の八〇歳の人は、消費税率引き上げタイミングに利害がほぼ中立的であったことから、三〇年先の将来世代の二〇歳の人（仮想的な将来世代）が消費税率引き上げの先延ばしに反対したことに対して同情的となった。もし、将来世代配慮型の熟議を通じて現在世代が中立的な立場に立てるようになるのであれば、あるいは、現在世代と将来世代が対等の立場となるのであれば、現在世代は将来世代の苦境の可能性に対して同情的になれるのかもしれない。

西條辰義たちが実践してきたフューチャー・デザインの一連の実験結果（Kamijo et al. 2016，西條

2017b など）によると、なるほど討議ルールを将来世代配慮型に工夫することによって、現在世代は将来世代に配慮した意思決定を行うことが示されている。たとえば、「現在世代の役割を与えられた三人が一〇分間討議する」というルールから次のような討議ルールに変更をすると、現在世代は将来世代に配慮して意思決定をするようになる。

- 将来世代の役割を担った人（仮想将来世代）や社会的指向性の高い人の討議への参加
- 仮想将来世代と現在世代の討議機会の設定
- 将来世代に向けて討議の内容や記録の開示

右のいずれの討議ルールの変更も、確かに現在世代が将来世代を配慮する契機となる可能性を持っている。

西條たちの実験内容を詳しく見ていくことにしよう。

三人を一世代とするグループは一〇分間の討議を通じて次のようなAかBかの意思決定を行う。当該世代はAのオプションで三六ドル、Bのオプションで二七ドルを得て、それを三人で分配する。ただし、現在世代がAを選択すると、次世代にとってAも、Bも九ドルずつ減少する。一方、Bを選択すると、次世代にとってAもBも利得が変化しない。すなわち、Aの選択は現在世代優先の選択であり、Bの選択は現在世代が犠牲を払いつつ次世代の利得を維持している。以下では、簡単のためにドル通貨で測った物価に変動がないものとする。

ここでAが三六ドル、Bが二七ドルの現在世代がAの選択をすると、次世代にとってAが二七ドル、

Bが一八ドルとなるが、現在世代がBの選択をすると、次世代にとって依然としてAが三六ドル、Bが二七ドルとなる。三世代が連続してAを選択すると、それに続く世代にとっては、Aが九ドル、Bが〇ドルとなる。もし四世代連続してAを選択すれば、それ以降の世代は正の利得機会を失ってしまう。一方、連続してBを選択すると、将来世代の利得機会はAが三六ドル、Bが二七ドルで維持される。

このようなゲーム（世代間持続可能性ジレンマゲームと呼ばれている）の実験を学生たちに実施した結果、Aを選択した世代の割合は七二％、Bを選択した世代の割合は二八％であった。圧倒的に現在世代優先の選択がなされた。実験後にアンケートを行って被験者の社会的指向性を計測してみると、Bの選択をした世代には、社会的指向性の高い人々が討議に参加していたこともわかった。

次の実験では、仮想将来世代が討議に参加している。一世代三人の中から被験者αをランダムに選び、被験者αには「自分自身のためにではなく、その組以降の組の人々を代表して残りの二人と交渉してください」と告げる。なお、被験者αが受け取る謝金は、残りの二人が決めた分け方に従う。ここでの被験者αは、将来世代の帽子を被った仮想将来世代ということになる。

こうして仮想将来世代が討議に参加すると、Bを選択した世代の割合は、二八％から六〇％に大きく上昇した。これらの二つの実験によると、社会的指向性が高い人や仮想将来世代の役割を担った人が討議に加わると、将来世代への配慮が著しく高まる。

同じ実験は、バングラデシュのダッカに住む市民にも行われた。しかし、仮想将来世代が参加しても、Bを選択する世代の割合は三〇％から三一％へとわずかに上昇しただけであった。そこで、討議のルールを次のように変更した（back and forth mechanism と呼ばれている）。

ステージ1：三人とも仮想次世代として意思決定。
ステージ2：三人とも現在世代として意思決定し、両者の意思決定が同じなら終了。
ステージ3：異なるなら三人で多数決。

すると、Bを選択した世代の割合は、三〇％から八五％に大きく上昇した。すなわち、仮想次世代と現在世代という異なった立場で意思決定を考える機会があると、将来世代への配慮が非常に高まる。

さらに同じ実験は、ネパールのカトマンズに住む市民にも行われた。ダッカの場合と同様に、仮想将来世代が参加しても、Bを選択する世代の割合は六三％から六二％へとほとんど変化がなかった。そこで、討議のルールを次のように変更した（reasonability mechanism と呼ばれている）。

ステージ1：三人で意思決定をしその理由を次世代に残す。
ステージ2：次世代に意思決定のアドバイスを残す。

すると、Bを選択した世代の割合は、六三％から八八％に上昇した。すなわち、現在世代の討議の内容や議事を次世代に向けて公開するという行為自体が将来世代への配慮を高める契機となっている。

このようにして見てくると、討議のルールを将来世代配慮型に変更することで、現在世代の意思決定も将来世代を配慮する方向に大きく変化する可能性がある。変更した討議ルールのもとでどのようなことが話し合われるようになって、現在世代の利己的な意思決定が将来世代に配慮した意思決定に変化したのであろうか。以下では、いかなる変化がゲーム参加者の内面で起きた可能性があるのかを推測してみよう。[4]

実は、ここでの世代間持続可能性ジレンマゲームは、現在世代がある程度に将来世代を配慮したとしても、依然として利己的な意思決定を選択するような構造になっている。

通常、マクロ経済学では、将来の利得は年四%程度で割り引くと仮定されることが多い。今、一世代を三〇年と見てみると、$(1+0.04)^{30}-1=2.24$となって、三〇年先の世代の利得は二二四%で割り引くことになる。以下では、三〇年間の割引率をρとする。ここで注意してほしい点は、割引率が低くなるほど、将来世代への配慮の度合いが高くなるということである。

この割引率ρを用いて現在世代がAを選択し、次世代以降、Bを選択する見通しで将来世代の利得（ただし、大きく割り引かれるが[5]）も含めて現在世代が自らの利得（現在世代の厚生に相当する）を次のように計算しているとしよう。

$$W_A = 36 + \sum_{\tau=1}^{\infty} \frac{18}{(1+\rho)^{\tau}}$$

同様に、全世代がBを選択する見通しで将来世代の利得（同様に割り引いたもの）も含めて現在世代

（4）Nakagawa et al.（2016）では、最初の実験に参加した学生たちの一〇分間の討議の内容が分析されている。そうした分析ならは、仮想将来世代の役割を担う学生が討議に参加することで意見が多様化し、さまざまな立場の見方が意思決定に反映されることが指摘されている。

（5）ここでの想定は、現在世代以外は常に将来世代配慮型の意思決定（Bの選択）をしていると想定している。なお、この想定の経済学的な解釈については、7-2-4節を参照してほしい。

表7-2　AあるいはBを選択する場合の現在世代の厚生

1世代（30年）割引率	年率割引率	(1)現在世代がAを選択し、次世代以降Bを選択する場合の現在世代の厚生	(2)連続してBを選択する場合の現在世代の厚生	(1)－(2)
224%	4.0%	44.0	39.1	4.9
150%	3.1%	48.0	45.0	3.0
100%	2.3%	54.0	54.0	0.0
75%	1.9%	60.0	63.0	-3.0
50%	1.4%	72.0	81.0	-9.0

が自らの利得（現在世代の厚生に相当する）を以下のように計算しているとしよう。

$$W_B = \sum_{\tau=0}^{\infty} \frac{27}{(1+\rho)^{\tau}}$$

表7-2によると、一世代三〇年単位の割引率ρが二二四％（年率で四％）となっているケースでは、現在世代の厚生は利己的な決定のほうが将来世代を配慮した決定よりもかなり大きい（44.0＞39.1）。すなわち、マクロ経済学で用いられている標準的な割引率を想定して将来世代の利得機会を現在世代がある程度考慮したとしても、現在世代は依然として利己的な行動をとることになる。

しかし、三〇年間割引率が一〇〇％（年率二・三％）を下回って将来世代をより配慮するようになると、「現在世代がAを選択するケースの現在世代の利得」（W_A）よりも「全世代がBを選択するケースの現在世代の利得」（W_B）のほうが上回る。すなわち、現在世代の三〇年間割引率が一〇〇％（年二・三％）を下回ると現在世代が常にBを選択し、その後のすべての世代も将来世代を配慮した意思決定を行うようになる。

以上の計算は、討議参加者の多様化、討議機会の拡大、討議内容や議事の公開といった将来世代への配慮を促すような討議ルールに変更することによって、現在世代において三〇年間割引率が二二四%（年四・〇%）から一〇〇%以下（年二・三%以下）に低下するようなドラスティックな変化が起きた可能性を示している。

やや見方をかえてみると、三〇年間割引率が二二四%から一〇〇%まで低下することによって$W_A = W_B$が成立し、現在世代と将来世代は完全に対等な立場になっている。その結果、現在世代は、自らの利得（W_Bで測った厚生）を犠牲にすることなく将来世代に配慮した意思決定を選択できるようになる。

西條たちの実験結果は、実際の政策にも重要なインプリケーションをもたらすのでないであろうか。たとえば、英国政府は、二〇〇六年一〇月に世界銀行の元チーフエコノミスト、ニコラス・スターンが作成した気候変動政策の費用と便益をレビューした報告書（スターン・レビューと呼ばれている）を公表した。スターンが非常に低い割引率（年率でゼロに近い水準）を用いて費用便益分析を行ったことから、スターン・レビューをめぐって大論争が繰り広げられた[6]。特に、実証的な根拠に基づいて年率三%から四%を主張する研究者（主として経済学研究者）と、倫理的な根拠から年率〇%（すなわち、割引の放棄）を主張する研究者の間の論争が激しかった。しかし、仮想的な将来世代との討議を通じて現在世代がより低い割引率に合意できるのであれば、実証的根拠と倫理的根拠の対立を止揚（？）できる可能性もある。

（6） スターン・レビューが採用した割引率に関する論争については、畠瀬・竹内（2009）が詳しくサーベイを行っている。また、論争の当事者の一人によるWeitzman（2007）や、十周年に論争を回顧したLilley（2016）も参照してほしい。

Nakagawa et al.（2017）では、岩手県矢巾町で実施されたフューチャー・デザインのワークショップで仮想将来世代の役割を担った人々へのインタビューを分析して以下のような所見を得ている。

もっとも重要な点は、将来世代の役割を演じるという経験が、現在世代と将来世代の二つの人格が一人の人間のなかに共存するという認識につながり、そうした認識が違和感というよりも知的な満足感を持って受け入れられているところである。仮想将来世代として参加した人々は、将来世代の人格があることで、優越した感情を持って現在世代の人格を省察できているからこそ、そのように知的な満足を感じるのであろう。また、現在から距離を置くという認識上の困難を乗り越えたからこそ、満足の果実が享受できたのであろう。したがって、ここでの知的満足は、達成感を伴っているといえる。（p.27、筆者による翻訳）

右の文章は、将来世代配慮型の熟議によって、将来世代と現在世代の二つの人格を一人の人間の中に取り込む契機が生み出されている可能性を示唆している。その結果、仮想将来世代を経験した現在世代は対等な立場で将来世代を考慮する視座を得ている。

西條たちの実験から得られた知見は、本書で論じてきた〈危機の領域〉にも活かすことができる。いずれのケースも、危機を起点として「それまでの自分（危機前の自分）」が「それからの自分（危機後の自分）」に対して責任を負う契機を見出すことが決して容易ではなかった。しかし、危機対応の〈現場の熟議〉で「それまでの自分」と「それからの自分」が一人の人間の中で共存するという認識をもたらすことができれば、自らの能力の範囲で危機へ対応し、不幸にも危機対応が失敗した場合にもその失敗を受け入れられるのでないであろうか。

7-2-4 経済学から見た危機対応　時間整合性について

以下では、7-2-3節で取り扱った世代間持続可能性ジレンマゲームについて、経済学的な構造をもう少し掘り下げて考えてみたい。

今、現在世代も、将来世代も、将来世代配慮型の意思決定（Bの選択）をすることが合意されているとしよう。すなわち、物価が安定しているもとで、どの世代も二七ドルの利得を得ることになる。したがって、どの世代についても、将来の世代の利得をρで割り引いたものを含めた利得（ここでは、世代の厚生と呼ぶ）は、常に$W_B = \sum_{\tau=0}^{\infty} \frac{27}{(1+\rho)^{\tau}}$に等しくなる。

次にすべての世代がBの選択をするという規範が成り立っているもとで、現在世代だけが将来世代を配慮しないAの選択をしたとしよう。ここで将来世代は、依然としてBの選択をすると想定すれば、将来世代の利得は二七ドルから一八ドルまで低下する一方、現在世代の利得は二七ドルから三六ドルに上昇する。将来世代の利得も織り込んだ現在世代の厚生は、$W_A = 36 + \sum_{\tau=1}^{\infty} \frac{18}{(1+\rho)^{\tau}}$に等しくなる。

もし、すべての世代がBを選択した場合の厚生W_Bが現在世代だけがAを選択する場合の厚生W_Aを上回っていると、当該の現在世代は必ず将来世代配慮型のBを選択する。この議論は、将来のどの世代にも適用できるので、将来のどの世代も、Bの選択をすることになる。7-2-3節で見てきたように、事実、三〇年間割引率ρが一〇〇%（年二・三%）を下回れば、$W_B \geq W_A$が成立する。

経済学では、その時々の行動（ここでは、Bの選択）が、予定されていた行動（ここでは、現在から将来にかけてすべての世代がBを選択するという予想）からいっさい乖離しない場合に、**「行動が時間を通じて整合的である」**、**「行動が時間整合性を保っている」**という言い方をする。

7-2-3節で現在世代が常に将来世代配慮型のBを選択するという意味で、現在世代が将来世代に対して責任を負っている状態と、厚生W_Bが厚生W_Aを上回ってすべての世代の行動が時間整合性を保っているという状態はまったく同じであるということができる。

仮想将来世代の導入を世代間の利害対立を解消する仕組みとして考えてきた小林慶一郎（小林 2017）は、仮想将来世代が現在の意思決定に関与することで時間整合性を回復できる可能性を示している。仮想将来世代と現在世代が〈無知のヴェール〉に覆われて討議を行うと、異なる世代への共感から世代間利他性が強化される。ここで共感は、将来世代という異なる立場を現在世代が自らにとりいれることと解釈することもできる。

7-2-3節の世代間持続可能性ジレンマゲームに沿っていうと、「弱い利他性」（ここでは、三〇年間割引率が一〇〇%を大きく上回り、将来世代の利得を大きく割り引いてしまう状態）から「強い利他性」（ここでは、三〇年間割引率が一〇〇%以下に低下する状態）へと将来世代への配慮が高まる結果、世代間の時間整合性が回復する。

ここまでの議論を異なる視点から見ると、現在世代と仮想将来世代の討議を通じて割引率を大幅に引き下げて現在世代が将来世代に対して責任を負う状態を実現することの困難さは、すべての世代の行動が時間整合性を満たす事態が現実の社会で実現することがいかに難しいのかを物語っている。

ここで「世代」と「自分」のアナロジーに着目すると、〈危機の領域〉では、危機を起点として「それまでの自分」の行動と「それからの自分」の行動の間で時間整合性を保つことが非常に困難であるということになる。

本書は、読者の混乱を避けるために、7-2-4節以外で**時間整合性**という言葉をほとんど用いていないが、個人の、組織の、社会の、そして世代の行動について、時間を通じた整合性を保つことがいかに困難なことであり、熟議によってその困難さをいかに乗り越えていくべきなのかを議論していることになる。

7-3 行政と政治における熟議の不在

7-3-1 「無謬な行政」が介在する危機対応 「想定外」と「安心」へのバイアス

第4章の原発危機への対応で特徴的なことのひとつに、行政が深く介在することで意思決定の方向性に望ましくない影響を及ぼしてきたという点がある。

たとえば、過酷事故へ至る状況を想定した非常時対応マニュアル（徴候ベース手順書）が規制枠組みにおいて相応の位置付けが与えられてこなかったのも、「過酷事故を起こさないことが規制当局のミッションであるのだから、過酷事故が起きたことを考えてはいけない」という行政独特の規制ロジックが影響していた。

また、二〇〇〇年代前半の時点において、宮城・福島沖で津波地震が発生する可能性について決定的な科学的エビデンスを欠いていたことは確かであったが、そうした中にあって行政が津波地震の可能性を排除した背景には、行政が発する情報で危険が誇張されて人々が「不安」になるよりも、危険に沈黙して人々が「安心」するほうに行政の意思決定が偏った可能性は排除できない。

いずれのケースも、行政の意思決定に間違いがないこと、すなわち、**行政の無謬性**が前提とされている。前者のケースであれば、規制当局の側が既存の規制枠組みの無謬性を暗黙に前提としていて、規制当局が定めた「完璧な規制枠組み」が遵守されている限りは、過酷事故に至るような状況は一切生じないことが仮想されている。一方、後者のケースでは、住民や企業といった社会の側は、行政が発する地震リスク情報に対して全幅の信頼を置いてしまっている。

行政の無謬性が危機対応の意思決定に好ましくない影響を及ぼすという側面は、見方をかえると、行政の介在が危機対応における熟議の本来の機能を歪めてしまっていると考えることもできる。自身も中央官庁で勤めていた経験のある小林慶一郎も、危機対応が行政の現場でうまく定着しない理由を行政の無謬性に求めている（小林 2016）。

ある省庁の組織の所管内の事柄であっても、危機（すなわちその組織の存在意義が失われるほど大きなダメージが発生するような事象）は考えない傾向があるということである。これは、組織が「無謬性神話」に囚われているということである。典型的な論理は、「組織の目的は危機を起こさないことだから、危機が起きたときのこと（組織の目的が達成されなかったときのこと）をその組織が考えてはならない」というものである。これは一種の自己言及的論理の罠に陥っているといえる。なぜ「組織の目的が達成できないときの善後策を、その組織が考えてはいけない」という暗黙の前提が、思考上の拘束力を持つのだろうか（実際に役所のオフィシャルな見解はこの理論が貫かれているのだが）。一つの理由は「危機（組織の目的達成に失敗した事態）への対処は、定義により、その組織の所管外である」という論理である。これはもっともらしい理屈に見えるが、必ずしも絶対的に（論理的に）正しい理屈であるわけではない。省庁の設置法等を変えることによって、「組織の目的が達成できなかった場合」の政策をオフィシャルに検討するための統治機構の制度を作る必要がある。（傍線は筆者、二三〇頁から二三一頁）

4-2節で見てきたように、先述の徴候ベース手順書の導入の障害となったのが、当時の規制当局の間で支配的であった次のような規制ロジックであった（西脇 2013）。

（徴候ベース手順書の導入は）まるで役所が過酷事故対策に本格的に乗り出すように読める。原子炉等規制法を見てください。過酷事故を防止できるように法体系ができている。法令を守っている限り、我が国では過酷事故は起きません。

どのように優れた規制体系であっても、「過酷事故は起きません」と断言することなど不可能であったにもかかわらず、原発危機への対応においては、規制当局が提示してきた規制枠組みが完璧なものであると想定されてしまった。

いったん危機対応において行政の無謬性が暗黙に想定されてしまうと、行政が主導する危機対応に関する討議にも歪みが生じてしまう。行政が選任する参加メンバーも「行政が無謬である」という考え方を受け入れていることが前提となるであろう。討議の議題も、行政の無謬性を反映して恣意的な方向に設定されてしまう可能性もある。その結果、原発の安全性に関する多様な意見が規制枠組みに反映されなくなる。行政の無謬性を前提とした議論では、危機対応の中で当然考慮しなければならないことも、「想定外」に追いやられてしまう可能性もある。サンスティーンが指摘するように、参加メンバーに多様性を欠くような孤立集団の熟議においては、結論が極端な方向に進むという局化現象が引き起こされてしまうかもしれない（サンスティーン 2012）。

住民や企業といった社会の側が行政の無謬性を無条件に受け入れてしまうことも、行政の介在する危機対応を歪めてしまう可能性もある。二〇一三年一〇月から二〇一四年六月に内閣官房に設置された「国・行政のあり方に関する懇談会」[7]の報告書で財政学者の土居丈朗は、国民自身が行政の無謬性という考え方を払拭する必要性を主張して以下のようなコメントを寄せている。

本懇談会でも、幾度か話題になったように、行政当局は過ちを犯さないとか過ちを犯してはならない、という見方に捉われると、行政当局が国民に対して柔軟に対応できないことがしばしばある。政府と国民の間を結ぶコミュニケーションが今より改善したとしても、国民が行政当局を見る眼が、依然として行政の無謬性に捉われてしまうと、行政当局が試行錯誤を伴う政策を講じることが難しくなる（ましてや、行政当局自らが行政の無謬性を盾に過ちを認めないということはあってはならない）。行政当局に試行錯誤を認めないという頑なな態度が、かえって国民にとって不利益となることがある。

今後は、政府が国民の要望を柔軟に受け止めて実行に移す際には、行政当局が完全無欠でない対応を行うことを、一定の許容範囲のなかで国民が認める必要であると考える。もちろん、誤りが見つかれば早期に是正することは言うまでもない。特に、今後の行政の対応には、前代未聞の事態に対応しなければならないことが多々出てこよう。そうした場合には、前例主義は通用しない。だからこそ、行政当局に臨機応変な対応ができる余地を設けるべく、行政の無謬性を払拭することが大切である。

市民や国民が行政の無謬性に囚われている状態を、行政が意思決定で織り込んでしまうと、危険を明示するという積極的な意思表示で差し迫った「不安」を煽るよりも、危険に沈黙するという消極的な意思表示で漠然とした「安心」を与えるほうに偏ってしまう可能性も出てくる。先にも述べたように、二〇〇二年に地震調査研究推進本部が宮城・福島沖の津波地震を評価するときに、確定的なエビデンスが十分でなかったものの、津波地震の可能性を強調してさまざまな注意を喚起するよりも、津波地震の可

（7）報告書は、デジタイル媒体で以下のウェブサイトにアップされている。http://www.cas.go.jp/jp/seisaku/kataro_miraiJPN/sum/doi.html

能性を排除して「安心」をさせる方向にバイアスがかかった可能性はある。

3‐3節で議論した東海地震予知制度のメカニズムはもっと複雑でデリケートな性格のものであったが、人々が行政の無謬性を信じていたからこそ、「地震予知がないこと」が「地震が到来しない」と漠然と解釈されたのであろう。

ラクイラ地震の安全宣言の失敗が司法の場でまで争われたのも、住民が全幅の信頼を寄せていた政府や科学者に裏切られたという思いが強かったからである。ラクイラの人々には酷な言い方になってしまうが、ラクイラの人々がいったんは政府の安全宣言を信じたことに問題の本質があった。

それでは、私たちの社会が〈危機の領域〉において行政の無謬性から自由になるにはどうすればよいのであろうか。土居が強調するように、行政の無謬性という考え方の払拭が私たちの社会の重要な課題であることを広範囲に認識していくことがとても大切なのであろう。そのためにも、7‐2‐1節の熟議のケース（虚構ではあったが…）のように、将来の危機の可能性について、行政だけでなく私たちもリスクを引き受けていることを、さらには、将来の危機に関わるリスクは行政だけでは決して背負いきれないことを、ひとつひとつの熟議の場で丁寧に確認していくことが必要なのである。

7‐3‐2　日本銀行・金融政策決定会合における熟議の可能性

本書を執筆しながら日本の行政機構において熟議の可能性が定例的にもっとも追求されている機関はどこであろうかと考えていたときであった。ふとしたきっかけで二〇〇一年から二〇一一年にかけて日本銀行・政策委員会（一ヶ月に一度のペースで金融政策を最終的に決定する金融政策決定会合を主催する委員会）の審議委員を務めた須田美矢子が二〇一七年九月一七日付けの『朝日新聞』朝刊に次のようなコメントを寄せていたのを知った（傍線は筆者）。

黒田総裁の就任直後、大規模緩和を九人の政策委員が全会一致で決めたのはショックだった。従来とは大きく違うことをやるのに、正副総裁三人が代わった途端に執行部主導で決めてしまった。その後も安倍政権の考えに近い人が選ばれ、今の委員は同じ方向を向いているように映る。

金融政策は、多様な経験や考えを持つ人が情報と意見を持ち寄り、効果と副作用を見比べながら決めるのが望ましい。少数意見にも耳を傾けることで、政策に磨きがかかり信頼も増す。

トップひとりで政策を決めると、考えが偏って十分な情報も得られず、間違いが起きかねない。同じ考えの人が集団になると、異論や懸念を排除してしまい、さらに大きな間違いを起こす危険がある。

黒田総裁は物価至上主義で、緩和の副作用は二の次にしている。副作用を懸念する少数意見が出ても、まともに議論していないのではないか。

行き過ぎた緩和で国債などの価格は本来の価値からかけ離れ、いまは効果より副作用の方が大きい。最適な物価上昇率はもともと厳密な数値では示せない。目標は二％を含むプラス圏の幅広いゾーンに緩めるといい。そのゾーンへ向かっているのは間違いないので、もう日銀は正常化に向けて動き出すべきではないか。

ただ、緩和を正常化する段階では、金利上昇で財政負担も増すため、政府・政治家や官僚から反発や批判が出てくる。対立して押し通すのではなく、早めに説明して理解を求め、最後は「仕方がない」と言わせないといけない。次の総裁は、緩和の副作用が出やすい金融市場の動向をきちんと理解するのと同時に、政府との調整力がある人物が求められる（黒田総裁の任期は二〇一八年四月八日までであったが、さらに五年の任期で再任された）。

須田が政策の効果と副作用について多様な意見の交換と少数意見の尊重という原則を金融政策決定会合に強く求めているのは、まさに会合を熟議の場と考えているからである。「少数意見や異論を排除した同質の集団が極端な意思決定へと暴走してしまう」という須田の憂慮した可能性は、「異質混交を排除した孤立集団の意思決定が集団極化する」というサンスティーン（2012）の懸念した現象とまったく同じであろう。

須田の指摘の興味深い点は、委員会の場で説明責任を十分に尽くして、政治家や官僚（政府のメンバーも金融政策決定会合にオブザーバーとして出席している）にも政策の副作用について「最後は『仕方がない』と言わせないといけない」といっているところである。利害関係者たちに政策の失敗（ここでは、政策の副作用）を納得して受け入れてもらおうとすれば、まさに徹底的な熟議が必要となってくるのであろう。

二〇一七年七月までの五年間、審議委員を務めた木内登英（たかひで）も須田と同様の趣旨の論考を『文藝春秋』二〇一七年一〇月号に寄せている（木内 2017）。特に、木内は、二〇一四年一〇月三一日と二〇一六年一月二八日・二九日の政策委員会で議長提案が五対四で賛否が割れ、かろうじて議長案が採択された事態を重大視して以下のように深い憂慮を表している。

なぜそんな採決になったのか。それは議長である総裁が少数意見に歩み寄りを見せなかったからと解釈できます。審議委員には守秘義務があるので決定会合の具体的な中身についてはお話できません。ですので、これはたとえ話ですが、「国債の買い入れペースを一〇兆円増やす」という議長提案があったときに、A委員が「買い入れ増加には賛成だけれど一〇兆円は多すぎる。五兆円が妥当だ」と意見するとします。そのときに「では間をとって七兆円でどうですか？」といった歩み寄りがあれば、「五対四」という薄氷の結果にはならず、「七対二」や「六対三」という採決になったはずです。議長によって決定会合の議事運営の仕方も違うのでしょうが、黒田総裁は委員会における合意形成をそこまで重視していないように思います。（一七〇頁）

木内の主張を厳密に検証するには、政策委員会・金融政策決定会合の正式の議事が必要となってくるが、議事公開までには会合後一〇年を待たなければならない。しかし、発言者を正確に特定することができない議事要旨は会合後二ヶ月以内に公表されているので、議事要旨から会合の議論を見てみよう。(8)

6-3節で詳しく議論してきたように、異次元金融緩和と呼ばれている金融政策には物価に影響を及

(8) 金融政策決定会合の議事要旨は、以下のウェブサイトからダウンロードできる。http://www.boj.or.jp/mopo/mpmsche_minu/minu_2017/index.htm/

ぼす要素がほとんど含まれていない。それにもかかわらず、二〇一三年四月四日の金融政策決定会合では、異次元金融緩和によって**二年程度**の期間を念頭に「物価安定の目標」**二%**を達成することが宣言された。

大規模な金融緩和の中身には、①日銀当座預金と日銀券発行をあわせたマネタリーベースを**二年間で二倍**、年間約六〇兆円から七〇兆円に相当するベースで増加すること、②長期国債保有額を**二年間で二倍**、長期国債の保有残高が年間で五〇兆円に相当するペースで増加すること（その間に償還される長期国債もあるので毎月の買入額で七兆円強、ちなみにそれまでは月二兆円程度のペース）、長期国債買入の平均残存期間を**二倍以上**、現状の三年弱から七年程度に延長することが含まれていた。こうした金融緩和政策は、従来の緩和政策に比べてきわめて規模の大きなものであったことから、「異次元」という言葉が冠されることになった。

しかし、二〇一三年四月三日から四日にかけて実施された金融政策決定会合の議事要旨を見ても、異次元金融緩和がどのようなメカニズムで年二%のインフレをもたらすのか、どうしてこのように大規模な緩和措置が必要になってくるのかについては、突っ込んだ議論がなされた形跡がほとんどない。

議事要旨では、従来の緩和政策は物価目標達成に足りなかったので、従来にない規模の緩和政策の実施が必要であるという発言ばかりが続いている。通常であれば、なぜ、従来の緩和政策がインフレへの影響が小さかったのかを丁寧に検証して、その検証結果が「緩和規模の不足」であった場合にはじめて緩和規模の拡大という処方箋が講じられるはずであった。

ただし、議事要旨のいくつかの箇所には、緩和政策の効果に疑問を呈する意見が含まれていた。いくつかをひろってみよう。

- 大規模な金融緩和の副作用について、過度な金利低下のもとで、①金融機関の貸出意欲がかえって減退すること、②金融機関が収益確保のために保有債券のデュレーションを延長し、その結果として、金融システムが金利上昇に対して脆弱になること、③生保・年金基金等の機関投資家の運用が圧迫されること、などの可能性に注意する必要があると指摘した。
- ①財政ファイナンスの観測を高める可能性、②市場機能が大きく損なわれる可能性、③金融市場で大規模な資産購入の実現可能性に疑問が持たれ、政策効果が減じる可能性について、十分認識する必要があると述べた。
- 既存の定量的な分析結果によると、(長期国債などの)資産買入がインフレ期待を引き上げる効果には不確実性が大きいと指摘した。

しかし、こうした政策効果への疑問についてどのような議論が交わされ、どのような決着を見たのかについては議事要旨にいっさい記述がない。

違和感を否めないのが、政策の「わかりやすさ」への配慮が必要なことに何度も言及されているところである。それでは、どうした面で「わかりやすさ」への工夫があったのかが明らかでない。しいていえば、政策内容に**二年、二%、二倍**と数字の二が並ぶところが親しみやすかったのかもしれない。

この会合では、金融政策の議案について、総裁、副総裁をはじめとした九人の審議委員全員が賛成票を投じている。ただし、金融緩和政策の中身について合意の程度が委員間でかなり違いがあったようである。

たとえば、審議委員の木内は、①二％の「物価安定の目標」を二年程度の期間を念頭に置いて達成するには、大きな不確実性がある、②そうしたなか、「量的・質的金融緩和」が長期間にわたって続くという期待が高まれば、金融面での不均衡形成などにつながる懸念があるとしたうえで、「量的・質的金融緩和」の継続期間は二年程度に限定し、その時点で柔軟に見直すとの考えを明らかにすべきとの見解を示した。

二〇一三年四月四日の合意程度の委員間の微妙な食い違いが、二〇一四年一〇月、二〇一六年一月の意見の大きな不一致につながっていく。

二〇一四年一〇月三一日の金融政策決定会合では、年二％の物価目標が持っている矛盾が一挙に表に出てしまった。通常、インフレ率がマクロ経済の体温計として機能するのは、経済全体の需要（総需要）の高まりを計測するときである。家計の消費や企業の投資が活発になって総需要が拡大すれば、それに応じて物価が上昇するので、ある程度のインフレが経済の望ましい姿となる。

しかし、マクロ経済の供給条件が改善すると、たとえば、労働生産性の上昇や輸入原材料価格の低下などがあると、物価はかえって安定する。したがって、供給面の改善はインフレ率の低下に結びつくが、そのような場合、低インフレだからといって日本経済にとって悪いわけではない。二〇一四年半ばごろから原油価格をはじめとして国際商品価格が急激に低下し、日本国内の物価が落ち着いた。原油価格低下は日本経済にとって決して悪いわけではなかったが、日銀の物価目標の達成を難しくした。

会合では、このようなジレンマに対して過半数の委員の間で次のような認識があった。

原油価格の下落は長い目でみて日本経済にとってプラスであるものの、このところの大幅な下落は、消費税率引き上げの後の需要面での弱めの動きと合わせて、短期的には物価の下押し要因として働いていると指摘した。そのうえで、短期的とはいえ、現在の物価下押し圧力が残存する場合、これまで着実に進んできたデフレマインドの転換が遅延するリスクが大きいと述べた。これらの委員は、こうしたリスクの顕現化を未然に防ぎ、好転している期待形成のモメンタムを維持するために、このタイミングで追加的な金融緩和を行うべきであると述べた。

原油価格下落は長期的に日本経済にとって望ましいが、日銀の物価目標にとっては不都合なので追加金融緩和を実施するというのは、かなり倒錯した政策ロジックであろう。このころの議事要旨には、「デフレマインド」や「期待形成のモメンタム」というようなレトリカルな用語（かならずしも理論的な内容が明確でない用語）が頻繁にあらわれるようになってくる。

議事要旨によると、①マネタリーベースが年間約八〇兆円（一〇兆円から二〇兆円の追加）に相当するペースで増加すること、②長期国債について、保有残高が年間約八〇兆円増（約三〇兆円の追加）、月八兆円から一二兆円程度の長期国債買入を基本とすること、③長期国債買入の平均残存期間を七年から一〇年程度に延長することで追加緩和措置の内容が固まっていく。

しかしながら、何人かの委員からは追加緩和措置にかなり強い反対が表明された。

●先行きの物価見通しに対するリスクが大きくなっているとの見方は共有しつつも、経済・物価の基本的な前向きのメカニズムは維持されており、現行の金融市場調節方針・資産買入方針を継続することが適当であると述べた。

●追加的な金融緩和による効果は、それに伴うコストや副作用に見合わないと述べた。

●追加緩和の効果について、追加緩和によって金利は一段と低下すると見込まれるものの、名目金利はすでに歴史的な低水準にあり、実質金利も大幅なマイナスとなっていることや、資産買入の効果はその進捗とともに累積的に強まる性質のものであることを踏まえると、経済・物価に対する限界的な押し上げ効果は大きくないと述べた。

●期待への働きかけについて、「量的・質的金融緩和」は導入時には人々の期待を変化させる効果を持ったが、追加的にこれを拡大しても、その効果は導入時と比べてかなり限定的なものにとどまると述べた。効果の持続性についても疑問があると付け加えた。

●追加緩和のコスト・副作用について、市場機能の一段の低下を指摘した。このうちの一人の委員は、MMFやMRFなどで運用難のリスクが高まる可能性があると述べた。

●一段の金利低下が金融機関の収益や仲介機能に与える影響について懸念を示した。

●年間約八〇兆円の増加ペースで国債買入を行うとなれば、フローで見た市中発行額の大半を買い入れることになるため、国債市場の流動性を著しく損なうだけでなく、実質的な財政ファイナンスであるとみなされるリスクが、より高くなると指摘した。

●結果として円安が進めば、これまで景気回復を下支えしてきた内需型の中小企業への悪影響が懸念されると述べた。

議事要旨にさえこれだけの紙幅が割かれているのであるから、強い反対意見が相次いで表明されたのであろう。しかし、こうした反対は追加金融緩和の修正にまったくつながらなかったようである。

先述のとおり、追加金融緩和に関する議案は薄氷で採択された。賛成は、総裁の黒田東彦、副総裁の岩田規久男、中曽宏、委員の宮尾龍蔵、白井さゆりの五票であったのに対して、反対は、森本宜久、石田浩二、佐藤健裕、木内登英の四票であった。

二〇一五年一二月一八日の金融政策決定会合では、長期国債買入の平均残存期間を七年から一二年程度に延長することが決定された。

二〇一六年一月二八日・二九日の金融政策決定会合では、再び激しい意見対立が生じた。二〇一三年四月から実施された異次元金融緩和の目標期間の目処とされた二〇一六年春が近づいても二％の物価目標に届かない事態に接して、再び抜本的な追加金融緩和としてマイナス金利政策[9]が執行部から提出された。

このマイナス金利政策についても、いくつもの反対意見が表明された。

● 「量的・質的金融緩和」の補完措置（二〇一五年一二月一八日に公表された政策）の導入直後のマ

（9） 日本語では「マイナス金利政策」といわれているが、英語ではnegative interest rateなので、厳密には「負の金利政策」と訳すべきである。しかし、ここでは慣例にならって「マイナス金利政策」ということにする。

イナス金利の導入が、かえって資産買入の限界と受け止められる可能性を指摘した。

● 複雑な仕組みが混乱・不安を招くこと、今後、一段のマイナス金利引き下げへの期待を煽る催促相場に陥ること、金融機関や預金者の混乱・不安を高めること、二%の「物価安定の目標」への理解が乏しいもとで政策意図に関する誤解を増幅させることなどへの懸念も示した。

● マイナス金利の導入とマネタリーベース増額目標の維持は整合性に欠けること、マイナス金利は市場機能や金融システムへの副作用が大きいこと、海外中銀とのマイナス金利競争に陥る可能性があること、日本銀行のみが最終的な国債の買い手となり、市場から財政ファイナンスとみなされるおそれがあることへの懸念を示した。

● マイナス金利の導入により、国債のイールドカーブを引き下げても、民間の調達金利の低下余地は限られ、設備投資の増加も期待しがたいと述べた。

● マイナス金利の導入は、国債買入策の安定性を損ねたり、金融システムの不安定性を高めたりする問題があるため、危機時の対応策としてのみ妥当であると述べた。

マイナス金利政策のようにまったく新しい金融政策であったにもかかわらず、さらなる検討が重ねられることもなく、執行部案のままの議案が議長から提出された。先述のとおり、この議案も、賛成五票（黒田、岩田、中曽、原田泰、布野幸利）、反対四票（白井、石田、佐藤、木内）でかろうじて採択された。

金融政策決定会合で多様な意見の交換を通じた十分な合意が形成されないままに、きわめて異例な一連の金融緩和政策が実施されたことは大変に遺憾なことであった。

7-3-3 リーダーの言葉と熟議の不在（その1）「私がAI」について

7-3-3節と7-3-4節は、議論が若干横道にそれてしまうかもしれない。あらかじめ読者のお許しを請いたい。

以下では、最近、私たちの社会の強力なリーダーたちが発した「私がAI」と「この道しかない」という二つの言葉をめぐって、〈危機の領域〉における熟議の不在について私が考えたことを綴っていこう。筆者としては、熟議の不在という状況に立ってみて熟議の本当の意味を考えてみたいのである。

第2章で見てきたように、東京都知事の小池百合子は、二〇一七年六月二〇日、二〇一八年秋を目途に豊洲市場へ移転し、築地市場跡地を五年後に再開発することを決定した。二〇一七年八月一五日の記者会見でその決定経緯を聞かれた小池知事は、以下のように答えて物議をかもした（傍線は筆者）[10]。

> 情報というか、文章が不存在であると、それはAIだからです。私があちこち、それぞれ外部の顧問から、それからこれまでの市場のあり方戦略本部、専門家会議、いろいろと考え方を聞いてまいりました。いくら金目がかかるかということについては、関係局長が集まった会議で、既にA案、B案、C案、D案と各種の数字が出てきております。よって、試算については既に公表されているものがあります。最後の決めはどうかというと、人工知能です。人工知能というのは、つまり政策決定者である私が決めたということでございます。回顧録に残すことはできるかと思っております

（10） 小池都知事の発言は、以下のウェブサイトから入手をした。http://image.itmedia.co.jp/l/im/news/articles/1708/14/l_yx_ai_02.jpg

が、その最後の決定ということについては、文章としては残しておりません。「政策判断」という、一言で言えばそういうことでございます。

小池知事が発した「私がＡＩ」は、何を比喩しているのかを解釈することが非常に難しい。そこで自動運転を例にとってみよう。「ＡＩ（artificial intelligence、人工知能）でコントロールされている運転システム」と「生身の人間であるドライバー」のどちらが安全運転について責任を負っているのかという点は、運転システムの進化の程度に依存している。レベル４と呼ばれる高度運転は、限定された領域内とはいえ運転の継続が困難な場合でもドライバーの対応が期待されておらず、ドライバーではなく運転システムが安全運転に対して責任を負っている。

はたして「私がＡＩである」という表現では、だれがドライバーなのであろうか。

ドライバーが都民という解釈はなかなか成り立ちにくい。都民が都政を仕切っている、運転している、というわけではないからである。おそらくは、「東京都政の生身のドライバー」である小池知事が、「ＡＩでコントロールされている行政運転システム」から指示を受けていると考えるべきであろう。小池知事は、自らのＡＩの性能を誇っているように思えるので、相当に高いレベルの行政運転システムにちがいない。自動運転の比喩になぞらえると、生身の人間として都政を司る小池知事は、本来自らが負うべき責任を高性能の行政運転システムに引き受けてもらっていることになる。

「私がＡＩ」という言葉が象徴することは、豊洲市場や築地市場に関する意思決定について責任を負う主体がまったく不在である状況なのかもしれない。

第2章で詳しく見てきたように、豊洲市場地下水汚染騒動は、二〇〇八年の時点で東京都、東京ガス、築地市場関係者、住民の間で熟議を徹底して、土壌と地下水が汚染された豊洲用地にふさわしい土地用途を模索してこなかったことに問題の根っこがあった。その問題を締めくくる意味合いの記者会見で小池知事が発した「私がＡＩ」という文言は、多様な人々の間で多様な意見を公の場で交換する熟議とはまったく逆方向の意思決定のありようを示すものであった。

まさに小池知事がいうように豊洲市場移転に関わる意思決定プロセスのかなりの部分（特に、2-1-8節で見てきたように、二〇一一年二月から二〇一四年一一月にかけて豊洲用地の指定解除方針そのものを取り下げてしまった経緯）が公で閲覧できるような形で記録されていない。次のようなことはなかなか考えにくいが、将来、万が一、豊洲市場の運営を断念せざるをえない事態に直面してきたときに（たとえば、大地震で市場の敷地が液状化し、汚染地下水が地上に噴出するような事態）、私たちの社会は、過去の意思決定の経緯に立ち戻って、その失敗を真剣に考え、納得して受け入れる契機を見出すことがまったくできないのである。

7-3-4　リーダーの言葉と熟議の不在（その2）「この道しかない」について

「私がＡＩ」という言葉が都知事によって発せられた三年前、「この道しかない」という言葉が首相によって発せられた。

第5章や第6章で詳しく見てきたように、内閣総理大臣の安倍晋三は、消費税増税に関わる記者会見で力強い言葉で政策を語った。二〇一四年一一月一八日に消費税増税を延期し、衆議院解散を表明したときの記者会見は、以下のように締めくくられた（傍線は筆者）[11]。

思い返せば、政権が発足した当初、大胆な金融緩和政策に対しては反対論ばかりでありました。法人税減税を含む成長戦略にも様々な御批判をいただきました。しかし、強い経済を取り戻せ、それこそが二年前の総選挙、私たちに与えられた使命であり国民の声である。そう信じ、政策を前へ前へと進めてまいりました。岩盤規制にも挑戦してまいりました。

あれから二年、雇用は改善し賃金は上がり始めています。ようやく動き始めた経済の好循環、この流れを止めてはなりません。一五年間苦しんできたデフレから脱却する、そのチャンスを皆さんようやくつかんだのです。このチャンスを手放すわけにはいかない。あの暗い混迷した時代に再び戻るわけにいきません。

デフレから脱却し、経済を成長させ、国民生活を豊かにするためには、たとえ困難な道であろうとも、この道しかありません。景気回復、この道しかないのです。国民の皆様の御理解をいただき、私はしっかりとこの道を前に進んでいく決意であります。

最後の段落に三度出てくる「この道」は、消費税増税延期を含めた景気対策が代替的な選択肢のない唯一無二の強力な政策決定であるということを国民に強く印象付けた。その後の一二月一四日に施行された衆議院選挙でも、「景気回復、この道しかない」が政策スローガンのひとつとなった。

安倍首相は、「この道しかない」というフレーズを二〇一三年半ばごろからしばしば用いていた。当初は、クレイル・ベリンスキーが二〇〇八年に公刊したマーガレット・サッチャーの評伝のタイトル、*There Is No Alternative* に出典が求められた。しかし、ベリンスキーの著作のタイトルは、「いくら問題があろうとも、資本主義に代わる経済システムはない」という広範な体制論を意味していて、「この道」のニュアンスのような特定の政策群を正当化するフレーズとはかならずしもいえない。

むしろ、「この道しかない」という力強い言葉は、複数の代替的な政策（たとえば、将来の財政危機の可能性を考慮して財政再建を優先する政策）が議会や閣議の場で十分に議論されたわけでないことを示唆していると考えたほうがよいのかもしれない。少し振り返ってみると、似たような言葉が似たような文脈で繰り返されてきたように思う。

たとえば、二〇一五年一二月二〇日に放映された「ＮＨＫスペシャル 新・映像の世紀 第3集 時代は独裁者を求めた」には、アドルフ・ヒットラーが一九三五年三月にヴェルサイユ条約の軍事制限条項を破棄しドイツの再軍備を宣言した後に軍需企業クルップ社を訪れ「ドイツ国民よ、他に選択肢があるだろうか。もはや我々は敗者に属さない。世界は裁くことはできないのだ」と演説した映像が含まれていた。当時のドイツ議会は、一九三三年三月の全権委任法によって事実上停止させられていた。

意外なところでも、「この道しかない」に出くわした。二〇一七年六月一六日に日本記者クラブで会見した前原誠司は民進党の新しい生活保障関連政策について決意を語った。「みんながみんなのために(All for All)」の理念のもとに増税を求め、その財源で社会保障を充実させる政策を発表した。前原は

（11）首相の会見は、以下の首相官邸のウェブサイトから引用した。https://www.kantei.go.jp/jp/97_abe/statement/index.html

「国民は痛みを伴うが、この道しかない」ことを強調した。この記者会見を報じた共同通信は、「民進党自身が 'All for All' でまとまるかは大いに疑問」として、党内議論が不十分であったことを示唆した。私は、「この道しかない」というフレーズを耳にして、ひとつの詩を思い出した。

米国の詩人、ロバート・フロストが一九一六年に発表した "The Road Not Taken" である。日本語で「行かなかった道」、「選ばなかった道」と訳されている詩を知ったのは、ミッチェル・ワッツの『経済学の文学帳』(Watts 2003) であった。ワッツの著作は、詩や小説の文学の一節に経済学の重要なコンセプトを見出していくという趣向になっている。フロストの詩は、「選択と機会費用」の章に収められている。

とてもすばらしい響きの詩なので原文を引いてみたい。また、駒村利夫の論文(駒村 1994)には、フロストの詩をめぐってさまざまな翻訳や注釈が引かれているが、ここでは、私の勝手な嗜好で河野一郎による訳詩を選んでみた。

The Road Not Taken **行かなかった道**

Two roads diverged in a yellow wood, 黄ばんだ森の中で、道が二つに分かれていた

And sorry I could not travel both 二つの道を同時にたどり、一人の旅人になれないのが心残りだった

And be one traveler, long I stood
And looked down one as far as I could
To where it bent in the undergrowth;

Then took the other, as just as fair,
And having perhaps the better claim,
Because it was grassy and wanted wear;
Though as for that, the passing there
Had worn them really about the same,

And both that morning equally lay
In leaves no step had trodden black.
Oh, I kept the first for another day!
Yet knowing how way leads on to way,
I doubted if I should ever come back.

I shall be telling this with a sigh
Somewhere ages and ages hence:
Two roads diverged in a wood, and I —

長いあいだその場にたたずみ
道の一つを見えるかぎり先まで眺めてみた
下生えのなかに曲がり、見えなくなっているあたりまで

そして、同じように美しいもう一方の道を選んでしまった
選ぶだけの理由はたぶんあったのだ——
草深く、まだ人の足に踏まれていなかったからだ
もっとも、道の分かれるあたりは
同じくらい踏みならされていたが

あの日の朝、道はどちらも同じように
まだ黒く踏みしだかれていない落葉に埋もれていた
ああ、わたしはもう一方の道をまたの日のために取っておいたのだ！
だが、道は道へとつづくことは知っていたので
二度とここへ戻ってこられるか、自信はなかった

わたしはこのことをため息まじりに物語っていることだろう
どこかで、何年も何年も後の日に
森のなかで道が二つに分かれていた、そしてわたしは——

I took the one less traveled by,
And that has made all the difference.

わたしは人のあまり通わぬ方を選び
それが大きな違いとなった、と

フロストの詩はさまざまな解釈が可能であるところが名詩のゆえんであろう。二つに分かれた道を前にその選択に迷う。一方を選べば、他方を選べないことになる。「草深く、まだ人の足に踏まれていなかったから」という程度の理由で一方の道を選んでしまう。そして何年も後にそのときの選択を「ため息まじりに」振り返ることを予感する。

ワッツがフロストの詩を選択した理由がまさにそこにあるのだが、この詩のタイトルが示すように「行かなかった道」が一方の道を選択したことの機会費用を象徴している。また、「わたしは人のあまり通わぬ方を選び　それが大きな違いとなった」とあって二者択一の決定は大きな違いを帰結した。

ワッツが他に注目している点も興味深い。二段目の「もっとも、道の分かれるあたりは　同じくらい踏みならされていたが」は、多くの人々が行き来していたであろう二本の道は、客観的に見れば、それほど大きな違いがなかったことを示唆していた。それにもかかわらず、二つの道の選択が人生に大きな影響を及ぼすとすれば、その選択の動機や受け入れは、「行かなかった道」に関わる機会費用の重みとともに、内的な後悔と納得のプロセスに委ねられるのであろう。

できるだけ対等な立場で複数の選択肢を議論する熟議の場があればこそ、「行かなかった道」の重みを深く感じた選択がどうにかこうにかなされるのであろうと思う。政治的なリーダーが「この道しかない」という力強い言葉にいかに当座の合理性があったとしても、私たちの側に「行かなかった道」の重みがなければ、後になって選択を振り返ることはできないであろう。

詩人も、私たちの社会も、道を選択した場所に実際に戻ることは決してできない。詩人が何年も先に戻るところは、詩人の心にある「森のなかで道が二つに分かれていた」風景であろう。一方、私たちの社会が何年、何十年も経って戻るとすれば、〈現場の熟議〉の記録や議事なのだと思う。代替的な政策がそもそも議論されていなければ、あるいは、たとえ議論されても、その経緯が正確に記録されていなければ、私たちの社会は、万が一の政策の失敗について、失敗の理由を真剣に考え、失敗を納得して受け入れるという機会をまったく失ってしまうのである。

7-4　非ゼロリスク社会の責任と納得

そろそろ、本書を締めくくらなければならない。

本書は、さまざまな〈危機の領域〉の現場を訪れながら、〈危機の領域〉における熟議の重要性を説いてきた。たとえボロボロであっても〈無知のヴェール〉で討議の現場を覆うことによって、危機対応の熟議に参加する人々は、利害、立場、世代、人間認知の歪みなどからある程度自由になって、将来、起こりうる危機の可能性をできる限りの範囲で見積もり、その可能性についてそれぞれの人々の能力の範囲で責任を負う契機を見出すことができる。

そのように熟議を通じてなした危機対応に対する意思決定は、その危機対応が万が一に失敗したとしても、各人が引き受けた責任の範囲で失敗を真剣に反省し、納得して受け入れることが期待できる。

すなわち、本書の構想は、熟議のプロセスにおいて見出された「自分が自分に負う」責任によって、危機対応の失敗に関する納得、より正確にいえば、失敗を納得して受け入れる覚悟を担保しようとするアイディアである。「自分が自分に負う」責任は、法体系が強制する責任（法的責任）や社会が強いてくる責任（社会的責任）と重なるところも多いが、法や社会に強いられたものではなく、それぞれの人々の自らの意思で担われた責任という意味では性格が異なっている。危機対応の失敗に関する納得（失敗を納得して受け入れる覚悟）を担保するのも、法的責任や社会的責任ではなく、熟議を通じて見出された「自分が自分に負う」責任である。

本書がそうした構想を検証するためにとった分析手法は、危機対応の成功例を称賛し、危機対応の失敗例を非難するというものではなかった。むしろ、事後的に見ると「明らかな危機対応の失敗」と見られるような事例を詳細に振り返ることによって、仮に熟議の機会があれば、たとえ危機対応が失敗したとしても、失敗を納得できるような合意形成の契機を見出すことができたのかという問題のたて方をしてみた。

第2章で見てきた豊洲市場地下水汚染問題では、石炭ガス工場で土壌と地下水がひどく汚染された用地を完全に浄化するのでなく、汚染状態を継続して管理するという新しい環境政策に適した有効な用途を見出すことについて合意形成が根本的に欠落していた。もし卸売市場に代わる用途で豊洲用地を有効に活用することができれば、高度成長期に汚染された土壌であっても未来に向けて積極的に活用した先進事例となったであろう。

第3章で振り返ってきた東海地震予知制度は、研究者の十分な了解がないままに見切り発車の状態で制度化された。しかし、そのように合意形成が不十分なままで導入された制度であっても、本来の趣旨から離れて、科学的な地震予知の見せかけが地震防災の不在証明として機能し、地震予知情報の未発信が何となくの安心を人々にもたらしてきた。このように変則的な制度を事実上スクラップするのに三〇年の歳月を要したという意味では、最初にボタンをかけちがえた不十分な合意形成の重大性を示唆しているのかもしれない。

第4章では、福島第一原発事故を振り返って、大津波の到来の可能性にしても、原発プラントが陥る事故状況にしても、完全な「想定外」と完全な「想定内」の間にある煉獄的な状況の中で人々が苦悩してきたさまを描いてきた。「想定外」から「想定内」へ向かうスピードを左右してきた要素に「行政の無謬性」という暗黙の了解がさまざまなレベルの討議を支配してきた。その結果、このような中間的な状況において「想定内」へ勇気ある一歩を踏み出すことをとどめさせてしまった。

もちろん、こうした分析作業をしたところで、「大きな環境変化に応じて合意を根本的に修正すること」、「最初の最初にボタンをかけちがえないようにすること」、「デリケートな状況において望ましい方向に踏み出すこと」がボロボロの〈無知のヴェール〉で覆った熟議によって本当に促されたのかどうかを明確に判断することはできないであろう。しかし、これらの事例を完全な失敗例として当事者たちの法的責任を追及し、社会システムの欠陥をあげつらうよりも、私たちの社会が未来に向かって課題解決に踏み出すことのほうが重要なのではないであろうか。

このようにして第2章から第4章で環境危機、地震災害、原発危機への対応を振り返ってきたのも、第5章から第6章で取り扱っている金融危機や財政危機への対応についてあらためて考えたかったからである。前者の三つの危機対応で確認された「根本のところでの合意の不在」、「最初の了解におけるボタンのかけちがえ」、「非常に微妙な局面における討議の迷走」といった事態が、熟議の不在といってもよい後者の二つの危機対応において現在進行形で起きているのでないかという懸念があるからでもある。そこで、第7章では、金融危機、特に財政危機について将来世代配慮型の熟議によって将来世代を含めて合意を形成する可能性を模索してきた。

これからの二一世紀は、金融危機や財政危機への対応が失敗する可能性についていっそう納得して受け入れられるように相当に高いレベルの合意を形成しておく必要があることを最後に強調しておきたい。とりわけ、後者の財政危機への対応については、現在世代が将来世代に対して責任を負うような形で合意を形成していかなければならない。

ある程度の経済成長が期待できた二〇世紀においては、どのような理由で危機対応が失敗したとしても、その失敗を事後的に十分にカバーできる余力が政府の側にも民間企業の側にも十分にあった。もっとも典型的な事例は、一九六〇年代から一九七〇年代に危機対応で致命的な失敗を犯した環境政策が一九七〇年代半ばから展開してきた徹底的な公害対策であろう。

国会と政府は、一九六〇年代にきわめて深刻となった大気汚染に対して、一九七〇年代に抜本的な政策をとった。米国で上院議員のエドムンド・マスキーが抜本的な大気浄化法を提出したことにちなんで、一九七三年四月に改正された大気浄化法は日本版マスキー法と呼ばれた。一九七三年四月当初は、主として炭素酸化物と炭化水素の両面で対策が強化され、一九七六年四月には窒素酸化物対策を大幅に充実させた。一九七八年四月の大気浄化法改正法は、日本版マスキー法の集大成といわれるほど徹底したも

図7-3　窒素酸化物に係る自動車排出ガスの量の許容限度（平均値）設定の推移（未規制時1台あたりのNO×排出量平均値を100とした時の比率：%）

〔ガソリン・LPG車〕

1. 乗用車

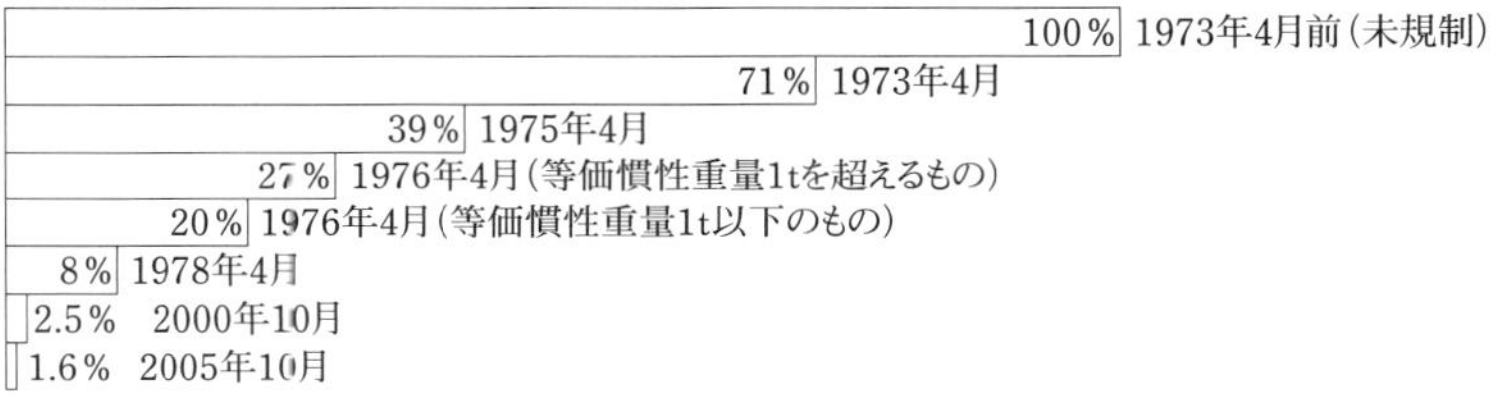

100%　1973年4月前（未規制）
71%　1973年4月
39%　1975年4月
27%　1976年4月（等価慣性重量1tを超えるもの）
20%　1976年4月（等価慣性重量1t以下のもの）
8%　1978年4月
2.5%　2000年10月
1.6%　2005年10月

出所：愛知県環境部大気環境化地球温暖化対策室（2015）。

のであった。

図7-3は、窒素酸化物について排気ガス規制の推移を見たものであるが、日本版マスキー法の導入前の窒素酸化物許容限度を一〇〇%とすると、一九七三年四月に七一%、一九七五年四月に三九%、一九七六年四月に二〇%、一九七八年四月に八%まで低減した。この間の日本版マスキー法がいかに徹底されたものだったかが明らかであろう。ちなみに、二〇〇五年一〇月の大気浄化法改正では同許容限度が一・六%にまで低下した。

また、6-2節でも明らかにしてきたように、一九九〇年代後半以降、日本社会ですでに起きてしまったさまざまな危機について、日本の政治や行政が事後的に展開してきた政策対応（むしろ、救済政策といったほうがよいのかもしれない）は、その規模が甚大なものになった。齊藤（2015）でも詳細に分析してきたが、東日本大震災の復興予算や福島第一原発事故の損害賠償も過去に例を見ない規模に達した。そうした大規模な事後的危機対応のたびに日本政府の財政はいっそう厳しい状況に置かれてきた。

しかし、危機対応の失敗が一義的に国家財政で引き受けられている事態は決して自然な状態とはいえない。今後の日本経済について高い成長を見込むことができず、日本政府の財政がすでに深刻な状況にあるなかにあっては、国家財政が危機対応の失敗を抱え込んでいくことにもおのずと限度があるからである。

結果として国家財政による負担が不可欠になるにしても、私たちの社会は危機対応の失敗を納得して受け入れられるような非常に高いレベルのコンセンサスを前もって形成しておく必要があるのであろう。将来の新たな危機に対して納得のいく対応ができるかどうかは、まさしく、さまざまなレベルで熟議を徹底できるかどうかにかかっている。そうした作業を怠ればどうなるかということは、本書のそれぞれの章で示されてきたとおりである。

人々が公共の場において私的な利益から離れて対等な立場で熟議に参加しながら合意形成を目指す政治の仕組みは、共和制と呼ばれている。ワインバーグがこうした共和制の仕組みをトランス・サイエンスの領域に導入してトランス・サイエンス共和国（the republic of trans-science）を構想したように（Weinberg 1972）、本書では、〈危機の領域〉に共和国を建てようと試みてきた。

私たちの社会は、当然ながら、人々が自分の責任の範囲でリスクを引き受けていく必要のある非ゼロリスク社会である。非ゼロリスク社会における熟議を通じて人々は「自分が自分に負う」責任を自覚する契機を見出し、そうした責任が危機対応の失敗をも納得して引き受ける覚悟を担保していくのであろう。

それが、今の時代にあって、〈危機の領域〉において熟議に支えられた共和国を起こし、非ゼロリスク社会の責任と納得を論じなければならない理由なのかもしれない。

コラム　オルテガ・イ・ガセットの『大衆の反逆』に見る危機への構え

以下の一節はスペインの思想家オルテガの代表作『大衆の反逆』（オルテガ 1985）から引いてきた。

真剣な態度で自己の存在に向かい、自己の存在に全責任を負う者はすべて、自分をつねに警戒態勢におかせるある種の不安を感じるだろう。ローマ帝国の軍要務令では、軍団の歩哨は睡魔を払いのけてつねに注意をはらうため、人差し指を唇にあてておくことを定めていた。この姿勢は悪くない。それはひそかな未来のきざしが聞きとれるようにと、夜の静寂にそれ以上の静寂を命じている姿勢に見えるからだ。たとえば十九世紀のような絶頂の時代の安心感は、一つの視覚的幻想であり、それは未来に対する無関心をもたらし、自己の進むべき方向を宇宙のメカニズムにまかせる結果を生んでいる。進歩的自由主義もマルクスの社会主義も、自分たちが最善の未来として望んでいるものは、天文学におけると同じような必然をもってまちがいなく実現されることを前提としている。彼らはこのような思想に守られて自分自身の良心と向きあい、歴史の梶を手放し、警戒態勢を解き、敏捷さと行動力を喪失した。（八八頁から八九頁）

オルテガが『大衆の反逆』を出版した一九三〇年、スペインは秩序を失い混乱の中にあった。一八九八年の米西戦争敗北で一九世紀までどうにか維持してきた国際的威信は失墜し、一九二三年になるとプリモ・デ・リベラが軍事独裁内閣を成立させた。一九三六年にはスペイン内乱が勃発する。オルテガのスペインは、まさに不確実な未来に直面していた。

それにもかかわらず、人々（オルテガのいう大衆）は、一九世紀の進歩的自由主義やマルクスの社会主義、あるいは、プリモ・デ・リベラのファシズムが約束してきた「確実な未来」が到来することを切望していた。右の文章でオルテガは、そうした未来を信じた人々が未来へのいっさいの警戒を解いてしまった事態に警鐘を鳴らした。そして、そのような未来などは幻想にすぎず、人々は「人差し指を唇にあてて」全神経を傾けて「不確実な未来」に備えるべきであると主張したのである。

私はいつか危機に関する書籍を著すときにオルテガの右の一節を引こうと心に決めていた。[12] 確かに、私たちの社会は、二〇世紀初頭のスペインに比べれば、直面している将来の不確実性の程度ははるかに小さいが（いや、それさえも「視覚的幻想」にすぎないのかもしれないが…）、私たちは、政治や行政に対して「確実な未来」を切望するのではなく、各人のキャパシティーに応じて「不確実な未来」に責任を負うべきなのであろう。

「ひそかな未来のきざしが聞きとれるようにと、夜の静寂にそれ以上の静寂を命じている姿勢」こそが、不確実な社会における危機対応の基本の構えであると考えるからである。そして、専門家の歩哨の一人としては、そうした姿勢を保つことこそが、不確実な社会における基本的な責任と考えるからでもある。

（12） なお、その短い節については、第4章の「あるエピソード　福島原発が欠いた有能な歩哨」でも引用している。

おわりに　ボロボロの〈無知のヴェール〉を被って

本書は、〈危機の領域〉という限定はあるものの、私が初めて市場メカニズムに対する疑問をインプリシットに著した書籍といえるかもしれない。私的領域に対する公的領域を、私益に対する公益を、取引に対する討議を、均等な機会に対する対等な立場を、外生的な選好（人々の選好を決めつけてしまう仮定）に対する内生的な選好（熟議で選好が進化する可能性）を優先しているという意味で市場メカニズムに対して熟議による合意形成を優位に置いているからである。

ただし、〈危機の領域〉を超えたところで、ここで暗黙に表明した市場への疑問がどこまで敷衍できるのかどうかは正直なところわからない。ただ、少なくとも〈危機の領域〉においては、市場メカニズムのように私的領域を最優先とするliberalなアプローチよりも、多様な人々が対等の立場で参加した熟議を通じて公的領域で課題を解決するrepublicanなアプローチのほうがずいぶんとましなように思えたのである。あるいは、〈危機の領域〉において共和国を建てることが、私たちの社会にとって意味があると考えたのである。

7-2-4節でも説明したように経済学の言葉でいえば、熟議による合意形成は「危機前の自分」と「危機後の自分」の間で行動の時間整合性を保つように、熟議によって選好が洗練され、コンセンサスが形成されるプロセスと簡単に表現することができる。現実の社会においてそれを実現していくことがいかに難しいことなのかは各章で見てきたとおりである。そこで、ボロボロながら〈無知のヴェール〉を被って熟議に参加することで、自らの立場から自由になるとともに、他者の立場を自らにとりこむ契機を見出すことが、時間を通じて整合的な危機対応に合意する契機となる可能性を検討してきた。

もし危機対応に時間整合性を保つことができなければ、ある危機を起点として「危機前の自分」と「危機後の自分」の間に大きな断絶が生じ、後者が前者に向かって「何でこんなことに」という後悔の、時には呪詛の言葉を投げかけてしまうであろう。私自身、一九九五年一月一七日に兵庫県南部を襲った大地震や二〇一一年三月一一日に東北地方太平洋岸を襲った大津波の後にまさにそうした断絶を味わった。現在、金融市場や財政状況の異形の統計に緊張感をもって接してきて、将来、金融危機や財政危機でこうした断絶だけは、自分の中で、そして社会において絶対に起こしてはいけないのだと思う。

本書の執筆では、大先輩の方々、同僚や若手の研究者、大学院生や学生、編集者や記者、身近な、あるいは遠方の友人や家族と、本当に多くの人々にお世話になった。ただ、現在進行形で私たちの社会の限られた場面の〈危機の領域〉を記述しつつ、「熟議の不在」について深い憂慮を示した本書は、もろもろの状況の、さまざまな人々の立場に対して、どうしても批判的なスタンスをとらざるをえなかった。批判という行為は個人の責任の範囲に閉じ込めなければならないと常に考えてきた。お世話になった方々を私の記憶の中にとどめさせてもらう無礼、失礼をどうか許してほしい。

ただ、ボロボロであっても〈無知のヴェール〉を被って自分の専門から一歩だけ踏み出る勇気を私に教えてくれた二人の恩人の名前をあげなければならない。

東日本大震災を経験して、私の眼の前に広がっていた日本社会の風景は、私の学んできた経済学で描き切ることなど到底不可能であった。そんなときに中学時代の同級生であった吉岡達也さんに再会した。震災の年のゴールデンウィークが過ぎたころ、吉岡さんが共同代表を務めていたピースボートがボランティアの拠点としていた石巻の活動に参加をする誘いを受けた。私は大変に躊躇したが、「今、見てこないでどうする」という友人の言葉に背中を押されるように石巻を訪れた。研究目的で訪れたことが見え見えの人間が現地の方々やボランティアの人々に歓待されるはずもなく、冷ややかな視線の中で家の中からヘドロをかき出していた。合間、合間で石巻周辺を車で、そして、足で回った。想像を超えた凄まじい風景も、案外に穏やかな風景も、今でもはっきりと覚えている。その後、何度となく石巻を訪れることになった。

震災の年の六月に『原発危機の経済学』(同年一〇月に日本評論社より公刊)のできたばかりの草稿を、二〇〇〇年ごろより経済産業省の電力自由化の研究会で存じ上げていた澤昭裕さんに読んでもらったことから、再びお会いするようになった。澤さんは、私が原発推進と原発反対の間で深く悩んでいたことを承知で「とにかく電力会社の人間に疑問をぶつけてみなさい」と、全国の原発施設に勤めていた多くの技術者を紹介していただいた。原発技術のことを勉強するのは大変であったが、技術者の方々からは本当に多くのことを教えていただいた。彼らの真摯な態度に接することがなければ、私は原発技術をもっと悲観的な方向で理解していたと思う。

大震災の年も暮れようとしていたころには、反原発の吉岡さん、原発推進の澤さん、条件付き原発容認の私の三人でお酒を飲んだこともあった。もしかすると、三人の会合は熟議の場と呼んでもよかったのかもしれない。二〇一五年一二月、一ヶ月先に死をひかえていた澤さんから「三人が会っていたなんて、今ではだれにも信じてもらえないでしょうね」という返事をいただいた。それが澤さんからの最後のメイルとなった。

さまざまな偶然が重ならなければ、〈危機の領域〉という限定した場所とはいえ、自分自身が相当の確信を持って長く研究してきた市場メカニズムについて深く疑問を持つこともなかったであろう。ただ、「市場メカニズムの否定」というような著し方はしたくなかった。市場メカニズムをはじめとした私的領域は私たちの社会にとって必要不可欠なものだからである。むしろ、〈危機の領域〉という限られた場所ではあったが、熟議を主軸とする小さな共和国に〈私たちの社会の可能性〉を積極的に見出したかったのである。

大学時代から常に見守っていただいた西村周三先生からは、「一人でやろうとするところが君の限界」といつも忠告を受けてきた。私としては、山のような資料や統計を前にして、饒舌に語り出す活字や数字たちとにぎやかにやっているつもりなのである。執筆に没頭してくると、将来の読者たちとワイワイガヤガヤと話し合っているような錯覚にも陥る。ただ、「仮想の熟議」や「虚構の熟議」ではなく、多くの人々とともに〈現場の熟議〉を実現していかなければならないというのは、先生のご忠告のとおりなのだと思う。

いつも一冊の本を世に出すときに思うことであるが、一冊の出版という機会を与えてくれた自分の社会に対して深く感謝したい。企画、編集、出版のすべての段階で勁草書房の宮本詳三さんには大変にお世話になった。科学研究費挑戦的萌芽研究「行動規範としての非常時対応マニュアルに関する行動経済学的研究」（二〇一六年度から二〇一七年度）の研究助成は、本書に関わる研究を財政的に支えていただいた。

こうして本書を世に出すことができたのは、多くの人々の助けがあったからです。深く感謝申し上げます。本当にありがとうございました。

二〇一七年冬

齊藤　誠

Nakagawa, Y., K. Kotani, Y. Kamijo, and T. Saijo (2016), "Solving interegenerational sustainability dilemma through imaginary future generations: A qualitative-deliberative approach," Kochi University of Technology, Social Design Engineering Series, SDES-2016-14.

Nakagawa, Y., K. Hara, and T. Saijo (2017) "Becoming sympathetic to the needs of future generations: A phenomenological study of participation in future design workshops," Kochi University of Technology, Social Design Engineering Series, SDES-2017-4.

Watts, M. (2003) *The Literary Book of Economics*, ISI Books.

Weinberg, A. (1972) "Science and trans-science," *Minerva* 1, 209-222.

Weitzman, M. L. (2007) "A review of The Stern Review on the economics of climate change," *Journal of Economic Literature* 45, 703-724.

小林慶一郎（2016）「財政の危機管理と政官ガバナンスの問題点」、齊藤誠・野田博編『非常時対応の社会科学』所収、214–234頁、有斐閣。

小林慶一郎（2017）「時間の経済学（24）：新しい社会契約」『ミネルヴァ通信究』2017年９月号。

小林傳司（2004）『誰が科学技術について考えるのか』名古屋大学出版会。

小林傳司（2007）『トランス・サイエンスの時代：科学技術と社会をつなぐ』NTT出版。

駒村利夫（1994）「詩とプラグマティズム：ロバート・フロストの『行かなかった道』」、『言語文化研究』５、57-105頁。

西條辰義（2015）『フューチャー・デザイン：七世代先を見据えた社会』勁草書房。

西條辰義（2017a）「フューチャー・デザイン」、『経済研究』68（１）、33–45頁。

西條辰義（2017b）「フューチャー・デザイン」、2017年９月９日、環境経済・政策学会講演資料（http://www.souken.kochi-tech.ac.jp/seido/Linkmate/FD.mp4）。

齊藤誠（2015）『震災復興の政治経済学：津波被災と原発危機の分離と交錯』日本評論社。

佐藤康太郎（2009）「衝突点周りの話題」、『加速器』６（１）、86頁。

サンスティーン、キャス（2012）『熟議が壊れるとき：民主制と憲法解釈の統治理論』、那須耕介監訳、勁草書房。

柴谷篤弘（1973）『反科学論：ひとつの知識・ひとつの学問を目指して』みすず書房。

西脇由弘（2013）「手記『セーフティ21』における過酷事故対策」、未刊。

畠瀬和志・竹内憲司（2009）「割引率選択が気候変動政策の評価に与える含意について」、『国民経済雑誌』199（６）、65–75頁。

平田光司（2015）「トランスサイエンスとしての先端巨大技術」、『科学技術社会論研究』第11号、31–49頁。

Hsu, M., and T. Yamada（2017）“Population aging, health care and fiscal policy reform: The challenges for Japan,” forthcoming *Scandinavian Journal of Economics.*

Kamijo, Y., A. Komiya, M. Mifune, and T. Saijo（2016）“Negotiating with the future: Incorporating imaginary future generations into negotiations,” forthcoming *Sustainability Science.*

Lilley, P.（2016）“The Stern Review ten years on,” The Global Warming Policy Foundation.

第６章

岩村充（2010）『貨幣進化論：「成長なき時代」の通貨システム』新潮選書。

大川一司・篠原三代平・梅村又次編（1974）『長期経済統計　推計と分析　国民所得』東洋経済新報社。

大蔵省昭和財政史室編（1955）『昭和財政史　第４巻　臨時軍事費』東洋経済新報社。

大蔵省昭和財政史室編（1983）『昭和財政史　終戦から講和まで　第11巻　政府債務』東洋経済新報社。

齊藤誠（2016a）「消費税増税再延期が日本の民主主義に残した禍根」、『Wedge』2016年７月号。

齊藤誠（2016b）「ヘリコプターマネーと異次元金融緩和の比較考、あるいは、『金融政策の形相』について」、『中央公論』2016年10月号。

ターナー、アデア（2016）『債務、さもなくば悪魔：ヘリコプターマネーは世界を救うか？』、高遠裕子訳、日経BP社。

日本銀行統計局（1966）『明治以降　本邦主要経済統計』日本銀行統計局。

日本経済研究センター（2017）「福島第一原発事故の国民負担」、2017年３月７日公表のプレスリリース（http://www.jcer.or.jp/policy/pdf/20170307_policy.pdf）。

Saito, M.（2017a）"Central bank notes and black markets: The case of the Japanese economy during and immediately after World War II," Hitotsubashi University, Graduate School of Economics, DP 2017-01.

Saito, M.（2017b）"On wartime money finance in the Japanese occupied territories during the Pacific War," Hitotsubashi University, Graduate School of Economics, DP 2017-03.

第７章

愛知県環境部大気環境化地球温暖化対策室（2015）「澄んださわやかな青空をとりもどすために：自動車排出ガス規制の解説」。

オルテガ・イ・ガセット、ホセ（1985）『大衆の反逆』、桑名一博訳、白水社。

木内登英（2017）「私はなぜ黒田緩和に反対したか」、『文藝春秋』2017年10月号。

纐纈一起・大木聖子（2015）「ラクイラ地震裁判：災害科学の不定性と科学者の責任」、『科学技技術社会論研究』第11号（2015年３月）、50-67頁。

小林慶一郎（2014）「最終的にどこまで増税すればいいのか？」、キヤノングローバル戦略研究所ウェブページ（http://www.canon-igs.org/column/macroeconomics/20140228_2430.html）。

齊藤誠（2015）『震災復興の政治経済学：津波被災と原発危機の分離と交錯』日本評論社。

齊藤誠（2017）「危機に向き合うとは？：原発事故と徴候ベース手順書をめぐって」、『世界』2017年４月号。

齊藤誠・野田博（2016）『非常時対応の社会科学：法学と経済学の共同の試み』有斐閣。

サンスティーン、キャス（2012）『最悪のシナリオ：巨大リスクにどこまで備えるのか』、田沢恭子訳、みすず書房。

添田孝史（2014）『原発と大津波：警告を葬った人々』岩波新書。

田辺文也（2012）『メルトダウン：放射能放出はこうして起こった』岩波書店。

田辺文也（2015-2016）「解題『吉田調書』第６回から第９回」、『世界』2015年10月号、12月号、2016年２月号、３月号。

西脇由弘（2013）「手記『セーフティ 21』における過酷事故対策」、未刊。

福島原発事故記録チーム編（2013）『福島原発事故　東電テレビ会議49時間の記録』岩波書店。

Viscusi, W. Kip (1998) *Rational Risk Policy,* Clarendon Press.

第５章

齊藤誠（2007）『資産価格とマクロ経済』日本経済新聞出版社。

齊藤誠（2009）「金融危機が浮かび上がらせた日本経済の危機と機会」、『世界』2009年２月号。

齊藤誠（2010）「長期均衡への収斂としてみた金融危機：金融システム改革へのインプリケーション」、『フィナンシャル・レビュー』101号、77–97頁。

齊藤誠（2011）「自己資本比率規制のマクロ経済学的な根拠について」、『一橋ビジネスレビュー』第59巻第２号、38–48頁。

重田正美（2008）「サブプライム・ローン問題の軌跡：世界金融危機への拡大」、『調査と情報』No. 622（2008年12月４日号）。

シラー、ロバート（2001）『投機バブル 根拠なき熱狂：アメリカ株式市場、暴落の必然』、植草一秀・沢崎冬日訳、ダイヤモンド社。

Basel Committee on Banking Supervision (2010) *An assessment of the long-term economic impact of stronger capital and liquidity requirement.*

Saito, M., and S. Suzuki (2014) "Persistent catastrophic shocks and equity premiums: A note," *Macroeconomic Dynamics* 18, 1161–1171.

潮社。

小谷眞男（2016）「イタリア震災裁判が投げかける問い：災害リスクと科学者の社会的責務」、『サイエンスカフェ』、2016年3月25日。

顧濤・中川雅之・齊藤誠・山鹿久木（2012）「活断層リスクの社会的認知と活断層対周辺の地価形成の関係」、齊藤誠・中川雅之編『人間行動から考える地震リスクのマネジメント：新しい社会制度を設計する』勁草書房。

纐纈一起・大木聖子（2015）「ラクイラ地震裁判：災害科学の不定性と科学者の責任」、『科学技技術社会論研究』第11号（2015年3月）、50-67頁。

齊藤誠（2008）「リスクをリスクとして取り扱わないと（その2）：地震予知の社会科学」、『書斎の窓』2008年12月号。

地震調査研究推進本部（地震調査委員会）（2004）「上町断層帯の長期評価について」。

島村英紀（2004）『公認「地震予知」を疑う』柏書房。

外岡秀俊（1997）『地震と社会：「阪神大震災」記　上』みすず書房。

遠田晋次・松澤暢・宮内崇裕（2015）「座談会パート1：科学の不定性と東日本大震災」、『科学技技術社会論研究』第11号（2015年3月）、68-85頁。

日本地震学会地震予知検討委員会（2007）『地震予知の科学』東京大学出版会。

山口勝（2008）「活断層情報を社会に生かすために」、『活断層研究』28号、123-131頁。

Gu, Tao, Masayuki Nakagawa, Makoto Saito, and Hisaki Yamaga (2018) “Public perceptions of earthquake risk and the impact on land pricing: The case of the Uemachi fault line in Japan,” forthcoming *Japanese Economic Review.*

第4章

遠藤典子（2013）『原子力損害賠償制度の研究：東京電力福島原発事故からの考察』岩波書店。

岡村行信（2012）「西暦869 年貞観津波の復元と東北地方太平洋沖地震の教訓：古地震研究の重要性と研究成果の社会への周知の課題」、『シンセシオロジー』第5巻（4）、234-242頁。

オルテガ・イ・ガセット、ホセ（1985）『大衆の反逆』、桑名一博訳、白水社。

顧濤・中川雅之・齊藤誠・山鹿久木（2011）「東京都における地域危険度ランキングの変化が地価の相対水準に及ぼす非対称的な影響について：市場データによるプロスペクト理論の検証」、『行動経済学』第4巻、1-19頁。

齊藤誠（2011）『原発危機の経済学：社会科学者として考えたこと』日本評論社。

第2章

大塚直・北村喜宣編（2006）『環境法ケースブック』有斐閣。
齊藤誠（2008a）「スーパーファンド法の功罪」、『書斎の窓』2008年6月号、7·8月号。
齊藤誠（2008b）「リスクをリスクとして取り扱わないと（その1）：極端な予防（予備）原則の経済学的解釈」、『書斎の窓』2008年11月号。
サンスティーン、キャス（2015）『恐怖の法則：予防原則を超えて』、角松生史・内野美穂監訳、神戸大学ELSプログラム訳、勁草書房。
サンスティーン、キャス（2017）『命の価値：規制国家に人間味を』、山形浩生訳、勁草書房。
中西準子・石戸諭（2017）「『おかしな議論』で豊洲問題は混乱した リスク論の第一人者が読み解く、問題の本質」、BuzzFeed NEWS、2017年6月18日。(https://www.buzzfeed.com/jp/satoruishido/junko-nakanishi?utm_term=.rrOD3amqZ#.da77a16DN)
藤井良広（2016）「東京都・豊洲市場土壌汚染問題　汚染地を売却した東京ガスの責任はどうなるのか？」、環境金融研究機構、2016年9月13日。
フリーマン、ポール、ハワード・C・クンルーサー（2001）『環境リスク管理：市場性と保険可能性』、齊藤誠・堀之内美樹訳、勁草書房。
政野敦子（2013）『四大公害病：水俣病、新潟水俣病、イタイイタイ病、四日市公害』中公新書。
森嶋義博・八巻淳（2009）『改正土壌汚染対策法と土地取引』東洋経済新報社。
Kennedy School of Government (1992) “Wichita Confronts Contamination: Seeking alternatives to Superfund (A),” Case Program C16-92-1157.
Kennedy School of Government (1992) “Wichita Confronts Contamination: Seeking alternatives to Superfund (B),” Case Program C16-92-1158.
Sunstein, Cass R. (2002) *Risk and Reason,* Cambridge University Press.
Viscusi, W. K. (1998) *Rational Risk Policy,* Clarendon.

第3章

NHKスペシャル取材班（2016）『震度7 何が生死を分けたのか：埋もれたデータ21年目の真実』KKベストセラーズ。

大木聖子（2012）「ラクイラ地震の有罪判決について」、『科学』第82号（2012年12月）、1354-1362頁。

岡田篤生（2008）「日本における活断層調査研究の現状と展望」、『活断層研究』28号、7-13頁。

黒沢大陸（2014）『「地震予知」の幻想：地震学者たちが語る反省と限界』新

参考文献

第１章

一ノ瀬正樹（2013）『放射能問題に立ち向かう哲学』筑摩選書。

大竹文雄・齊藤誠・小林傳司（2011）「パネルディスカッション　原発事故と行動経済学」、『行動経済学』第４巻、20–32頁。

ギルボア、イツァーク（2013）『合理的選択』、松井彰彦訳、みすず書房。

クカサス、チャンドラン、フィリップ・ペティット（1996）『ロールズ：『正義論』とその批判者たち』、山田八千子・嶋津格訳、勁草書房。

小林傳司（2007）『トランス・サイエンスの時代：科学技術と社会をつなぐ』NTT出版。

西條辰義（2015）『フューチャー・デザイン：七世代先を見据えた社会』勁草書房。

齊藤誠（2011）『原発危機の経済学：社会科学者として考えたこと』日本評論社。

齊藤誠（2012）「J·S·ミル」、日本経済新聞社編『経済学の巨人　危機と闘う：達人が読み解く先人の知恵』日本経済新聞出版社。

齊藤誠（2015）『震災復興の政治経済学：津波被災と原発危機の分離と交錯』日本評論社。

サンスティーン、キャス（2012a）『最悪のシナリオ：巨大リスクにどこまで備えるのか』、田沢恭子訳、みすず書房。

サンスティーン、キャス（2012b）『熟議が崩れるとき：民主政と憲法解釈の統治理論』、那須耕介監訳、勁草書房。

ミル、ジョン・スチュアート（2011）『自由論』、山岡洋一訳、日経BP社。

ロールズ、ジョン（2010）『正義論』、川本隆史・福間聡・神島裕子訳、紀伊國屋書店。

若松良樹・須賀晃一（2011a）「原初状態再考１：なぜ確率を使わないのか」、田中愛治監修、須賀晃一・齋藤純一編『政治経済学の規範理論』所収、17–31頁、勁草書房。

若松良樹・須賀晃一（2011b）「原初状態再考２：無知のヴェールが悪いのか」、田中愛治監修、須賀晃一・齋藤純一編『政治経済学の規範理論』所収、33–52頁、勁草書房。

横浜正金銀行　329
吉田調書　168, 179
四日市公害 → 四大公害
予備原則　92
　極端な予備原則　94, 100, 101
　予備原則の暴走　94
予防原則　18, 92
　極端な予防原則　18
　予防原則の暴走　19, 41, 45, 68, 71
読売新聞　224
弱い規制　169
四大公害　44, 46, 71
　イタイイタイ病　44
　新潟水俣病　44, 72
　水俣病　44, 72
　四日市公害　44

ラ行

ラクイラ裁判　124
ラクイラ地震　vi, 123, 235, 364, 398
楽観的なシナリオ　269
ラドンガス → 放射性物質
ラブ・キャナル（米ニューヨーク州）　81
リオデジャネイロ宣言　93
リスク　iii, 97
　リスクコミュニケーション　65
　リスクとリターン　259
　リスクプレミアム　261
利他性　392
リベラリズム　34
リーマン・ショック　26, 219, 229, 264, 292, 355
リーマン・ブラザーズ　221, 247
両替商　301
量的・質的金融緩和　404
臨界事故　167
臨時軍事費特別会計　329
類聚国史　194
冷温停止　183
冷却材喪失事故　167
連邦準備制度　248, 249
ロイター電　222
ロサンゼルス地震　118
炉心損傷　168
六価クロム → 有害物質
六ヶ所村（青森県）　106

ワ行

ワーストケース（最悪ケース）　13, 24, 30, 98, 99, 166, 168, 206, 356
ワーストケース・シナリオ　101
ワニの口　294
割引率　387

防災行動　141
防災投資　141
放射性物質　105, 180, 184, 298
　ウラン　131
　セシウム　105
　トリウム　131
　トリチウム　105, 298
　ラドンガス　131, 132
保健環境局（米カンザス州）　77
ポートフォリオインシュアランス　251
ボーリング調査　119

マ行

マイナス金利政策（負の金利政策）　325, 407
毎日新聞　224
前橋地裁判決　188
マクロ経済スライド　375
マーシャルのk　340, 341
マックス・ミン基準　33, 98
マックス・ミン原理　15, 30
マネタリーベース　318, 402, 405
満州事変　326
満州中央銀行　329
水俣病 → 四大公害
水俣病認定基準　72
　ハンター・ラッセル症候群　72
宮城県沖地震　114
民間貯蓄　327, 330
民事裁判　188
みんながみんなのために　413
無害化三条件　60, 61, 69
無限責任　162
無知のヴェール　14, 26, 29, 34, 37, 392
　厚い無知のヴェール　29
　厚くもない、薄くもない無知のヴェール　29, 33
　薄い無知のヴェール　29, 32
　ボロボロの〈無知のヴェール〉　11, 14, 15, 357, 417, 419, 425
無謬性
　危機対応の無謬性　xi
　規制行政の無謬性　13
　行政の無謬性　394, 396, 397, 419
　無謬性神話　395
明治三陸地震　190, 197
名目GDP　289
名目GNE　299
メチル水銀化合物 → 有害物質

ヤ行

家賃・住宅価格比率　238
矢巾町（岩手県）　390
有害物質　43, 52, 55, 72, 74, 84, 92
　赤潮　314
　アスベスト　74
　光化学スモッグ　314
　殺虫剤　81
　シアン化合物　52
　石油　74
　ダイオキシン　84
　トリクロロエチレン　77, 84
　鉛　74
　PM2.5　314
　ヒ素　63
　ベンゼン　41, 43, 44, 50, 52, 62, 63
　メチル水銀化合物　72
　有機水銀化合物　72
　六価クロム　84
有機水銀化合物 → 有害物質
有限交差角衝突　358
ユニバーサルスタジオ・ジャパン　84
ユーロ圏　245
要措置区域　90
預金封鎖　330

ハ行

バイアス
超悲観バイアス　23
超楽観バイアス　23
認識上のバイアス　4, 15
楽観バイアス　372
排気塔　172
排水基準　45
バーゼル銀行監督委員会（バーゼル委）　253, 254
バッドケース　13, 24, 166, 168, 206, 356
ハーバード大学ケネディー・スクールの事例集　77
パブリックコメント　64
浜岡原子力発電所　159
藩札　287
反射法弾性波探査　119
阪神淡路大震災　109, 117, 292
ハンター・ラッセル症候群 → 水俣病認定基準
判定会 → 大規模地震対策特別措置法
非可逆的投資　141
東日本大震災　109, 159, 193, 292
大津波　1, 11
大津波の予見可能性　187
悲観的なシナリオ　269
非常時対応マニュアル　8, 171, 393
非常用ポンプ　183
歪計　147
ヒ素 → 有害物質
兵庫県南部地震　109, 111, 117, 150
費用対効果　28, 45, 93
費用便益分析　94, 97, 104
ファシリテーター　362
ファニーメイ　249
ファンド　88, 91
風評被害　106
不確実性　iii, 97
不確実性の解消　138
福島原発事故記録チーム　167
福島第一原子力発電所事故　1, 159, 169
福島第一原発　105
地上タンク　107
凍土壁　107
福島第二原発　172, 182
福島地裁判決　188
物価安定の目標　402
物価高騰　306
復興予算額　297
負の金利政策 → マイナス金利政策
不偏な観察者　37
フューチャー・デザイン　25, 372, 383
プライマリーバランス → 基礎的財政収支
ブラウンフィールド　88, 91
ブラックサーズデー　251
ブラックマンデー　251
プレスリップ　147
フレディマック　249
プロスペクト理論　208
ベアー・スターンズ　248
米西戦争　423
ヘッジファンド　88
ヘリコプターマネー　315
ベンゼン → 有害物質
ベント
ウェットベント　175, 179
格納容器ベント　172, 175, 179, 183
格納容器ベントのフィルター　184
ドライベント　175
変動利付永久国債　335
保安規定　171, 178, 217
包括的環境対処補償責任法 → CERCLA
防災計画　120

東京都　47, 54, 91
東京都環境確保条例　47
投資銀行　221
投資行動　141
同時多発テロ　18, 204
東芝　84
東電テレビ会議　167, 179, 185
凍土壁 → 福島第一原発
東南海地震　151
東北地方太平洋沖地震　109, 150
東北電力　195
洞爺湖サミット　224
徳政令　287
特別会計　296
特別引出権 → SDR
土壌汚染
　規制型　48, 63, 79
　公共事業型　49, 63, 79
土壌汚染対策法　19, 20, 43, 47, 48, 84, 353
　改正土壌汚染対策法　20, 55, 63, 89, 90
土木学会　190
豊洲市場　19, 49, 89, 353, 409, 411
　技術会議（豊洲新市場予定地の土壌汚染対策工事に関する技術会議）　54
　市場問題プロジェクトチーム　69
　専門家会議（豊洲新市場予定地における土壌汚染対策等に関する専門家会議）　47, 49, 62
　豊洲卸売市場　41
　豊洲市場地下水汚染　41, 62, 89
トランス・サイエンス　25, 38, 349, 422
トリウム → 放射性物質
トリクロロエチレン → 有害物質
トリチウム → 放射性物質

ナ行

内生的な選好　425
納得　xii, 3, 4, 6, 7, 28
七省庁手引き　189
鉛 → 有害物質
南海地震　151
南海トラフ　151
南海トラフ地震　114
南方進出　299
新潟県中越沖地震　118
新潟水俣病 → 四大公害
新潟水俣病地域福祉推進条例　72
二〇〇五年基準　277
二〇一一年基準　277
日銀券　318, 402
日銀当座預金　318, 323, 342, 402
日銀の国債直接引受　332
日経平均　230
日航機墜落事故　171
日中戦争　299, 315
日本海溝の地震　114
日本銀行　398
日本銀行・政策委員会　398
　議事公開　401
　議事要旨　401
日本銀行統計局　300, 306, 327, 328
日本経済新聞　221, 224
日本原子力研究開発機構　179
日本三代実録　194
日本地震学会　115, 149
日本版マスキー法　420
ニューヨーク証券取引所　243, 250
認識の歪み　14
納税者　252
濃度規制 → 汚染処理水の海洋放出
農用地土壌汚染法　48
農林水産省　55
ノーザン・ロック　248

キャリートレード　244
恐怖効果　209, 213
業務上過失致死傷　187
共和国　422, 425, 428
　トランス・サイエンス共和国　422
共和主義　34
共和制　422
局化現象　396
禁じ手　27
金融危機　26, 219, 292
　金融危機回避策　251
　金融危機の発生確率　255
金融政策決定会合　398
掘削除去　37, 90
区分変更 → 形質変更時要届出区域
群発地震　124
　群発地震によるエネルギー放出説　134
景気回復のピーク　234
景気動向指数研究会　234
景気判断条項　271
景気変動調整済みP/E　240
経済財政諮問会議　310
形質変更時要届出区域　55, 64, 70, 90
　一般管理区域　61
　区分変更　20, 62
　自然由来特例区域　61
減圧注水　175, 181, 183
原因と結果の関係　5
検察審査会　187
原始状態　34
原子力安全委員会　159, 177
原子力安全保安院　1, 198
原子力規制委員会　106, 155
原子力災害対策特別措置法　215
原子力損害賠償機構（原賠機構）　165
原子力損害賠償法（原賠法）　6, 161, 162
　異常に巨大な天災地変　162
原子炉主任技術者　216
原子炉等規制法　169, 171, 178, 216, 395
原油価格　223, 404
合意形成　9, 24
合意形成プロセス　34
公益　425
高エネルギー加速器研究機構　357
公害　314
光化学スモッグ → 有害物質
恒久財源　268
公債比率　343, 374
公的医療費　375
公的救済　248
公的領域　425
行動経済学会　7
高度運転　410
神戸新聞　111
国債　302
国際商品価格　222, 404
国債直接引受　304, 315
国際通貨基金 → IMF
国税庁　311
国民経済計算　277
国民投票　283
国会事故調査委員会 → 東京電力福島原子力発電所事故調査委員会
国家の救済　296
この道しかない　411
コールマン社　77
コンセンサス会議　25, 361, 364, 370
　鍵となる質問　361
　コンセンサス文書　362, 370

サ行

最悪ケース → ワーストケース
財産税　307, 330

財政危機　21, 267
財政構造改革　22
財政破綻　23, 268, 269
財政ファイナンス　406, 408
財政法　305, 323
錯誤
　第一種錯誤　95
　第二種錯誤　96
殺虫剤 → 有害物質
サブプライムローン　243
三ヶ月予報　140
産業技術総合研究所（産総研）　121, 196, 197
産経新聞　224
三〇年確率　114
三党合意　271
残余のリスク　177
三陸沖地震　190, 197
シアン化合物 → 有害物質
時間整合性　391, 393
資金供給国　244
資金再還流　232, 247
資金調達国　244
資源エネルギー庁　176
自己資本規制　253, 255
自己資本強化　253
自己資本比率　255
資産価格バブル　238
市場メカニズム　37, 110, 425
市場問題プロジェクトチーム → 豊洲市場
地震
　海溝型　112, 120
　直下型地震　111, 120
地震地体構造　189
地震調査研究推進本部（地震本部）　12, 112, 114, 119, 188, 189, 192, 197, 397
地震防災　111, 112
　地震防災の不在証明　116, 154, 419
地震防災対策特別措置法　112
地震予知　v, 353, 354
　地震予知事業　112
　地震予知と地震防災　115, 117, 142
地震予知推進本部　112
実質GDP　230, 250
失敗　3, 7
　危機対応の失敗　ix, xii, 6, 28
　合理的な失敗　7
十把一絡げ　13, 24, 166, 206, 214, 228
シティ　237
指定区域　20, 55
　指定区域解除　20, 55
シナリオ　97
シビアアクシデント（過酷事故）　13, 167, 168, 355
紙幣　302
市民パネル　361
市民保護庁（イタリア）　124
社会厚生関数　37
社会的合意　8
社会的指向性　384
社会保障と税の一体改革　271
住宅価格　238
住宅再建　297
集団極化　400
『自由論』　39
熟議　iii, xi, 17, 26, 351, 357, 363, 417, 425
　虚構の熟議　364, 372
　現場の熟議　17, 417, 428
　実験の熟議　383
　熟議の技法　34
　熟議の不在　393, 420, 426
　将来世代配慮型の熟議　383, 390, 420
手動操作　184

準備預金　323, 342
貞観地震　2, 12, 188, 197
貞観津波　194
証券化商品　243
商工中金　264
使用済み核燃料再処理施設　106
消費税　22, 221, 268, 374
　消費税増税　268, 271, 411
　消費税増税再延期　221
　消費税率　311
昭和電工　72
除染　298
シルバー民主主義　382
審議委員　399
新規制基準　185
新興国　223
人工知能 → AI
水素　180
水素爆発　180
スターンレビュー　389
スーパーファンド法　74
スペイン内乱　423
スリーマイル島原発事故　12, 13, 168, 171
正義
　純粋な手続き的正義　35
　正義原理　30, 34
制御棒　167
『正義論』　14, 34, 35
政策コスト　323
政策の「わかりやすさ」　403
税制抜本改革法　271
制度を憎んで人を憎まず　186
政府事故調査委員会 → 東京電力福島原子力発電所における事故調査・検証委員会
世界金融危機　26, 219, 221, 229, 355
石炭ガス工場 → 東京ガス
責任　xii, 3, 4, 6
　過失責任　viii, 2
　挙証責任　96
　刑事責任　124, 187
　社会的責任　418
　投資家責任　1
　法的責任　viii, 1, 4, 418
石油 → 有害物質
セシウム → 放射性物質
世代間持続可能性ジレンマゲーム　385
設計基準　160, 169, 177
ゼロリスク　xii, 7, 8, 25, 44
　ゼロリスク指向　209, 210, 213
　ゼロリスク社会　xii
　非ゼロリスク社会　xii, 25, 417, 422
　非ゼロリスク社会の責任と納得　422
○六豪雪　139
全権委任法　413
全国瞬時警報システム（Jアラート）　146
戦後最長の景気回復期　292
潜在的責任当事者　75, 77
前兆現象　142, 147
専門家会議 → 豊洲市場
専門家集団　357
専門家パネル　361
想起容易性　204
想定外　2, 159, 189
想定内　2, 159, 189
総量規制 → 汚染処理水の海洋放出
「それまでの自分」と「それからの自分」　16, 22, 24, 26, 390, 393
損害賠償
　損害賠償制度　4, 7
　損害賠償保険　8
　福島第一原発事故の損害賠償　297

タ行

ダイオキシン → 有害物質
大気汚染　420
大気浄化法　420
大規模地震対策特別措置法（大震法）　x, 112, 142, 149, 152, 354
　警戒宣言　112, 142, 146
　判定会　112, 142, 147, 157
大地震　1
『大衆の反逆』　214, 423
太平洋戦争　299, 315
ダウ平均　241, 250
多賀城　194
他者　35, 36
タンス預金　339
地域危険度調査　211
地価公示　121
地下水の無害化　20
地下水モニタリング　62
地質調査所（産業技術総合研究所の前身）　121
地上タンク → 福島第一原発
窒息死　111
チッソ水俣工場　72
千葉地裁判決　188
中央儲備銀行　329
中央防災会議　144, 151, 192
中国連合準備銀行　329
中皮腫　74
長期国債　402, 405
長期国債買入の平均残存期間　402, 405, 407
長期評価（地震調査研究推進本部）　12, 114, 193, 197, 199
　改訂長期評価　197
　長期評価つぶし　200
　日本海溝の長期評価　188, 189
朝鮮銀行　329
超悲観論　356
超楽観論　356
追加緩和措置　405
通貨発行益　324
築地市場　49, 55
　築地卸売市場　41
　築地市場跡地　63, 409
津波堆積物　194
強い規制　169
定常状態　39
低線量被曝　5
手形　301
手順書
　事象ベース手順書　173, 177
　シビアアクシデント手順書　178, 184
　徴候ベース事故時運転操作手順書（徴候ベース手順書）　168, 171, 173, 177, 179, 183, 184, 217, 393
デフレマインド　405
デュディリジェンス　76
テロリスク　204
東海地震　112, 151, 354
　新しい予知発表方式　145
　東海地震観測情報　146
　東海地震対策大綱　144
　東海地震注意情報　146
　東海地震予知情報　146
　東海地震予知制度　x
　東海地震予知の否定　152
東京ガス　20, 46, 91
　石炭ガス工場　46, 55
東京地検　187
東京電力　1
東京電力福島原子力発電所事故調査委員会（国会事故調査委員会）　214
東京電力福島原子力発電所における事故調査・検証委員会（政府事故調査委員会）　160

人名索引

ア行
阿部勝征　192, 200
安倍晋三　26, 221, 268, 411
阿部壽　195
アレ，モーリス（Maurice Félix Charles Allais）　207
石田浩二　407, 408
石戸諭　42, 63
一川保夫　153
一ノ瀬正樹　5
岩田規久男　407, 408
岩村充　334, 347
内山巖雄　49, 62
梅村又次　300, 306, 327
エヴァ，クローディオ（Claudio Eva）　126
枝野幸男　164
エディンバラ公（Prince Philip, Duke of Edinburgh）　237
エリザベス女王（Queen Elizabeth II）　235
遠藤典子　164-166
大江健三郎　i
大川一司　300, 306, 327
大木聖子　124, 125, 127, 131, 135, 136, 364
大島理森　228
大塚直　48
岡田篤生　118
岡田至　60
岡村行信　189, 197, 198, 202
オバマ，バラク（Barack Obama）　276
オルテガ・イ・ガセット，ホセ（Jose Ortega y Gasset）　214, 423

カ行
カーター，ジミー（Jimmy Carter, Jr.）　81
勝俣恒久　187
カパディア，スジット（Sujit Kapadia）　237
上條良夫　383
ガリカノ，ルイス（Luis Garicano）　236
カルヴィ，ジャン・ミッチェル（Gian Michele Calvi）　126
川村隆　105
木内登英　400, 404, 407, 408
北村喜宣　48
木村逸郎　217
ギルボア，イツァーク（Itzhak Gilboa）　33
クカサス，チャンドラン（Chandran Kukathas）　30
グリンスパン，アラン（Alan Greenspan）　252
クリントン，ヒラリー（Hillary Rodham Clinton）　276
黒沢大陸　147, 153
黒田東彦　275, 399, 407, 408
クンルーサー，ハワード（Howard C. Kunreuther）　80
ケース，カール（Karl E. Case）　240
小池百合子　42, 409
小泉純一郎　153

纐纈一起　124, 125, 127, 131, 136, 364
河野一郎　414
小谷眞男　134
顧濤　119, 210
小林慶一郎　375, 392, 394
小林傳司　7, 25, 352, 361
小林誠　358
駒井武　49, 62
駒村利夫　414

サ行

西條辰義　25, 372, 382
齊藤誠　5, 11, 39, 75, 93, 139, 163, 165, 168, 179, 255, 257, 259, 264, 271, 315, 329, 340, 341, 421
佐竹健治　196
サッチャー，マーガレット（Margaret Hilda Thatcher）　413
佐藤康太郎　360
佐藤健裕　407, 408
澤昭裕　427
澤章　69
澤井裕紀　196
サンスティーン，キャス（Cass Sunstein）　18, 34, 80, 83, 203, 396, 400
重田正美　248
宍倉正展　196
篠原三代平　300, 306, 327
柴谷篤弘　352
島崎邦彦　155
島村英紀　148
清水正孝　181, 186
シュウ，ミンチョン（M. Hsu）　375
ジュリアーニ，ジャンパオロ（Giampaolo Giuliani）　124
シラー，ロバート（Robert J. Shiller）　240
白井さゆり　407, 408
白川方明　275
須賀晃一　35
菅原大助　195, 196
菅原道真　194
鈴木史馬　259, 264
スターティ，ダニエラ（Daniela Stati）　125
須田美矢子　399
スターン，ニコラス（Nicholas Herbert Stern）　389
セルヴァッジ，ギウリオ（Giulio Selvaggi）　126
添田孝史　189, 192, 198, 200
外岡秀俊　115, 154

タ行

髙橋昭男　181
高橋是清　327, 332
竹内憲司　389
武黒一郎　187
ターナー，アデア（Adair Turner）　337, 348
田中真紀子　113
田辺文也　179, 184
チェイニー，ディック（Dick Cheney）　18, 203
チャレンテ，マシモ（Massimo Cialente）　136, 364
デ・ベルナルティネス，ベルナルド（Bernardo De Bernardinis）　124, 125
土居丈朗　396
遠田晋次　113, 114
トランプ，ドナルド（Donald John Trump）　276
ドルチェ，マウロ（Mauro Dolce）　125

ナ行

中川正春　153
中川雅之　119, 259
中川善典　387, 390
中曽宏　407, 408
長妻昭　228
中西準子　42, 63
行谷佑一　197
西村周三　428
西脇由弘　176, 177, 395
野田博　163, 165

ハ行

ハーサニ，ジョン（John Charles Harsanyi）　31
畠瀬和志　389
畑村洋太郎　160
バーナンキ，ベンジャミン（Benjamin Shalom Bernanke）　252, 334
原田泰　408
バルベリ，フランコ（Franco Barberi）　126
ビスクシ，キップ（W. Kip Viscusi）　82, 208
ヒットラー，アドルフ（Adolf Hitler）　413
平田光司　357
平田健正　49, 62
福田赳夫　154
藤井良広　46
布野幸利　408
フリーマン，ポール（Paul K. Freeman）　80
プリモ・デ・リベラ，ミゲル（Miguel Primo de Rivera y Orbaneja）　423
フロスト，ロバート（Robert Lee Frost）　414
ベズリー，ティム（Tim Besley）　236
ペティット，フィリップ（Philip Pettit）　30
ヘネシー，ピーター（Peter Hennessy）　236
ベリンスキー，クレイル（Claire Berlinski）　413
ベルトラーゾ，ギド（Guido Bertolaso）　125
ボスキ，エンゾ（Enzo Boschi）　126
ポールソン，ヘンリー（Henry Merritt Paulson）　252

マ行

前原誠司　413
マクロン，エマニュエル（Emmanuel Jean-Michel Frédéric Macron）　276
政野敦子　71
益川敏英　358
マスキー，エドムンド（Edmund Sixtus Muskie）　420
班目春樹　159, 180, 186
松澤暢　112
松田時彦　113
箕浦幸治　194, 195, 202
宮内崇裕　112
宮尾龍蔵　407
宮本詳三　429
ミル，ジョン・スチュアート（John Stuart Mill）　39
武藤栄　181, 186, 187
茂木清夫　147
モラーノ，エンマ（Emma Morano）　284
森澤眞輔　49
森島義博　55
森本宜久　407

ヤ行
山鹿久木　119
八巻淳　55
山口広秀　252
山口勝　117
山田知明　375
横山秀夫　171
吉岡達也　427
吉田東伍　194, 201
吉田昌郎　168, 180, 186

ラ行
リリー，ピーター（Peter Lilley）　389
ルービーニ，ヌリエル（Nouriel Roubini）　240
ロールズ，ジョン（John Bordley Rawls）　14, 30, 33-35

ワ行
ワイツマン，マーティン（Martin L. Weitzman）　389
ワインバーグ，アルヴィン（Alvin M. Weinberg）　350, 422
若松良樹　35
ワッツ，ミッチェル（Michael Watts）　414

事項索引

アルファベット

AI（人工知能） 410
　私がAI 409
AIG 249
ALARA原則 73
BIS規制 253
BNPパリバ 248
CERCLA（包括的環境対処補償責任法） 74, 75, 81
EU離脱 276
ICRP（国際放射線防御委員会） 73
IKB産業銀行 248
IMF（国際通貨基金） 222, 348
ITバブル 240
Jアラート → 全国瞬時警報システム
KEK 357
liberalなアプローチ 425
LSE 235
NHK
　NHKスペシャル 新・映像の世紀 413
　NHKスペシャル取材班 111
　NHKドキュメンタリーWAVE 124
　NHKニュース 117
P/E → 景気変動調整済みP/E
PM2.5 → 有害物質
republicanなアプローチ 425
SDR（特別引出権） 348
TIF 78

ア行

赤潮 → 有害物質
朝日新聞 47, 182, 224, 265, 399
アスベスト → 有害物質
新しい予知発表方式 → 東海地震
圧死 111
圧力抑制室プール 172, 176, 183
アレのパラドックス 206
安心 153, 354
　安全と安心 45, 66, 68
　政策の不作為による安心 154
安全宣言 vi, 116, 365
「行かなかった道」 414
意見
　異端の意見 39
　少数意見 399, 401
　正統の意見 39
　多様な意見 iii, xi, 10-12, 16, 25, 29, 383, 400, 411
異次元金融緩和 315, 401
異常に巨大な天災地変 → 原子力損害賠償法
伊勢志摩サミット 219, 221
イタイイタイ病 → 四大公害
一%ドクトリン 18, 203
一般会計 296
命の価値 83
イングランド銀行 248, 308
インフレ
　ギャロッピング・インフレ 24
　ハイパーインフレ 24, 269, 270, 307, 342, 347, 348
ウィチタ市（米カンザス州） 77
ウィッティア地震 118
ウィングスプレッド会議 93
ヴェルサイユ条約 413
ウラン → 放射性物質

売りオペ　332
永久国債　309
英国アカデミー　236
液状化　57, 58, 411
延宝房総沖地震　190, 197
欧州中央銀行　248
大蔵省昭和財政史室　300, 306, 327, 329
奥尻島　189
オークリッジ研究所　350
汚染原因者　46, 85
汚染者負担原則　85
汚染処理水の海洋放出　105
　総量規制　106
　濃度規制　106
オゾン層破壊リスク　204
温暖化ガス　74

カ行

蟹空洞　358
外資金庫　329
外生的な選好　425
科学
　自然科学　37
　社会科学　37
科学技術庁　112
科学的根拠　iv
科学的立証　94, 104
鍵となる質問 → コンセンサス会議
核分裂反応　167
確率評価のばらつき　138
家計貯蓄　330
過酷事故 → シビアアクシデント
貸出支援基金　334
過失　6, 7
仮説
　帰無仮説　95
　代替仮説　95
　対立仮説　95
仮想将来世代　25, 373, 385
加速器　357
価値判断　37
活断層　111, 112, 117
　上町断層帯　117, 119
　原発施設内の活断層　155
　六甲・淡路島断層帯　119
活断層調査　112
為替レート　232
　実効為替レート　246
　実質為替レート　232
　名目為替レート　232
環境基準　41, 42, 45, 49, 55, 71
環境保護庁（米国）　74, 77
環境リスク　42, 74
完全浄化　20, 87, 90
議会　252
機関投資家　88
「危機後の自分」　36
危機対応マニュアル　354
危機対応融資　264
危機の領域　iv, 349, 417
「危機前の自分」と「危機後の自分」　16, 29, 390, 425, 426
気候変動政策　389
気候変動リスク　203
技術会議 → 豊洲市場
気象庁　148
気象予報　140
規制ロジック　177, 393
基礎的財政収支（プライマリーバランス）　309, 343
期待形成のモメンタム　405
期待効用　32
希望効果　209, 213
キャット（cat）事象　203
　低頻度のキャット事象　261

著者略歴

1960年愛知県生まれ。一橋大学大学院経済学研究科教授。1983年京都大学経済学部卒業、1992年マサチューセッツ工科大学経済学部博士課程修了、Ph.D. 取得。住友信託銀行調査部、ブリティッシュ・コロンビア大学経済学部などを経て、2001年4月より現職。2007年に日本経済学会・石川賞、2010年に全国銀行学術研究振興財団・財団賞、2014年春に紫綬褒章。主な著書に『金融技術の考え方・使い方』（有斐閣、2000年、日経・経済図書文化賞）、『資産価格とマクロ経済学』（日本経済新聞出版社、2007年、毎日新聞社エコノミスト賞）、『原発危機の経済学』（日本評論社、2011年、石橋湛山賞）、『人間行動から考える地震リスクのマネジメント』（齊藤誠・中川雅之編、勁草書房、2012年）、『震災復興の政治経済学』（日本評論社、2015年）、『都市の老い』（編著、勁草書房、2018年）がある。

〈危機の領域〉

非ゼロリスク社会における責任と納得　けいそうブックス

2018年４月20日　第１版第１刷発行

著者　齊藤　誠

発行者　井村寿人

発行所　株式会社　勁草書房

112-0005 東京都文京区水道2-1-1　振替 00150-2-175253

（編集）電話 03-3815-5277／FAX 03-3814-6968

（営業）電話 03-3814-6861／FAX 03-3814-6854

堀内印刷所・松岳社

ISBN978-4-326-55081-4　Printed in Japan